装备关键零件加工过程质量分析与控制

江平宇　王　岩　周学良　等　著

科学出版社

北　京

内 容 简 介

本书以高端装备关键零件的数字化多工序质量控制问题为研究对象，阐述了装备关键零件动态稳定加工过程闭环控制的执行逻辑、体系结构和关键使能技术；从加工特征形状和精度演变、多维过程数据获取的角度出发，阐述了工艺系统数字化建模及配置问题；从数学建模、智能算法和结构化指标等角度描述了工序流误差传递关系解算方法，分析了多工序加工误差传递复杂性和加工精度演变规律；提出了基于灵敏度分析理论的加工误差波动灵敏度分析模型及基于加工误差灵敏度分析的过程能力评估方法，以最终质量满足标准要求和降低精度演变过程波动为控制目标进行加工过程调整与工艺改进；开发了一个适用于高端装备关键零件的多工序加工过程质量控制的软件原型系统，并给出某飞机起落架外筒、支撑杆等零件的实际多工序加工过程等应用案例，以验证所提模型和方法的可行性。

本书可供高端装备领域从事研发及工业应用的工程技术人员参考，也可供高等院校及科研院所的研究人员参考。

图书在版编目(CIP)数据

装备关键零件加工过程质量分析与控制 / 江平宇等著. —北京：科学出版社，2020.6

ISBN 978-7-03-065291-1

Ⅰ. ①装… Ⅱ. ①江… Ⅲ. ①机械元件-加工-质量管理-研究 Ⅳ. ①TH16

中国版本图书馆CIP数据核字(2020)第092532号

责任编辑：陈 婕 赵晓廷 / 责任校对：王 瑞
责任印制：赵 博 / 封面设计：蓝正设计

科学出版社出版
北京东黄城根北街16号
邮政编码：100717
http://www.sciencep.com

北京华宇信诺印刷有限公司印刷
科学出版社发行 各地新华书店经销

*

2020年6月第 一 版 开本：720×1000 1/16
2025年1月第三次印刷 印张：17 1/2
字数：350 000

定价：150.00元

(如有印装质量问题，我社负责调换)

前　言

重大技术装备关键零部件如航空发动机、飞机起落架、燃气轮机等的设计与制造能力是一个国家科技实力和综合国力的集中体现，在确保国家安全和促进社会繁荣方面具有重要的战略作用，同时是提升民用和国防产品在国际市场竞争力的基础。而研究装备关键零件多工序加工过程的质量控制理论和方法以实现近零不合格品的动稳态生产，对提升我国重大装备的设计、制造能力具有重要的学术意义和工程应用价值。

依托国家重点基础研究发展计划(973 计划)项目“难加工航空零件的数字化制造基础研究”课题五“难加工异形零件复合加工过程的误差波动监测与工艺能力评估”(2011CB706805)、国家重点基础研究发展计划(973 计划)项目“数字化制造基础研究”课题六“数字化加工多源多工序质量的综合评估与优化控制”(2005CB724106)、国家自然科学基金项目“数字化加工的多工序质量波动建模与预测理论研究”(50975223)的研究成果，本书针对当前高端装备关键零件的多工序加工过程质量控制研究中的一些难点，参照“建模—算法及解算—实验验证—工程应用”的研究路线，探索了加工特征演变驱动的赋值型加权误差传递网络拓扑建模与分析、多工序动态演变分析及过程质量评估、过程数据驱动的关键工序流加工误差波动灵敏度分析与过程稳定性评估、实时过程数据驱动的多工序加工精度演变预测、工况数据驱动的小批量加工过程状态评估与监测、基于过程数据的小批量加工能力评估、过程数据驱动的小批量加工误差溯源、工件加工质量误差消减决策等方面的问题，并取得了相应的进展。

全书共 6 章。第 1 章概述了数字化加工条件下装备关键零件的多工序加工过程质量分析与控制问题提出的研究背景及研究意义，阐述装备关键零件动态稳定加工过程闭环控制的执行逻辑、体系结构和关键使能技术；第 2 章从加工特征形状和精度演变、多维过程数据获取的角度出发，阐述了工艺系统数字化建模及配置问题；第 3 章从数学建模、智能算法和结构化指标等角度描述了工序流误差传递关系解算方法，并从网络性能波动、误差传递特性、网络动态演变等角度出发，分析了多工序加工误差传递复杂性和加工精度演变规律；第 4 章提出了基于灵敏度分析理论的加工误差波动灵敏度分析模型，从灵敏度的角度分析加工误差波动特点的基础上，提出了基于加工误差灵敏度分析的过程能力评估方法；第 5 章从多工序加工精度预测、误差源诊断、可控参数调整决策等角度出发，提出了以最终质量满足标准要求和降低精度演变过程波动为控制目标的加工过程调整与工艺改进方法；第 6 章开发了一个适用于高端装备关键零件的多工序加工过程质量控制的软件原型系统，并以某飞机起落架外筒、支撑杆等零件的实际多工序加工过程为应用案例，验证了所提出模型和方法的可行性。

本书的章节规划、终稿统稿工作由江平宇教授完成，初稿统稿工作由王岩博士完成，校核工作由周学良博士完成。同时，江平宇教授、王岩博士、周学良博士、贾峰博士等参与了本书的撰写工作。

感谢科学技术部和国家自然科学基金委员会给予与本书内容相关的研究项目的支持。感谢课题组已毕业的研究成员刘道玉博士、付颖斌博士、张富强博士、王宪翔硕士、王焕发硕士、侯帅硕士、曲娜硕士、安齐全硕士等对本书所涉及的研究成果所做出的学术贡献。

由于作者水平有限，书中难免存在不妥之处，敬请读者批评指正。

作　者

2019 年 9 月

目　录

第1章 绪　论

1.1 装备关键零件加工过程质量控制概述

1.1.1 装备关键零件加工过程质量控制的提出

本书以国防及航空领域的飞机起落架外筒、支撑杆和扭力臂等高端装备关键零件的数字化多工序加工过程为研究对象，基于数字化的多工序加工环境，通过内外置传感器实时监控加工设备的动态精度与可靠性及在线检测工件工序质量，获取伴随多工序加工过程产生的大量工艺系统运行数据并提取状态特征信息，建立多工序质量控制的数据基础，从“工件-工序-质量特征”的多维角度出发，研究加工特征形状和精度演变驱动的赋值型加权误差传递网络数字化描述建模与误差传递复杂性分析、多工序动态演变分析及过程质量评估、过程监测数据驱动的关键工序流加工误差波动灵敏度分析与工艺过程动态稳定性评估、多工序加工精度演变预测与分析、工况数据驱动的小批量加工过程状态评估与监测、基于过程数据的小批量加工过程能力评估、过程数据驱动的小批量加工过程误差溯源、工件加工质量误差消减决策等深层的科学问题，形成适用于高端装备关键零件的多工序加工过程质量控制方法，从而解决数控加工合格率低、加工质量一致性不高、生产过程不稳定等工程技术问题，使“工件-工序流-机床-刀夹具”组成的多工序工艺系统(以下简称多工序工艺系统)处于良好并持续改进的稳定生产状态，实现对其数字化多工序加工过程的精细化质量控制。

高端装备关键零件的多品种零件混流生产、工序复杂、加工工况恶劣、质量要求严格等特点使得“工件-工序流-机床-刀夹具”多工序工艺系统处于一种动态稳定的运行状态。传统的面向加工装备的质量控制方法造成了工序演变过程中的工况和质量信息的隔离，使得每道工序成为一个个独立的信息孤岛。因此，如何利用实时工况、在线质量检测、车间物联网数字化监测等手段采集反映工艺系统运行本质的信息数据，并建立多工序加工过程数据的结构化连接，从而在“工件-工序-质量特征”的多维层次实现误差传递复杂性分析、误差波动灵敏度分析、工艺过程稳定性评估、多工序加工精度演变预测、加工过程误差溯源和消减决策，并形成适用于高端装备关键零件的数字化多工序加工过程质量控制新方法，是解决当前高端装备关键零件加工合格率低、加工质量一致性不高、生产过程不稳定等问题的核心手段。因此，需要对实现该多工序加工过程质量控制方法的相关问题进行研究。

1)加工特征演变驱动的加权误差传递网络建模与分析

加工特征的形状和精度演变是将高成本毛坯加工成符合质量要求的零件所需经过的重要过程，是将以“机床-刀具-夹具”等设备组成的单工序工艺系统连接，形成包含工序流的完整加工工艺系统的重要纽带。要实现混流生产条件下工艺、工况和质量等信息的连接，首先需要从加工特征形状和精度演变的角度，建立描述多工序加工过程信息流动的拓扑结构。复杂网络理论是一种拓扑网络建模分析的有效方法，以抽象多工序工艺系统中的元素为节点，并根据节点之间的关联关系连接为边，从而形成反映多工序加工过程误差信息流动的赋值型加权误差传递网络模型。在此基础上，通过采集反映工艺系统运行本质的工况信息与各阶段质量信息，将加工过程数据结构化地存储到该网络中，可实现网络的赋值和工件加工过程的数字化描述。加权误差传递网络建模是实现多工序加工过程误差传递规律复杂性分析的关键，同时也为后续多工序质量控制分析方法提供了模型和数据基础。

2)多工序动态演变分析及过程质量评估

在加权误差传递网络建模的基础上，建立动态演变规则下的误差传递演变模型，从多工序质量动态演变角度，对加权误差传递网络进行动态演变分析及动力学分析，通过定义不同质量控制模式的动态演变规则与数值仿真，分析多工序加工过程的误差传递效应，并基于平均场理论建立网络动力学模型，可揭示其动力学演变规律，揭示多工序加工过程中零件不合格率的动态演变规律。

3)关键工序流加工误差波动灵敏度分析

如何在错综复杂的误差传递关系中识别影响质量的潜在误差源和不确定性因素，从而减少工序波动，是实现高端装备关键零件动稳态加工的前提。在动态稳定的加工条件下，仅从质量的一维角度分析加工误差波动的传统方法无法准确分析加工过程的波动源，因此通过对多工序误差传递过程进行数学建模，并有效利用数字化传感检测设备获取的过程数据，建立更加准确的非线性误差传递关系表达，可为误差波动分析提供量测基础。此外，工艺过程动态稳定性评估是分析多工序工艺系统能否满足零件制造要求的重要手段，而加工误差波动分析是实现工艺过程动态稳定性评估的基础。

4)单件小批量加工过程状态评估与监测

实时、可靠的加工过程稳定性评估与监测是有效实现质量控制的前提和基础。过程监测的本质是判断加工过程是否只受随机因素的影响。要实现加工过程的稳定性监测，首先要确定过程稳定的标准并对当前加工过程进行稳定性评估。在大批量生产的统计过程控制(statistical process control, SPC)中，假设稳定过程输出的统计量服从同一分布，通过控制图的判稳阶段消除过程中的异常因素并根据样本估计过程稳定状态的分布参数来确定控制限，然后通过检验当前时刻的样本统计量是否服从该分布规律来判断过程是否稳定。在工况数据驱动的质量控制中，需要研究工况数据与加工过程状态和加工误差波动之间的表征关系、表征当前加工过程状态的工况数据特征提取方法、基于工况特征确定过程是否稳定的基准和对当前过程进行稳定性评估的方法。

5）实时过程数据驱动的多工序加工精度演变预测

加工质量预测是实现闭环质量控制的重要环节，在质量控制过程中为误差消减决策提供了依据。高端装备关键零件的质量损失成本极高，要达到这类零件的公称质量要求，需要经过多道工序，且这些工序间存在相互影响，因此，零件的最终质量需要多道工序共同保证。传统针对单工序的质量预测方法和根据质量数据的回归预测方法已不能保证最终质量的控制要求。根据加工特征的精度演变规律，以加工特征的最终质量为控制目标进行多工序加工精度演变预测，是一种有效的解决方法。在赋值型加权误差传递网络的基础上，利用加工过程中采集的工况数据和各阶段质量数据对当前工序质量进行预测，进而预测后续相关的工序质量，实现对各工序质量的加工精度演变预测，对确保零件最终质量满足要求和制造过程平稳运行具有重要的意义。

6）单件小批量加工过程误差溯源

误差溯源作为闭环质量控制的关键环节，在质量控制及改进中具有重要地位。误差溯源涉及故障征兆的获取以及当前故障征兆与已有故障模式的征兆信息匹配。在基于统计过程控制的质量控制中，通常把控制图的异常波动模式作为故障征兆，通过人工智能算法实现征兆信息的模式匹配，从而诊断出误差源。在进行小批量加工的误差溯源时，由于无法利用控制图异常模式作为故障征兆，需要综合加工质量信息和工况数据作为征兆信息，需要利用这些征兆信息研究模式匹配的新算法进行误差源诊断的方法。

7）工件加工质量偏差消减决策

为了消减加工过程中的加工质量偏差，需要建立工艺系统的实时加工状态模型及刀具磨损状态监控模型，以及在此基础上建立“工件-工序流-机床-刀夹具”的可控参数优化决策模型。通过构建基于状态空间方法的工序加工特征矢量表达模型描述加工特征的实时状态，同时建立基于激光位移传感器监测的刀具磨损状态监控与预测模型以获得加工过程刀具磨损状态，并在此基础上提出工序过程可控参数优化决策模型，对工艺参数进行修正及反馈，可达到加工误差消减的闭环质量控制的目的。

总体来说，由于高端装备关键零件多工序加工过程的制造复杂性，目前尚无完善、切实有效的理论和方法来解决工艺过程中的质量控制问题，如加工合格率低、工艺过程不稳定等。多工序质量控制方法强调利用零件加工过程中反映工艺系统运行本质的工况数据和各阶段质量数据，挖掘隐藏在过程数据中的关联关系，为提升高端装备关键零件质量提供了一种新思路。因此，有必要对高端装备关键零件的多工序加工过程质量控制方法的运行逻辑、体系结构以及所涉及的理论方法和关键使能技术进行深入的研究和探索，以满足高端装备制造企业对多工序过程质量控制方法和技术的需求。

1.1.2 装备关键零件加工过程质量控制的特征与内涵

高端装备关键零件的单件小批量生产方式不仅是减少一批零件的加工数量，更是本质上的工艺系统生产组织方式的变化，尤其是在实际生产过程中，多品种多批次的零件在车间中混流生产，增加了零件制造的复杂性和质量控制的难度。此外，高端装备关键零件的质量损失成本极高，动辄数十万元或上百万元，因此传统针对加工设备的单工序离散质量控制方法不能满足这类零件的质量控制需求，需要采用跟随工件全部生产周期的精细化质量控制方法。高端装备关键零件恶劣的工作环境促使零件需要选用一些高强度、超高硬度的难加工材料，而特殊的工作环境需求又导致零件结构复杂，如飞机起落架外筒零件的空间异形大尺寸、航空发动机转子外圆深而窄的不规则叶片槽、叶片的空间曲面结构等，这些使得零件的加工工况极其恶劣，在加工过程中存在大量的潜在误差源，影响其最终质量。图像处理、声发射、射频识别(RFID)(位置/状态)等数字化测量手段水平的不断提高，为多工序加工过程的数据采集提供了保障，为进一步提出过程监测数据驱动的多工序加工过程质量控制方法提供了数据基础。综上所述，与基于统计分析的传统质量控制方法相比，高端装备关键零件的多工序加工过程质量控制方法具有以下特点。

1)生产数据的实时性

由于零件质量损失的成本高，故对零件加工过程的控制要求极其严格，需要对反映工艺系统运行本质的过程数据和质量数据进行有效的在线/在位监测，以获取当前工艺系统的运行状态，从而保证工艺系统的服役性能，满足零件加工要求。

2)一件一控

零件复杂、工序繁多、误差源众多、批量小等特点导致多工序加工过程的工艺不稳定，传统大批量的质量控制方法不适用于高端装备关键零件的质量控制。在数字化制造环境下，通过对每个工件的加工过程进行实时质量监控，以实现对每道工序的精细化控制，继而实现对每个工件最终加工质量的精确控制，从而不断提高不同工件的加工质量一致性。

3)动态稳定

材料难加工、材料去除量大、质量要求高、机床的服役性能动态变化等导致“工件-工序流-机床-刀夹具”多工序工艺系统的动态工况对加工质量的影响难以控制。因此，在零件质量特性偏差符合公称质量要求的情况下，控制其波动不能过大即加工过程处于一种动态稳定的加工状态是实现高端装备关键零件加工质量一致性的前提条件。

4) 制造大数据

机床、刀夹具等加工要素的服役性能直接决定了工件的加工质量，利用数字化的监测手段在线采集大量底层机床服役工况数据和在位测量工件质量特性数据，通过建立工况数据与零件误差、缺陷等质量特性信息的表征关系分析误差源对工艺过程稳定性的影响机理，可解决质量数据不足的问题。随着加工过程的不断进行，大量的工况数据与局部质量数据会产生，即“制造大数据”。“制造大数据”不仅指加工过程中的数据量大，还指由工艺系统产生大量的加工工况数据，这些工况数据表征了工艺系统的运行本质。限于目前信号分析技术手段，仅采用某一个或几个特征提取手段来表征某个阶段的工况是不准确和不完善的，需要通过融合多种有效的特征提取手段，从多个侧面和维度来反映工艺系统的运行工况，从而进一步建立工况与加工误差的关联关系，因此“制造大数据”主要从数据的维度多且特征提取复杂的层面体现。数字化加工工艺系统的“制造大数据”具有以下特点：

(1) 数据类型复杂，半结构化和非结构化数据占主导地位。“制造大数据”中的数据既包括振动、电流、切削力等高频/低频信号，也包括各阶段的质量特性数据。前者体量巨大，且数据类型复杂；后者数据量小，类型统一。因此，“制造大数据”虽然价值丰富，但分布不均。

(2) 缺少统计规律，难以用数学模型描述。加工过程不稳定、误差源之间相互耦合、加工数量少，数据之间难以形成确定分布的统计规律，且数据之间的相互耦合导致其具有复杂的非线性关联关系，因此难以用准确的数学模型描述。

(3) 缺少行之有效的数据处理方法。数据类型多且复杂，缺少有效的特征提取方法来准确表征机床等加工要素的加工状态，因此需要发展新的数据处理方法。

(4) 没有具体的挖掘目标，关注点从因果关系转向关联关系。误差源之间的相互耦合和数据之间的非线性关系导致误差源与误差之间的因果关系难以挖掘，但通过挖掘数据之间的关联关系，发现误差的传递特性是能够获得超出预想的know-how技能知识，和内在误差传递机理的。

1.1.3 装备关键零件加工过程质量控制的研究意义

重大技术装备关键零部件如航空发动机、飞机起落架、燃气轮机等的设计、制造能力是一个国家科技实力和综合国力的集中体现，在确保国家安全和促进社会繁荣方面具有重要的战略作用，同时是提升民用和国防产品具备国际市场竞争力的基础。《国家中长期科学和技术发展规划纲要(2006—2020年)》把开发重大装备所需的关键基础件和通用部件的设计、制造和批量生产的关键技术确定为制造业领域的优先发展主题[1]。这类零部件的关键零件如发动机叶轮及叶片、起落架主筒和燃气轮机转子等通常具有几何结构复杂、加工特征多、工艺流程复杂和精度要求高等特点，同时，零件的异形空间大尺寸及所选材料具有的高强超硬高韧特性，使得它们极难加工。这类结构复杂、材料难加工的重大装备关键零件统称为复杂难加工零件。由于所选材料的特殊性，复杂难加工零件的毛坯成本非常高，如起落架主筒零件的毛坯价格为 15 万～200 万元、燃气轮机转子零件的毛坯价格为 200 万～1000 万元，而其因质量问题导致的报废可能造成巨大的经济损失，因此其加工过程的质量控制显得尤为重要。此外，随着经济全球化不断向纵深发展，制造企业面临日趋激烈的全球市场竞争，质量越来越成为企业吸引客户、赢得市场竞争的关键因素。经过几十年的快速发展，我国已成为名副其实的制造大国，但还不是制造强国，关键核心技术与高端装备对外依存度高。当前我国制造业存在的突出问题之一是产品质量问题，根据 2015 年之前的相关统计数据，国家监督抽查产品的质量不合格率高达 10%，制造业每年直接质量损失超过 2000 亿元，间接损失超过 1 万亿元[2]。《中国制造 2025》明确指出：要提升质量控制技术、实施工业产品质量提升行动计划，针对汽车、高档数控机床、轨道交通装备、大型成套技术装备等重点行业，组织攻克一批长期困扰产品质量提升的关键共性质量技术[3]。因此，研究重大装备的复杂难加工零件的质量控制技术以实现近零不合格品的稳态生产，对提升我国重大装备的设计、制造能力具有举足轻重的作用。

重大装备产品本身的特点使得复杂难加工零件的生产过程通常是小批量生产。同时，由于社会生产力的不断发展，市场早已从卖方市场变成买方市场，个性化需求不断增长，许多行业的制造企业为了满足客户需求，不得不从过去的大批量生产方式转变成多品种小批量生产方式。小批量生产的组织方式通常包括两种形式：一种是多种零件分批次加工，一个批次加工同一规格零件，下一个批次加工另一规格零件；另一种是多个品种的零件同时混流生产。无论采用哪种形式，一个批次中同一种零件的加工数量不多，从几件到几十件不等。从统计过程质量控制的角度看，小批量加工过程主要有以下特点：

(1) 零件的种类多、工艺要求复杂多变，而且同一批次生产的数量较少，无法按大批量的流水线方式组织生产，导致加工质量控制难度增加。

(2) 小批量生产中通常采用通用性强、灵活性大的加工设备和辅具，为了适应不同类型零件的加工要求，需要频繁更换夹具、刀具和调整工艺参数，致使因生产过程不稳定而出现质量问题的概率增加。

除了小批量加工过程共有的特点之外，复杂难加工零件的生产过程还存在零件几何结构复杂、尺寸较大、材料难加工且去除量大的特点，导致加工周期长、刀具磨损严重、加工过程极不稳定、加工误差波动监测与溯源困难，从而难以保证这类零件加工质量的稳定性和一致性。

为解决上述问题，必须解决小批量加工过程的误差波动监测与过程能力评估问题，快速定位异常误差源以便进行实时调整。其中，工艺系统因材料难加工特性引起的复杂运行工况及其对加工误差的非线性耦合影响是导致加工过程不稳定和工艺系统服役性能下降的关键因素，也是加剧加工误差波动与过程能力不足的关键因素。因此，研究工艺系统复杂响应特性下小批量加工质量控制的理论与方法，实现小批量加工过程的状态监测、过程能力评估、误差溯源与过程调整，以保证加工质量的稳定性与一致性，具有毋庸置疑的重要意义，具体体现在宏观和微观两个层面。

(1) 从宏观层面看，高端装备关键零件多工序加工质量控制方法不仅切合当前学术研究的前沿，而且与国家在制造业领域的发展战略规划相吻合。从学术研究前沿的角度可知，客户需求多样化及高端重大装备与航空、能源产品的小批量需求无不需要高精度、高可靠性的多品种小批量生产方式作为支撑，而小批量加工的质量控制方法是其中的关键技术之一。另外，随着“工业 4.0”与工业互联网的不断发展以及大数据时代的来临，如何充分利用加工过程产生的大量数据为企业运营、生产规划、质量控制等方面提供决策支持也是当前学术研究的热点。从国家需求的角度看，《国家中长期科学和技术发展规划纲要(2006—2020 年)》中也提出要把制造过程在线检测与评估技术列为前沿技术进行研究。因此，过程数据驱动的小批量加工质量控制方法既有学术研究的前沿性，也符合国家的战略需求。

(2) 从微观层面看，在识别“高端装备关键零件数字化多工序加工过程质量控制”相关科学与工程技术问题的基础上，提出解决这些科学与工程技术问题的理论、方法和关键共性技术，揭示“工件-工序流-机床-刀夹具”多工序工艺系统中质量信息流动的内在机理性规律，可达到提升高端装备关键零件的加工质量一致性和过程稳定性的目的，使产品质量零缺陷成为可能。本书所探索的研究意义就是突破传统的质量控制模式，寻求适用于高端装备关键零件的多工序加工过程质量控制的新方法。

1.2 装备关键零件加工过程的闭环质量控制

稳定的工艺过程是装备关键零件加工质量一致性的重要保证。在装备关键零件的复杂多工序加工过程中存在大量的潜在误差源和异常波动源，如何保证工艺过程处于一种动态稳定的状态，需要在加工过程中监测和识别引起工艺过程不稳定的潜在因素，并通过一定的手段进行控制，继而实现“边加工-边监测-边控制”的闭环质量控制，达到工艺过程趋于稳定的目标。

1.2.1 动态稳定加工过程

在零件质量特性偏差符合公称质量要求的情况下，控制其波动不能过大即加工过程处于动态稳定的加工状态是实现高端装备关键零件加工质量一致性的前提条件。由于无法采用统计分析方法评价加工状态，本书所提的动态稳定状态是指在现有工艺能力条件下有能力保证零件最终加工质量满足要求的状态，其临界状态是指控制多工序工艺系统中产生的不确定因素使最终加工质量刚好满足质量要求。高端装备关键零件的材料难切削、刀具频繁换刀和挑战机床刚度等特性导致加工工况极其恶劣，使得零件多工序加工过程中产生的不确定因素异常复杂，相较于传统的稳定加工过程，高端装备关键零件的加工过程处于一种动态稳定的加工状态中。

动态稳定加工过程是指不受刀具破损、夹具松动等异常因素影响且加工误差在允许公差范围内的加工过程，简称动稳态加工过程。动稳态加工过程所处的状态称为动稳态。动稳态加工过程的加工误差在规定要求范围内，但不一定服从确定的分布规律。一段时间内，在工艺参数保持不变的情况下，同类零件同一工序动稳态加工过程的工况数据特征具有某种相似性。

1.2.2　闭环质量控制的实现框架和执行逻辑

1. 闭环质量控制的实现框架

闭环质量控制的实现框架如图 1-1 所示，主要包括工程模型、加工过程状态监测、误差传递模型与特性分析、多工序动态演变分析、误差波动评估与过程稳定性评估、多工序质量预测和误差消减决策/工序维护与调整等部分。工程信息在工艺系统内的流转是实现多工序质量控制的必要条件。该实现框架的建立是有效执行各功能模块和监测工程信息流转的基础。

(1) 工程模型提供了用于误差传递建模和复杂性分析的基本信息。借助计算机辅助设计(CAD)、计算机辅助工艺规划(CAPP)、计算机辅助制造(CAM)等工程软件提供的零件模型、加工工艺、数控代码、加工设备等数据，提取加工特征空间位置关系、精度约束关系、所用加工设备参数、工况切削参数等工程信息，用于赋值型加权误差传递网络的建模。

(2) 加工过程状态监测主要利用过程数据和质量数据对加工过程进行状态评估和监测，以判断加工过程是否受到异常因素影响。与控制图利用质量样本数据的统计量作为过程监测的依据不同，首先通过利用工况数据特征矩阵的子空间作为过程状态的表征，并综合利用工况数据和质量数据确定动稳态加工过程特征矩阵的子空间及其波动范围，然后通过计算当前加工过程状态特征矩阵子空间与动稳态过程特征矩阵子空间的相似性评估来监测其当前加工过程的状态，如果监测结果表明当前加工过程处于不稳定状态，则通过诊断与调整模块进行工序异常诊断与调整决策。

(3) 高端装备关键零件如飞机起落架外筒等一般需要经过多道工序加工完成，由于加工特征之间存在空间和精度约束关系，故零件加工过程中工艺系统的机床误

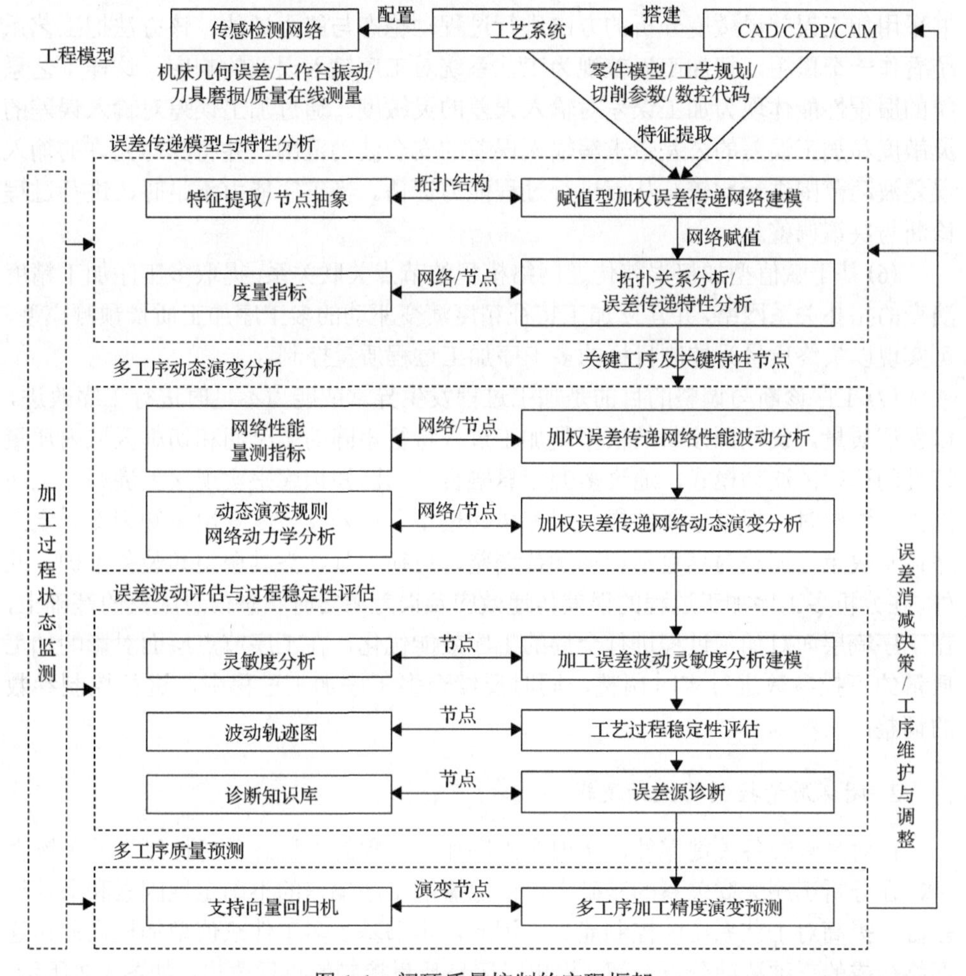

图 1-1 闭环质量控制的实现框架

差、刀夹具误差、基准误差与工序质量之间存在相互影响和复杂的耦合关系，从而影响了零件的最终质量。通过对加工要素与加工特征进行节点抽象，根据节点的关联关系，可构建描述误差传递关系的网络拓扑结构。网络拓扑结构是分析单个节点和网络拓扑关系的基础，而设备状态监测和在线质量测量提供了定量误差传递复杂性分析的数据基础。

(4) 多工序动态演变分析是在多工序加权误差传递网络模型框架的基础上，通过抽象现实加工过程行为，提取其动态演变规则，从而获取多工序加工过程的误差传递及演变规律，为多工序质量改进提供依据。

(5) 当监测结果表明当前加工过程处于动态稳定状态时，说明加工过程不受异常因素的影响，但还需要进行过程能力评估才能进一步确保加工误差的稳定性和一致性。由于无法通过有限的质量样本确定其分布规律并估计相应分布参数，本书采用加工误差灵敏度分析的方法进行过程动稳态与能力评估。该方法把工艺系统看作一个黑箱，把加工误差视为工艺系统对工序输入误差的响应，这样工艺系统的服役性能体现为加工误差对输入误差的灵敏度。通过加工误差对输入误差的灵敏度和加工误差的公差带求解输入误差的安全波动范围，并将其与允许的输入误差波动范围进行比较，从而进行过程能力评估。当工序能力不足时，进行过程诊断与决策调整。

(6)基于赋值型加权误差传递网络模型的节点关联关系，提取多工序加工精度演变的拓扑关系网络，并建立加工特征精度演变驱动的多工序加工质量预测模型，可实现以最终质量为控制目标的多工序加工过程质量控制。

(7)工序诊断与调整的目的是加工过程发生异常或能力不足时进行工序改进，以保证质量。误差源诊断的依据是加工过程特征矩阵的子空间和切削区域内质量特性的运行图波动模式，通过多源信息融合及诊断知识库来实现误差溯源。工序维护与调整时，根据诊断结果、误差传递模型、误差灵敏度及决策知识库制定工序调整决策，调整内容包括切削参数调整、更换刀具、夹具调整和装备维护。此外，在分析多工序加工过程的误差传递效应及误差源实时状态信息采集的基础上，在工序流层面对加工过程进行全局的工序效能优化，在工序节点层面对影响加工质量的可控参数进行实时调整，同时反馈至多工序加工过程中，进行控制参数的调整。

2. 闭环质量控制的执行逻辑

针对高端装备关键零件，实现多工序加工过程的“稳态质量控制”的关键在于，在分析工序关联关系的基础上，消除影响工序偏差的不确定性因素和潜在误差源，提高对工艺系统的控制能力。因此，本书基于多工件赋值型加权误差传递网络构成的三维波动分析空间，提出了闭环质量控制的执行逻辑，如图 1-2 所示。

闭环质量控制的执行逻辑步骤如下：分别对 CAD/CAPP/CAM 等工程模型中零件加工工艺和加工特征进行分析，提取加工特征拓扑结构、加工特征的空间位置约束关系、加工特征之间精度约束关系和工艺流程等工程知识信息，在此基础上，建立加工特征演变驱动的赋值型加权误差传递网络的拓扑结构；基于面向加工工序流的工况数据实时采集技术和工件质量在线/在位测量技术，获取反映工艺系统运行工况的过程数据并提取状态特征，结合建立的赋值型加权误差传递网络模型的拓扑结构，构建赋值型加权误差传递网络模型；采用复杂网络理论从工序流的角度分析网络的拓扑关系，定量分析网络节点之间的关联关系，确定影响工序质量的关键控制参数，在此基础上，基于工件多工序加工过程数据，分析加工特征形状和精度演变过程中的误差传递关系；通过分析上述关系，从质量特征层、单工序层、多工序层和工件层等不同层次建立误差波动灵敏度分析指标，分析工件加工误差波动状况，识别出影响加工质量的潜在误差源并确定改进优先

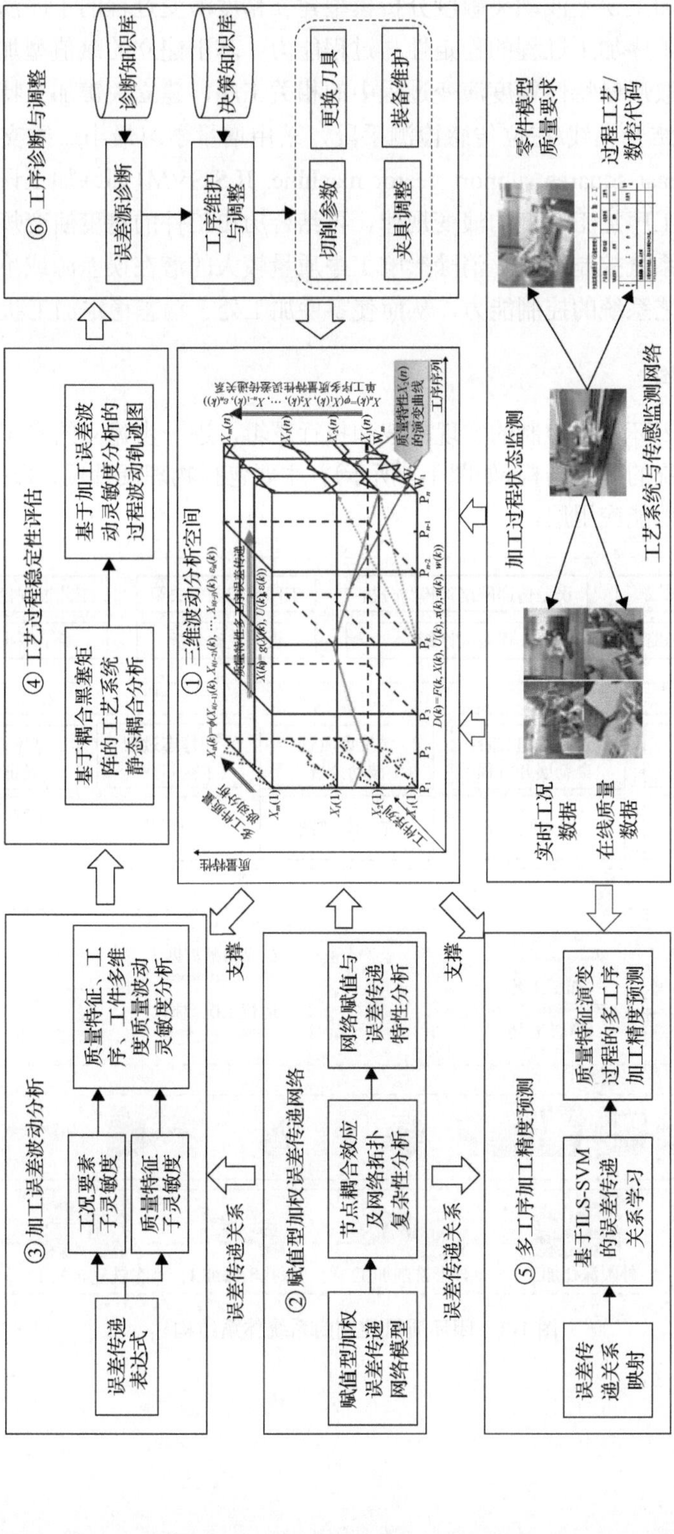

图1-2　闭环质量控制的执行逻辑

级；继而基于加工误差波动灵敏度分析模型建立精度演变过程的工序演变波动轨迹图，评估多工序加工过程的稳定性与过程能力；基于建立的赋值型加权误差传递网络模型提取质量特性精度演变过程中的相关工序，建立关键加工特征的精度演变子网络，结合在线/在位传感检测手段，采用增量学习最小二乘支持向量机(incremental least squares support vector machine, ILS-SVM)训练加工误差传递关系，并预测多工序加工精度的演变规律，再结合历史工件的精度演变规律，提供预测性的工艺系统控制决策，消除影响工序质量较大的潜在误差源或不确定性因素，提高对工艺系统的控制能力，从而使零件加工处于动态稳定加工状态。

1.2.3 体系结构

基于上述闭环质量控制的实现框架和执行逻辑，进一步建立的多工序加工过程质量控制系统的体系结构(如图 1-3 所示)，主要包括物理硬件层、数据基础层、技术支撑层和功能应用层。

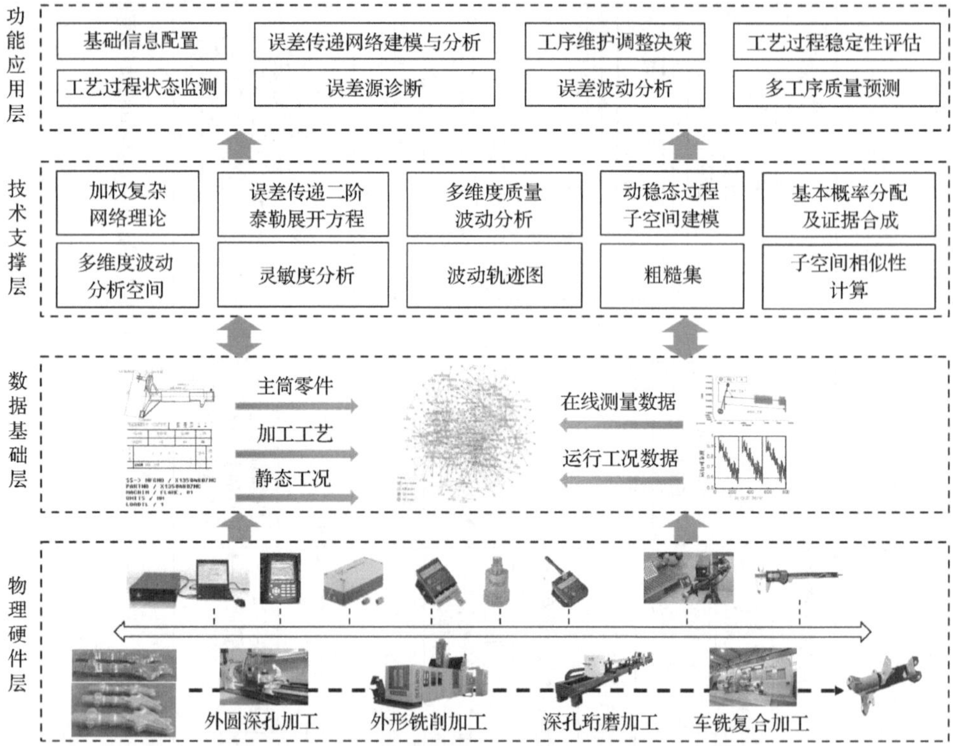

图 1-3　闭环质量控制的系统体系结构

1) 物理硬件层

物理硬件层包括加工设备、工件和数据采集设备等。加工设备主要包括工艺系统内的加工设备，如机床、刀具、夹具等。数据采集设备主要包括实现采集加工工况的传感器和在线测量质量数据的仪器设备。其中，采集工况要素的传感器分别用于测量机床几何运动误差、机床主轴及工作台振动、刀具振动、刀具温度、夹具及工件跳动等；质量数据采集设备用于采集多工序加工过程中各中间阶段和最终质量的空间点位信息，并转换为可以存储的特征数据。表 1-1 给出了采集各种工况要素所用的传感器类型。

表 1-1　采集各种工况要素所用的传感器类型

加工要素	工况要素	传感器
机床	几何运动误差	动态测试仪分析系统[4]
	工作台振动	三轴加速度传感器
刀具	刀具磨损/刀具振动	测力计、电流/功率传感器、加速度传感器、声发射传感器
	刀具温度	温度传感器、热敏电阻
	刀具破损	电流/功率传感器、声发射传感器
夹具	径向跳动误差	电涡流位移传感器、加速度传感器

2) 数据基础层

数据基础层用于存储与多工序加工过程相关的数据，它基于赋值型加权误差传递网络的数字化关系描述，主要包括质量要求、公差信息、工艺规程、切削参数等静态信息和数据采集设备采集的反映工艺系统运行状态的工况特征数据和质量特征数据。这些数据根据每个工件的加工过程序列存储到对应工件的赋值型加权误差传递网络中，形成结构化的关联数据，从而为后续质量控制方法和理论的实施提供数据基础。

3) 技术支撑层

技术支撑层是连接底层的数据基础层和上层的功能应用层的中间层，是实现质量控制系统各项功能的技术基础，为加工误差传递建模、误差波动分析、工艺过程稳定性评估和多工序加工精度演变预测等使能技术涉及的相关算法和模型提供支持。其中，与过程状态监测相关的技术包括工况数据特征提取、特征矩阵子空间提取、动稳态过程子空间建模和子空间相似性计算；与加工误差传递建模相关的技术包括加权复杂网络理论、多维度波动分析空间和粗糙集等；误差波动分析与工艺过程稳定性评估涉及的相关理论与技术包括误差传递二阶泰勒展开方程、灵敏度分析、多维度质量波动分析、工艺系统耦合分析和波动轨迹图等；多工序质量预测涉及的相关方法包括增量最小支持向量回归、非线性误差传递关系映射和多工序预测包络图等；与误差溯源相关的算法包括切削区域加工误差波动模式识别、诊断框架构造、基本概率分配及证据合成等。

4) 功能应用层

功能应用层是为系统用户提供各项功能的表现层，包括基础信息配置、误差传递网络建模与分析、工艺过程状态监测、误差波动分析、工艺过程稳定性评估、多工序质量预测和工序维护调整决策等模块。其中基础信息配置主要用于完成加工过程中资源信息、工艺信息和生产批次信息等基本信息的配置。

1.3 关键使能技术

高端装备关键零件的多工序加工过程质量控制方法研究包含众多控制理论和关键技术研究，受限于篇幅和作者目前的研究进展，本书将研究重点聚焦于多工序加工过程误差传递描述建模、加工误差波动与工艺过程稳定性评估、多工序加工精度演变预测、误差消减决策及动稳态闭环控制等理论方法的研究，并对上述理论方法和技术进行有效集成。

1.3.1 工序流误差传递建模与关键控制节点识别技术

高端装备关键零件如飞机起落架外筒的结构趋于复杂化和整体化，导致其制造工艺难度大、加工过程复杂。结合零件加工特征与加工要素的耦合作用，分别从有形的加工特征与加工要素、无形的质量特征与工况要素两个层面建立描述多工序加工过程的赋值型加权误差传递网络的拓扑结构；通过引入工艺系统运行的工况数据和不同阶段的质量数据到赋值型加权误差传递网络，实现每个零件多工序加工过程的数字化描述。该网络模型不但表达了零件加工过程中工艺系统的各个要素间的耦合关系，而且根据制造数据的关联关系实现了数据的结构化表达。在此基础上引入加权复杂网络理论，分别从拓扑关系和误差传递特性两个层面分析高端装备关键零件多工序加工误差传递规律的复杂性及加工精度的演变规律。

1.3.2 工序流误差波动灵敏度分析技术

关键加工工序及关键加工特征是决定高端装备关键零件质量的重要环节，因此如何识别影响加工质量的不确定性因素和潜在误差源并确定改进优先级，从而保证加工过程的稳定显得尤为重要。关键工序流的加工误差波动分析为数字化环境下的零件实验件及批次件加工过程的薄弱环节和要素的识别提供了技术支撑。本书中采用误差传递二阶泰勒展开方程对非线性误差传递关系进行建模和求解，通过引入灵敏度分析方法从质量特征、工序和工件等层次实现了工艺系统薄弱环节的识别；对工艺系统要素的耦合特性进行了分析，获得了工艺系统各要素的最强耦合方向及灵敏度对加工质量的不确定性；在此基础上，基于加工误差波动分析和耦合特性分析结果，从工序过程稳定度和演变过程波动度两个维度构建了加工特征演变过程中的工序演变波动轨迹图，实现了工艺过程的稳定性评估，从而为数字化加工环境下的高端装备关键零件的加工误差波动分析与工艺过程稳定性评估提供了理论依据。

1.3.3 动态稳定加工过程能力评估技术

定量评估加工过程当前时刻或可以预期的未来能否满足零件规格要求的能力是决定是否需要对工艺系统进行维护或调整的重要依据。过程能力评估的本质是“过程能够做的”(过程能力)与“过程需要做的”(零件规格要求)之间的适应性评估。由于零件的规格要求已知，所以过程能力评估的核心问题是对“过程能够做的”的有效评估。在统计过程控制中，直接把过程处于稳定状态时标准差的三倍作为过程能力，并将其与被加工零件的规格限之比称为过程能力指数。在过程数据驱动的小批量加工质量控制中，需要结合工况数据研究新的过程能力评估的思路和途径。基于加工误差灵敏度分析进行过程能力评估的基本思想是将加工误差视为工艺系统对输入误差的动态响应，并利用加工误差对输入误差的灵敏度反映工艺系统的服役性能。首先，建立输入误差与加工误差之间的误差传递模型，并进行加工误差的灵敏度分析；然后，利用加工误差灵敏度和零件的规格限要求求解输入误差的安全波动空间，并将其与输入误差实际允许的波动空间进行比较以得到加工的过程能力指数。其中，涉及的关键技术有小样本下误差传递建模、加工误差的灵敏度分析及误差灵敏度映射到过程能力指数的方法。

1.3.4 多工序加工过程质量在线预测技术

质量预测作为一种质量控制手段，是对零件质量进行预测性控制的重要手段。零件加工数量积累到一定程度，可以建立相对精确的非线性误差传递关系拟合模型。为降低高端装备关键零件的质量损失风险，需要对零件加工质量进行预测控制，建立以最终质量为控制目标的多工序加工精度演变预测模型，进而对零件后续工序的加工质量进行提前判断，并通过耦合误差波动分析结果和多工序预测分析结果，消除工艺系统中的异常因素。本书中基于赋值型加权误差传递网络模型提取加工特征精度演变过程中的关联节点，建立了加工特征演变子网络模型；基于 ILS-SVM 对非线性误差传递关系进行拟合，构建了以最终质量为控制目标的多工序加工质量预测包络图模型。

1.3.5　误差消减决策及动稳态闭环控制技术

本书从加工过程误差消减的角度，针对多工序加工过程，解决多工序质量波动及工序质量缺陷问题。本书在多工序加工质量的波动分析的基础上，提出了多工序质量改进策略，并在多工序误差传递的状态空间模型基础上，对工艺系统中加工特征节点的实时加工状态进行建模，同时对刀具磨损状态进行监控和预测，提出了工序过程可控参数优化决策模型，从而对工艺参数进行修正，以达到工序加工误差消减的目的。

1.4　本书内容安排

全书共 6 章，分别对装备关键零件的多工序加工质量控制方法中涉及的理论和方法进行介绍，各章内容介绍如下。

第 1 章绪论，主要介绍装备关键零件加工过程质量控制提出的研究背景、特征与内涵以及研究意义等；论述实现动态稳定条件下装备关键零件加工过程闭环质量控制的实现框架与执行逻辑和相应的体系结构。

第 2 章工序流误差传递网络构建与加工过程数据获取，针对装备关键零件的多工序加工过程，建立加工特征形状和精度演变过程的赋值型加权误差传递网络模型，实现工件多工序加工过程的数字化描述；介绍基于工况数据特征子空间的加工过程状态评估与监测的逻辑框架，实现利用工况数据对加工过程的状态监测。

第 3 章工序流误差传递关系解算及复杂性分析，从网络拓扑特性分析和误差传递特性分析两个角度定量评估误差传递规律的复杂性；为揭示误差信息在工序流中的演变特性，在加权误差传递网络模型的基础上，揭示不同演变规则下的多工序加工过程动态演变规律，从宏观角度研究多工序制造过程的加工质量动力学特性。

第 4 章加工质量的灵敏度分析及工序流动态过程能力评估，将灵敏度分析理论引入加工误差波动分析，建立描述工序质量与误差因素间关联关系的误差传递二阶泰勒展开方程，分别从质量特征层、单工序层、多工序层和工件层等四个层次建立灵敏度指标，综合分析加工误差的波动状况；在此基础上，提出基于加工误差灵敏度分析的过程能力评估的逻辑框架，通过比较输入误差的安全波动空间与实际波动空间的适应性定义过程能力指数，实现对小批量加工过程的能力评估。

第 5 章加工过程调整与工艺改进，基于赋值型加权误差传递网络，构建多工序加工质量预测包络图模型，实现以最终质量为控制目标的精细化质量控制，以提高零件质量的一致性；在分析复杂难加工零件切削区域加工误差变化特点的基础上，建立零件切削区域质量特性运行图，采用证据理论将多个波动模式提供的证据信息进行融合，并按照相应的融合规则做出诊断决策。

第 6 章多工序质量控制系统的研发，基于上述研究理论和方法，采用 JSP+JavaScript 语言集成开发一个软件原型系统，并用飞机起落架关键零件的实际运行案例来验证书中所提出的模型、方法的可行性和有效性。

第 2 章　工序流误差传递网络构建与加工过程数据获取

2.1　加工特征演变驱动的赋值型加权误差传递网络拓扑建模

由于工序流中工序和要素之间的复杂关系是耦合和非线性的，实现误差传递关系的精确建模是分析多工序加工过程中过程误差和工件质量复杂耦合关系的重要基础，尤其是对于具有复杂结构和采用超强合金钢材料的飞机起落架外筒等高端装备零件，因恶劣工况和频繁换刀产生的动态误差使得零件的多工序加工过程更加复杂。复杂网络理论是一种用于分析复杂系统中耦合关系的有效方法，因此，基于复杂网络理论提出的一系列基于加工特征演变的误差传递网络模型[5-10]可用于分析多工序加工过程中的误差生成、累积和传递规律。在这些模型中，工件质量与许多工况要素如机床、刀具、夹具甚至传感监测元件之间的关系被明确描述。表 2-1 给出了当前误差传递网络模型的贡献和局限性。

表 2-1　当前误差传递网络模型的贡献和局限性

模型	包含节点类型	贡献	局限性
MEPN[5]	加工特征、加工要素	引入复杂网络理论表达多工序加工过程中的误差传递	半定量分析、特征级分析
D-MEPN[6]	工序节点、加工工况	采用状态改变方法管理加工过程中的加工状态改变	过程级分析、分析需要大量数据
基于 MEPN 的质量预测模型[7]	加工特征、加工要素、质量特性	引入质量特性到误差传递网络中	忽略了加工要素的状态、分析需要大量数据
AEPN[8]	加工特征、加工要素、质量特征	考虑加工要素的状态变化对质量特征的影响	加工要素的状态无有效的分类
MSN[9]	加工特征、加工要素、工况要素	引入检测传感要素到误差传递网络中，实现加工过程数据的采集	半定量分析、特征级别分析
EMEPN[10]	加工特征、加工要素、质量特征、工况要素	建立包含加工特征、加工要素、质量特征、工况要素等四类节点的赋值型加权误差传递网络	定量分析、要素级分析

误差传递网络模型是通过提取蕴藏在工艺系统、零件模型和质量要求中的工艺信息，抽象节点和边建立起来的描述工艺系统执行逻辑和系统中元素相互耦合

关系的有向图模型。为了定量描述误差传递关系，分别从工序层和工序属性层描述网络节点间的关系，建立赋值型加权误差传递网络。在此基础上，利用工况数据和各阶段质量数据，分别从拓扑特性和误差传递特性两个方面实现误差传递复杂性分析、加工误差生成和传递机理提取，为后续质量控制理论和方法的实施提供建模和数据基础。

2.1.1 元素定义

1. 节点

1) 加工特征

零件加工特征(machining form feature, MFF)是零件加工的基本单位，表示工件表面的几何形状及其拓扑关系。一个复杂零件包含多个不同的加工特征。作为加工特征的精度描述，质量特征可以看成加工特征的属性。一个加工特征包含一个或多个质量特征。在复杂零件的多工序加工过程中，加工特征的状态不断变化，本质上是质量特征变化的过程。因此，加工特征之间的影响可延伸为加工特征所附属的质量特征之间的影响。

2) 质量特征

质量特征(quality feature, QF)定义为一个质量信息集合，其含有的参数包括公称要求、公差和实际误差。公称要求表示设计过程中确定的公称尺寸或形位要求；公差表示机械加工过程中零件几何参数的允许变动范围；实际误差表示加工过程中所测量的实际值相对于理想值的偏差。所有的质量特征可以分为两个主要类型：自相关质量特征和关联质量特征。自相关质量特征用于描述一个没有参考基准的加工特征的精度要求，如定形尺寸、直线度、圆度、圆柱度和表面粗糙度等。关联质量特征用于描述有基准关系的多个加工特征的精度要求，如定位尺寸、平行度、同轴度和圆跳动等。表2-2给出了几个典型的质量特征类型和演示实例。

3) 加工要素

加工要素(machining element, ME)是引起工序质量特性误差的直接误差来源，主要包括机床、刀具和夹具等。加工要素在使用过程中产生的误差通常具有不同数据类型和不同尺度的差异性特征，同一个加工要素的误差也具有多种工程表象特征。通过系统分析加工要素对工件质量的影响，考虑分析加工引起的偏差(machining-induced variations，主要包括运动误差、热变形误差、机床振动、力变形误差和跳动误差)来判断加工工艺系统的动态运行状态[11-13]。在实际加工过程中，加工要素的动态运行状态是随着时间不断变化的，因此可通过不同的传感器采集信号，再将这些信号转化为可以足够描述加工状态的特征信息[14, 15]。

表 2-2　典型的质量特征类型和演示实例

质量特征类型		演示实例	形式化表达
自相关质量特征	定形尺寸	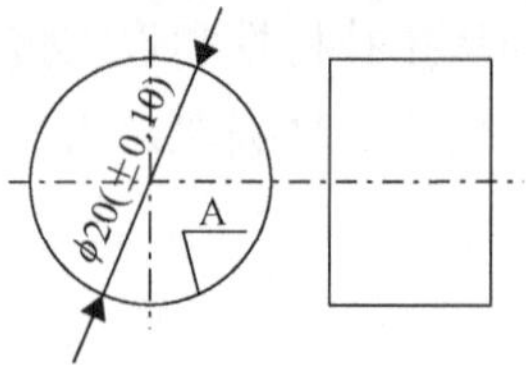	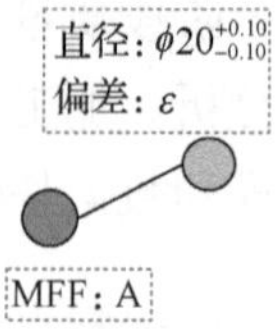
	圆度	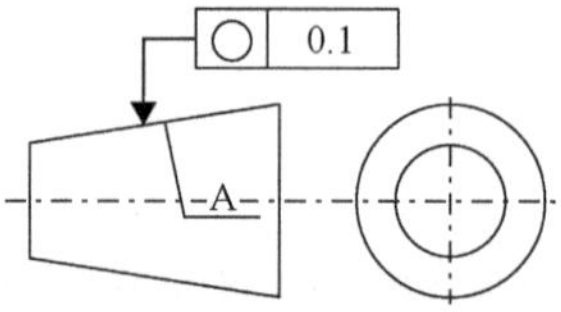	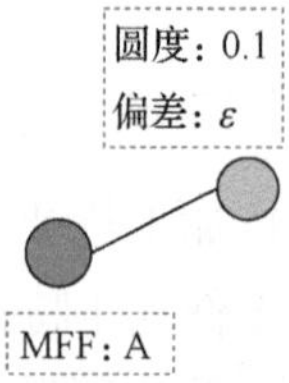
	圆柱度	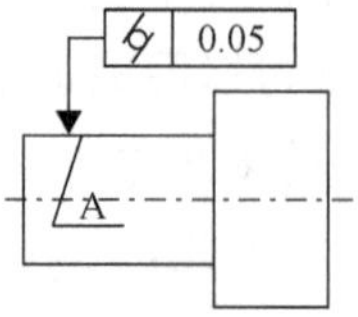	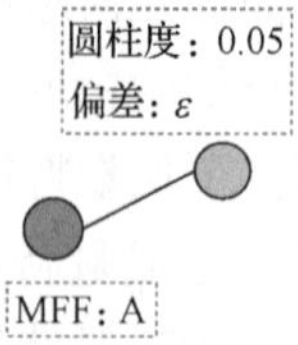
关联质量特征	定位尺寸	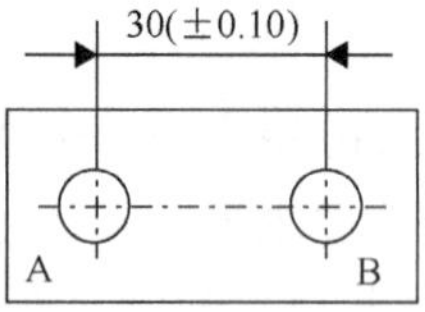	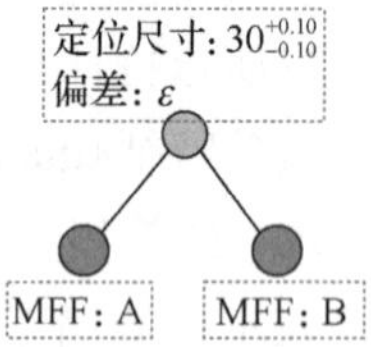
	平行度	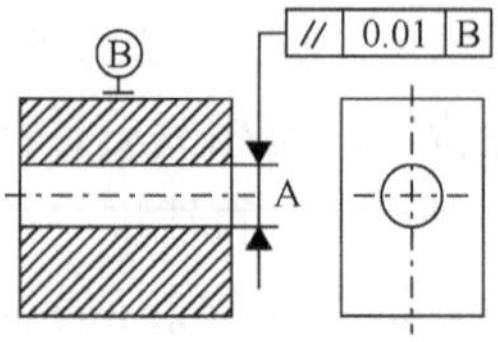	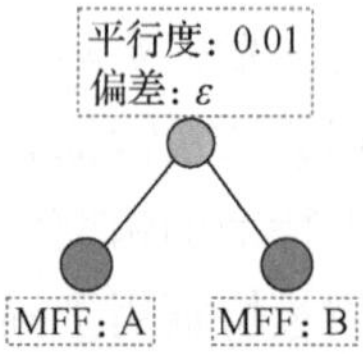
	同轴度	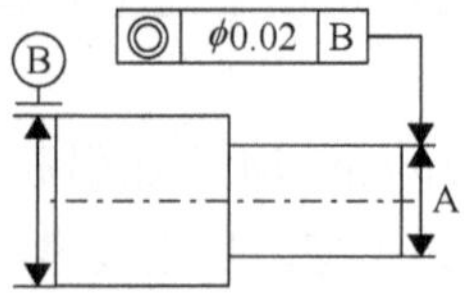	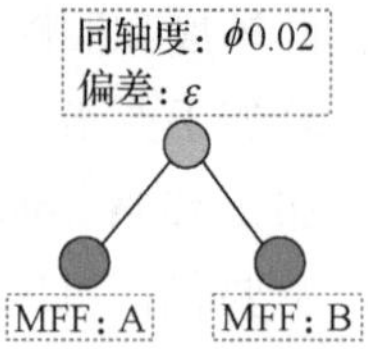

4) 工况要素

工况要素(state element, SE)定义为加工要素的属性，通过监测切削力、振动、温度和电流等源于工件和加工要素相互作用的工况信号，提取相应的传感器信号特征，并间接推断加工要素的运行状态。表 2-3 系统性地描述了与加工要素相关的一般工况要素。

表 2-3　一般工况要素的系统性描述

加工要素	工况要素	描述
机床（machine tool，MT）	运动误差	利用齐次坐标变换原理对数控机床进给轴的内置信号进行变换分析，获得机床空间加工轨迹，从而实现机床几何误差的评价
	热变形误差	考虑主轴系统的温度变化对加工精度的影响
	机床振动	在切削加工时，机床强烈的颤振使其运行状态落入不稳定区域，从而导致加工工件的表面质量恶化和几何形状误差
刀具（cutting tool，CT）	刀具磨损	刀具磨损造成的几何误差采用刀具振动来间接描述
	热变形	刀具热变形造成的刀具热伸长
	力变形	切削力导致的刀具变形造成的几何误差
夹具（fixture tool，FT）	跳动误差	径向圆跳动是零件车削或镗削加工中夹具的主要误差源

2. 边

1) 演化关系

一个加工特征最终质量要求的实现通常需要不止一个加工阶段。例如，孔特征的加工通常包含三个阶段(钻孔 A1、扩孔 A2 和铰孔 A3)。边的方向定义为演化关系 A1→A2→A3。

2) 定位关系

在多工序加工过程中，定位基准是实现零件加工不可或缺的部分。例如，有三个彼此相互垂直的加工特征 B1、C1 和 D1，如果以加工特征 C1 和 D1 为定位基准加工 B1，则它们之间的边定义为定位关系 C1→B1 和 D1→B1。

3) 加工关系

鉴于不同加工精度和类型的要求，不同加工阶段中的加工特征通常采用不同的加工要素。这类节点之间的边定义为加工关系 MEs→MFFs。

4) 属性关系

一个加工特征通常包含一个或多个质量特征，这种加工质量特征和其附属的质量特征之间的耦合关系定义为属性关系 MFF↔QFs。相似地，不同的工况要素用于描述加工要素的服役状态以完成不同工序加工特征的加工。这类存在于加工要素和工况要素之间的耦合关系定义为属性关系 ME↔SEs。

3. 权重

基于复杂网络理论，赋值型加权误差传递网络图可以通过给定的邻接矩阵描述，当节点之间连接存在时，一个 $N\times N$ 的邻接矩阵中元素 $a_{ij}\,(i,j=1,2,\cdots,N)$ 等于 1，否则等于 0[16]。在复杂网络分析中，a_{ij} 用于描述节点之间的拓扑关系。为了定量分析不同节点之间的耦合关系，边的权重被引入赋值型加权误差传递网络中，权重的值代表不同节点之间的影响程度。因此，书中定义初始权重 w_{ij}^0 等于 a_{ij}，用于研究赋值型加权误差传递网络的拓扑特性。如果节点 i 和节点 j 之间存在耦合关系($i \to j$)，则初始权重 w_{ij}^0 等于 1，否则等于 0。对于不同零件网络节点间的影响特性随着不同加工状态的变化而变化，将在后述章节中研究赋值型加权误差传递网络的动态物理特性。

2.1.2 模型的形式化描述

赋值型加权误差传递网络可以描述为式(2-1)所示的三元组：

$$G = \{V, E, W\} \tag{2-1}$$

式中，$V = \{v_1, v_2, \cdots, v_N\}$ 表示一个包含加工特征、质量特征、加工要素和工况要素的节点集；$E = \{e_1, e_2, \cdots, e_M\}$ 表示上述 4 类节点间的边集，元素 $e_i (i = 1, 2, \cdots, M)$ 表示网络中不同节点间的耦合关系；$W = \{w_1, w_2, \cdots, w_M\}$ 表示网络节点间边的权重集合，元素 $w_i (i = 1, 2, \cdots, M)$ 定量描述边 i 之间存在的影响系数。

图 2-1 给出了一个两层模型。对这两层模型的详细讨论具体如下。

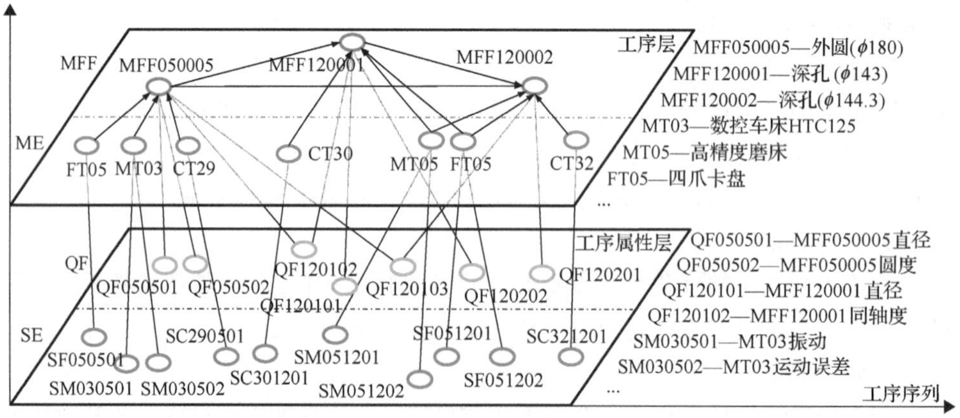

图 2-1　赋值型加权误差传递网络的两层模型

1) 工序层

工序层通常包含一系列加工特征和加工要素节点，并可以描述为 $\mathrm{PL} = \{F_1, F_2, \cdots, F_n, \mathrm{ME}_1, \mathrm{ME}_2, \cdots, \mathrm{ME}_m\}$。这里，工件第 i 个加工特征被描述为 F_i $(i=1,2,\cdots,n)$，工序流中第 j 个加工要素表示为 ME_j $(j=1,2,\cdots,m)$。

2) 工序属性层

工序属性层通常包含一系列质量特征和工况要素节点。对于关键加工特征 i，一个或多个质量特征用于描述加工特征的精度信息。因此，加工特征 F_i 的第 r 个质量特征 QF_{ir} 可以描述为

$$\mathrm{QF}_{ir}=\{n_{ir},t_{ir},d_{ir}\} \tag{2-2}$$

式中，n_{ir} 表示尺寸、形状和位置精度在设计阶段的工程要求；t_{ir} 表示 n_{ir} 的允许变动范围；d_{ir} 表示 n_{ir} 工程要求值和测量值之间的偏差。对于一个具体的加工要素，一个或多个工况要素用于描述其在不同时刻的运行状态。因此，加工要素 ME_j 的第 s 个工况要素可以描述为 SE_{js}。

在工序层中，加工特征和加工要素之间的关系可描述工序之间元素的结构连接和拓扑关系，并且强调不同工序中实体特征之间的联系是构建赋值型加权误差传递网络的核心。在工序属性层，质量特征和工况要素是工序层中加工特征和加工要素的定量描述，这两类节点是实现模型定量描述的关键部分。

2.1.3　加权网络模型构建

本节通过把复杂网络相关理论引入多工序加工过程，采用图论的方法建立加工特征、质量特征、加工要素和工况要素的有向图模型，据此形成多工序加工过程的赋值型加权误差传递网络。其具体构建过程如下。

步骤 1　建立包含加工特征和加工要素节点的误差传递网络。

建立基于加工特征的误差传递网络图 G_F 可描述为

$$G_F=\left\{\{F,\mathrm{ME}\},E_{FM}\right\} \tag{2-3}$$

式中，$F=\{F_1,F_2,\cdots,F_n\}$ 表示加工特征集合，n 表示加工特征的数量；$\mathrm{ME}=\{\mathrm{ME}_1,\mathrm{ME}_2,\cdots,\mathrm{ME}_m\}$ 表示加工要素节点集，$\mathrm{ME}_i=\{\mathrm{ME}_{i1},\mathrm{ME}_{i2},\cdots,\mathrm{ME}_{iS_i}\}$ 表示加工特征 F_i 的加工要素节点集，S_i 表示加工特征 F_i 的加工要素节点数；$E_{FM}=\{e_{FM_1},e_{FM_2},\cdots,e_{FM_l}\}$ 表示加工特征-加工要素的边集，l 表示加工特征-加工要素的边数。

步骤 2　建立质量特征子网络和工况要素子网络。

零件的质量特征不能单独存在，需依附于加工特征。加工特征被质量特征所描述，如完成粗车工序的轴具有直径、圆柱度和圆度等质量特征。通过抽象加工特征节点及其附属的质量特征节点，形成质量特征子网络。基于加工特征 F_i 的质量特征子网络 G_{F_i} 可表达为

$$G_{F_i}=\left\{\{F_i,Q_i\},E_{FQ_i}\right\} \tag{2-4}$$

式中，$Q_i=\{\mathrm{QF}_{i1},\mathrm{QF}_{i2},\cdots,\mathrm{QF}_{ir},\cdots,\mathrm{QF}_{iR_i}\}$ 表示加工特征 F_i 的质量特征集，质量特征点 QF_{ir} 从属于加工特征 F_i，R_i 表示加工特征 F_i 的附属质量特征的数量；$E_{FQ_i}=\{e_{FQ_{i1}},e_{FQ_{i2}},\cdots,e_{FQ_{ir}},\cdots,e_{FQ_{iR_i}}\}$ 表示加工特征 F_i 与附属质量特征 QF_{ir} 的边集，其中 $e_{FQ_{ir}}$ 表示边集 E_{FQ_i} 的第 r 条无向边。

同样地，工况要素用于描述机床等加工要素的运行状态，也附属于加工要素。通过抽象加工要素节点及其附属的工况要素节点，形成工况要素子网络。基于加工要素ME_j的工况要素子网络G_{M_j}可表达为

$$G_{M_j}=\left\{\left\{\mathrm{ME}_j,\mathrm{SE}_j\right\},E_{MS_j}\right\} \tag{2-5}$$

式中，$\mathrm{SE}_j=\{\mathrm{SE}_{j1},\mathrm{SE}_{j2},\cdots,\mathrm{SE}_{js},\cdots,\mathrm{SE}_{jS_j}\}$表示加工要素$\mathrm{ME}_j$的工况要素集，工况要素点$\mathrm{SE}_{js}$从属于加工要素点$\mathrm{ME}_j$，$S_j$表示加工要素$\mathrm{ME}_j$的附属工况要素的数量；$E_{MS_j}=\{e_{MS_{j1}},e_{MS_{j2}},\cdots,e_{MS_{js}},\cdots,e_{MS_{jS_j}}\}$表示加工要素$\mathrm{ME}_j$与附属工况要素$\mathrm{SE}_{js}$的边集，$e_{MS_{js}}$表示边集$E_{MS_j}$的第$s$条无向边。

步骤 3　合并子网络，建立包含 4 类节点的赋值型加权误差传递网络。

对于误差传递网络G_F、质量特征子网络G_{F_i}和工况要素子网络G_{M_j}，有$E_{FM}\cap E_{FQ_i}\cap E_{MS_j}=\varnothing$，$\{F,\mathrm{ME}\}\cap\{F_i,Q_i\}\cap\{\mathrm{ME}_j,\mathrm{SE}_j\}\neq\varnothing$，即各网络有相同的节点，但边不相交，将误差传递网络、质量特征子网络和工况要素子网络相同的节点合并，形成包含加工特征、质量特征、加工要素和工况要素 4 类节点的赋值型加权误差传递网络。其形成过程的形式化描述如式(2-6)所示：

$$\begin{aligned}G&=\{V,E,W\}=G_F\cup G_{F_1}\cup\cdots\cup G_{F_n}\cup G_{M_1}\cup\cdots\cup G_{M_m}\\&=\{\{F,\mathrm{ME}\},E_{FM}\}\cup\{\{F_1,Q_1\},E_{FQ_1}\}\cup\cdots\cup\{\{F_n,Q_n\},E_{FQ_n}\}\\&\quad\cup\{\{\mathrm{ME}_1,\mathrm{SE}_1\},E_{MS_1}\}\cup\cdots\cup\{\{\mathrm{ME}_m,\mathrm{SE}_m\},E_{MS_m}\}\end{aligned} \tag{2-6}$$

式中，$V=\{F_i,Q_i,\mathrm{ME}_j,\mathrm{SE}_j\}$（$i=1,2,\cdots,n$；$j=1,2,\cdots,m$）表示网络节点集；$E=\{e_1,e_2,\cdots,e_M\}$表示网络边集，$M$表示各网络合并后边的个数。

步骤 4　网络赋值。

为了完成赋值型加权误差传递网络的实例化，即实现每个零件网络的数据赋值，质量特征的工程要求值和公差要求值可以在实际加工之前被分配到网络中对应的节点；而该零件质量特征的偏差值需要在加工后分配到网络中对应的节点；由于机床等加工要素的运行性能动态变化，所以在完成加工后需要将传感器的信号特征提取结果作为工况要素的运行状态分配到网络中对应加工要素的工况要素节点中；随着该零件的加工完成，最终形成描述一个零件的多工序加工过程的赋值型加权误差传递网络。图 2-2 给出了赋值型加权误差传递网络的生成流程。

图 2-3 是某飞机起落架扭力臂零件的加工上下两孔的工序图，先后加工上孔和下孔，两孔除了各自有尺寸要求外，还有同轴度要求。通过对上述 2 步工序建模，形成如图 2-4 所示的赋值型加权误差传递网络图。

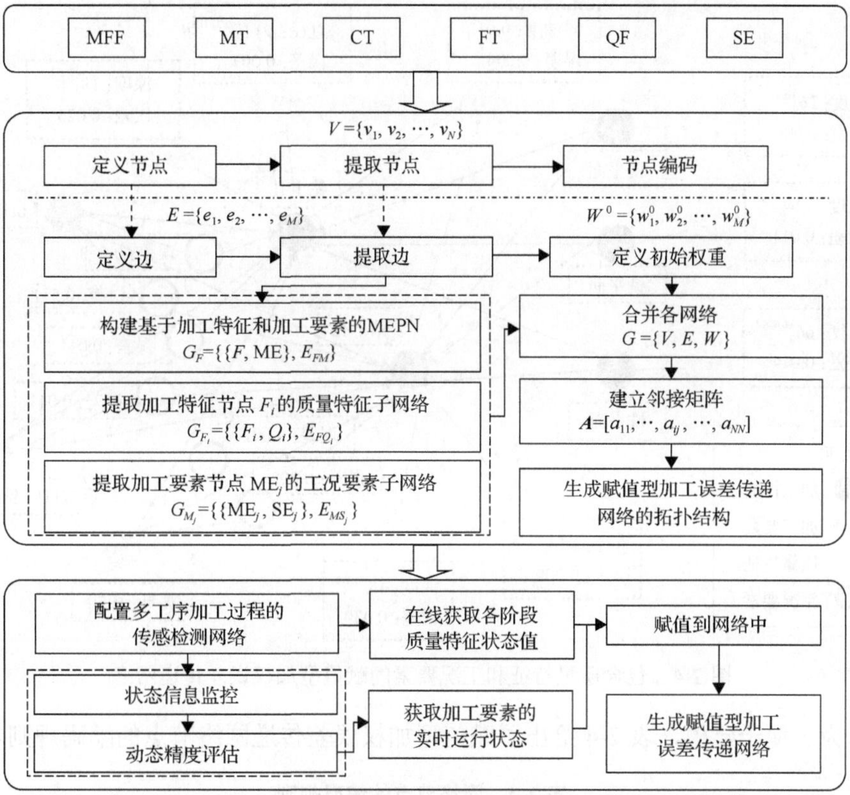

图 2-2　赋值型加权误差传递网络的生成流程

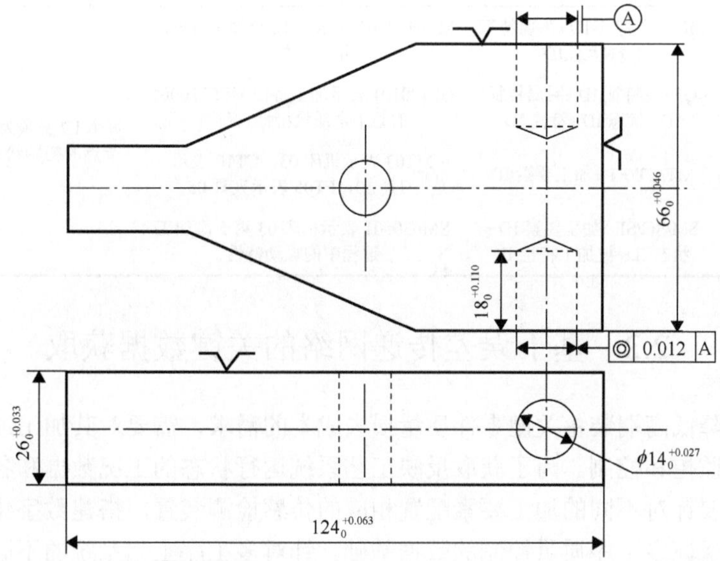

图 2-3　扭力臂零件的加工上下两孔工序图(图中尺寸单位均为 mm)

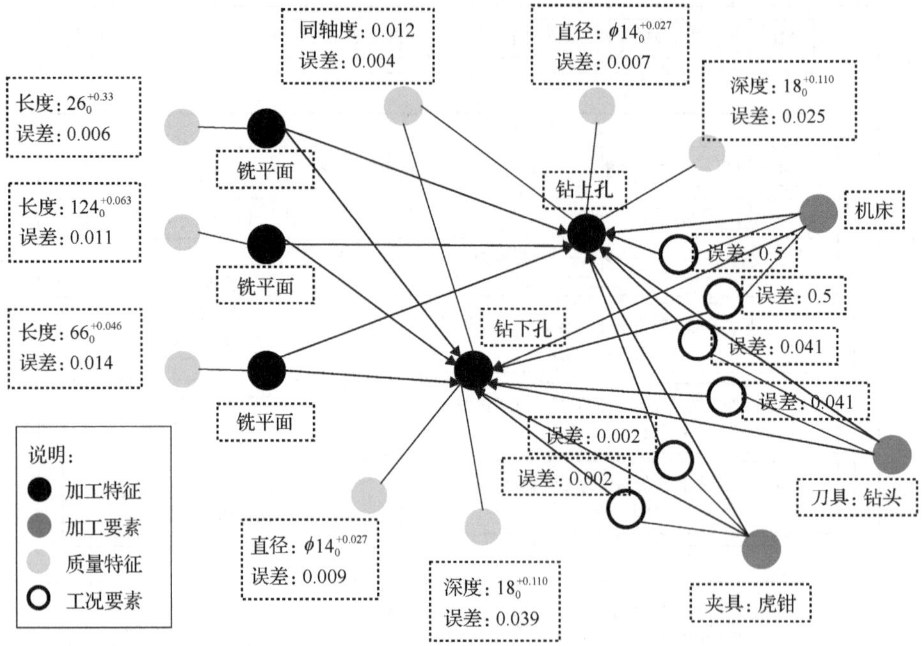

图 2-4　包含质量特征和工况要素的赋值型加权误差传递网络

为了便于建模，表 2-4 给出了赋值型加权误差传递网络节点的编码规则。

表 2-4　网络节点的编码规则

节点类型	编码规则	例子	备注
MFF	MFF+主特征 ID+附属特征 ID+状态 ID	MFF120001 表示第 12 个加工特征的第 1 次加工	每个 ID 必须为两位数，且节点的初始状态定义为 00
QF	QF+主特征 ID+附属特征 ID+状态 ID+特性 ID	QF120101 表示加工特征 MFF120001 的第 1 个质量特性(直径)	
ME	MT/CT/FT+加工要素 ID	MT03 表示机床 03，CT10 表示刀具 10，FT05 表示夹具 05	
SE	SM/SC/SF+加工要素 ID+状态 ID+被加工特性 ID	SM030501 表示机床 03 第 5 次加工过程中的振动特性	

2.2　基于误差传递网络的关键数据获取

根据降低高端装备关键零件质量损失成本的需求，需要对其加工过程进行更加全面的监控和控制。为了获取反映工艺系统运行状态的工况数据和各阶段质量数据，需要针对不同的加工要素配置相应的传感检测装置，搭建数字化的数据采集环境，保证多工序质量控制的数据基础。针对多工序工艺系统的不同要素配置相关传感监测装置[10]，采集相关的工况数据和质量数据。图 2-5 给出了高端装备关键零件的数字化数据采集环境的配置示意图。在该数字化制造环境中，标记工件信息的 RFID 标签，配合不同工位的 RFID 读写设备采集工件位置信息和相应的加工状态信息，并携带与该工件相关的质量控制信息，该设备是连接加工特征演变过程中不同工序的物理层基础；振动传感器、电涡流位移传感器、机床动态测试仪、电流传感器等用于采集工艺系统工况信息；数显卡尺/千分尺、双目立体视觉采集系统[17, 18]、三坐标测量机等用于在线/在位采集各阶段质量数据。采用数量卡尺或千分尺可以获得长度、直径等相对简单的质量特性数值，而双目立体视觉采集和三坐标测量这两种方式需要采集空间点位坐标，继而通过算法解算空间形状位置精度，也可以获得精度数值。

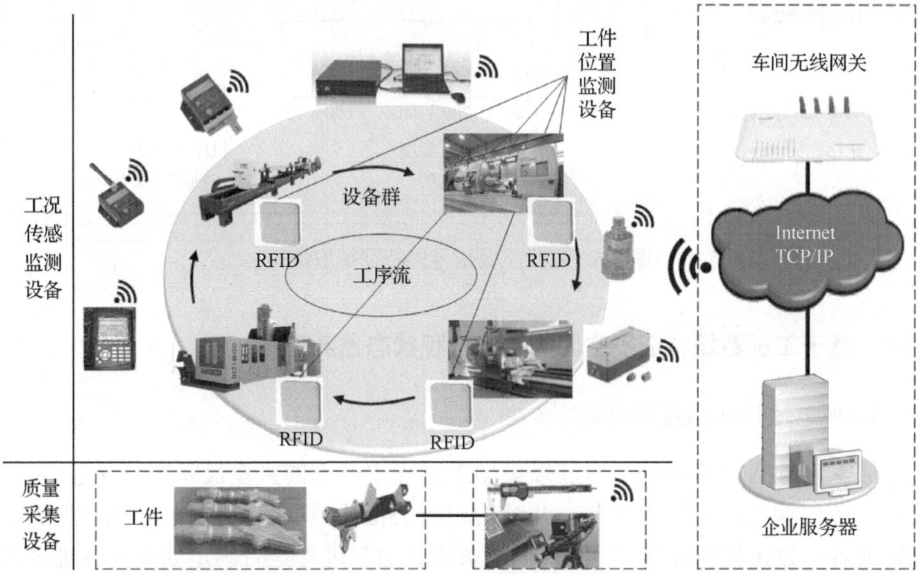

图 2-5　高端装备关键零件的数字化数据采集环境的配置示意图

本节主要分析工况信息的特征提取方法。用于监控加工过程的传感检测手段有两种典型的方法，分别是采用超声波、光学、激光等的直接测量方法和采用传感器采集切削力、振动、温度、电流等信号推断工况状态的间接测量方法[15]。直接测量方法由于具有局限性，不能用于加工过程中的实时测量，需要采用传感器采集信号间接推断工况状态。为了保证数据的有效性，采用如图 2-6 所示的特征提取流程，通过前述传感监测设备的配置，采用成熟的工况数据采集和处理方法实现加工过程中电机功率[19-21]、电流[22, 23]、加速度[24-27]、位移[4, 28]、切削温度[29-31]等传感信号的测量，继而推断切削力、机床振动、机床几何误差、刀具振动、刀具磨损、夹具跳动等工况要素的状态。

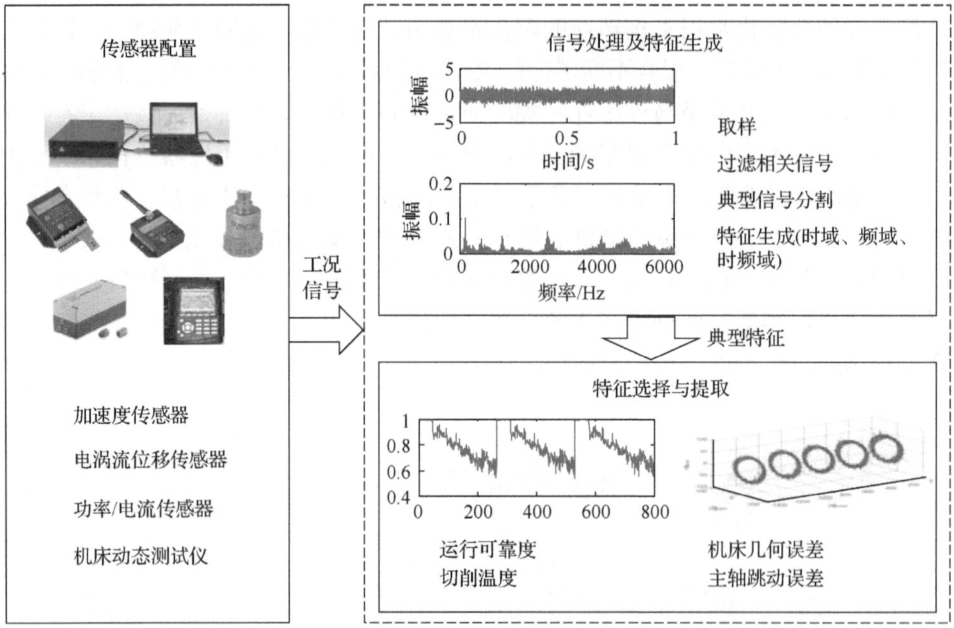

图 2-6　基于工况信号的特征提取流程

2.2.1　基于工况数据特征子空间的加工过程状态监测框架

1. 加工过程状态监测概述

加工过程状态监测是指通过采集加工过程中产生的大量反映加工状态的工况数据或过程输出，即加工误差，并经过相应的特征提取、分析和处理后进行模式识别或者与设定阈值比较，以判断工艺系统或加工过程是否满足期望的性能要求。当加工过程处于异常状态时，工艺系统的服役性能下降，从而影响加工质量和生产效率，甚至可能缩短机床的使用寿命。因此，加工过程状态监测无论对保持机床性能还是对保证加工质量，防止因刀具磨损、夹具松动等异常工况导致的工件报废都具有重要意义。尤其是复杂难加工零件的加工过程，更需要通过过程监测保证加工质量的一致性，从而减少或避免因加工误差导致零件报废而引起的高昂成本损失。广义的加工过程监测包括机床状态监测、刀具状态监测、加工质量监测和过程状态监测。机床状态监测往往通过机床内置的传感器实现对主轴部件、导轨、伺服系统和机床动态性能的监测。刀具状态监测是指利用工况数据或者在线测量的方式监测刀具的磨损或破损状态，以提醒操作工人及时更换刀具，从而避免因刀具问题导致的质量事故发生。加工质量监测是指采用统计过程控制技术直接监测加工误差的波动状况，从而判断加工过程是否失控。刀具状态监测和加工质量监测可以通过直接法和间接法实现。直接法是利用激光、超声波或光电技术对刀具的磨损量或工件的尺寸偏差和表面精度进行测量，这种方法成本很高且很难用于在线在位监测。间接法则是利用状态监测所采集的工况数据间接推断刀具状态或预测加工误差。加工过程状态监测是通过采集加工过程中产生的切削力、振动、温度、电机电流/功率等工况信号对整个加工过程进行监测，以确定加工过程是否处于不受异常因素干扰的稳定状态，这些异常因素包括机床性能下降、刀具磨损、夹具磨损及工件装夹偏斜等。由此可以看出，无论是机床状态监测还是刀具状态监测，其目的都是保证加工质量，而且加工过程状态监测实际上是设备状态、刀具状态以及由机床-刀具-夹具-工件组成的工艺系统动态特性的综合反映，直接表征了工艺系统的服役性能；同时，加工过程状态监测与加工质量监测在本质上是相同的，只不过前者是对工艺系统服役性能的间接反映。随着计算机技术、传感器技术、信号处理技术和人工智能技术在数控加工中的广泛应用，利用各种传感器采集相应工况信号进行刀具状态监测甚至整个加工过程状态监测的研究和应用越来越多。

2. 工况数据与加工过程状态、质量的关系

工况数据受切削参数、过程状态、设备动态性能等因素的影响，如切削深度增加会导致切削力随之增加、刀具破损可使切削振动加强，因此工况数据直接表征了加工过程状态的变化，加工过程的异常状态可以通过工况数据的变化反映出来。同时，加工过程状态又直接影响加工质量的形成，如切削力、切削热导致的工件和刀具变形使得刀具轨迹偏离理想位置引起加工误差等。因此，加工过程中产生的工况数据蕴含着丰富的产品质量信息，工况数据的变化轨迹不仅体现了加工过程状态的变化，而且间接表征了产品质量的波动状况[32]。加工过程工况数据、加工过程状态和质量水平之间的关系如图 2-7 所示。

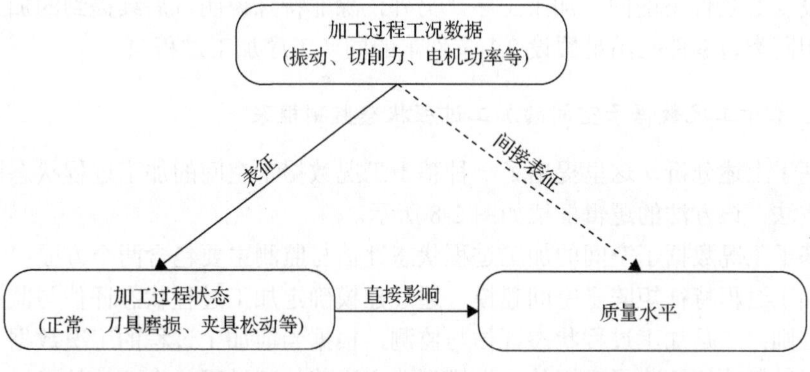

图 2-7 加工过程工况数据与加工过程状态、质量水平之间的关系

加工误差的波动状况与工艺系统受异常因素影响的程度密切相关，传统基于统计过程控制过程监测的本质就是监测加工过程是否受到异常的系统性因素影

响。当加工过程未受异常因素影响时，加工误差只受随机因素影响并在一定的水平随机波动；当加工过程受系统性因素影响时，加工误差随之产生非随机波动。在机械设备故障诊断领域，通常采用设备运行状态信息进行设备的故障模式判断及性能状态评估。如果把机床-刀具-夹具-工件组成的工艺系统看作一个整体，则加工过程中出现的影响加工质量的异常因素可视为工艺系统的故障，工况数据则相当于工艺系统运行的状态信息。因此，工况数据不仅能够反映加工设备故障产生与发展的过程，也能反映异常因素导致工艺系统精度性能变化的情况，通过工况数据监测加工过程的状态变化是一种更直接、更基础的质量控制方式。

3. 小批量加工过程状态的划分

在小批量加工过程中，机床、夹具和刀具经常随加工零件类型做相应的调整与更换，同时加工批量很小，导致还没来得及采集足够的样本判断加工过程是否统计受控，生产就已经结束。在这种情况下，无法按照过程输出是否服从统计分布规律来区分加工状态。然而，质量控制的真正目的是保证加工误差在允许的规定范围内，而不是保证加工误差服从某种统计规律。因此，从加工误差是否满足公差要求的角度将加工过程分为动态稳定过程和不稳定过程。

假设 2.1 零件在进行批量生产后，各工序采用的工艺参数(切削速度、进给速度和切削深度)、机床、夹具、刀具和切削液等工艺条件保持不变。

在此假设条件下，可以认为同一类型的多个工件在相同工序的动稳态加工过程中产生的工况数据保持相对稳定(刀具切入和切出时除外)，即工况数据的某些特征具有相似性。这也是本章提出的基于工况数据特征矩阵子空间的加工过程状态监测的前提条件。为了避免重复，后面所说的同一工序均指相同类型零件在满足假设 2.1 条件下的同一加工工序。另外，除非特殊说明，后续提到的加工过程均指相同类型零件在满足假设 2.1 条件下的同一工序加工过程。

4. 基于工况数据子空间的加工过程状态监测框架

基于上述分析，这里提出了一种基于工况数据子空间的加工过程状态评估与监测方法，该方法的逻辑框架如图 2-8 所示。

基于工况数据子空间的加工过程状态评估与监测主要包含两个方面：一是动稳态加工过程特征矩阵子空间建模，通过建模确定加工过程状态评估与监测的依据和准则；二是加工过程状态评估与监测，根据当前加工过程的工况数据及动稳态加工过程特征矩阵子空间的分布模型建立当前加工过程状态评估的指标以及判断当前加工过程是否失稳的标准。具体的评估与监测步骤如下。

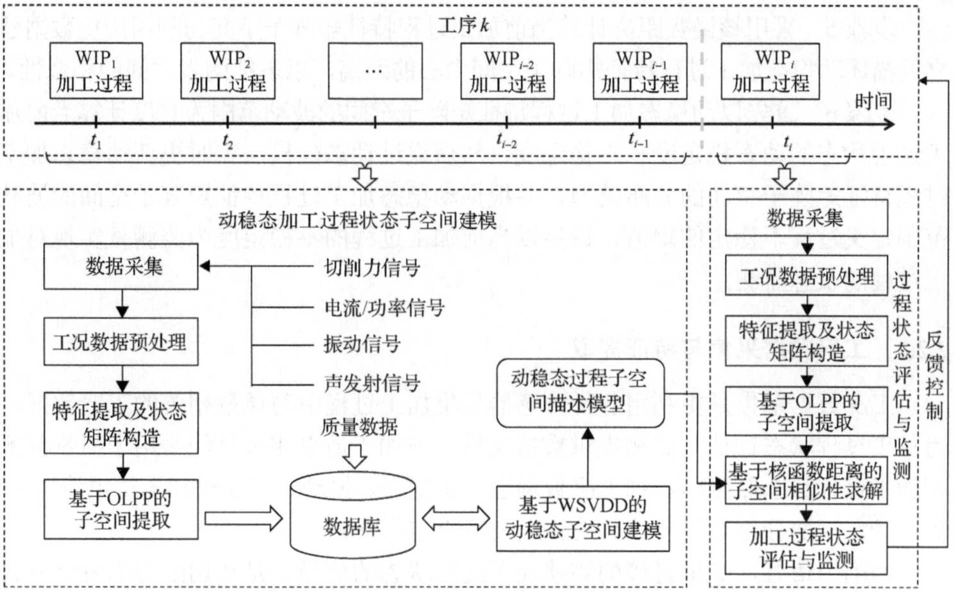

图 2-8　基于工况数据子空间的加工过程状态评估与监测框架

步骤 1　从所监测工序 k 最近加工完成的 i–1 个工件(workpiece in processing, WIP)加工过程的历史数据中，提取动稳态加工过程的工况数据和质量数据，并根据这些工况数据分别构造其相应的状态特征矩阵。针对每个工件的加工过程，首先剔除切入和切出时的工况数据，并将得到的平稳切削过程的工况数据平均分割为 m 段，然后提取每一段信号的特征形成一个特征向量，最后利用这 m 个特征向量构造描述该加工过程状态的特征矩阵。

步骤 2　采用正交局部保持投影(orthogonal locality preserving projections, OLPP)法对每个加工过程状态特征矩阵进行模式分析，通过模式分析得到每个状态特征矩阵的子空间。

步骤 3　采用格拉斯曼核-加权支持向量数据描述(Grassmann kernel-weighted supported vector data description, GK-WSVDD)法以历史数据为训练样本建立该工序动稳态加工过程特征矩阵子空间的分布模型。具体方法是采用加权支持向量数据描述法将动稳态加工过程的特征矩阵子空间描述为再生核希尔伯特空间(reproduced kernel Hilbert space, RKHS)中的一个超球体，球心表示动稳态加工过程特征矩阵子空间中心，超球体的半径表示动稳态加工过程特征矩阵子空间的波动范围。其中，定义样本权重时，同时考虑工件的完成时间及其加工误差在公差带中的位置。

步骤 4　构造当前加工过程的状态特征矩阵及其子空间。首先从第 i 个工件在工序 k 的工况数据中提取出平稳切削阶段的信号，并平均分割为 m 段；然后提取每一段信号的特征形成一个特征向量，并利用这 m 个特征向量构造描述当前加工过程状态的特征矩阵；最后采用 OLPP 法提取当前加工过程特征矩阵的子空间。

步骤 5　采用核函数距离计算当前加工过程特征矩阵子空间与利用历史数据建立的描述动稳态加工过程特征矩阵子空间中心的距离，以表征两者之间的相似性。

步骤 6　首先以动稳态加工过程特征矩阵子空间的波动范围为尺度计算当前加工过程状态的动态稳定度和不稳定度，然后通过动态建模法实时更新动稳态加工过程特征矩阵子空间的分布模型，并根据动稳态加工过程特征矩阵子空间的波动范围定义过程不稳定的阈值，最后以当前加工过程的不稳定度为监测量实现对加工过程的状态监测。

2.2.2　工况数据采集与特征提取

工况数据采集是指利用各种传感器采集加工过程中与质量相关的工况数据，为加工过程状态评估与监测提供数据支持。与加工质量相关且经常用于质量预测和加工过程状态监测的各种工况数据包括切削力、振动、声发射和电机电流/功率等信号。下面分别对这些信号的作用及特点进行介绍。

切削力信号，是最直接的描述加工过程状态的信号，是从切削力的变化模式中获取的信息，可用于零件加工误差和表面质量的评估。它通常受切削参数、刀具状态、工件材料性能及装夹情况的影响，当出现刀具磨损、装夹偏斜或松动等异常加工过程状态时，切削力会出现大的变化与波动[33]。因此，在刀具状态监测和工件加工精度预测中，切削力是最常用的工况数据。

振动信号，对刀具磨损和破损、工件安装倾斜、夹具松动等异常状态比较敏感，与工艺系统的动态特性有密切关系，通常用于表面粗糙度和尺寸的精度预测[24]及刀具的状态评估[26]。

声发射信号，是加工过程中切屑形成、切屑与刀具以及工件与刀具之间摩擦时导致的分子晶格错位及裂纹扩展所释放出来的超高频应力波。声发射信号的优点是非嵌入方式采集且不受传感器安装位置的影响，但易受切削条件波动的影响[15]。刀具在破损前往往会产生异常的声发射信号，因此声发射信号多用于刀具状态监测[34, 35]或者作为补充信号增强过程监测的可靠性。

对于电机电流/功率信号，由于主轴电机的电流与切削力成正比，所以通过测量电流信号可以间接测量切削力。电机转子自身的惯性导致电流传感器存在频率带宽的限制，因此电流传感器相当于一个低通滤波器，无法观测到切削力的高频成分，只能用于监测频率较低的异常状况。主轴电机的驱动功率与电流成正比，所以与电流有一样的频率带宽限制。正常情况下，主轴功率波动很小，但当切削力增大或减小时，主轴电机功率会发生大的波动。目前有一些学者利用电流或功率信号间接监测刀具状态[20, 36, 37]。

另外，还可以采集切削区的温度信号进行加工过程刀具状态监测[30]。加工过程中，单个信号的灵敏度和噪声抑制往往受切削条件的变化影响，为了保证工况信号在不同切削条件下都具有稳定的可靠性，融合多个传感器信号进行状态监测是可行且有效的办法[38]。传感器融合不是简单地将多个传感器信号相加，而是采用多个互补的传感器信号作为加工过程状态监测的依据，例如，切削力信号和电流信号不是互补信号，因为两者之间存在的比例关系提供了相同的信息。

在获取工况信号数据后，如何从中提取出能反映加工过程状态的特征信息是利用工况数据进行加工过程状态评估与监测的基础和难点之一。针对工况信号的特征提取问题，国内外学者提出了大量的时域特征、频域特征和时频域特征的提取方法用于设备故障诊断、误差预测和状态监测等领域。下面介绍几种常用的特征提取方法。

1) 时域特征

机床、夹具、刀具和工件等存在不可避免的几何误差，这使得机械加工过程中各种工况信号随机波动。异常因素的出现可能引起加工误差异常波动，同时这些工况信号的波动幅值和分布特性也随之变化。时域特征统计是一种有效的特征提取方法，是利用统计方法提取工况信号序列的均值、方差和歪斜度等特征。常用的时域特征如表 2-5 所示，其中 $x_i\ (i=1,2,\cdots,N)$ 表示时域信号序列，N 表示采样点数。

表 2-5　常用的时域特征

特征名称	计算公式	特征名称	计算公式
均值	$\bar{x}=\frac{1}{N}\sum_{i=1}^{N}x_i$	峰峰值	$x_{\text{pp}}=x_{\max}-x_{\min}$
平均幅值	$x_{\text{mean}}=\frac{1}{N}\sum_{i=1}^{N}\lvert x_i\rvert$	歪斜度	$g_1=\frac{\sum_{i=1}^{N}(x_i-\bar{x})^3}{(N-1)\sigma^3}$
方根幅值	$x_{\text{sqrt}}=\left(\frac{1}{N}\sum_{i=1}^{N}\sqrt{\lvert x_i\rvert}\right)^2$	峭度	$g_2=\frac{\sum_{i=1}^{N}(x_i-\bar{x})^4}{(N-1)\sigma^4}$
均方幅值	$x_{\text{rms}}=\sqrt{\frac{1}{N}\sum_{i=1}^{N}x_i^2}$	峰值指标	$C=\frac{x_{\max}}{x_{\text{rms}}}$
标准差	$\sigma=\sqrt{\frac{1}{N-1}\sum_{i=1}^{N}(x_i-\bar{x})^2}$	波形指标	$K=\frac{x_{\text{rms}}}{x_{\text{mean}}}$
最大值	$x_{\max}=\max(x_i)$	脉冲指标	$I=\frac{x_{\max}}{x_{\text{mean}}}$
最小值	$x_{\min}=\min(x_i)$	裕度指标	$L=\frac{x_{\max}}{x_{\text{sqrt}}}$

这些特征分为有量纲特征和无量纲特征，有量纲特征包括均值、平均幅值、方根幅值等，无量纲特征包括歪斜度、峭度和峰值指标等。有量纲特征和无量纲特征在反映加工过程状态时各有不同的特点。当工艺系统出现异常因素时，工况信号通常表现为幅值和分布特性发生改变，有量纲时域特征能够很好地反映这些变化，但其容易受到设备载荷变化的影响，如均方幅值反映了信号能量的大小，当切削深度增大或者切削速度增大时，均方幅值会产生明显变化，因此有量纲时域特征的变化不能作为判断加工过程发生异常的唯一依据。无量纲特征由两个有量纲特征的比值定义，避免了受实际工况的影响，而且有些无量纲特征(如峭度)对冲击成分比较敏感，能够很好地监测异常因素的发生。然而，随着异常因素影响程度的加重，峭度不能很好地反映异常因素程度加重的过程，而体现信号能量的均方幅值则能很好地反映这一过程。因此，需要同时选择合适的有量纲和无量纲时域特征来表征加工过程状态的变化。

2) 频域特征

信号的频域特征能够从频域的角度反映信号的变化，当工艺系统出现异常因素时，工况信号的频谱成分往往发生变化，具体表现为新的频率成分出现、重心频率改变和频谱分布特性变化等，因此频域特征统计也是一种有效的信号特征提取方法。相对于时域特征，频域特征能更好地反映异常因素的部位，而不同的异常因素往往引发不同的误差波动模式，因此频域特征能更好地反映引起误差波动异常的加工过程状态变化。频域特征的提取是利用频谱分析法将时域信号序列变换到频域，进而提取其频域特征。常见的频域特征包括信号功率谱的重心频率、均方频率和频率方差[39]，其计算公式如表 2-6 所示，其中 f 表示频率，$S(f)$表示工况信号 $x(t)$的功率谱。

表 2-6 频域特征

特征名称	计算公式	特征名称	计算公式
重心频率	$\mathrm{FC}=\dfrac{\int_0^{+\infty} fS(f)\mathrm{d}f}{\int_0^{+\infty} S(f)\mathrm{d}f}$	均方频率	$\mathrm{MSF}=\dfrac{\int_0^{+\infty} f^2S(f)\mathrm{d}f}{\int_0^{+\infty} S(f)\mathrm{d}f}$
频率方差	$\mathrm{VF}=\dfrac{\int_0^{+\infty} (f-\mathrm{FC})^2S(f)\mathrm{d}f}{\int_0^{+\infty} S(f)\mathrm{d}f}=\mathrm{MSF}-\mathrm{FC}^2$		

3) 时频域特征

时域特征和频域特征能够反映工况信号中的平稳成分，但很难有效反映信号中的非平稳成分。时频域分析是通过提取信号中的时频域特征反映信号中非平稳成分的特性。常用的时频域分析方法有短时傅里叶变换、小波变换和第二代小波变换等。其中，在第二代小波变换基础上发展起来的第二代小波包变换具有多尺度和多分辨率分解且计算简单的特点，既能反映信号的整体特性，又能反映信号的细节特性。因此，可选择第二代小波包变换方法提取工况信号的时频域特征，主要包括层分解后各频带信号的第二代小波包能量和能量熵，其具体计算方法可参考文献[40]。

2.2.3　加工过程状态特征矩阵构造

复杂难加工零件的工序加工时间往往很长，短则数小时，长则几天，这期间会产生大量的工况数据。如果把加工过程的某个工况信号当作一个整体进行特征提取和分析，不仅影响特征提取的时间，而且会掩盖加工不同位置时产生的局部工况信号的特征。为了提高工况信号特征提取的速度并反映不同加工位置时工况信号的局部特征，采用分段法将每个信号按平均时长分割为多个时段分别进行特征提取，构造表征加工过程状态特征矩阵，工况信号 j（$j=1,2,\cdots,N_s$）分段及特征提取的示意图如图 2-9 所示，N_s 表示采集的工况信号数。具体构造方法为，当工件 i 的第 k 道工序加工完成后，首先从采集的工况数据中剔除刀具切入和切出时的信号，并把得到的平稳切削过程的数据平均分割为 m 段，然后提取每一段信号的特征形成一个特征向量，最后利用这些信号特征向量构造该加工过程状态特征矩阵(简称特征矩阵)：

$$\boldsymbol{X}_i=\left[\boldsymbol{x}_{i1},\boldsymbol{x}_{i2},\cdots,\boldsymbol{x}_{iq},\cdots,\boldsymbol{x}_{im}\right] \tag{2-7}$$

式中，$\boldsymbol{X}_i$ 表示第 i 个工件在第 k 道工序的加工过程状态特征矩阵；$\boldsymbol{x}_{iq}$ ($q=1,2,\cdots,m$) 表示状态特征矩阵 $\boldsymbol{X}_i$ 的第 q 个状态向量；m 表示组成加工过程状态特征矩阵的向量数，即工况信号分段数。其中 $\boldsymbol{x}_{iq}$ 由 N_s 个信号第 q 段信号的特征向量组成，即

$$\boldsymbol{x}_{iq}=\left[\boldsymbol{x}_{i1q},\boldsymbol{x}_{i2q},\cdots,\boldsymbol{x}_{ijq},\cdots,\boldsymbol{x}_{iN_sq}\right]^{\mathrm{T}} \tag{2-8}$$

式中，$\boldsymbol{x}_{ijq}$ 表示工件 i 在工序 k 平稳切削阶段工况信号 j 的第 q 段特征向量，是一个行向量，其维数由从工况信号 j 提取的特征数确定。

状态特征矩阵包含来自多种工况信号的多个分析域内的特征，从多个方面反映了加工过程所处的状态，因此能够综合多种信号多域状态特征的性能优势，全面描述加工过程的状态信息。

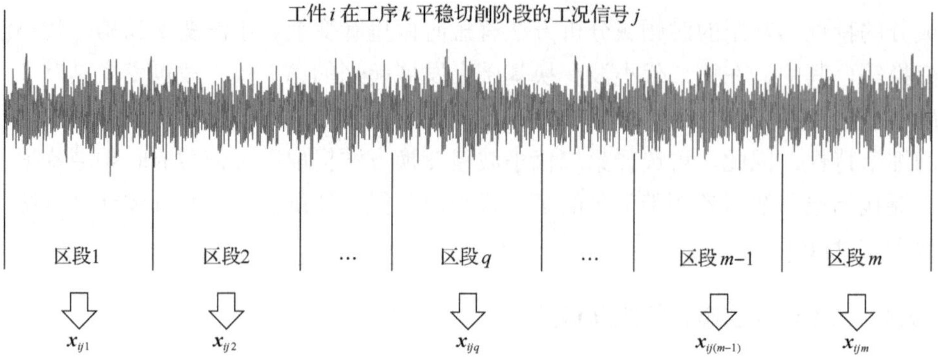

图 2-9　工况信号分段及特征提取示意图

2.2.4　状态特征矩阵子空间提取

由于工况信号特征随加工状态的变化而改变，不同的加工状态对应不同的特征矩阵模式(如状态数据分布的总体方差和数据的局部领域关系等)，所以特征矩阵固有模式的变化能反映出加工过程状态的改变。特征矩阵的固有模式对应其特征向量组成向量空间子空间。特征矩阵固有模式分析的本质是其子空间的提取，这也是基于工况数据子空间的加工过程状态监测的基础和关键技术之一。

特征矩阵子空间的求解方法包括主成分分析(principal components analysis, PCA)法[41]、核主成分分析(kernel principal component analysis, KPCA)法[42]和独立成分分析(independent component analysis, ICA)法[43, 44]等，这些方法在降维过程中所得到的特征向量张成了状态特征矩阵的子空间。它们的特点是假设数据集具有全局线性，其降维准则是保持数据的全局方差信息。当数据集具有全局非线性特性或数据分布曲率较大时，这些方法很难描述状态数据的内在结构特性。近年来，在人脸特征提取和模式识别领域逐渐兴起的流形学习方法，假设高维数据近似分布在低维流形上，利用局部非线性假设近似数据的全局非线性结构[45]，相对于注重反映数据全局结构的 PCA 法和 ICA 法，它更注重对原始数据局部信息的学习，通过信息保持和局部近似描述数据的全局结构，通过在降维过程中保持原始数据的局部结构信息发现隐含在数据集中的低维流形结构。因此，本书中采用具有代表性的流形学习法——正交局部保持投影法进行特征矩阵子空间的提取与构造。

局部保持投影(locality preserving projections, LPP)法是美国学者 He 和 Niyogi 针对局部线性嵌入(locally linear embedding, LLE)、等距离映射(isometric mapping, ISOMAP)和拉普拉斯特征映射(Laplacian eigen mapping)等方法不能求出明晰投影矩阵的问题提出的一种流形学习方法[46]，但该方法获得的投影矩阵不是正交矩阵。针对该问题，Cai 等提出了 OLPP 算法，即通过在广义特征值求解过程中增加正交约束来获得正交投影矩阵[47]。下面，首先简述 OLPP 算法的基本原理，然后阐述采用 OLPP 算法构造特征矩阵子空间的方法和步骤。

1. 正交局部保持投影

给定特征矩阵 $\boldsymbol{X}=\left[\boldsymbol{x}_1,\boldsymbol{x}_2,\cdots,\boldsymbol{x}_i,\cdots,\boldsymbol{x}_m\right]$，其中 $\boldsymbol{x}_i$ 是一个 n 维列向量，即 $\boldsymbol{x}_i\in\mathbb{R}^n$，OLPP 算法的基本思想是在保持特征矩阵 $\boldsymbol{X}$ 局部邻域信息的原则下构造 $\boldsymbol{X}$ 的投影矩阵 $\boldsymbol{A}=\left[\boldsymbol{a}_1,\boldsymbol{a}_2,\cdots,\boldsymbol{a}_i,\cdots,\boldsymbol{a}_d\right]^{\mathrm{T}}$（$d$ 为投影向量的个数），且投影向量 $\boldsymbol{a}_i$ 与 $\boldsymbol{a}_j$ 相互正交，即 $\boldsymbol{a}_i^{\mathrm{T}}\boldsymbol{a}_j=0\left(i\neq j\right)$；进而通过投影得到特征矩阵 $\boldsymbol{X}$ 的低维表示 $\boldsymbol{Y}=\left[\boldsymbol{y}_1,\boldsymbol{y}_2,\cdots,\boldsymbol{y}_i,\cdots,\boldsymbol{y}_m\right]$，其中 $\boldsymbol{y}_i$ 是一个维数小于 n 的 d 维列向量。

假设 $\boldsymbol{a}$ 是构成投影矩阵的一个投影向量，特征矩阵 $\boldsymbol{X}$ 在 $\boldsymbol{a}$ 上的投影为 $\boldsymbol{y}$，即

$$\boldsymbol{y}=\boldsymbol{a}^{\mathrm{T}}\boldsymbol{X} \tag{2-9}$$

式中，$\boldsymbol{y}=\left[y_1,y_2,\cdots,y_m\right]$。

OLLP 算法通过最小化式(2-10)所示的目标函数来求解最优投影矩阵 $\boldsymbol{A}$[48]：

$$\boldsymbol{A}=\sum_{i,j=1}^{m}\left(y_i-y_j\right)^2\boldsymbol{W}_{ij} \tag{2-10}$$

其中，$\boldsymbol{W}_{ij}$ 表示邻域加权矩阵，通过权重 $\boldsymbol{W}_{ij}$ 的惩罚作用保证距离相近的点投影之后的距离仍然相近，从而保持特征矩阵 $\boldsymbol{X}$ 的局部邻域关系。$\boldsymbol{W}_{ij}$ 的定义如下：

$$\boldsymbol{W}_{ij}=\begin{cases}\exp\left(-\left\|\boldsymbol{x}_i-\boldsymbol{x}_j\right\|^2/\sigma\right), & \boldsymbol{x}_j\in N_{k,i}\\ 0, & \boldsymbol{x}_j\notin N_{k,i}\end{cases},\quad i,j=1,2,\cdots,m \tag{2-11}$$

式中，$N_{k,i}$ 表示向量 $\boldsymbol{x}_i$ 的 k 个近邻的集合；σ 表示邻域矩阵参数，一般根据经验或实验结果确定。当邻域矩阵参数的值较大时，邻域加权矩阵中的元素值较为接近，难以区分状态数据的邻域关系，因此选择较小的 σ 值有利于挖掘特征矩阵的局部关系。

根据式(2-10)求解最优投影矩阵 $\boldsymbol{A}$ 的目标函数可以进一步变换为

$$\begin{aligned}\frac{1}{2}\sum_{i,j=1}^{m}\left(y_i-y_j\right)^2\boldsymbol{W}_{ij}&=\frac{1}{2}\sum_{i,j=1}^{m}\left(\boldsymbol{a}^{\mathrm{T}}\boldsymbol{x}_i-\boldsymbol{a}^{\mathrm{T}}\boldsymbol{x}_j\right)^2\boldsymbol{W}_{ij}\\&=\sum_{i,j=1}^{m}\boldsymbol{a}^{\mathrm{T}}\boldsymbol{x}_i\boldsymbol{D}_{ii}\boldsymbol{x}_i^{\mathrm{T}}\boldsymbol{a}-\sum_{i,j=1}^{m}\boldsymbol{a}^{\mathrm{T}}\boldsymbol{x}_i\boldsymbol{W}_{ij}\boldsymbol{x}_j^{\mathrm{T}}\boldsymbol{a}\\&=\boldsymbol{a}^{\mathrm{T}}\boldsymbol{X}\left(\boldsymbol{D}-\boldsymbol{W}\right)\boldsymbol{X}^{\mathrm{T}}\boldsymbol{a}\\&=\boldsymbol{a}^{\mathrm{T}}\boldsymbol{X}\boldsymbol{L}\boldsymbol{X}^{\mathrm{T}}\boldsymbol{a}\end{aligned} \tag{2-12}$$

式中，$\boldsymbol{D}$ 表示对角矩阵，其对角线元素的值为 $\boldsymbol{D}_{ii}=\sum_{j=1}^{m}\boldsymbol{W}_{ij}$ ；$\boldsymbol{L}$ 表示拉普拉斯矩阵，$\boldsymbol{L}=\boldsymbol{D}-\boldsymbol{W}$ 。

另外，投影后的向量还需要满足如下约束条件：

$$\boldsymbol{yDy}^{\mathrm{T}}=1 \quad \Rightarrow \quad \boldsymbol{a}^{\mathrm{T}}\boldsymbol{XDX}^{\mathrm{T}}\boldsymbol{a}=1 \tag{2-13}$$

利用拉格朗日乘子法可以将上述目标函数及其约束转换为广义特征值方程：

$$\boldsymbol{XLX}^{\mathrm{T}}\boldsymbol{a}=\lambda\boldsymbol{XDX}^{\mathrm{T}}\boldsymbol{a} \tag{2-14}$$

式中，λ 表示广义特征值。通过求解广义特征值方程可以得到 d 个广义特征值及相应的广义特征向量 $\boldsymbol{a}_i\ (i=1,2,\cdots,d)$，把最小特征值对应的广义特征向量作为第 1 个投影向量 $\boldsymbol{a}_1$ 。其他投影向量 $\boldsymbol{a}_i\ (i=2,3,\cdots,d)$ 可通过迭代求解如式(2-15)所示的目标函数获得：

$$\begin{aligned}&\min\frac{\boldsymbol{a}_i^{\mathrm{T}}\boldsymbol{XLX}^{\mathrm{T}}\boldsymbol{a}_i}{\boldsymbol{a}_i^{\mathrm{T}}\boldsymbol{XDX}^{\mathrm{T}}\boldsymbol{a}_i}\\ &\text{s.t.}\begin{cases}\boldsymbol{a}_i^{\mathrm{T}}\boldsymbol{a}_j=0, & j=1,2,\cdots,i-1\\ \boldsymbol{a}_i^{\mathrm{T}}\boldsymbol{XDX}^{\mathrm{T}}\boldsymbol{a}_i=1\end{cases}\end{aligned} \tag{2-15}$$

利用拉格朗日乘子法可将式(2-15)中的目标函数转换为

$$f^{(i)}=\boldsymbol{a}_i^{\mathrm{T}}\boldsymbol{XLX}^{\mathrm{T}}\boldsymbol{a}_i-\alpha\left(\boldsymbol{a}_i^{\mathrm{T}}\boldsymbol{XDX}^{\mathrm{T}}\boldsymbol{a}_i-1\right)-\beta_1\boldsymbol{a}_i^{\mathrm{T}}\boldsymbol{a}_1-\beta_2\boldsymbol{a}_i^{\mathrm{T}}\boldsymbol{a}_2-\beta_{i-1}\boldsymbol{a}_i^{\mathrm{T}}\boldsymbol{a}_{i-1} \tag{2-16}$$

式中，α 、β 表示拉格朗日乘子。经进一步变换求解，可将 $\boldsymbol{a}_i$ 表示为矩阵 $\boldsymbol{M}_i$ 的最小特征值对应的特征向量，矩阵 $\boldsymbol{M}_i$ 为

$$\boldsymbol{M}_i=\left[\boldsymbol{I}-\left(\boldsymbol{XDX}^{\mathrm{T}}\right)^{-1}\boldsymbol{A}_{i-1}\tilde{\boldsymbol{A}}_{i-1}{}^{-1}\boldsymbol{A}^{\mathrm{T}}\right]\left(\boldsymbol{XDX}^{\mathrm{T}}\right)^{-1}\boldsymbol{XLX}^{\mathrm{T}} \tag{2-17}$$

式中，$\boldsymbol{A}_{i-1}=\left[\boldsymbol{a}_1,\boldsymbol{a}_2,\cdots,\boldsymbol{a}_{i-1}\right]$；$\tilde{\boldsymbol{A}}_{i-1}=\boldsymbol{A}_{i-1}{}^{\mathrm{T}}\left(\boldsymbol{XDX}^{\mathrm{T}}\right)^{-1}\boldsymbol{A}_{i-1}$。

按照该方法可依次求解出投影矩阵的其他 $d-1$ 个投影向量 $\boldsymbol{a}_i$，其中 d 值一般由特征矩阵 $\boldsymbol{X}$ 的秩确定，即

$$d=\operatorname{rank}(\boldsymbol{X}) \tag{2-18}$$

式中，$\operatorname{rank}(\cdot)$ 表示求矩阵的秩。

2. 基于 OLLP 算法的特征矩阵子空间构造

通过 OLLP 算法求得的广义特征向量 $\boldsymbol{a}_i$ 标准化后张成的空间即状态特征矩阵的子空间：

$$\boldsymbol{S}=\operatorname{span}\left[\frac{\boldsymbol{a}_1}{\|\boldsymbol{a}_1\|},\frac{\boldsymbol{a}_2}{\|\boldsymbol{a}_2\|},\cdots,\frac{\boldsymbol{a}_i}{\|\boldsymbol{a}_i\|},\cdots,\frac{\boldsymbol{a}_d}{\|\boldsymbol{a}_d\|}\right]=\operatorname{span}\left[\boldsymbol{s}_1,\boldsymbol{s}_2,\cdots,\boldsymbol{s}_i,\cdots,\boldsymbol{s}_d\right] \tag{2-19}$$

式中，$\boldsymbol{S}$ 表示利用 OLPP 算法获得的状态特征矩阵子空间；$\boldsymbol{s}_i$ 表示子空间基向量；d 表示子空间基向量个数。

根据 OLLP 算法求解正交投影矩阵的原理，利用 OLLP 算法构造特征矩阵子空间的流程如图 2-10 所示。

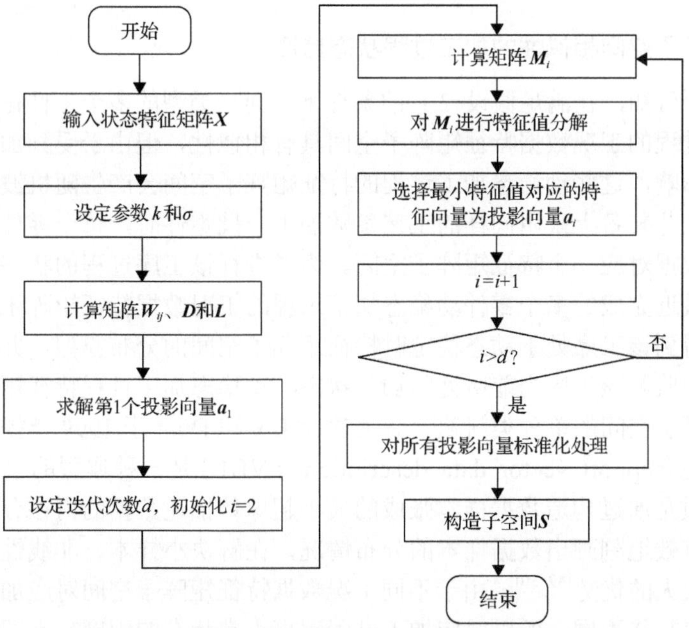

图 2-10　基于 OLLP 算法构造特征矩阵子空间的流程

具体步骤如下：

步骤 1　输入特征矩阵并设定近邻参数 k 和 σ。

步骤 2　依次计算邻域加权矩阵 $\boldsymbol{W}_{ij}$、对角矩阵 $\boldsymbol{D}$ 和拉普拉斯矩阵 $\boldsymbol{L}$。计算邻域加权矩阵 $\boldsymbol{W}_{ij}$ 时，考虑到相邻时间采集的工况数据特征向量具有相似性，所以根据采样的时间顺序选择特征向量 $\boldsymbol{x}_i$ 的近邻，把 $\boldsymbol{x}_{i-k/2},\cdots,\boldsymbol{x}_{i-1},\boldsymbol{x}_{i+1},\cdots,\boldsymbol{x}_{i+k/2}$ 作为 $\boldsymbol{x}_i$ 的近邻。

步骤 3　求解广义特征值方程(2-14)，并把最小特征值对应的特征向量作为第 1 个投影向量。

步骤 4　设定迭代次数 d（投影向量个数）并初始化迭代变量 $i=2$。

步骤 5　计算矩阵 $\boldsymbol{M}_i$ 并对其进行特征值分解，将最小特征值对应的特征向量作为投影向量 $\boldsymbol{a}_i$。

步骤 6　迭代变量加 1，并判断是否大于迭代次数，如果大于迭代次数则进入下一步，否则转到步骤 5。

步骤 7　迭代求解结束，对所有投影向量进行标准化处理，并由这些标准化的投影向量张成的空间构造特征矩阵子空间 $\boldsymbol{S}$。

通过子空间分析，将工况数据的高维状态特征矩阵表示为由少量基向量构成的子空间，剔除数据中存在的冗余信息，能够更好地描述高维状态数据的特征。借助子空间分析良好的噪声抑制和本征模式挖掘能力，以工况数据的特征矩阵子空间作为加工过程状态的表征信息，进行加工过程的状态评估与监测。

2.2.5　基于子空间相似性的加工过程状态监测

由前面可知，在满足假设 2.1 的条件下，同一类型的多个工件在相同工序动稳态加工过程的工况数据特征矩阵子空间具有相似性，但由于受到加工过程中随机因素的影响，这些动稳态加工过程的特征矩阵子空间会产生随机波动。因此，在相同的工艺装备上采用同样的工艺参数加工一批零件时，每个零件在该工序过程的工况数据对应一个特征矩阵子空间。为了进行该工序过程的状态监测，需要对该工序最近完成的多个零件动稳态加工过程的工况数据特征矩阵子空间进行建模分析，得到该工序处于动态稳定时特征矩阵子空间的分布模型，并以该模型为基准评估和监测该工序当前所处的加工状态。动稳态加工过程特征矩阵子空间建模的本质是子空间的单分类问题。荷兰学者 Tax 和 Duin 于 1999 年提出的支持向量数据描述（support vector data description, SVDD）是一种典型的单分类学习方法，其本质是通过构造数据样本张成的最小超球体描述数据的内在分布属性，该方法能够有效地刻画出数据样本的分布情况，在解决小样本、非线性模式识别问题时具有很大的优势[49, 50]。由于不同工况数据特征矩阵子空间对应加工过程产生的加工误差往往不同，所以对应加工过程偏离正常状态的程度也不同。为了使得到的超球体中心对应的特征矩阵子空间尽可能接近加工误差为 0 的理想状态子空间，本章综合考虑各特征矩阵子空间对应加工过程产生的加工误差及其距离当前时刻的时间来定义其权重，采用加权支持向量数据描述（weighted supported vector data description, WSVDD）方法[51, 52]进行工序动稳态加工过程特征矩阵子空间的聚类分析，以期得到该工序处于动态稳定时工况数据子空间的聚类中心和聚类半径，从而为加工过程状态监测提供依据。

1. 加权支持向量描述

SVDD 的基本思想是找到一个尽可能包含所有样本的最小超球体，以此描述样本类别的中心和边界。假设 $\boldsymbol{X}$ 是 n 维欧氏空间中同类样本特征向量构成的集合，即 $\boldsymbol{X}=\{\boldsymbol{x}_1,\boldsymbol{x}_2,\cdots,\boldsymbol{x}_i,\cdots,\boldsymbol{x}_N\}$（$N$ 为样本数），WSVDD 方法求解尽可能包含所有特征向量 $\boldsymbol{x}_i$ 的最小超球体的目标函数：

$$\begin{aligned}&\min L(R,\boldsymbol{x}_o,\boldsymbol{\xi})=R^2+C\sum_{i=1}^{N}w_i\xi_i\\&\text{s.t.}\begin{cases}(\boldsymbol{x}_i-\boldsymbol{x}_o)^{\mathrm{T}}(\boldsymbol{x}_i-\boldsymbol{x}_o)\leqslant R^2+\xi_i\\\xi_i\geqslant 0\ ,\quad i=1,2,\cdots,N\end{cases}\end{aligned}\tag{2-20}$$

式中，$L(\cdot)$ 表示损失函数；R 表示超球体半径；$\boldsymbol{x}_o$ 表示超球体球心位置向量；C 表示惩罚参数；w_i 表示样本权重；ξ_i 表示松弛因子。

利用拉格朗日乘子法可将上述目标函数转换为如下的拉格朗日方程：

$$L(R,\boldsymbol{x}_o,\alpha_i,\xi_i,\gamma_i)=R^2+C\sum_{i=1}^{N}w_i\xi_i-\sum_{i=1}^{N}\alpha_i\left(R^2+\xi_i-\|\boldsymbol{x}_i-\boldsymbol{x}_o\|_2^2\right)-\sum_{i=1}^{N}\gamma_i w_i\xi_i\tag{2-21}$$

式中，α_i、γ_i 表示拉格朗日乘子，且 $\alpha_i\geqslant 0,\ \gamma_i\geqslant 0$。对式(2-21)求偏导数并令其等于 0，可将约束条件转换为

$$\begin{cases}0\leqslant\alpha_i\leqslant w_iC\\\sum_{i=1}^{N}\alpha_i=1\\\gamma_i=w_iC-\alpha_i\end{cases}\tag{2-22}$$

可得到以下关系：

$$\boldsymbol{x}_o=\sum_{i=1}^{N}\alpha_i\boldsymbol{x}_i\tag{2-23}$$

从式(2-23)可以看出，超球体中心的位置可由支持向量线性组合得到，组合系数即拉格朗日乘子 α_i。将式(2-22)和式(2-23)代入式(2-21)，可将目标函数转换为

$$\begin{aligned}&\max L(R,\boldsymbol{x}_o,\alpha_i,\xi_i,\gamma_i)=\sum_{i=1}^{N}\alpha_i(\boldsymbol{x}_i\cdot\boldsymbol{x}_i)-\sum_{i=1,j=1}^{N}\alpha_i\alpha_j(\boldsymbol{x}_i\cdot\boldsymbol{x}_j)\\&\text{s.t.}\ \sum_{i=1}^{N}\alpha_i=1,\ \ 0\leqslant\alpha_i\leqslant w_iC\end{aligned}\tag{2-24}$$

对式(2-24)进行求解可得到拉格朗日乘子 α_i。根据 α_i 可求得超球体中心的位置：

$$\boldsymbol{x}_o = \sum_{i=1}^{N} \alpha_i \boldsymbol{x}_i = \boldsymbol{X} \cdot \boldsymbol{\alpha} \tag{2-25}$$

其中，大于 0 的拉格朗日乘子 α_i 对应的样本特征向量 $\boldsymbol{x}_i$ 称为支持向量；$\boldsymbol{\alpha} = [\alpha_1, \alpha_2, \cdots, \alpha_i, \cdots, \alpha_N]^{\mathrm{T}}$ 表示拉格朗日乘子构成的列向量。根据球心位置 $\boldsymbol{x}_o$ 和任何支持向量可求得超球体的半径，即

$$R = \sqrt{\boldsymbol{x}_i \cdot \boldsymbol{x}_i - 2(\boldsymbol{x}_i \cdot \boldsymbol{x}_o) + \boldsymbol{x}_o \cdot \boldsymbol{x}_o}\,, \quad \alpha_i > 0 \tag{2-26}$$

2. 基于 Grassmann 核 WSVDD 方法的动稳态过程特征矩阵子空间建模

由于机床设备的动态性能在一段时期内相对比较稳定，同一工序多个连续的动稳态加工过程的工况数据子空间具有相似性。由格拉斯曼流形(Grassmann manifold, GM)的定义可知，这些线性子空间集合构成了一个非欧空间的弯曲黎曼流形，即格拉斯曼流形，每个子空间对应格拉斯曼流形上的一个点，即用子空间的局部线性近似描述流形的全局非线性结构。该格拉斯曼流形可形式化描述为

$$\boldsymbol{G} = \{\boldsymbol{S}_1, \boldsymbol{S}_2, \cdots, \boldsymbol{S}_i, \cdots, \boldsymbol{S}_N\} \tag{2-27}$$

式中，$\boldsymbol{G}$ 表示格拉斯曼流形；$\boldsymbol{S}_i$ 表示构成格拉斯曼流形的第 i 个子空间；N 表示子空间个数。

由于同一工序动稳态加工过程的特征矩阵子空间集合构成一个格拉斯曼流形，动稳态加工过程特征矩阵子空间的建模问题转换为格拉斯曼流形上的子空间分析问题。该问题可以通过两种方法解决：一种是利用切空间将弯曲流形表面“拉平”，然后将其嵌入高维线性空间中进行建模分析[53]，但其不能精确求解流形的测地线距离，会导致建模精度不高[54]；另一种是利用非线性函数将格拉斯曼流形映射到一个高维线性空间(RKHS)，然后采用基于格拉斯曼核(Grassmann kernel, GK)函数的机器学习方法进行建模分析[55, 56]。本书中采用格拉斯曼核-加权支持向量描述(GK-WSVDD)法将动稳态加工过程的特征矩阵子空间表示为 RKHS 中的一个超球体，从而描述动稳态加工过程特征矩阵子空间的整体分布规律和分布形态等内在属性。

1)权重定义

根据各特征矩阵子空间的时间特性(子空间对应加工过程距离当前的时间间隔)和空间特性(子空间对应加工过程产生的加工误差偏离度，即加工误差在公差带的位置与公差带的比值)构造其权重。将最近完成的同一工序动稳态加工过程对应的特征矩阵子空间 $\boldsymbol{S}_i\ (i = 1, 2, \cdots, N)$ 按采集时间的先后顺序排列，即 $\boldsymbol{S}_i$ 为第 i 个动稳态加工过程的特征矩阵子空间。$\boldsymbol{S}_i$ 的权重定义为

$$w_i=\begin{cases} e^{-\frac{N+1-i}{\tau}}\left(1-\dfrac{y_i-y_{nom}}{USL-y_{nom}}\right), & y_i>y_{nom} \\ e^{-\frac{N+1-i}{\tau}}, & y_i=y_{nom} \\ e^{-\frac{N+1-i}{\tau}}\left(1-\dfrac{y_{nom}-y_i}{y_{nom}-LSL}\right), & y_i<y_{nom} \end{cases} \tag{2-28}$$

式中，w_i 表示训练样本 $\boldsymbol{S}_i$ 的权重；τ 表示指数加权因子，用于调节指数加权部分随时间变化的速度，一般情况下取 $1<\tau<N$；y_i 表示 $\boldsymbol{S}_i$ 对应加工过程产生的质量特性值；y_{nom} 表示质量特性的名义值；USL 表示质量特性的上偏差限；LSL 表示质量特性的下偏差限。当工序中有多个关键质量特性时，把加工误差偏离名义值最大的质量特性作为权重计算依据，使得到的动稳态加工过程的特征矩阵子空间中心能最大限度地保证所有关键质量特性的加工误差满足规格限要求。

样本权重分配是否合理直接影响到动稳态加工过程特征矩阵子空间的建模结果，而指数加权因子 τ 的正确取值是合理分配样本权重的关键因素。为了具体分析 τ 对样本权重的影响情况，绘制了 τ 取不同值时样本权重随采样时间变化的趋势图，如图 2-11 所示，其中，N=16，并假设加工误差部分的权重为 0.6。

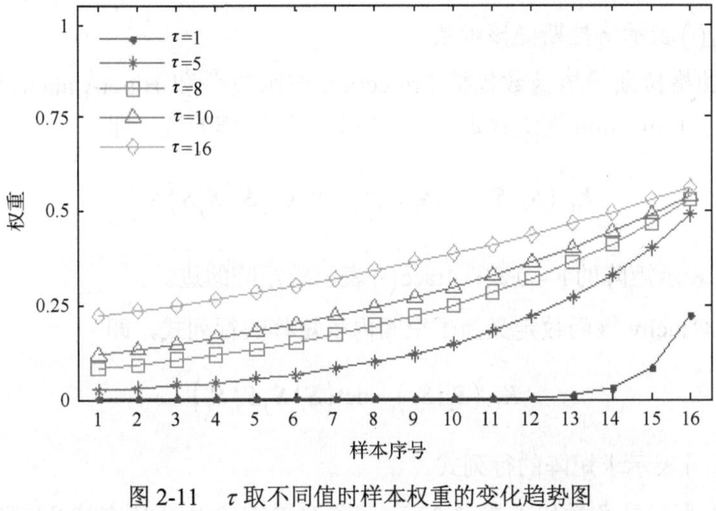

图 2-11　τ 取不同值时样本权重的变化趋势图

由图 2-11 可以看出，τ 值越小，样本权重随时间衰减的速度越快，尤其当 τ=1 时，样本权重衰减速度很快，前 12 个样本的权重近似等于 0，只有最近的 4 个样本权重有实际意义；τ 值越大，样本权重随时间衰减的速度越慢，当 τ=16 时，几乎所有样本的权重都为 0.23～0.56，没有很好地体现样本权重随时间变化的内涵。因此，τ 值一般取 5～10 比较合适。

2) 求解超球体参数

首先利用非线性函数将格拉斯曼流形映射到 RKHS：

$$\phi(G)=\left\{\phi(\boldsymbol{S}_1),\phi(\boldsymbol{S}_2),\cdots,\phi(\boldsymbol{S}_i),\cdots,\phi(\boldsymbol{S}_N)\right\} \tag{2-29}$$

式中，$\phi(\cdot)$ 表示非线性映射函数；$\phi(\boldsymbol{S}_i)$ 表示子空间 $\boldsymbol{S}_i$ 在 RKHS 中的非线性映射函数。

当对映射到 RKHS 中的格拉斯曼流形求解超球体参数时，式(2-24)中的目标函数转换为

$$\begin{aligned}&\max L(R,\boldsymbol{x}_o,\alpha_i,\xi_i,\gamma_i)=\sum_{i=1}^{N}\alpha_i\left[\phi(\boldsymbol{S}_i)\cdot\phi(\boldsymbol{S}_i)\right]-\sum_{i=1,j=1}^{N}\alpha_i\alpha_j\left[\phi(\boldsymbol{S}_i)\cdot\phi(\boldsymbol{S}_j)\right]\\&\text{s.t.}\ \sum_{i=1}^{N}\alpha_i=1,\quad 0\leqslant\alpha_i\leqslant w_iC\end{aligned} \tag{2-30}$$

式中，$\phi(\boldsymbol{S}_i)\cdot\phi(\boldsymbol{S}_j)$ 表示 RKHS 中特征矩阵子空间的内积。该子空间内积可以用格拉斯曼核函数代替[57]，即

$$K_{\mathrm{G}}(\boldsymbol{S}_i,\boldsymbol{S}_j)=\phi(\boldsymbol{S}_i)\cdot\phi(\boldsymbol{S}_j) \tag{2-31}$$

式中，$K_{\mathrm{G}}(\cdot)$ 表示格拉斯曼核函数。

常用的格拉斯曼核函数包括 Projection 核函数[58]和 Binet-Cauchy (B-C) 核函数[57]，其中 Projection 核函数定义为子空间内积矩阵的迹，即

$$K_{\mathrm{G}}(\boldsymbol{S}_i,\boldsymbol{S}_j)=\left\|\boldsymbol{S}_i^{\mathrm{T}}\boldsymbol{S}_j\right\|_{\mathrm{F}}^2=\operatorname{trace}\left(\boldsymbol{S}_i^{\mathrm{T}}\boldsymbol{S}_j\boldsymbol{S}_j^{\mathrm{T}}\boldsymbol{S}_i\right) \tag{2-32}$$

式中，$\|\cdot\|_{\mathrm{F}}$ 表示矩阵的 F-范数；$\operatorname{trace}(\cdot)$ 表示求矩阵的迹。

Binet-Cauchy 核函数定义为子空间内积矩阵的行列式，即

$$K_{\mathrm{G}}(\boldsymbol{S}_i,\boldsymbol{S}_j)=\det\left(\boldsymbol{S}_i^{\mathrm{T}}\boldsymbol{S}_j\boldsymbol{S}_j^{\mathrm{T}}\boldsymbol{S}_i\right) \tag{2-33}$$

式中，$\det(\cdot)$ 表示求矩阵的行列式。

将格拉斯曼核函数代入式(2-30)，可得到 RKHS 中由所有特征矩阵子空间张成的最小超球体的球心和半径，其计算公式如下：

$$\boldsymbol{x}_o=\phi(\boldsymbol{S}_o)=\sum_{i=1}^{N}\alpha_i\phi(\boldsymbol{S}_i)=\boldsymbol{\Phi}(\boldsymbol{S})\cdot\boldsymbol{\alpha} \tag{2-34}$$

式中，$\boldsymbol{S}_o$ 表示同一工序在动稳态情况下特征矩阵子空间的中心；$\phi(\boldsymbol{S}_o)$ 表示 $\boldsymbol{S}_o$ 在

RKHS 中的非线性映射函数；$\boldsymbol{\Phi}(\boldsymbol{S})$表示非线性映射到 RKHS 的特征矩阵子空间集合构成的高维矩阵，

$$\boldsymbol{\Phi}(\boldsymbol{S})=\left[\phi(\boldsymbol{S}_1),\phi(\boldsymbol{S}_2),\cdots,\phi(\boldsymbol{S}_i),\cdots,\phi(\boldsymbol{S}_N)\right]$$

因

$$R=\sqrt{\phi(\boldsymbol{S}_i)\cdot\phi(\boldsymbol{S}_i)-2\left[\phi(\boldsymbol{S}_i)\cdot\boldsymbol{x}_o\right]+\boldsymbol{x}_o\cdot\boldsymbol{x}_o}\,,\quad \alpha_i>0 \tag{2-35}$$

将式(2-31)和式(2-34)代入式(2-35)，可得

$$\begin{aligned}R&=\sqrt{K_{\mathrm{G}}(\boldsymbol{S}_i,\boldsymbol{S}_i)-2\phi(\boldsymbol{S}_i)\left[\boldsymbol{\Phi}(\boldsymbol{S})\cdot\boldsymbol{\alpha}\right]+\left[\boldsymbol{\Phi}(\boldsymbol{S})\cdot\boldsymbol{\alpha}\right]^{\mathrm{T}}\left[\boldsymbol{\Phi}(\boldsymbol{S})\cdot\boldsymbol{\alpha}\right]}\\&=\sqrt{K_{\mathrm{G}}(\boldsymbol{S}_i,\boldsymbol{S}_i)-2\left[\phi(\boldsymbol{S}_i)\boldsymbol{\Phi}(\boldsymbol{S})\right]\boldsymbol{\alpha}+\boldsymbol{\alpha}^{\mathrm{T}}\left[\boldsymbol{\Phi}(\boldsymbol{S})^{\mathrm{T}}\boldsymbol{\Phi}(\boldsymbol{S})\right]\boldsymbol{\alpha}}\\&=\sqrt{K_{\mathrm{G}}(\boldsymbol{S}_i,\boldsymbol{S}_i)-2\boldsymbol{M}_{ks}\boldsymbol{\alpha}+\boldsymbol{\alpha}^{\mathrm{T}}\boldsymbol{M}_k\boldsymbol{\alpha}}\end{aligned} \tag{2-36}$$

其中，$\boldsymbol{M}_{ks}$ 表示子空间 $\boldsymbol{S}_i$ 的非线性映射与学习样本中所有子空间的非线性映射相乘构成的 $1\times N$ 核函数矩阵，矩阵第 j 个元素的值为

$$m_{ks,j}=\phi(\boldsymbol{S}_i)\cdot\phi(\boldsymbol{S}_j)=K_{\mathrm{G}}(\boldsymbol{S}_i,\boldsymbol{S}_j),\quad \alpha_i>0,\ j=1,2,\cdots,N \tag{2-37}$$

$\boldsymbol{M}_k$ 表示学习样本中所有子空间的非线性映射相乘构成的 $N\times N$ 核函数矩阵，矩阵第 i 行第 j 列的元素值为

$$m_{k,ij}=\phi(\boldsymbol{S}_i)\cdot\phi(\boldsymbol{S}_j)=K_{\mathrm{G}}(\boldsymbol{S}_i,\boldsymbol{S}_j),\quad i,j=1,2,\cdots,N \tag{2-38}$$

通过格拉斯曼核函数，将 RKHS 中子空间的内积运算转换为欧氏空间中的矩阵运算，有效地解决了映射函数不明确及高维空间中内积运算量大的问题。上述建模过程中子空间的变换流程如图 2-12 所示。

图 2-12(a)中，n 维向量空间中多个动稳态加工过程的 d 维子空间为 $\boldsymbol{S}_i$ $(i=1,2,\cdots,N)$；图 2-12(b)中，子空间集合构成了格拉斯曼流形，每个子空间对应格拉斯曼流形上的一个点；如图 2-12(c)所示，通过采用 GK-WSVDD 法建模时各子空间在 RKHS 中的非线性映射，将子空间之间的非线性关系转换为线性关系；图 2-12(d)显示了在 RKHS 中通过 GK-WSVDD 方法构造的超球体。通过 GK-WSVDD 建模方法得到的超球体的球心代表低维欧氏空间中动稳态加工过程的特征矩阵子空间中心 $\boldsymbol{S}_o$ 在 RKHS 中的非线性映射，超球体的半径代表动稳态加工过程的特征矩阵子空间在 RKHS 中的波动范围。因此，建模得到的超球体是当前加工过程状态评估和监测的基准，超球体中心相当于控制图的中心线，超球面相当于控制图实施过程中在判稳阶段确定的控制限。

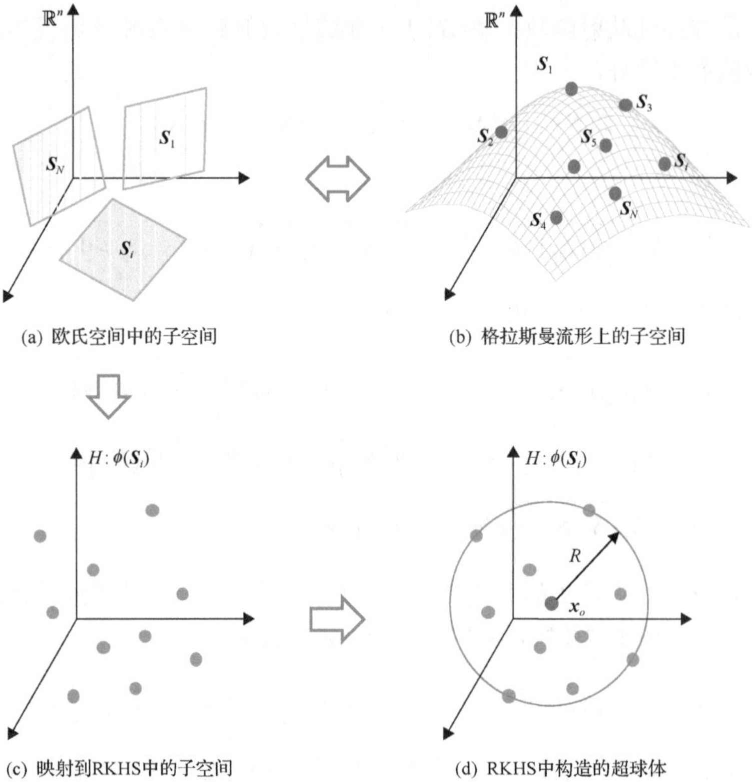

图 2-12　子空间在建模过程中的变换流程

3. 基于子空间相似性的加工过程状态评估

通过 GK-WSVDD 方法根据同一工序的历史加工数据可建立动稳态加工过程特征矩阵子空间的分布模型。当前工件的同一工序加工完成后，可根据前面提出的方法构造该工序的状态特征矩阵并提取相应的子空间 $\boldsymbol{S}_t$。此时，加工过程的状态评估问题转换为当前加工过程的特征矩阵子空间 $\boldsymbol{S}_t$ 与动稳态加工过程特征矩阵子空间中心 $\boldsymbol{S}_o$ 的相似性评估问题。

1)基于核函数距离的子空间相似度评估

采用子空间的核函数距离[59]，即子空间在 RKHS 中的欧氏距离来表征它们的相似性，利用非线性函数将子空间映射为 RKHS 中的一个点，根据 RKHS 中两个子空间的欧氏距离定义子空间的相似性指标(similarity index，SI)，其中高维 RKHS 中的向量内积用格拉斯曼核函数代替。子空间 $\boldsymbol{S}_i$ 和 $\boldsymbol{S}_j$ 间的格拉斯曼核函数距离定义为

$$
\begin{aligned}
d_k\left(\boldsymbol{S}_i,\boldsymbol{S}_j\right)&=\left\|\phi(\boldsymbol{S}_i)-\phi\left(\boldsymbol{S}_j\right)\right\|_2=\sqrt{\phi(\boldsymbol{S}_i)\cdot\phi(\boldsymbol{S}_i)-2\phi(\boldsymbol{S}_i)\cdot\phi\left(\boldsymbol{S}_j\right)+\phi\left(\boldsymbol{S}_j\right)\cdot\phi\left(\boldsymbol{S}_j\right)}\\
&=\sqrt{K_{\mathrm{G}}\left(\boldsymbol{S}_i,\boldsymbol{S}_i\right)-2K_{\mathrm{G}}\left(\boldsymbol{S}_i,\boldsymbol{S}_j\right)+K_{\mathrm{G}}\left(\boldsymbol{S}_j,\boldsymbol{S}_j\right)}
\end{aligned}
\tag{2-39}
$$

式中，$d_k\left(\boldsymbol{S}_i,\boldsymbol{S}_j\right)$ 表示子空间 $\boldsymbol{S}_i$ 和 $\boldsymbol{S}_j$ 间的核函数距离。

同理，可求解子空间 $\boldsymbol{S}_t$ 与 $\boldsymbol{S}_o$ 在 RKHS 中的欧氏距离。由于动稳态加工过程特征矩阵子空间 $\boldsymbol{S}_o$ 的建模过程是在 RKHS 中进行的，它在 RKHS 中的非线性映射为超球体的球心 $\boldsymbol{x}_o$，所以只需将该工序当前加工过程的特征矩阵子空间 $\boldsymbol{S}_t$ 映射到 RKHS 中即可求解子空间 $\boldsymbol{S}_t$ 与 $\boldsymbol{S}_o$ 之间的核函数距离：

$$d_k\left(\boldsymbol{S}_t,\boldsymbol{S}_o\right)=\left\|\phi\left(\boldsymbol{S}_t\right)-\boldsymbol{x}_o\right\|_2=\sqrt{\phi\left(\boldsymbol{S}_t\right)\cdot\phi\left(\boldsymbol{S}_t\right)-2\phi\left(\boldsymbol{S}_t\right)\cdot\boldsymbol{x}_o+\boldsymbol{x}_o\cdot\boldsymbol{x}_o} \tag{2-40}$$

将式(2-31)和式(2-34)代入式(2-40)，可得

$$d_k\left(\boldsymbol{S}_t,\boldsymbol{S}_o\right)=\sqrt{K_{\mathrm{G}}\left(\boldsymbol{S}_t,\boldsymbol{S}_t\right)-2\boldsymbol{M}_{km}\boldsymbol{\alpha}+\boldsymbol{\alpha}^{\mathrm{T}}\boldsymbol{M}_k\boldsymbol{\alpha}} \tag{2-41}$$

式中，$\boldsymbol{M}_{km}$ 表示子空间 $\boldsymbol{S}_t$ 与学习样本中所有特征矩阵子空间构成的 $1\times N$ 核函数矩阵，矩阵第 j 个元素的值为

$$m_{km,j}=K_{\mathrm{G}}\left(\boldsymbol{S}_t,\boldsymbol{S}_j\right),\quad j=1,2,\cdots,N \tag{2-42}$$

$\boldsymbol{M}_k$ 的含义与式(2-36)中相同。

当前加工过程的特征矩阵子空间 $\boldsymbol{S}_t$ 与动稳态加工过程特征矩阵子空间中心 $\boldsymbol{S}_o$ 的格拉斯曼核距离示意图如图 2-13 所示。$d_k\left(\boldsymbol{S}_t,\boldsymbol{S}_o\right)$ 值越小，说明在 RKHS 中子空间 $\boldsymbol{S}_t$ 与 $\boldsymbol{S}_o$ 间的核函数距离越近，两者之间的相似性越大，因此当前加工过程越接近动稳态。

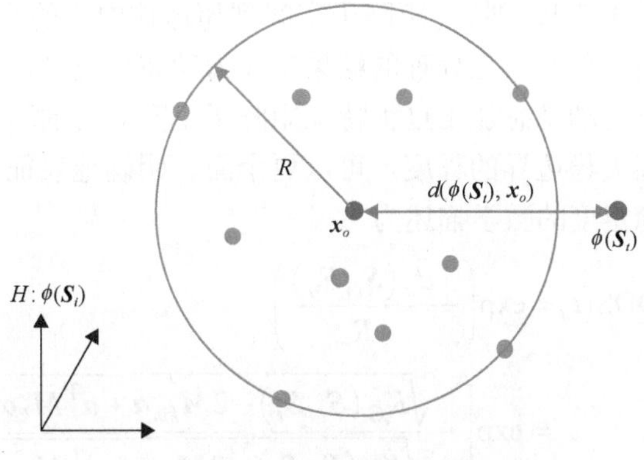

图 2-13　子空间的格拉斯曼核距离示意图

一般来说，相似度是一个归一化指标，因此通过指数函数对 $d_k\left(\boldsymbol{S}_i,\boldsymbol{S}_j\right)$ 进行归一化处理来构造子空间 $\boldsymbol{S}_i$ 和 $\boldsymbol{S}_j$ 的相似性指标，即

$$\mathrm{SI}\left(\boldsymbol{S}_i,\boldsymbol{S}_j\right)=\exp\left[-d_k\left(\boldsymbol{S}_i,\boldsymbol{S}_j\right)\right] \tag{2-43}$$

式中，$\mathrm{SI}(\boldsymbol{S}_i,\boldsymbol{S}_j)$表示子空间$\boldsymbol{S}_i$和$\boldsymbol{S}_j$的相似性指标。

由定义可知，$\mathrm{SI}(\boldsymbol{S}_i,\boldsymbol{S}_j)$值处于[0,1]，子空间$\boldsymbol{S}_i$和$\boldsymbol{S}_j$的相似性越大，$\mathrm{SI}(\boldsymbol{S}_i,\boldsymbol{S}_j)$值越大。当$d_k(\boldsymbol{S}_i,\boldsymbol{S}_j)$值为 0 时，$\mathrm{SI}(\boldsymbol{S}_i,\boldsymbol{S}_j)$值为 1，表明两个子空间完全重合。同理，当前加工过程的特征矩阵子空间$\boldsymbol{S}_t$与$\boldsymbol{S}_o$的相似度为

$$\mathrm{SI}(\boldsymbol{S}_t,\boldsymbol{S}_o)=\exp\left[-d_k(\boldsymbol{S}_t,\boldsymbol{S}_o)\right] \tag{2-44}$$

$\mathrm{SI}(\boldsymbol{S}_t,\boldsymbol{S}_o)$值越大，表明当前加工过程越接近动稳态；$\mathrm{SI}(\boldsymbol{S}_t,\boldsymbol{S}_o)$值越小，表明当前加工过程越不稳定；当$\mathrm{SI}(\boldsymbol{S}_t,\boldsymbol{S}_o)$值等于 1 时，表明特征矩阵子空间$\boldsymbol{S}_t$与$\boldsymbol{S}_o$完全重合，当前加工过程处于最稳定状态。

2) 加工过程状态评估

定义 2.1 动态稳定度(degree of dynamic sensitivity, DDS)是指工序加工过程处于动态稳定的程度，即工艺系统的各组成元素在当前条件下保证所有关键质量特征满足公差限要求的归一化度量指标。

尽管$\mathrm{SI}(\boldsymbol{S}_t,\boldsymbol{S}_o)$在一定程度上反映了当前加工过程的动态稳定度，但它没有直观地给出加工过程的稳定性边界，即稳定性边界随着超球体半径的变化而变化，不便于对加工过程进行评估和监控。多个动稳态加工过程的特征矩阵子空间求得的最小超球体是加工过程状态评估与监测的基准，超球体的球心相当于控制图的中心线；超球体的表面表征了动稳态特征矩阵子空间在 RKHS 中的边界，相当于控制图的控制限；超球体的半径表示动稳态特征矩阵子空间在 RKHS 中的波动范围。因此，将当前加工过程特征矩阵子空间到超球体中心的距离$d_k(\boldsymbol{S}_t,\boldsymbol{S}_o)$和超球体半径$R$的比值进行归一化处理的结果定义为动态稳定度，不仅能够直观地反映当前加工过程靠近动稳态加工过程特征矩阵子空间中心的程度，而且能够反映当前加工过程偏离失稳边界的程度，可以更全面、明确地表征当前加工过程的动态稳定性。动态稳定度的数学描述为

$$\begin{aligned}\mathrm{DDS}(t)&=\exp\left(-\frac{d_k(\boldsymbol{S}_t,\boldsymbol{S}_o)}{R}\right)\\&=\exp\left(-\frac{\sqrt{K_\mathrm{G}(\boldsymbol{S}_t,\boldsymbol{S}_t)-2\boldsymbol{M}_{km}\boldsymbol{\alpha}+\boldsymbol{\alpha}^\mathrm{T}\boldsymbol{M}_k\boldsymbol{\alpha}}}{\sqrt{K_\mathrm{G}(\boldsymbol{S}_i,\boldsymbol{S}_i)-2\boldsymbol{M}_{ks}\boldsymbol{\alpha}+\boldsymbol{\alpha}^\mathrm{T}\boldsymbol{M}_k\boldsymbol{\alpha}}}\right)\end{aligned} \tag{2-45}$$

式中，$\mathrm{DDS}(t)$表示当前加工过程的动态稳定度；$\boldsymbol{M}_{ks}$和$\boldsymbol{M}_k$的含义与式(2-36)中相同，$\boldsymbol{M}_{km}$的含义与式(2-41)中相同。

$\mathrm{DDS}(t)$在$d_k(\boldsymbol{S}_t,\boldsymbol{S}_o)$和$\mathrm{SI}(\boldsymbol{S}_t,\boldsymbol{S}_o)$的基础上以超球体的半径作为度量当前加工过程不稳定性的尺度，其物理意义更直观、更明确。将式(2-44)代入式(2-45)，也可得到两者之间的关系

$$\mathrm{DDS}(t)=\exp\left\{-\frac{\ln\left[1/\mathrm{SI}\left(\boldsymbol{S}_t,\boldsymbol{S}_o\right)\right]}{R}\right\} \tag{2-46}$$

$d_k\left(\boldsymbol{S}_t,\boldsymbol{S}_o\right)$值越小，$\mathrm{DDS}(t)$值越大，表明当前加工过程越稳定。当$d_k\left(\boldsymbol{S}_t,\boldsymbol{S}_o\right)$值为 0 时，$\mathrm{DDS}(t)$值为 1，表明两个特征矩阵子空间完全重合，当前加工过程处于最稳定的状态；当$d_k\left(\boldsymbol{S}_t,\boldsymbol{S}_o\right)$值大于$R$时，即$\mathrm{DDS}(t)$的值小于 1/e 时，表明当前加工过程超出失稳的边界，需要对工艺系统进行停机检修。

4. 加工过程动态稳定性监测

基于子空间相似性的加工过程状态评估只能反映当前加工过程的状态，不能反映加工过程状态随时间变化的情况。现代质量控制的基本思想是通过过程监测对可能出现的质量问题提前进行预警，从而将出现质量事故的风险降到最低。因此，在加工过程状态评估的基础上进一步对该工序过程动态稳定度的变化情况进行监测具有重要意义。由于动态稳定度指标的物理意义与加工误差所反映的过程稳定性含义方向相反，即较大的动态稳定度意味着较好的动态稳定性，而较大的加工误差表示加工过程偏离动稳态的可能性更大，为了使加工过程状态监测图的变化趋势尽可能地反映加工误差的变化情况，定义加工过程不稳定度指标，并将其作为加工过程状态监测的物理量。

定义 2.2　加工过程不稳定度(degree of instability, DOI)是指度量加工过程偏离动稳态程度的归一化指标。加工过程不稳定度的数学定义为

$$\mathrm{DOI}(t)=1-\mathrm{DDS}(t) \tag{2-47}$$

不稳定度的物理意义与动态稳定度正好相反，不稳定度越小，表明加工过程的动稳态性越好，加工误差超出公差限的可能性也越小。当$d_k\left(\boldsymbol{S}_t,\boldsymbol{S}_o\right)$值小于或等于$R$，即$\mathrm{DOI}(t)$值小于或等于$(\mathrm{e}-1)/\mathrm{e}$时，表明当前加工过程处于动稳态；当$d_k\left(\boldsymbol{S}_t,\boldsymbol{S}_o\right)$值大于$R$时，RKHS 中当前加工过程的特征矩阵子空间$\boldsymbol{S}_t$位于超球体的外面，表明当前加工过程偏离动稳态，$\mathrm{DOI}(t)$值越大，表明当前加工过程偏离动稳态的程度越大。

为了实现对加工过程的状态监测，需要以同一工序最近加工产生的工况与质量数据作为学习样本建立该工序加工过程在动稳态情况下的特征矩阵子空间模型，并以此作为加工过程状态监测的依据。然后按加工过程的先后顺序，对每个工件在该工序加工时的工况数据进行子空间提取，并按上述方法计算相应的不稳定度值，将其按时间绘制成一张图，即加工过程动态稳定性监测图，也称状态监测图。动稳态加工过程建模采用动态建模方法，即每采集一个工件加工过程的工况数据时，先根据以前数据建立的动稳态加工过程模型进行状态评估，然后把该工件加工过程的特征矩阵子空间作为训练样本重新训练该工序动稳态加工过程的

模型，训练好的模型作为该工序下一时刻状态评估的依据。过程状态监测图以当前加工过程的特征矩阵子空间 $\boldsymbol{S}_t$ 处于超球体表面时的 $\mathrm{DOI}(t)$ 值，即 $(\mathrm{e}-1)/\mathrm{e}$ 为阈值，监测加工过程状态的变化情况，当 $\mathrm{DOI}(t)$ 值大于该阈值时，表明加工过程受到异常因素影响，处于不稳定状态，需要停机检修。图 2-14 给出了一个工序加工过程状态监测图的示例，通过该图不仅可以直观地看出该工序过程动态稳定度的变化情况和趋势，而且可以实现对加工过程动态稳定性的监测。

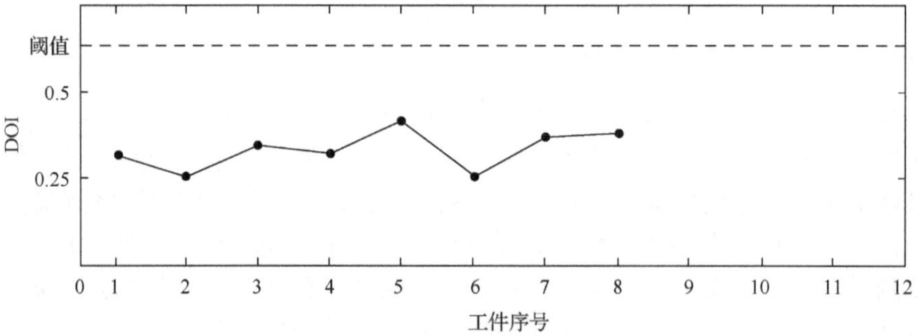

图 2-14　加工过程状态监测图示例

动稳态加工过程特征矩阵子空间建模涉及相关参数的优化问题，其中基于 OLPP 的子空间提取中采用的近邻个数 k 和邻域矩阵参数 σ 也是当前过程特征矩阵子空间提取的依据。

2.3　多工序加工过程数字化描述空间

2.3.1　多工序加工过程数字化描述空间的提出

基于前述定义的赋值型加权误差传递网络模型可以实现多工序加工过程的误差关联关系的形式化描述，对于一个具有稳定工艺过程的零件，其经过的工序和参与的加工要素是确定的，根据前述赋值型加权误差传递网络的建模流程，该类零件的网络拓扑结构是确定的。此外，网络中根据工艺过程确定的公称要求和公差范围也是确定的，这里可以假设该网络为软件开发中面向对象编程的一个类(class)。针对同一类零件的不同个体，其工序质量随着工艺系统服役性能的变化而变化。因此，对于每一个零件的网络，数字化描述工件的工序状态的质量特征和工况要素节点的赋值是不同的，将不同零件加工过程中所采集的质量数据和工况数据经过特征提取后分配到网络中对应的节点，可以获得一个独一无二的描述这个零件独有加工过程的赋值型加权误差传递网络，将每个零件赋值后的网络看作一个对象，它是网络拓扑结构这个类的实例化(instance)。也就是说，该网络实现了不同零件的多工序加工过程数字化描述，本质上实现了加工过程数据的结构化存储，是同类零件的不同个体加工过程数据的整理，其数据存储结构是相同的，而数据与加工过程中反映工艺系统运行状态的数据有关。基于赋值型加权误差传递网络中的结构化存储数据，可以分析隐藏在关联过程数据中的误差传递规律。由此可以看出，结构化的数据存储是解决小样本数据无法采用统计方法分析误差传递规律和误差波动规律的有效途径。

单工件的赋值型加权误差传递网络描述了加工特征精度演变过程中不同工序中节点的耦合交互，是从质量特征和工序两个维度描述加工过程的。因此，基于提出的“工件-工序-质量特征”三维波动分析空间，将不同零件的赋值型加权误差传递网络按工件维度纵向展开，可以获得从工件、工序、质量特征等三个维度描述的误差传递网络空间。图 2-15 展示了由不同零件的赋值网络形成的误差传递网络空间，该网络空间是实现后续加工误差波动分析、工艺过程稳定性评估和多工序质量预测的基础。

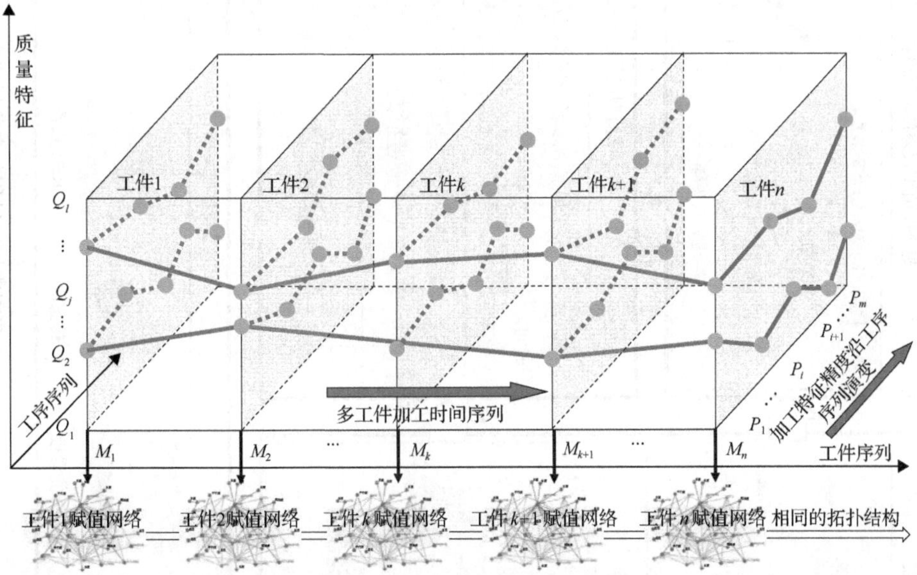

图 2-15　多工件误差传递网络空间

2.3.2　多工序加工过程数字化描述空间的构建

为了数字化描述多工序加工过程，一系列的采集实时状态数据和质量数据的传感器被配置到相关的机床和工件。一个加工过程数字化描述网络模型被建立，该模型可以描述多工序加工过程中的所有潜在误差源的误差影响关系，实现加工过程的数字化追溯。图 2-16 为该多工序加工过程数字化描述空间的逻辑框架。首先，采用本体论描述工艺系统中的制造信息，通过对工艺系统内要素进行概念分类抽取并确定概念之间的关系，将抽取的 MFF、ME、QF、SE 抽象为网络节点，

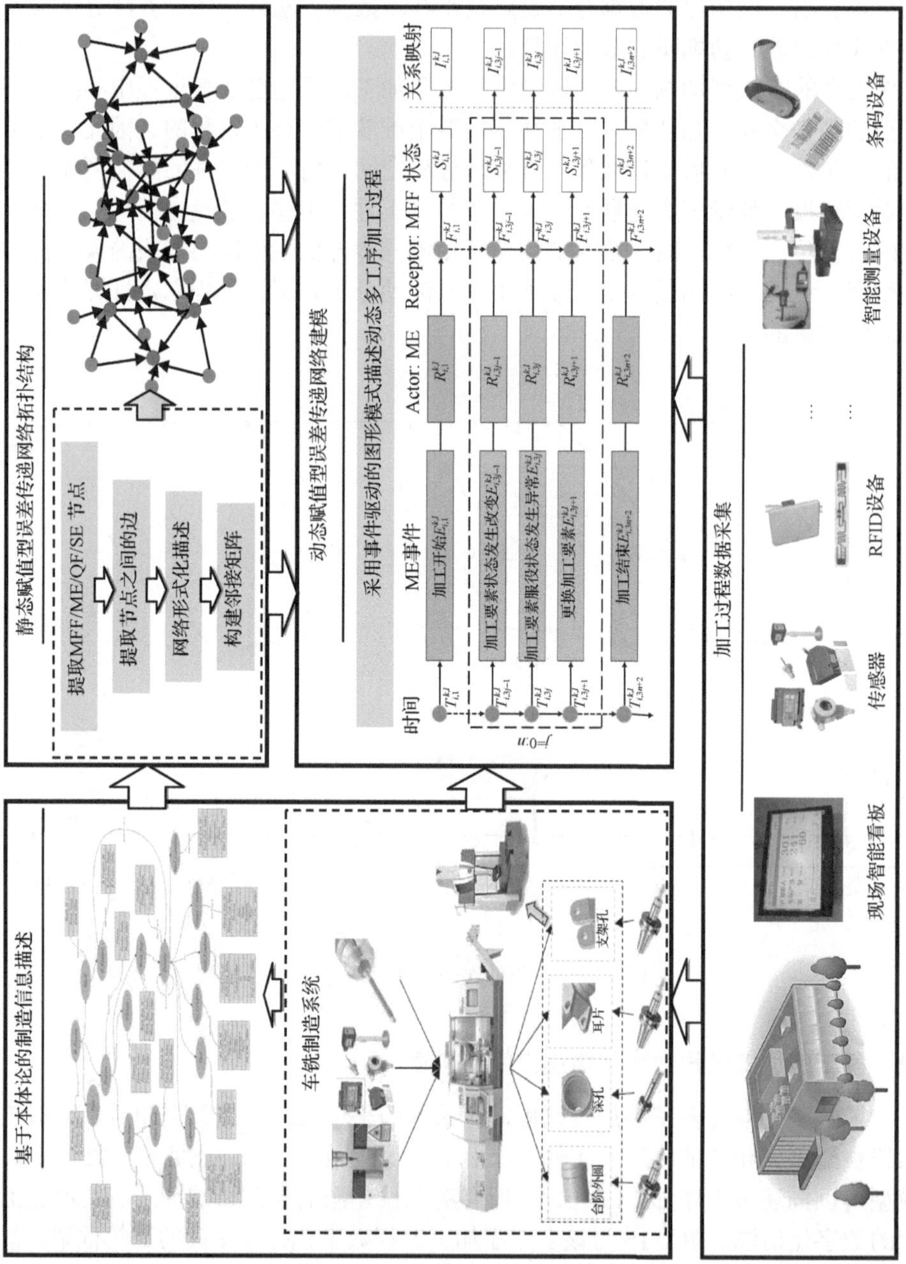

图2-16　多工序加工过程数字化描述空间的逻辑框架

将概念之间的关系抽象为网络中节点的边，从而构建多工序加工过程的数字化描述网络。基于车间加工过程数据，采用事件驱动的图示化模型映射动态加工过程的演化及赋值，可实现多工序加工过程的动态描述。

2.4　加工误差传递关系约简优化建模

由于工艺系统中要素之间有复杂的耦合关系，形成的误差传递网络关系极其复杂，为了实现有效的误差传递规律分析，必须对加工误差传递关系进行约简，从而得到多工序加工过程中重要的关联关系。本章通过融合工程知识和关联过程数据提出了基于误差敏感方向和粗糙集的网络关系约简建模方法。误差因素消减是进一步提高误差波动灵敏度精度的有效方式，是准确建立误差传递函数的基础。关系约简分为两步：第一步，判断输出工序质量误差敏感方向和加工误差敏感方向的矢量关系，消减敏感方向矢量垂直的误差因素，并融合工程知识来保证误差因素消减的准确性；第二步，采用粗糙集理论，提取隐藏在过程数据中的潜在关联关系，利用加工误差对关联数据的敏感性消减对加工质量影响较小的因素，从而减少输出加工质量的影响因素集合，为准确分析非线性误差传递关系提供基础。

2.4.1　基于误差敏感方向的误差传递关系约简建模

误差敏感方向的概念源于“加工敏感误差方向”，用于描述加工过程中工况要素偏差最大程度，反映为加工误差的工件被加工表面法线方向。造成加工误差最小的工件被加工表面的切线方向是误差不敏感方向。在分析工艺系统对加工精度的影响时，误差敏感方向上的误差对质量的影响较大[60]，例如，机床主轴回转误差所引起的加工误差在误差敏感方向上对加工精度的影响较大。本节引入误差敏感方向矢量的概念，用于表示质量特征精度要求的敏感方向和机床关键部件的误差敏感方向，基于统一的全局坐标系描述质量特征的敏感方向和加工设备部件的敏感方向之间的关联关系。

1. 误差敏感方向矢量的提出

多体动力学理论[61]是从对机床拓扑的角度建立各个结构部件的坐标系，如机床坐标系(machine coordinate system, MCS)、夹具坐标系(fixture coordinate system, FCS)、工件坐标系(part coordinate system, PCS)等，并采用齐次坐标变换描述各个坐标系之间的位姿及运动关系，最终得到工件表面与刀尖的相对运动关系。不同于多体动力学在建模过程中采用齐次坐标变换建立机床各结构部件之间的位姿及运动关系的方法，本节所采用的基于全局坐标系(world coordinate system, WCS)描述的误差敏感方向矢量在确定的工序或工步中的相对关系是确定的。为便于描述误差敏感方向矢量及关系，以外筒零件外圆基准加工过程中机床、刀具、夹具和工件的内部相对位置约束关系为例，对误差传递关系的约简建模。图 2-17 给出了以复合加工机床加工外圆基准时工艺系统内部的相对位置关系。在全局坐标系中，定义 $+X$ 、$+Y$ 、$+Z$ 和 $-X$ 、$-Y$ 、$-Z$ 等方向的误差矢量分别为 $\boldsymbol{r}_{+X}=[1\quad 0\quad 0]^{\mathrm{T}}$ 、$\boldsymbol{r}_{+Y}=[0\quad 1\quad 0]^{\mathrm{T}}$ 、$\boldsymbol{r}_{+Z}=[0\quad 0\quad 1]^{\mathrm{T}}$ 、$\boldsymbol{r}_{-X}=[-1\quad 0\quad 0]^{\mathrm{T}}$ 、$\boldsymbol{r}_{-Y}=[0\quad -1\quad 0]^{\mathrm{T}}$ 和 $\boldsymbol{r}_{-Z}=[0\quad 0\quad -1]^{\mathrm{T}}$ 。为了简化建模过程，本例针对复合机床的车削运动过程建立全局工作坐标系。由于车削加工具有特殊性，X 轴用于表示所有工件径向误差矢量，Y 轴用于表示如导轨的垂直直线度等引起刀尖在 Y 方向的运动偏差。

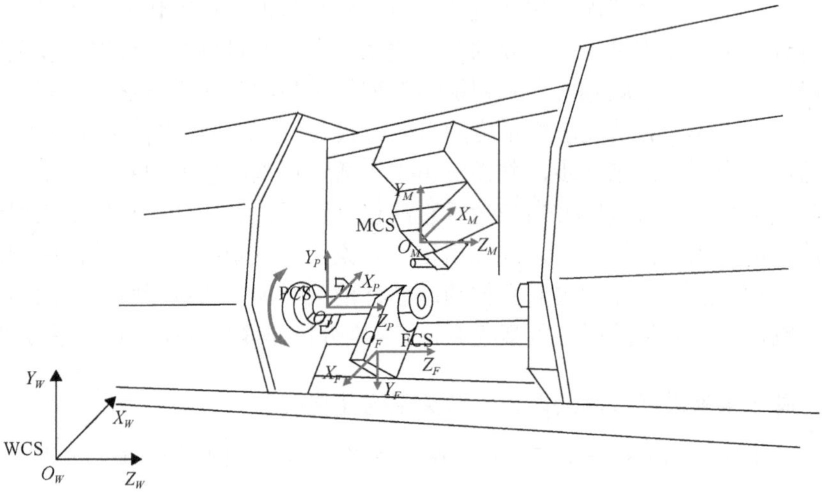

图 2-17　机床-刀具-夹具-工件相对位置关系

2. 定义误差敏感方向矢量

1) 工况要素的误差敏感方向矢量

由于加工要素在实际加工过程中在工艺系统内有特定的结构和运动关系，不同加工要素产生的误差类型的敏感方向有所不同。工况要素作为描述加工要素服役状态的形式，其误差敏感方向往往比较确定。已有大量文献对不同误差类型的敏感方向进行了研究[60, 62-64]。根据前述工况要素的定义，以图 2-17 中的全局坐标系方向为基准给出典型工况要素的误差敏感方向矢量，如表 2-7 所示。

2) 质量特征的误差敏感方向矢量

前述定义的质量特征种类较多，质量特征包含定形与定位尺寸质量特征、形状质量特征和位置质量特征，且各类质量特征的误差敏感方向各不相同。为便于矢量方向的描述，以图 2-17 的全局坐标系为基准给出了各典型质量特征的演示实例及其误差敏感方向矢量，如表 2-8 所示。

表 2-7　典型工况要素及其误差敏感方向矢量

加工要素	工况要素	误差敏感方向矢量
机床	运动误差	$r_{SE}=[1\quad 0\quad 1]^T$
	工作台振动	$r_{SE}=[1\quad 0\quad 1]^T$
刀具	刀具振动	$r_{SE}=[1\quad 0\quad 0]^T$
	刀具温度	$r_{SE}=[1\quad 0\quad 0]^T$
夹具	径向跳动误差	$r_{SE}=[1\quad 0\quad 0]^T$
	轴向跳动误差	$r_{SE}=[1\quad 0\quad 1]^T$

表 2-8　典型质量特征的误差敏感方向矢量及演示实例

质量特征类型	演示实例(图中标准尺寸为 mm)	误差敏感方向矢量
形状尺寸	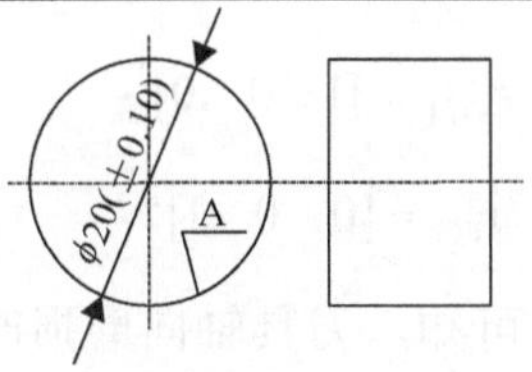	$r_{FD}=[1\quad 0\quad 0]^T$
圆度	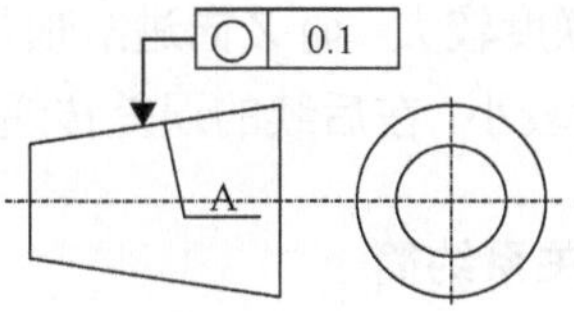	$r_{RO}=[1\quad 0\quad 0]^T$
位置尺寸	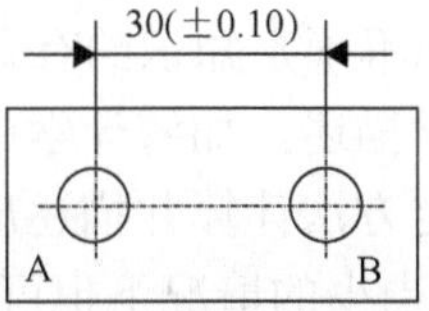	$r_{PD}=[1\quad 0\quad 0]^T$
同轴度	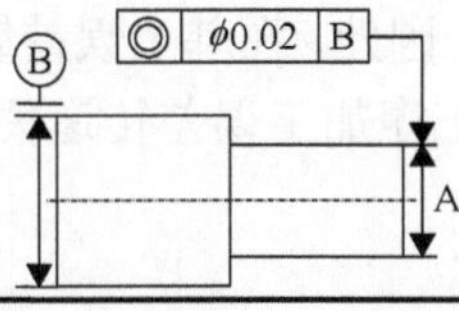	$r_{CO}=[1\quad 1\quad 0]^T$

3. 误差影响关系的识别与关系约简

根据前述对工况要素和质量特征误差敏感方向的定义，可以对工况要素和质量特征误差敏感方向进行分析，从而识别显著的误差影响因素，进行误差传递关系的初步约简。假设在全局坐标系中某一质量特征的误差敏感方向矢量为 r_{QF}，与该质量特征有关联关系的工况要素的误差敏感方向矢量为 r_{SE}，则工况要素 SE_j 对质量特征 Q_i 的关联度 Rel_{ij} 可以表示为

$$\mathrm{Rel}_{ij}=\left|\boldsymbol{r}_{\mathrm{QF}_i}\cdot\boldsymbol{r}_{\mathrm{SE}_j}\right| \tag{2-48}$$

也就是说，当工况要素的误差敏感方向矢量与质量特征的误差敏感方向矢量同向或反向时，工况要素产生的误差对质量特征的影响最大；当工况要素的误差敏感方向矢量与质量特征的误差敏感方向矢量垂直时，工况要素产生的误差对质量特征的影响最小，可以将该关联关系进行约简。

以图 2-17 所示的外筒零件外圆加工过程中刀具轴向磨损、Z 向进给轴几何误差与外圆直径关联关系为例，外圆直径在图 2-17 所示坐标系中的误差敏感方向矢量表示为

$$\boldsymbol{r}_{\mathrm{FD}}=[1\quad 0\quad 0]^{\mathrm{T}} \tag{2-49}$$

刀具轴向磨损 $\boldsymbol{r}_{\mathrm{VCT}}$ 和 Z 向进给轴几何误差 $\boldsymbol{r}_{\mathrm{FG}}$ 在图 2-17 所示坐标系中的误差敏感方向矢量分别表示为

$$\boldsymbol{r}_{\mathrm{VCT}}=[1\quad 0\quad 0]^{\mathrm{T}} \tag{2-50}$$

$$\boldsymbol{r}_{\mathrm{FG}}=[0\quad 0\quad 1]^{\mathrm{T}} \tag{2-51}$$

因此，结合式(2-48)～式(2-51)可知，刀具轴向磨损产生的偏差对外圆直径的关联度 $\mathrm{Rel}=|\boldsymbol{r}_{\mathrm{FD}}\cdot\boldsymbol{r}_{\mathrm{VCT}}|=1$，即关联度较大；而 Z 向进给轴几何误差对外圆直径的关联度 $\mathrm{Rel}=|\boldsymbol{r}_{\mathrm{FD}}\cdot\boldsymbol{r}_{\mathrm{FG}}|=0$，即关联度较小，在后续的误差传递关系分析中可以将其约简。

2.4.2　基于粗糙集的误差传递关系约简

粗糙集理论是一种处理模糊和不确定知识的有效数学工具[65]，其特点是不需要预先给定某些特征和属性的数学描述，如统计学中的概率分布，而是直接从给定问题的描述集合出发，采用确定方法计算并描述出数据的不确定性及过程与结果之间的隶属关系，即便在数据相当少的情况下也可以最大限度地导出诊断结果，尤其适合航空零件的质量诊断[66]。因此，在基于误差敏感方向的关系约简基础上，这里采用粗糙集理论进一步对多工序加工误差传递关系约简，以得到质量特征和工况参数之间的关联关系。

1. 粗糙集理论基本概念

粗糙集理论中，知识表达系统 S 可以表达为 $S=\{U,C,D\}$，U 是对象的集合，子集 C 和 D 分别称为条件属性和决策属性，$C\cup D=R$ 是属性集合。其中，U 为样本集，C 为某质量特征的影响因素集合，D 为某质量特征的加工误差。定义分类质量：

$$r_c(D)=\mathrm{Card}(\mathrm{POS}_c(D))/\mathrm{Card}(U)$$

式中，$\mathrm{Card}(\mathrm{POS}_c(D))$ 表示根据条件属性 C，U 中所有一定能归入决策属性 D 的

元素的数目；Card(U) 表示 U 中所有元素的数目。因此，系数 $r_c(D)$ 可以看作 C 和 D 间依赖性的度量，$r_c(D)$ 为某影响因素对加工误差的影响程度量化值。

粗糙集理论使用决策表来描述论域 U 中的对象，决策表中的每一行描述一个对象，每一列描述对象的一种属性。约简定义为不含多余属性并保证分类正确的最小条件属性集。建立影响因素集合的过程就是进行属性约简的过程，即找到影响加工误差的因素集合。

2. 关键条件属性粗糙集诊断过程

1) 属性建模，构建决策表

在起落架外筒零件的加工过程中，随着加工工序的延续，将产生大量的在线、实时、反映系统运行本质的各类工况数据及信号，通过整理影响加工质量的相关数据，提取各类工况数据和各阶段质量数据的特征，把影响当前工序质量的工况特征和前序质量特征作为条件属性，把当前工序质量特征作为决策属性。

在零件的多工序加工过程中，影响加工误差的因素可分为以下两类：

(1) 对加工质量输出有较大影响的 4M1E 因素，以及加工负荷条件下的机床、刀具、夹具的动态工况误差，这些属性构成了工况要素集合 P={人员 O，机床 T，材料 M，加工方法 W，环境 E，机床工况误差 ε_M，刀具工况误差 ε_T，夹具工况误差 ε_F}。

(2) 由于工序间存在关联关系，需要考虑前序质量特征对质量特征的影响，所以将前面完成的关联工序的质量特征误差考虑进来。这样，可以得到前序质量特征因素集合 $H=\{d_1,d_2,\cdots,d_i,\cdots,d_n\}$，$d_i$ 表示关联工序中影响当前工序质量特征的前序质量特征 i 的误差，n 是对该质量特征有影响的前序质量特征数目。

综上可知，条件属性集由表征工况要素和前序质量特征的属性组成，即条件属性集 C={P，H}={人员 O，机床 T，材料 M，加工方法 W，环境 E，机床工况误差 ε_M，刀具工况误差 ε_T，夹具工况误差 ε_F，质量特征 i 误差 $d_i(i=1,2,\cdots,n)$}。决策属性 D 定义为当前工序某质量特征的加工误差。

2) 数据变换处理

原始信息有的可能是定性描述的，有的可能是不完整数据，有的可能是连续函数值，因此属性值全部要离散归一化，以便决策表的表达与简化。对于影响因素误差的离散，可以按照最大值与最小值的差值进行等比划分。对于决策属性的质量特征，离散的程度不应过大，否则会产生冗余的关键误差影响因素，离散程度也不能太小，否则会失去有价值的误差影响因素，对于条件属性中影响因素误差的离散，则具有相反的规律。对采集的工况要素状态信号进行特征提取，为便于分析，这里将工况要素分为 5 级来反映不同的加工状态(1 表示工况正常，5 表示工况严重恶化)。

3) 约简

首先计算原始决策表的分类质量，然后去掉某一待考察条件属性，计算剩下影响因素对决策条件的分类质量，并用原始决策表的分类质量减去此分类质量，将两者的差定义为影响因子$\gamma_{c-c_i}(D)$，这里的c_i表示待考察条件属性，D表示决策属性，影响因子越大，说明待考察影响因素对决策属性影响程度越大，反之，影响程度越小。去掉无影响或影响程度很小的条件属性，得到保证分类正确的最小条件属性集，确定关键条件属性的种类。在考虑前工序对质量特征的影响时，可首先判断引起质量特征的变化是否有前工序的作用，若没有，则只需考虑本工序工况要素的影响，以提高决策表分类质量的计算效率。图 2-18 给出了基于粗糙集的误差传递关系约简流程。

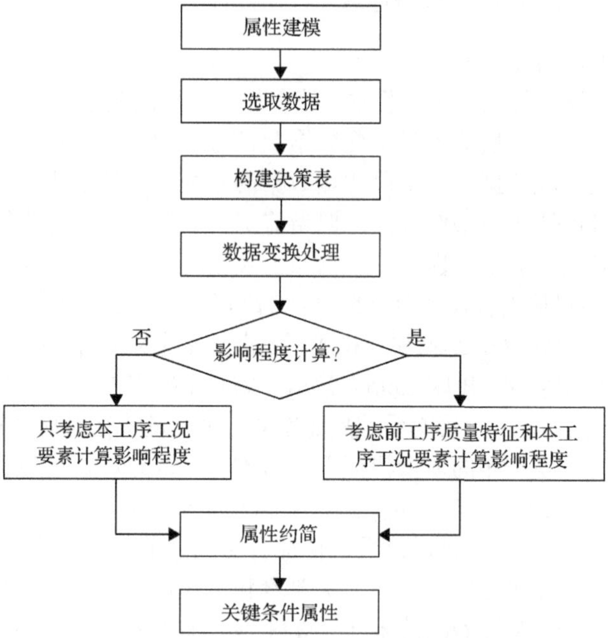

图 2-18　基于粗糙集的误差传递关系约简流程

2.5　本 章 小 结

本章针对装备关键零件多工序加工过程的误差传递关系描述与加工过程数据采集问题，提出了基于加权复杂网络理论的赋值型加权误差传递网络建模方法，即通过提取工程知识中的工况要素建立要素之间的关联关系；针对小批量加工过程的状态监测问题，提出了基于工况数据子空间相似性的加工过程状态评估与监测方法，基于采集的工况数据和质量数据赋值于网络中对应的节点，建立了描述每个工件加工过程的多工序加工过程数字化描述空间模型。此外，通过融合工程知识和关联过程数据提出了基于误差敏感方向和粗糙集的网络关系约简建模方法，削减了对加工质量影响较小的因素，为准确分析非线性误差传递关系奠定了基础。

第 3 章　工序流误差传递关系解算及复杂性分析

3.1　赋值型误差传递网络关系解算

3.1.1　基于神经网络/支持向量机的误差传递关系解算

误差传递关系建模是灵敏度分析的基础，误差传递模型的精度直接影响灵敏度分析的准确性及过程能力评估的可信度。目前，误差传递建模的方法包括解析法和数据驱动法两种。解析法利用机器人学和刚体动力学通过坐标变换建立工艺系统误差与加工误差的数学模型[67]，是一种正向模型；数据驱动法根据加工过程中采集的工艺系统各元素误差及对应的加工误差数据建立误差传递模型，是一种逆向模型。状态空间法[68]、基于机器学习的方法[69]等属于典型的数据驱动法。其中，基于统计学习理论的支持向量机(support vector machine, SVM)在小样本情况下的模式识别、自动控制和函数估计等问题中表现出优异的性能，能够根据有限的样本信息在模型的复杂性和泛化能力之间寻求折中。与另一种广泛应用的机器学习方法——神经网络相比，SVM 将最优解的求解过程转换为一个二次规划问题，理论上可以得到全局最优解，避免了神经网络容易出现的局部极值问题[70]；另外，SVM 的拓扑结构无须像神经网络一样通过试错法确定，而是由二次规划得到的支持向量决定。最小二乘支持向量机(least squares support vector machine, LS-SVM)采用误差的平方项将支持向量机回归的不等式约束转换为等式约束，由此简化计算的复杂程度，降低计算成本[71]。当训练误差服从正态分布假设时，LS-SVM 可以获得回归模型的最优估计，但是在小批量加工过程中往往不能满足这个假设。因此，本节采用加权最小二乘支持向量机(WLS-SVM)建立一个精确性和鲁棒性更好的误差传递模型。

1) WLS-SVM 的基本原理

WLS-SVM 是 LS-SVM 的扩展，所以在介绍 WLS-SVM 之前，先简单介绍 LS-SVM 的基本原理。假设 $S=\{(\boldsymbol{x}_1,y_1),\cdots,(\boldsymbol{x}_i,y_i),\cdots,(\boldsymbol{x}_N,y_N)\}$ 是一个由 N 个非线性映射关系样本组成的集合，$\boldsymbol{x}_i\in\mathbb{R}^n$，表示第 i 个样本的输入向量；$y_i\in\mathbb{R}$，表示第 i 个样本的输出。LS-SVM 的目的是根据样本集 S 估计一个最优的回归函数：

$$f(\boldsymbol{x})=\boldsymbol{w}^{\mathrm{T}}\boldsymbol{\Phi}(\boldsymbol{x})+b \tag{3-1}$$

式中，$\boldsymbol{\Phi}(\boldsymbol{x})$ 表示一个把输入向量从原始空间转换到高维空间的非线性变换，即

$\boldsymbol{\Phi}(\boldsymbol{x})$: $\mathbb{R}^n \to \mathbb{R}^{n_h}$ ； $\boldsymbol{w}$ 表示回归系数向量； b 表示回归函数的偏差项。

为了求解 LS-SVM 回归函数 $f(\boldsymbol{x})$ 的回归系数 $\boldsymbol{w}$ 和偏差 b，需要构造一个损失函数。与标准 SVM 采用 ε 不敏感函数作为损失函数不同，LS-SVM 将误差的二次平方项作为损失函数将不等式约束转换为等式约束，从而用线性方法进行计算。求解 LS-SVM 回归函数的最优化问题为

$$\begin{aligned}&\min J(\boldsymbol{w},\boldsymbol{e}) = \frac{1}{2}\boldsymbol{w}^{\mathrm{T}}\boldsymbol{w} + \frac{1}{2}\gamma\sum_{i}^{m} e_i^2 \\ &\text{s.t.}\ \ y_i = \boldsymbol{w}^{\mathrm{T}}\boldsymbol{\Phi}(\boldsymbol{x}_i) + b + e_i\end{aligned} \tag{3-2}$$

式中，e_i 表示误差变量，相当于标准 SVM 中的松弛因子；γ 表示大于 0 的调整因子，目的是使所求得的回归函数具有较好的泛化能力。

通过引入拉格朗日乘子，可将式(3-2)转换为其拉格朗日泛函形式：

$$L(\boldsymbol{w},b,\boldsymbol{e},\boldsymbol{\alpha}) = J(\boldsymbol{w},\boldsymbol{e}) - \sum_{i=1}^{N}\alpha_i\left[\boldsymbol{w}^{\mathrm{T}}\boldsymbol{\Phi}(\boldsymbol{x}_i) + b + e_i - y_i\right] \tag{3-3}$$

式中，α_i 表示拉格朗日乘子。

对式(3-3)的各变量求偏导，可得到如下方程组：

$$\begin{cases}\dfrac{\partial L}{\partial \boldsymbol{w}} = 0 \to \boldsymbol{w} = \sum\limits_{i=1}^{N}\alpha_i\boldsymbol{\Phi}(\boldsymbol{x}_i) \\ \dfrac{\partial L}{\partial b} = 0 \to \sum\limits_{i=1}^{N}\alpha_i = 0 \\ \dfrac{\partial L}{\partial e_i} = 0 \to \alpha_i = \gamma e_i \\ \dfrac{\partial L}{\partial \alpha_i} = 0 \to \boldsymbol{w}^{\mathrm{T}}\boldsymbol{\Phi}(\boldsymbol{x}_i) + b + e_i - y_i = 0\end{cases} \tag{3-4}$$

进一步求解方程组(3-4)，可得到 LS-SVM 回归的函数形式为

$$f(\boldsymbol{x}) = \sum_{i=1}^{N}\alpha_i\boldsymbol{\Phi}(\boldsymbol{x}_i)^{\mathrm{T}}\cdot\boldsymbol{\Phi}(\boldsymbol{x}) + b \tag{3-5}$$

高维空间的向量内积运算 $\boldsymbol{\Phi}(\boldsymbol{x}_i)^{\mathrm{T}}\cdot\boldsymbol{\Phi}(\boldsymbol{x})$ 可通过满足 Mercer 条件的核函数 $K(\boldsymbol{x}_i,\boldsymbol{x})$ 实现，即 $K(\boldsymbol{x}_i,\boldsymbol{x}) = \boldsymbol{\Phi}(\boldsymbol{x}_i)^{\mathrm{T}}\cdot\boldsymbol{\Phi}(\boldsymbol{x})$，代入式(3-5)可得

$$y = f(\boldsymbol{x}) = \sum_{i=1}^{N}\alpha_i K(\boldsymbol{x}_i,\boldsymbol{x}) + b \tag{3-6}$$

常见的核函数包括多项式核函数和径向基核函数，它们的数学形式分别如下。

(1) 多项式核函数：

$$K(\boldsymbol{x}_i,\boldsymbol{x}_j)=((\boldsymbol{x}_i\cdot\boldsymbol{x}_j)+1)^d \tag{3-7}$$

式中，d 表示多项式的阶次。

(2) 径向基核函数：

$$K(\boldsymbol{x}_i,\boldsymbol{x}_j)=\exp\left(-\|\boldsymbol{x}_i-\boldsymbol{x}_j\|^2\big/\sigma^2\right) \tag{3-8}$$

式中，σ 表示径向基函数的宽度参数，决定了函数的径向作用范围。

除此之外，还有线性核函数、Sigmoid 核函数、B 样条核函数和傅里叶核函数等。核函数是实现输入向量从原始的低维空间向高维空间变换的基础，是 SVM 的核心部分。但在具体应用中，核函数的选择依赖于具体的问题，目前缺少对核函数选择的准则和依据。

LS-SVM 在保持标准 SVM 优点的基础上，通过简单的变换简化了求解过程。然而，LS-SVM 也存在以下一些问题：

(1) 其解缺乏稀疏性，由方程组 (3-4) 可知 $\alpha_i=\gamma e_i$，表明每个样本点都对回归函数有贡献，即每个训练样本都是支持向量，这样导致在大样本情况下 LS-SVM 缺乏稀疏性。

(2) LS-SVM 损失函数包含一个没有正则化的拟合残差的二次平方项 (SSE)，使得其解对含有异常值或不满足正态分布假设的样本缺乏鲁棒性。

为了进一步获得 LS-SVM 的鲁棒估计，Suykens 等[71,72]提出了 WLS-SVM，通过对损失函数中的误差项增加权重解决其缺乏稀疏性和鲁棒性的问题。求解 WLS-SVM 的优化问题为

$$\begin{aligned}&\min J(\boldsymbol{w},\boldsymbol{e})=\frac{1}{2}\boldsymbol{w}^{\mathrm{T}}\boldsymbol{w}+\frac{1}{2}\gamma^*\sum_{i=1}^{N}\mu_i^* e_i^2\\&\text{s.t.}\quad y_i=\boldsymbol{w}^{\mathrm{T}}\boldsymbol{\Phi}(\boldsymbol{x}_i)+b+e_i,\quad i=1,2,\cdots,N\end{aligned} \tag{3-9}$$

式中，μ_i^* 表示第 i 样本的权重。上标*表示 γ^* 和 μ_i^* 的值可从 LS-SVM 的训练结果中直接或间接获得。当采用交叉验证法或其他方法完成 LS-SVM 的训练后，γ^* 的值可直接获得，μ_i^* 的值可根据 LS-SVM 的训练误差采用 Huber 函数[73]、Hampel 函数[74]等权重函数来确定，确定过程将在后面进行介绍。WLS-SVM 的求解过程与 LS-SVM 相似，这里不再赘述。

2) 确定模型的输入和输出

如上所述，误差传递建模的目的是加工误差灵敏度分析，该模型把工艺系统看作一个黑箱。因此，模型的输入包括前道工序加工误差、基准误差、夹具误差和安装误差，输出是质量特性的误差值，如直径误差、圆度误差和圆柱度误差等。由于一个 WLS-SVM 模型只能有一个输出，所以需要为每一个质量特性建立一个 WLS-SVM 回归模型。图 3-1 描述了第 k 个质量特性的误差传递模型，模型的输入向量可记为 $\boldsymbol{x}=(x_1,x_2,\cdots,x_n)^{\mathrm{T}}$ ，n 表示输入误差的数量；输出可表示为 $y_k\,(k=1,2,\cdots,m)$ ，m 表示质量特性的数量。

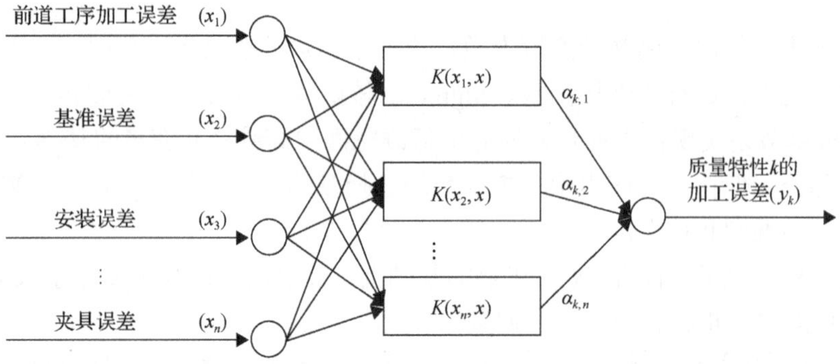

图 3-1　基于 WLS-SVM 的误差传递模型

3) 核函数选择

SVM 回归的性能在很大程度上依赖核函数类型及其参数的选择，因此建模过程中选择一个合适的核函数非常关键。径向基核函数在处理非线性回归问题时表现出良好的拟合能力和泛化能力，且其参数较少，所以选取径向基核函数作为误差传递模型的核函数。将式(3-8)代入式(3-6)，可得第 k 个质量特性的误差传递模型：

$$y_k=f_k(\boldsymbol{x})=\sum_{i=1}^{N}\alpha_{k,i}\exp\left(-\frac{\left\|\boldsymbol{x}_i-\boldsymbol{x}\right\|^2}{\sigma_k^2}\right)+b_k \tag{3-10}$$

式中，y_k 表示第 k 个质量特性的误差；N 表示支持向量的个数；$\boldsymbol{x}_i$ 表示第 i 个支持向量；$\alpha_{k,i}$ 表示第 i 个拉格朗日乘子；σ_k 表示径向基函数的宽度参数；b_k 表示偏差项。

4) 权重分配

Hampel 权重函数在函数估计中表现出良好的鲁棒性，尤其是在训练样本包含极端异常值的情况下[74]，因此选择 Hampel 权重函数为训练样本分配函数，数学形式如下：

$$\mu_i = \begin{cases} 1, & |e_i/\hat{s}| \leqslant c_1 \\ \dfrac{c_2 - |e_i/\hat{s}|}{c_2 - c_1}, & c_1 \leqslant |e_i/\hat{s}| \leqslant c_2 \\ 10^{-4}, & |e_i/\hat{s}| \geqslant c_2 \end{cases} \tag{3-11}$$

式中，μ_i 表示第 i 个训练样本的权重；e_i 表示第 i 个样本对应的 LS-SVM 模型误差；c_1、c_2 表示两个常数，当模型残差服从正态分布时，e_i 大于 2.5 $\hat{s}$ 的概率非常小，由此知 c_1 和 c_2 的值分别为 2.5 和 3；$\hat{s}$ 表示 LS-SVM 模型残差的标准差的鲁棒估计，其估计公式如下：

$$\hat{s} = \frac{Q_d}{2 \times 0.6745} \tag{3-12}$$

式中，Q_d 表示模型残差的四分位差，其值等于残差的上四分位差与下四分位差的差。

样本权重的分配过程包括两步：第一步，采用同样的样本训练 LS-SVM 模型并获得各样本对应的残差；第二步，采用 Hampel 权重函数根据各训练样本的残差为其分配权重。

5) 基于 WLS-SVM 的误差传递模型的训练

在实际应用中，选择最近加工完成的 N 个工件的输入误差和加工误差数据作为训练样本建立误差传递模型。精确的误差传递模型是灵敏度分析及过程能力评估的基础，WLS-SVM 回归模型的精度受训练样本数及超参数的影响。一般情况下，训练样本越多，模型精度越好。但由于复杂难加工零件加工过程的复杂多变性，选择太多的历史数据作为训练样本建立的误差传递模型可能无法真实反映加工过程的当前状态，因此需要通过试错法选择合适数量的训练样本以平衡模型的误差和时效性。误差传递模型的训练步骤如下：

步骤 1　利用最近获取的历史数据 $\{\boldsymbol{x}_i, y_i\}(i=1,2,\cdots,N)$ 采用交叉验证法训练一个 LS-SVM 模型并得到最优的超参数组合 (γ,σ)，然后根据方程组(3-4)计算模型的残差，即 $e_i = \alpha_i/\gamma$。

步骤 2　根据式(3-12)计算 LS-SVM 模型残差的标准差的鲁棒估计。

步骤 3　根据式(3-11)为每个训练样本分配权重 μ_i。

步骤 4　使用同样的训练样本 $\{\boldsymbol{x}_i, y_i\}(i=1,2,\cdots,N)$ 及相应的权重 μ_i 求解式(3-9)，从而得到某个质量特性的误差传递模型。

3.1.2　基于结构化分析指标的误差传递关系解算

1. 基本拓扑指标

本节主要定义了赋值型加权误差传递网络拓扑关系的重要指标。首先对网络的基本拓扑指标进行了定义，如度数、聚集系统、最短路径、点介数、边介数等，分别从单个节点和网络两个层次对网络拓扑关系进行分析；然后根据加工基本原则，引入模体分析方法，通过研究符合典型加工原则的节点连接结构分析网络拓扑关系。

表 3-1 给出了赋值型加权误差传递网络拓扑关系评价的基本指标，如度数、介数和聚集系数等。特别地，误差传递网络中的边用于描述节点间的基准、演变、加工和属性等耦合关系，因此有别于点介数研究某一质量特征节点在最终质量的形成过程中所起的作用，边介数表示加工特征演变过程中某个误差传递关系在最终质量形成过程中所起的作用。

表 3-1　拓扑关系评价的基本指标

概念	符号	定义	公式
度数	k_i	节点 i 影响其他相关节点的重要度，节点 i 的度数由入度 k_i^{in} 和出度 k_i^{out} 组成	$k_i^{\text{in}}=\sum_j a_{ji}$，$k_i^{\text{out}}=\sum_j a_{ij}$，$k_i=k_i^{\text{in}}+k_i^{\text{out}}$
点介数	b_i	节点 i 在整个网络中的重要度	$b_i=\sum_{j,k\in V,j\neq k}\frac{n_{jk}(i)}{n_{jk}}$
边介数	B_{li}	节点 l 和 i 之间的边在网络中的重要度	$B_{li}=\sum_{j,k\in V,j\neq k,l\neq i}\frac{n_{jk}(li)}{n_{jk}}$
聚集系数	c_i	节点 i 所在的子图中的节点倾向于聚集的程度	$c_i=\frac{\sum_{j,m\in V}a_{ij}a_{jm}a_{mi}}{k_i(k_i-1)}$
平均聚集系数	$\bar{C}$	网络中所有的节点倾向于聚集的程度	$\bar{C}=\frac{1}{N}\sum_{i=1}^{N}c_i$
网络的直径	D	网络中任意两个节点之间距离的最大值，用于描述工件工艺规程的复杂程度，d_{ij} 为网络中节点 i 和 j 的距离	$D=\max_{i,j}d_{ij}$
平均最短路径长度	L	与网络的直径一同用于评价工件工艺规程的复杂程度	$L=\frac{2}{N(N+1)}\sum_{i>j}d_{ij}$

2. 模体检测分析

为了更好地理解多工序加工过程中的误差传递特性与网络拓扑结构之间的关联，有必要识别隐藏在不同类型的结构类型和节点交互模式中的误差传递关系。这里引入模体用于分析对应于不同节点结构的物理意义。需要说明的是，由于在该误差传递网络中节点与另一节点的连线仅为一条，所以不能实现如图 3-2 所示的自为基准原则的分析。下

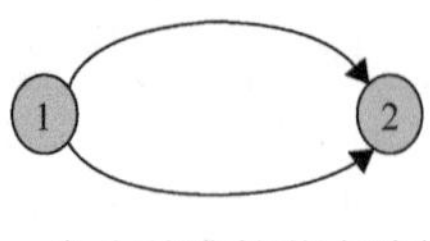

图 3-2　自为基准的节点连接结构

面采用模体检测分析方法分别对基准统一原则和互为基准原则进行节点拓扑关系分析。

1)基准统一原则

在多工序加工过程中，基准统一原则有助于保证相对位置关系，并避免由改变基准导致的误差累积，该原则尤其适用于高端装备关键零件的制造过程，对应的模体可以通过如图3-3所示的3节点子网络来表示。更为复杂的4节点模体分析在案例中给出。

2)互为基准原则

当对工件上两个相互位置精度要求很高的表面进行加工时，需要用两个表面互相作为基准，反复进行加工，以保证位置精度要求。它对应的模体可以通过4节点的子网络来表示。图3-4给出了一种可能的节点连接方式，图中编号从小到大依次为加工顺序。

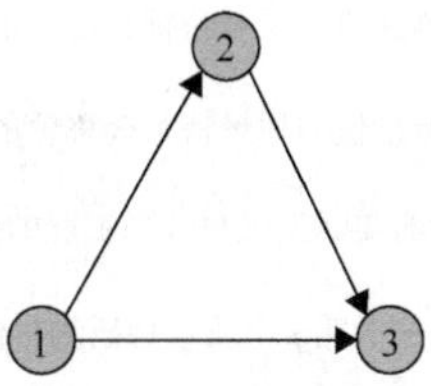

图3-3 用于表示基准统一原则的3节点子网络

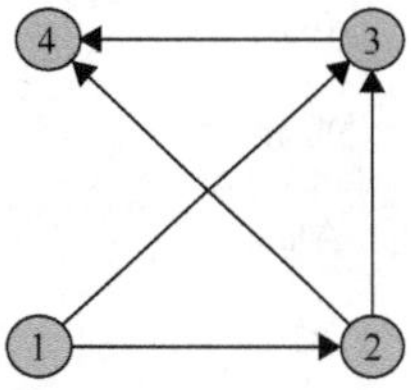

图3-4 互为基准原则的一种可能节点连接方式

为了确保有效地发现隐藏在网络中的模体，这里引入相关的指标，分别描述如下。

定义3.1 模体频率：对于具有m个节点的子图i，其出现的频率为模体频率f_i，即

$$f_i = \frac{n_i}{N} \tag{3-13}$$

式中，n_i表示子图i出现的次数；N表示所有具有m个节点的子图出现的次数。

定义3.2 模体P值：模体在一个随机网络中出现的次数大于或等于其在赋值网络中出现的次数。模体P值越小，则该模体在网络中越重要。

定义3.3 模体Z分数：每一个子图i的统计重要性，可用式(3-14)来描述：

$$Z_i = \frac{N_{\mathrm{EMEPN}_i} - N_{\mathrm{rand}_i}}{\sigma_{\mathrm{rand}_i}} \tag{3-14}$$

式中，N_{EMEPN_i}表示该子图在赋值网络汇总出现的次数；N_{rand_i}和σ_{rand_i}分别表示该子图在随机网络中出现次数的平均值和标准差。

3.1.3 基于误差传递二阶泰勒展开方程的非线性误差传递关系解算

为了定量地描述赋值型加权误差传递网络中的节点关联关系，这里提出了一个形如 $x_{ij} = f(x_{i-1}, u_i)$ 的误差传递方程。该方程既描述了质量特征之间的横向误差传递，也描述了工况要素对质量特征的纵向误差传递。为便于表述，表 3-2 给出了误差传递方程中的符号表示及其含义。

表 3-2 误差传递方程中的符号表示及其含义

符号	含义
x_{ij}	工序 i 加工完成后第 j 个质量特征的测量值
$x_{i-1} = \{x_{(i-1)1}, \cdots, x_{(i-1)r}, \cdots, x_{(i-1)R}\}$	工序 i–1 加工完成后所有影响的质量特征集合
$u_i = \{u_{i1}, \cdots, u_{is}, \cdots, u_{iS}\}$	工序 i 中所有加工要素的运行状态集合
Δx_{ij}	工序 i 中质量特征的测量值与质量特征公称值的偏差
$\Delta x_{(i-1)r}$	工序 i 中质量特征的测量值与质量特征公称值的偏差
Δu_{is}	工序 i–1 中工况要素的实际工况与理想工况的偏差
x_{ij}^k	工件 k 中第 i 道工序的第 j 个质量特征测量值
$x_{(i-1)r}^k$	工件 k 中第 i–1 道工序的第 r 个质量特征测量值
u_{is}^k	工件 k 中第 i 道工序的第 s 个工况要素值
x_{ij}^{tol}	工序 i 中第 j 个质量特征的允许偏差
$x_{(i-1)r}^{\text{tol}}$	工序 i–1 中第 r 个质量特征的允许偏差
u_{is}^{tol}	工序 i 中第 s 个工况要素的允许偏差

假设工艺系统处于一种完全控制状态，工序 i–1 的质量特征公称中值作为前序质量特征理想值 x_{i-1}^*，加工要素静态无负载条件下采集到的传感器信号特征值作为理想运行状态 u_i^*。此时，工序 i 的质量特征处于一种完全控制状态，且质量特征 j 公称中值为理想值 x_{ij}^*。对建立的误差传递方程在给定的理想点 (x_{i-1}^*, u_i^*) 进行二阶泰勒展开，如式(3-15)所示：

$$
\begin{aligned}
x_{ij} = f(x_{i-1}, u_i) &\approx f(x_{i-1}^*, u_i^*) + \nabla f(x_{i-1}^*, u_i^*)(x_{i-1} - x_{i-1}^*, u_i - u_i^*)^{\mathrm{T}} \\
&+ \frac{1}{2}(x_{i-1} - x_{i-1}^*, u_i - u_i^*) H(x_{i-1}^*, u_i^*)(x_{i-1} - x_{i-1}^*, u_i - u_i^*)^{\mathrm{T}}
\end{aligned} \tag{3-15}
$$

式中，

$$\nabla \boldsymbol{f}(x_{i-1}^*,u_i^*)=\begin{bmatrix}\dfrac{\partial f(x_{i-1}^*,u_i^*)}{\partial x_{i-1}} & \dfrac{\partial f(x_{i-1}^*,u_i^*)}{\partial u_i}\end{bmatrix}$$

$$\boldsymbol{H}(x_{i-1}^*,u_i^*)=\begin{bmatrix}\dfrac{\partial^2 f(x_{i-1}^*,u_i^*)}{\partial x_{i-1}^2} & \dfrac{\partial^2 f(x_{i-1}^*,u_i^*)}{\partial x_{i-1}\partial u_i}\\ \dfrac{\partial^2 f(x_{i-1}^*,u_i^*)}{\partial u_i\partial x_{i-1}} & \dfrac{\partial^2 f(x_{i-1}^*,u_i^*)}{\partial u_i^2}\end{bmatrix}$$

为便于描述误差波动灵敏度分析建模过程，记

$$\alpha_{i-1}=\frac{\partial f(x_{i-1}^*,u_i^*)}{\partial x_{i-1}},\quad \beta_i=\frac{\partial f(x_{i-1}^*,u_i^*)}{\partial u_i},\quad \alpha'_{i-1}=\frac{\partial^2 f(x_{i-1}^*,u_i^*)}{\partial x_{i-1}^2}$$

$$\beta'_i=\frac{\partial^2 f(x_{i-1}^*,u_i^*)}{\partial u_i^2},\quad \gamma_i=\frac{\partial^2 f(x_{i-1}^*,u_i^*)}{\partial x_{i-1}\partial u_i}$$

假设理想加工条件保持不变，则这些决定误差传递关系的参数是不变的常数。因此，可以推导出不同工件误差传递方程组的矩阵表达式，如式(3-16)所示。通过解算该线性方程组，将误差传递关系的非线性问题转化为一个线性问题。基于历史质量数据和加工状态数据，通过融合遗传算法[75] (genetic algorithm, GA) 和最小二乘法两种方法实现反映误差传递关系的参数估计。

$$\begin{bmatrix}\Delta x_{i-1}^1 & \Delta u_i^1 & (\Delta x_{i-1}^1)^2/2 & (\Delta u_i^1)^2/2 & \Delta x_{i-1}^1\Delta u_i^1\\ \vdots & \vdots & \vdots & \vdots & \vdots\\ \Delta x_{i-1}^k & \Delta u_i^k & (\Delta x_{i-1}^k)^2/2 & (\Delta u_i^k)^2/2 & \Delta x_{i-1}^k\Delta u_i^k\\ \vdots & \vdots & \vdots & \vdots & \vdots\\ \Delta x_{i-1}^n & \Delta u_i^n & (\Delta x_{i-1}^n)^2/2 & (\Delta u_i^n)^2/2 & \Delta x_{i-1}^n\Delta u_i^n\end{bmatrix}\begin{bmatrix}\alpha_{i-1}\\ \beta_i\\ \alpha'_{i-1}\\ \beta'_i\\ \gamma_i\end{bmatrix}=\begin{bmatrix}\Delta x_{ij}^1\\ \vdots\\ \Delta x_{ij}^k\\ \vdots\\ \Delta x_{ij}^n\end{bmatrix} \tag{3-16}$$

进一步地，误差传递方程相对于各个误差源的偏导数可以通过 3.2 节中提出的两个子灵敏度计算。为了描述该子灵敏度，这里给出误差传递方程的多项式表达式：

$$\begin{aligned}\Delta x_{ij}=&\sum_r \alpha_{(i-1)r}\Delta x_{(i-1)r}+\sum_s \beta_{is}\Delta u_{is}+\frac{1}{2}\sum_r\sum_s \alpha'_{(i-1)rs}\Delta x_{(i-1)r}\Delta x_{(i-1)s}\\ &+\frac{1}{2}\sum_r\sum_s \beta'_{i,rs}\Delta u_{ir}\Delta u_{is}+\sum_r\sum_s \gamma_{(i-1)r,is}\Delta x_{(i-1)r}\Delta u_{is}\end{aligned} \tag{3-17}$$

式中，

$$\alpha_{(i-1)r}=\frac{\partial f(x_{i-1}^*,u_i^*)}{\partial x_{(i-1)r}};\quad \beta_{is}=\frac{\partial f(x_{i-1}^*,u_i^*)}{\partial u_{is}};\quad \alpha'_{(i-1)rs}=\frac{\partial^2 f(x_{i-1}^*,u_i^*)}{\partial x_{(i-1)r}\partial x_{(i-1)s}};$$

$$\beta'_{i,rs} = \frac{\partial^2 f(x_{i-1}^*, u_i^*)}{\partial u_{ir} \partial u_{is}}; \quad \gamma_{(i-1)r,is} = \frac{\partial^2 f(x_{i-1}^*, u_i^*)}{\partial x_{(i-1)r} \partial u_{is}}$$

3.2 误差传递复杂性分析及质量特性精度演变规律提取

3.2.1 网络性能波动分析

1. 网络性能量测指标定义

为了进一步分析多工序加工过程的加权误差传递网络性能，这里定义三个量测指标。

定义 3.4 网络节点强度 s_i，表示节点 i 在加权误差传递网络中与上下关系节点的关联强度，即

$$s_i = \sum_{j \in N_i} w_{ij} \tag{3-18}$$

式中，N_i 表示节点 i 的相邻节点集合；w_{ij} 表示节点 i 对节点 j 的边的权重。

定义 3.5 网络误差相对扩散度 α，表示加权误差传递网络的误差累积效应。α 值越大，说明误差累积越小，工件的加工质量越高。

$$\alpha = \frac{L'}{\overline{L}} \tag{3-19}$$

式中，$\overline{L}$ 表示加权误差传递网络的平均最短路径，以边权重的倒数表示边的长度；L' 表示当前加权误差传递网络的平均最短路径。

定义 3.6 网络误差相对分布度 β，表示网络误差分布情况。β 值越大，说明网络节点间越稀疏，误差影响范围越小，加工过程越稳定。

$$\beta = \frac{C'}{\overline{C}} \tag{3-20}$$

式中，$\overline{C}$ 表示加权误差传递网络的平均聚集系数，

$$\overline{C} = \frac{1}{N}\sum_{i=1}^{N} c_i = \frac{1}{N}\sum_{i=1}^{N} \frac{1}{s_i(k_i - 1)} \sum_{j,k} \frac{(\overline{w}_{ij} + \overline{w}_{ik})}{2} a_{ij} a_{jk} a_{ki} \tag{3-21}$$

C' 表示当前加权误差传递网络的平均聚集系数，

$$C' = \frac{1}{N}\sum_{i=1}^{N} c_i = \frac{1}{N}\sum_{i=1}^{N} \frac{1}{s_i(k_i - 1)} \sum_{j,k} \frac{w_{ij} + w_{ik}}{2} a_{ij} a_{jk} a_{ki} \tag{3-22}$$

其中，N 表示网络节点个数；s_i 表示网络节点强度；k_i 表示网络节点度数；w_{ij} 表示边 $E(i,j)$ 的当前网络权重系数；w_{ik} 表示边 $E(j,k)$ 的当前网络权重系数；$\overline{w}_{ij}$ 表示边 $E(i,j)$ 的平均权重系数；$\overline{w}_{ik}$ 表示边 $E(j,k)$ 的平均权重系数；a_{ij}、a_{jk}、a_{ki} 分别表示节点 i、节点 j 和节点 k 间的关联关系，节点间存在边则赋值为 1，不存在边则赋值为 0。

定义 3.7　加权误差传递网络性能系数 E，用于在工序流层面上对误差传递网络进行效能分析，对多工序加工过程进行综合评估。E 值越大，说明零件多工序加工过程的加工质量及其稳定性综合水平越好。

$$E = N\alpha\beta \tag{3-23}$$

式中，N 表示常数，$N=10^k(k\in \mathbb{Z}^+)$。将误差传递网络性能系数 E 放大，以方便进行数据处理及分析。

2. 网络性能波动分析过程

在定义了加权误差传递网络的网络误差相对扩散度 α、网络误差相对分布度 β 和加权误差传递网络性能系数 E 之后，可分析批量生产过程的多工序误差传递网络性能，研究多工序误差传递网络的性能波动规律，从工序流的角度出发，对多工序加工过程进行综合评估。

传统的工序质量监控是对各工序节点采用 SPC 控制图进行加工质量监控，但是 SPC 过程控制主要对单工序加工质量的波动进行异常模式的辨识及加工过程稳定性的评估，难以从工序流层面对多工序加工过程进行监控及综合评估。如图 3-5 所示，从工序流的角度出发，对各工序质量进行 SPC 过程监控，通过对各工序零件加工质量的测量计算得到加权误差传递网络中节点间边的权重，并计算加权误差传递网络性能系数 E，获取各加工批次零件的加权误差传递网络性能，$E=\{E_1,E_2,\cdots,E_n\}$，其中 n 表示零件批次，由此获得多工序性能波动图。

基于上述多工序性能波动的简要描述，由加权误差传递网络性能系数 E 的定义，进行如式(3-24)所示的变换，即

$$E_i = F(W_{ik}) \tag{3-24}$$

式中，$W_{ik}=\{w_{i1}, w_{i2},\cdots, w_{ik}\}$表示第 i 个加工批次的加权误差传递网络的权重集合，k 为网络边的个数；函数 F 表示式(3-23)的等价变换。由此可知，影响加权误差传递网络性能 E 的因素为构成加权误差传递网络的各网络边的权重。

为研究多工序加工过程加权误差传递网络性能波动规律，揭示其产生原因与内涵，首先采用遗传算法对加权误差传递网络的网络性能 E 进行约束属性约简，

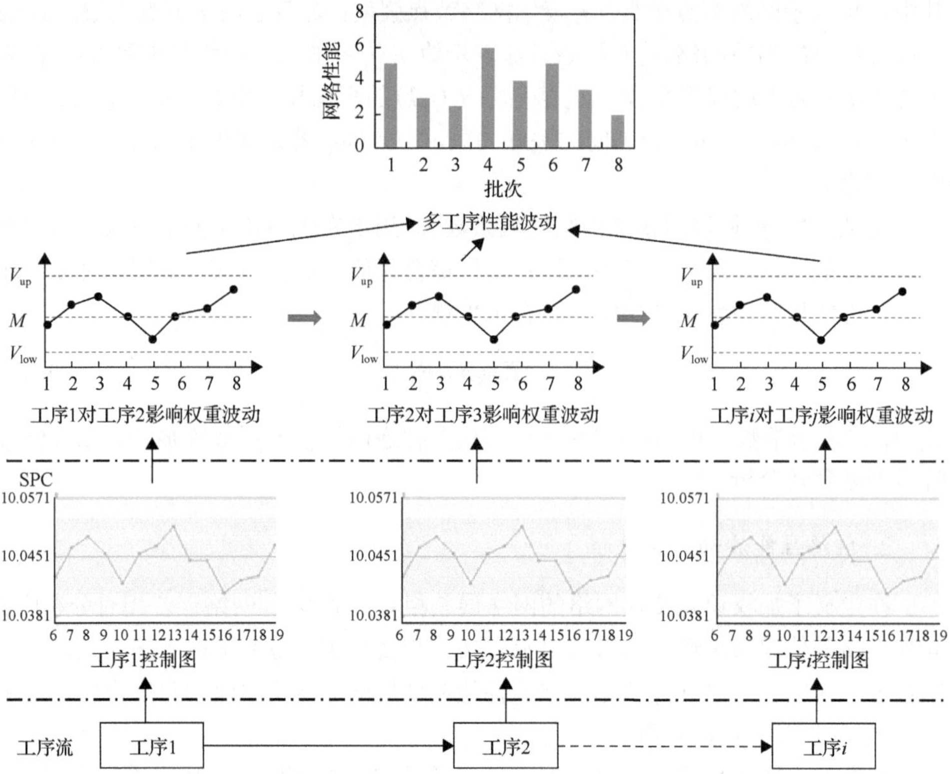

图 3-5　多工序加工过程加权误差传递网络性能波动

减少其自变量，降低分析计算的复杂程度；其次采用粗糙集方法对网络性能 E 的属性进行规则提取，分析其约束属性的构成模式特征。

1) 融合遗传算法与粗糙集方法的属性约简方法

(1) 多工序加工过程加权误差传递网络性能波动规律的系统映射。

由式(3-24)转化为 k 个网络权重 w 输入、1 个网络性能 E 输出的信息系统，如图 3-6 所示。

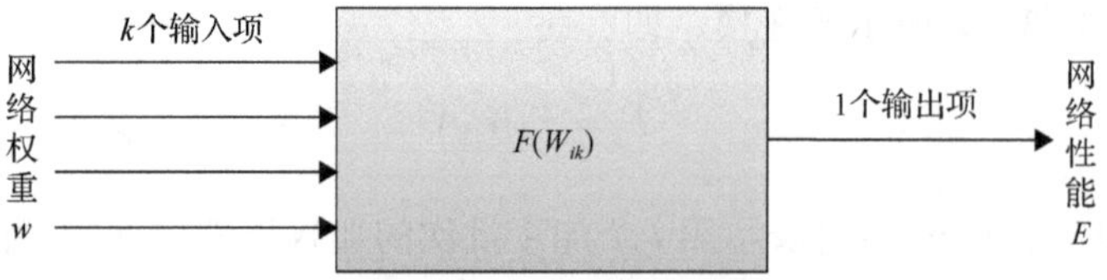

图 3-6　网络性能输入输出系统

由式(3-25)形式化描述图 3-16 所示的加权误差传递网络性能 E 的信息系统。

$$S=(U,A,V,f) \tag{3-25}$$

式中，U 表示全域，即样本集合，$U=\{x_1, x_2, \cdots, x_m\}$，$m$ 表示样本个数，为非空有限集合；A 表示属性集合，描述全域中样本的属性，即网络性能输入/输出系统中的输入与输出，其中 k 个网络权重 w 为条件属性集合 C，网络性能 E 为决策属性集合 D，即 $A=C\cup D=\{a_1, a_2,\cdots, a_k, a_{k+1}\}=\{w_{i1}, w_{i2},\cdots, w_{ik}, E_i\}$，为非空有限集合；$V$ 表示属性集合 A 的值域的集合，即 $V=\bigcup_{a\in A} V_a$，V_a 是属性 a 的值集，也称为属性 a 的值域；f 表示信息函数，即 $f:U\times A\to V$，对每一个 $a\in A$ 和 $x\in U$，定义一个信息函数 $f(a, x)\in V_a$。

通过上述定义，定义网络性能输入/输出系统的样本集合、样本属性集合、样本属性值及样本属性关系函数，加权误差传递网络的网络性能 E 的输入/输出系统可由表 3-3 描述。

表 3-3　加权误差传递网络的网络性能 E 的输入/输出系统

U	w_1	w_2	…	w_k	E
x_1	$f(w_1, x_1)$	$f(w_2, x_1)$	…	$f(w_k, x_1)$	$f(E, x_1)$
x_2	$f(w_1, x_2)$	$f(w_2, x_2)$	…	$f(w_k, x_2)$	$f(E, x_2)$
…	…	…	…	…	…
x_m	$f(w_1, x_m)$	$f(w_2, x_m)$	…	$f(w_k, x_m)$	$f(E, x_m)$

(2) 粗糙集理论的基本概念。

概念 1　不可辨识关系，即等价关系。

设 $S=(U, A, V, f)$ 为一个信息系统，对于 $\forall a\in R$（包含一个或多个属性），在 $R\in A$、$x\in U$、$y\in U$ 的条件下，对象 x 与对象 y 的属性相同，即 $f_a(x)=f_a(y)$ 成立，称对象 x 与对象 y 是对属性 R 的等价关系，可由式 (3-26) 表示：

$$\mathrm{IND}(R)=\{(x,y)\,|\,(x,y)\in U\times U, \forall a\in R, f_a(x)=f_a(y)\} \tag{3-26}$$

在全域 U 中，$[x]_R$ 表示属性集合 R 中具有相同等价关系的对象集合，称为等价关系 IND(R) 的等价类，可由式 (3-27) 表示：

$$[x]_R=\{y\,|\,(x,y)\in \mathrm{IND}(R)\} \tag{3-27}$$

基于上述定义，在全域 U 中对属性 R 所有等价类形成的划分由式 (3-28) 表示：

$$R=\{E_i\,|\,E_i=[x]_R, i=1,2,\cdots,m\} \tag{3-28}$$

式中，E_i 表示全域 U 的子集，并具备如下特征：

①$E_i\neq\varnothing$，为非空集合；

②当 $i\neq j$ 时，$E_i\cap E_j=\varnothing$；

③$\bigcup E_i=U$，即所有等价类形成的子集的并集为全域 U。

概念 2 上近似、下近似。

当集合 X 能表示成基本等价类组成的并集时，称集合 X 是 R 可精确定义的，称作 R 精确集；否则，集合 X 是 R 不可精确定义的，称作 R 非精确集或 R 粗糙集。对于粗糙集 R，可近似用两个精确集，即下近似和上近似来表示。

X 关于 R 的下近似 $\underline{R}(X)$ 可用式(3-29)表示，即所有真包含于 X 的 R 基本集的并集：

$$\underline{R}(X)=\{x\in U:[x]_R\subseteq X\} \tag{3-29}$$

表示等价类 $E_i=[x]_R$ 中的元素 x 都属于 X。

X 关于 R 的上近似 $\overline{R}(X)$ 可用式(3-30)表示，即所有与 X 的交集不为空的 R 基本集的并集：

$$\overline{R}(X)=\left\{x\in U:[x]_R\cap X\neq\varnothing\right\} \tag{3-30}$$

表示等价类 $E_i=[x]_R$ 中的元素 x 可能属于 X。

概念 3 正域、负域及边界域。

X 的 R 正域表示为集合 $\mathrm{POS}_R(X)=\underline{R}(X)$，$X$ 的 R 负域表示为集合 $\mathrm{NEG}_R(X)=U-\overline{R}(X)$，$X$ 的 R 边界域表示为集合 $\mathrm{BN}_R(X)=\overline{R}(X)-\underline{R}(X)$。

概念 4 属性的核与属性的约简。

约简是与信息系统的属性全集具有相同基本集的最小属性子集。令信息系统为 $S=(U,V,A,f)$，设 $R\in A$，如果 R 是独立的，且 $\mathrm{IND}(R)=\mathrm{IND}(A)$，则 R 是 A 的一个约简，即 $R=\mathrm{red}(A)$。

属性的核为信息系统的属性集合 A 的所有必要属性构成的集合，记为 $\mathrm{CORE}(A)$，称为 A 的核，

$$\mathrm{CORE}(A)=\bigcap\mathrm{red}(A) \tag{3-31}$$

式中，$\mathrm{red}(A)$ 表示 A 的所有约简集合。

由上述属性的核与约简的定义可知，约简是信息系统的本质特征，与原有信息系统具备相同的辨识性，而核是所有约简的交集。

概念 5 属性的依赖度与重要度。

属性的依赖度：系统中属性集合 $A=C\cup D$，C 为条件属性，D 为决策属性，那么属性 D 依赖属性 C 的依赖度为

$$\gamma(C,D)=\left|\mathrm{POS}_C(D)\right|/\left|U\right| \tag{3-32}$$

式中，$|POS_C(D)|$表示正域$POS_C(D)$的元素个数；$|U|$表示全域U的元素个数。

属性的依赖度具有如下性质：

①若$\gamma=1$，则$IND(C)\subseteq IND(D)$，即在已知条件C下，可将U上全部个体准确分类到决策属性D的类别中，即D完全依赖于C。

②若$0<\gamma<1$，则称D部分依赖于C，即在已知条件C下，只能将U上属于正域的个体准确分类到决策属性D的类别中。

③若$\gamma=0$，则称D完全不依赖于C，即在已知条件C下，不能分类到决策属性D的类别中。

属性的重要度：系统中属性集合$A=C\cup D$，C为条件属性，D为决策属性，$a\in C$，则属性a关于D的重要度为

$$SGF(a,C,D)=\gamma(C,D)-\gamma(C-\{a\},D) \tag{3-33}$$

式中，$\gamma(C-\{a\},D)$表示属性集C中去除属性a后，条件属性与决策属性的依赖程度。属性重要度$SGF(a,C,D)$表示属性集C中去除属性a后，不能被准确分类的对象在全域对象总数中所占的比例。

属性的重要度具有如下性质：

①$SGF(a,C,D)\in[0,1]$。

②若$SGF(a,C,D)=0$，则表示条件属性a关于决策属性D是可省的，是冗余的。

③若$SGF(a,C,D)\neq 0$，则表示条件属性a关于决策属性D是不可省的。

(3)连续数据离散化(对工序节点加工质量按照偏离均值划分等级，据此划分等级确定权重系数离散断点，从而进行连续属性值的离散化)。

连续属性值的离散化，是将连续属性值划分成若干个子区间，以此子区间代替原有值。粗糙集理论只针对离散的属性值进行分析处理，而多工序加权误差传递网络中的权重均为连续属性值，因此在利用粗糙集理论对网络性能输入/输出系统进行属性约简之前，首先需要对数据进行预处理，将连续数据离散化。

由加权误差传递网络权重的定义可知，节点加工质量决定了网络边的权重。因此，通过对节点加工质量分布进行区间划分，间接地确定网络权重系数的离散断点，从而进行连续属性值的离散化。针对条件属性$C=\{w_1,w_2,\cdots,w_k\}$(w_i为网络权重系数，$i=1,2,\cdots,k$)的离散化步骤如下：

步骤1　在工序加工质量分布服从正态分布的基础上，依据6σ质量控制理论，工序质量服从$Q\sim N(\mu,\sigma^2)$，其中μ为加工质量均值，σ为加工质量的分布方差，据此将工序加工质量划分为8个区域，分别为$[0,\mu-3\sigma)$、$[\mu-3\sigma,\mu-2\sigma)$、$[\mu-2\sigma,\mu-\sigma)$、$[\mu-\sigma,\mu)$、$[\mu,\mu+\sigma)$、$[\mu+\sigma,\mu+2\sigma)$、$[\mu+2\sigma,\mu+3\sigma]$、$[\mu+3\sigma,+\infty]$。

步骤2　依据步骤1中的加工质量划分区域断点值$q_1=0$、$q_2=\mu-3\sigma$、$q_3=\mu-2\sigma$、

$q_4=\mu-\sigma$、$q_5=\mu$、$q_6=\mu+\sigma$、$q_7=\mu+2\sigma$、$q_8=\mu+3\sigma$，计算相应的权重划分区域的断点值 $z_1=w(q_1)$、$z_2=w(q_2)$、$z_3=w(q_3)$、$z_4=w(q_4)$、$z_5=w(q_5)$、$z_6=w(q_6)$、$z_7=w(q_7)$、$z_8=w(q_8)$，获取划分区域$[z_1, z_2)$、$[z_2, z_3)$、$[z_3, z_4)$、$[z_4, z_5)$、$[z_5, z_6)$、$[z_6, z_7)$、$[z_7, z_8)$、$[z_8,1)$。

步骤 3　对步骤 2 中权重的划分区域赋值，从区域$[z_1, z_2)$至区域$[z_8,1)$依次赋值 1～8。

步骤 4　连续数据离散化，若 $w_1\in[z_1, z_2)$，则赋值 $w_1=1$，以此将加权误差传递网络性能输入/输出系统中条件属性的连续数据离散化为 1～8。

针对决策属性 $D=\{E\}$ (E 为网络性能) 的离散化，具体步骤如下：

步骤 1　计算第 j 个加工批次的多工序能力指数 $\overline{P}_j=\dfrac{1}{k}\sum_{i=1}^{k}p_i$，$j=1, 2,\cdots, k$，$k$ 为工序数目，p_i 为工序 i 的工序能力指数，采用刘道玉等提出的多工序能力指数计算方法[76]。

步骤 2　由多工序能力指数 $\overline{P}_j$ 与加权误差传递网络性能 E；构成二元组 $y_j=\{\overline{P}_j, E_j\}$ ($j=1, 2, \cdots, m$)，对 $Y=\{y_1, y_2,\cdots, y_m\}$进行模糊聚类分析，获取其动态分类图。

步骤 3　选取最佳聚类方案，得到关于网络性能 E 的最佳聚类结果 $C_E=\{C_{E1}, C_{E2},\cdots, C_{Ep}\}$，$p$ 为分类数目，依次对 C_{E1}～C_{Ep} 赋值 1～p。

步骤 4　连续数据离散化，若 $E_1\in C_{E1}$，则赋值 $E_1=1$，以此将加权误差传递网络性能输入/输出系统中决策属性的连续数据离散化为 1～p。

(4) 基于遗传算法的约束属性约简。

属性约简是指在保持系统分类或决策能力不变的情况下，删除其中不重要或冗余的属性，即用较少的属性 R 获得与原来的属性集 A 相同的分类或决策能力。由上述关于粗糙集理论中等价关系的定义可知，在全域 U 中寻找最少约简属性集合 R 已被证明是非确定性多项式难题 (NP-hard) 问题。

这里采用遗传算法进行加权误差传递网络性能输入/输出系统的属性约简。下面对基因编码、适应度函数、遗传算子操作进行定义。

基因编码采用二进制编码作为遗传算法的编码方式。例如，对于包含 10 个条件属性 w(网络权重) 的基因编码 1101101001，0 代表该位置不选择条件属性，1 代表该位置选择条件属性，基因编码 1101101001 表示选取$\{w_1, w_2, w_4, w_5, w_7, w_{10}\}$为一个属性集。基于上述属性的核的定义，所有约简属性集合的交集为属性的核，那么在设置基因编码时，首先应确定系统条件属性的核，在基因设置和遗传操作中始终不变。

适应度函数如式 (3-34) 所示，即

$$f(v)=\frac{m-L_v}{m}+k \tag{3-34}$$

式中，v 表示一条染色体；m 表示染色体长度；L_v 表示染色体 v 中 1 的个数；k 表示决策属性对染色体 v 所具备的条件属性依赖度。

遗传算子操作包括选择算子、交叉算子和变异算子。

①选择算子。假设种群大小为 m，计算每个个体的适应度，以概率 $p_i = f_i \big/ \sum_{m} f_i$，采用轮盘赌法进行选择。

②交叉算子。采用单点交叉，以一定的概率 p_t 选择个体参与交叉，对参与交叉的父辈个体随机选取交叉点，对交叉点后的基因位进行全部交叉操作，产生新一代的个体。

③变异算子。以一定的概率 p_c 选择个体为变异个体，随机选取 1 位进行变异取反，由“1”变为“0”，或者由“0”变为“1”。

基于遗传算法的属性约简流程如图 3-7 所示。

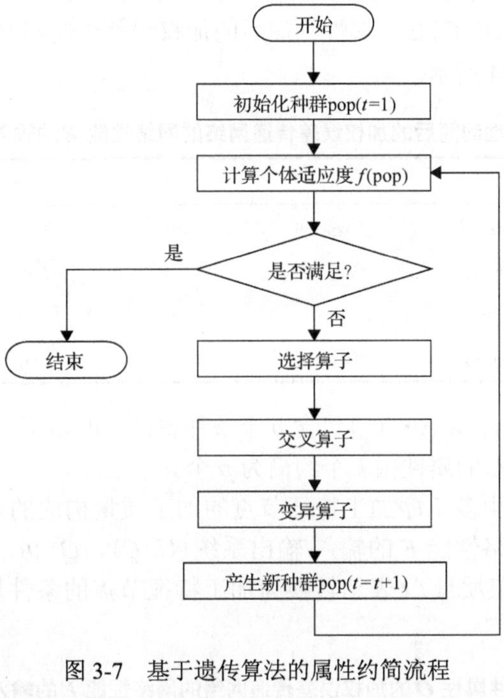

图 3-7　基于遗传算法的属性约简流程

步骤 1　计算决策属性 $D=\{E\}$ 对条件属性 $C=\{w_1, w_2,\cdots, w_k\}$ 的依赖度 $\gamma(C,D)$，计算条件属性的核 CORE(C)，令 CORE$(C)=\varnothing$，且 $a\in C$，若 $\gamma(C-\{a\},D)\neq\gamma(C,D)$，则 CORE$(C)=$ CORE$(C)\cup\{a\}$；若 $\gamma(C-\{a\},D)=\gamma(C,D)$，则 CORE$(C)$ 为条件属性 C 的核。

步骤 2　随机产生 p 个长度为 k 的二进制串，其中条件属性 C 的核的位置为“1”，其他位置随机为“1”或“0”，构成初始种群 pop$(t=1)$。

步骤 3　计算种群中个体的适应度 $f(\mathrm{pop})$。

步骤 4　判断是否满足终止条件，“是”则结束，“否”则进行下一步。

步骤 5　选择算子，计算种群中每个个体的适应度，以概率 $p_i = f_i \Big/ \sum_m f_i$，采用轮盘赌法选择个体，产生新一代种群 pop $(t=t+1)$。

步骤 6　交叉算子，依据设定的交叉概率 p_t 选择个体参与交叉，更新步骤 5 生成的种群。

步骤 7　变异算子，依据设定的概率 p_c 进行变异操作，更新步骤 6 生成的种群，产生新的种群 pop $(t=t+1)$。

步骤 8　转至步骤 3。

2) 提取加权误差传递网络性能波动规律(粗糙集提取规则)

根据上述属性约简方法，将条件属性 C 中的冗余属性去除，得到新的条件属性 C'，构成新的加权误差传递网络性能 E 输入/输出系统 $S=(U,V,C'\cup D,f)$，简写为 $S=(U,A')$，其中 $A'=C'\cup D$，属性约简后的加权误差传递网络的网络性能 E 的输入/输出系统如表 3-4 所示。

表 3-4　属性约简后的加权误差传递网络的网络性能 E 的输入/输出系统

U	w_1	w_2	…	w_p	E
x_1	$f(w_1, x_1)$	$f(w_2, x_1)$	…	$f(w_p, x_1)$	$f(E, x_1)$
x_2	$f(w_1, x_2)$	$f(w_2, x_2)$	…	$f(w_p, x_2)$	$f(E, x_2)$
…	…	…	…	…	…
x_m	$f(w_1, x_m)$	$f(w_2, x_m)$	…	$f(w_p, x_m)$	$f(E, x_m)$

条件属性 $C'=\{w_1, w_2,\cdots, w_p\}$ 包含 p 个条件属性，即多工序加权误差传递网络中，影响网络性能 E 的属性由 k 个约简为 p 个。

由表 3-4 得到由多工序加工特征节点的加工质量构成的条件属性 Q 的加权误差传递网络的网络性能 E 的输入/输出系统 (U, Q)，$Q=\{q_1, q_2,\cdots, q_t\}$，其中 q_i 为工序节点 i 的加工质量，t 表示转换为加工特征节点的条件属性个数，如表 3-5 所示。

表 3-5　条件属性 Q 的加权误差传递网络的网络性能 E 的输入/输出系统

U	q_1	q_2	…	q_t	E
x_1	$f(q_1, x_1)$	$f(q_2, x_1)$	…	$f(q_t, x_1)$	$f(E, x_1)$
x_2	$f(q_1, x_2)$	$f(q_2, x_2)$	…	$f(q_t, x_2)$	$f(E, x_2)$
…	…	…	…	…	…
x_m	$f(q_1, x_m)$	$f(q_2, x_m)$	…	$f(q_t, x_m)$	$f(E, x_m)$

在此基础上，采用粗糙集规则提取方法，提取表 3-5 中加权误差传递网络的网络性能 E 输入/输出系统的规则，并建立规则库，步骤如图 3-8 所示。

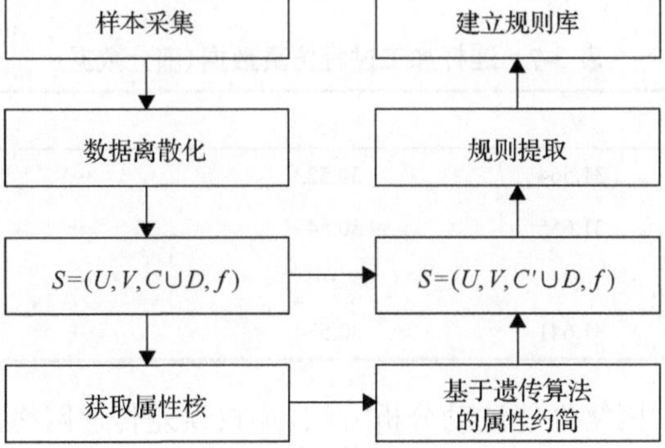

图 3-8　基于粗糙集理论的网络性能波动分析步骤

3) 案例分析

以连杆加工过程为例，为验证本节内容，对连杆工艺进行扩充，如表 3-6 所示，包含 12 道工序。

表 3-6　柴油机连杆主要工艺过程及加工要求

工序号	工序名称	质量特性/mm
05	粗铣大头端面 C	$H=31.4_{-0.000}^{+0.400}$
10	精铣大头端面 C	$H=30.5_{-0.000}^{+0.050}$
15	粗铣小头端面 D	$H=31.4_{-0.000}^{+0.400}$
20	精铣小头端面 D	—
25	粗扩连杆大头孔 A	$D=\phi51_{-0.000}^{+0.460}$
30	半精扩连杆大头孔 A	$D=\phi52.4_{-0.000}^{+0.200}$
35	粗扩连杆小头孔 B	$D=\phi35_{-0.000}^{+0.200}$
40	半精扩连杆小头孔 B	$D=\phi33.6_{-0.00}^{+0.05}$
45	磨连杆大头断平面	$H=33_{-0.050}^{-0.025}$
50	精镗连杆大头孔 A	$D=\phi52.98_{-0.000}^{+0.018}$
55	研磨连杆大头孔 A	$D=\phi53_{-0.000}^{+0.008}$
60	金刚镗连杆小头孔 B	$D=\phi33_{-0.000}^{+0.027}$

对表 3-6 所示连杆工艺过程进行加工质量数据仿真，并将各工序中的加工特征抽象为网络节点，构造加权误差传递网络，共仿真 50 组样本数据，每组数据包含 12 个加工特征节点加工质量，并计算其网络性能 E，如表 3-7 所示。

表 3-7 连杆加工过程仿真数据(部分数据)

U	q_1	q_2	…	q_{12}
x_1	31.564	30.522	…	33.014
x_2	31.655	30.547	…	33.021
…	…	…	…	…
x_{50}	31.641	30.534	…	33.018

基于 3.2.1 节中网络性能波动分析方法，加权误差传递网络的网络性能 E 输入/输出系统如表 3-8 所示，加权误差传递网络中边的个数为 20，则网络性能 E 输入/输出系统包含 20 个条件属性(边的权重)和 1 个决策属性(网络性能)。

表 3-8 加权误差传递网络的网络性能 E 输入/输出系统(部分数据)

U	w_1	w_2	…	w_{20}	E
x_1	0.54	0.49	…	0.44	0.77
x_2	0.64	0.47	…	0.62	0.56
…	…	…	…	…	…
x_{50}	0.62	0.51	…	0.55	0.62

系统属性离散化后如表 3-9 所示。

表 3-9 加权误差传递网络的网络性能 E 输入/输出系统离散化(部分数据)

U	w_1	w_2	…	w_{20}	E
x_1	2	5	…	2	5
x_2	3	4	…	5	4
…	…	…	…	…	…
x_{50}	2	6	…	5	6

对表 3-9 所示系统属性进行约简，获得约简后的属性集合 $A'=\{w_3, w_4, w_8, w_9, w_{14}, w_{16}\}$，由于采用遗传算法对属性进行约简，其解并不是唯一的，需要对结果进行分析。由属性约简结果可以看出，w_3 表示以工序精铣大头端面作为定位基准半精扩连杆大头孔 A，w_4 表示以工序精铣小头端面作为定位基准半精扩连杆小头孔 B；w_8 表示以工序磨连杆大头断平面作为定位基准研磨连杆大头孔 A，w_9 表示以工序磨连杆大头断平面作为定位基准金刚镗连杆小头孔 B；w_{14} 表示工序半精扩连

杆小头孔 B 的后续工序为金刚镗连杆小头孔 B，w_{16} 表示工序半精扩连杆大头孔 A 的后续工序为精镗连杆大头孔 A。由上述分析可知，约简后的条件属性均为连杆加工过程关键控制点，较符合实际生产加工情况。

依据上述约简属性，对表 3-9 进行规则提取，得到如表 3-10 所示的规则。

表 3-10　规则提取结果(部分数据)

序号	规则
1	$w_3(3) \wedge w_4(4) \wedge w_8(4) \wedge w_9(4) \wedge w_{14}(2) \wedge w_{16}(6) \Rightarrow E(5)$
2	$w_3(4) \wedge w_4(3) \wedge w_8(3) \wedge w_9(2) \wedge w_{14}(2) \wedge w_{16}(6) \Rightarrow E(5)$
3	$w_3(3) \wedge w_4(5) \wedge w_8(5) \wedge w_9(5) \wedge w_{14}(6) \wedge w_{16}(1) \Rightarrow E(2)$
…	…
27	$w_3(5) \wedge w_4(6) \wedge w_8(1) \wedge w_9(4) \wedge w_{14}(5) \wedge w_{16}(6) \Rightarrow E(2)$

通过分析表 3-10 中加权误差传递网络性能波动规则可以看出，工序关键点的加工误差越小，工序流加工质量波动越小，网络性能越高，生产加工中可以依据此规则库对加工过程进行指导，这对于提高多工序加工能力是有指导意义的。

3.2.2　误差传递特性分析指标

对基于质量特征的误差传递网络的分析分为两部分：一部分是通过多个基于质量特征的误差传递网络获得多个误差样本，用于神经网络模型训练以获得权重，将权重赋予原赋值网络，进行针对质量影响的分析；另一部分是分析按加工时序形成的多工件误差传递网络间指标值的变化关系，以反映加工系统的性能。

1) 加权误差传递网络分析

3.2.1 节定义的网络分析指标只能粗略反映加工特征节点间的误差传递关系，没有涉及质量特征的影响，这里补充定义网络量测指标。

定义 3.8　质量特征节点 QF_{ir} 的吸收度(loading degree, LD)，记为 LD_{ir}，表示加工特征 i 的第 r 个质量特征节点接受其他质量特征节点的影响程度，即

$$\mathrm{LD}_{ir} = w_{FQ_{ir}} \cdot \sum_{j \in \boldsymbol{F}_i} w_{F_{ji}} \cdot \left(\sum_{s \in \mathbf{QF}_j} w_{FQ_{js}} \right)$$

式中，$w_{F_{ji}}$ 表示加工特征节点 F_j 对加工特征节点 F_i 的影响权重；$w_{FQ_{ir}}$ 表示加工特征节点 F_i 与附属质量特征节点 QF_{ir} 的权重；$w_{FQ_{js}}$ 表示加工特征节点 F_j 与附属质量特征节点 QF_{js} 的权重；$\boldsymbol{F}_i$ 表示与加工特征节点 F_i 相关的前序加工特征节点集合；$\mathbf{QF}_j$ 表示加工特征节点 F_j 附属的质量特征节点集合。

定义 3.9　质量特征节点 QF_{ir} 的释放度(spread degree, SD)，记为 SD_{ir}，表示加工特征 i 的第 r 个质量特征节点对其他质量特征节点的影响程度，即

$$\mathrm{SD}_{ir}=w_{FQ_{ir}}\cdot\sum_{j\in\boldsymbol{F}_i}w_{F_{ij}}\cdot\left(\sum_{s\in\mathbf{QF}_j}w_{FQ_{js}}\right)$$

式中，$w_{F_{ij}}$ 表示加工特征节点 F_i 对加工特征节点 F_j 的影响权重；$w_{FQ_{ir}}$ 表示加工特征节点 F_i 与附属质量特征节点 QF_{ir} 的权重；$w_{FQ_{js}}$ 表示加工特征节点 F_j 与附属质量特征节点 QF_{js} 的权重；$\boldsymbol{F}_i$ 表示与加工特征节点 F_i 相关的后序加工特征节点集合；$\mathbf{QF}_j$ 表示加工特征节点 F_j 附属的质量特征节点集合。

定义 3.10　质量特征节点 QF_{ir} 的影响度(effect degree, ED)，记为 ED_{ir}，表示质量特征节点 QF_{ir} 对整个网络质量的影响程度，即

$$\mathrm{ED}_{ir}=\mathrm{LD}_{ir}+\mathrm{SD}_{ir}$$

定义 3.11　质量特征节点 QF_{ir} 通过加工特征节点 F_i 的网络权重记为 $w_{FQ_{ir}}$，表示质量特征节点 r 通过它所附属的加工特征节点 F_i 对误差传递过程的影响能力，即

$$w_{FQ_{ir}}=\frac{1}{N}\sum_{j=1}^{N}w_{F_{ij}}$$

式中，$w_{F_{ij}}$ 表示从加工特征节点 F_i 出发直接到达的加工特征节点 F_j 的权重；N 表示从加工特征节点 F_i 出发直接到达的加工特征节点数量。

定义 3.12　加工特征节点 F_i 的质量聚集度(quality clutering degree, QCD)记为 QCD_i，表示以加工特征节点 F_i 为中心包含 F_i 的邻居加工特征节点及其附属质量特征节点的子网络中质量特征节点的共同表达程度，即

$$\mathrm{QCD}_i=\sum_{r=1}^{R_i}\frac{\mathrm{LD}_{ir}}{\mathrm{ED}_{ir}}$$

式中，R_i 表示加工特征节点 F_i 的质量特征的数量。加工特征节点 F_i 的质量聚集度越大，表明以它为中心形成的子网络因质量而形成的联系越强烈，对质量的影响程度越大。

2)多工件误差传递网络分析

如图 2-15 所示，在零件加工过程中，每加工一个零件就会形成一个新的误差传递网络，通过定义量测指标可以评价整个工件的整体质量水平和工件级的质量波动情况。

定义 3.13　工件 i 的平均质量误差，记为 $\bar{Q}_{\mathrm{e}i}$，表示单一工件加工完成后形成

的一个网络所有质量特征的平均质量误差，即

$$\bar{Q}_{ei}=\frac{1}{N}\sum_{j=1}^{N}Q_{eij} \tag{3-40}$$

式中，Q_{eij} 表示第 i 个零件的第 j 个质量特征的误差；N 表示单个网络中质量特征的数量。

定义 3.14　质量特征节点 i 的误差波动度，记为 S_{Qi}，表示加工过程中同一个质量特征在不同零件中的波动情况，即

$$S_{Qi}=\left[\frac{1}{N}\sum_{j=i}^{N}\left(\frac{1}{N}\sum_{j=1}^{N}Q_{eji}-Q_{eji}\right)^2\right]^{\frac{1}{2}} \tag{3-41}$$

式中，Q_{eji} 表示第 j 个零件的第 i 个质量特征的误差；N 表示零件数量。

质量特征节点 i 的误差波动度表明加工过程中的一个质量特征在工件级别的稳定性，波动度大说明这个质量特征节点对应的加工工序在不同零件的加工中出现了比较大的变化，可以通过检查影响这个质量节点的特征节点找到波动原因。

在动态的基于质量特征的误差传递网络中，修正节点度的计算公式即第 m 个已加工零件第 i 个节点的出度公式分两种情况：加工特征节点的出度如式(3-42)所示；加工要素节点的出度如式(3-43)所示，即

$$k_{mi}^{\text{out}*}=\sum_{l=1}^{L}Q_{\text{eim}l}\cdot\sum_{j}w_{ij} \tag{3-42}$$

$$k_{mi}^{\text{out}*}=D_{\text{em}i}\cdot\sum_{j}w_{ij} \tag{3-43}$$

式中，w_{ij} 表示节点 i 对节点 j 的影响权重，对于初始无权重网络，w_{ij} 的值为 0 或 1；L 表示节点 i 所附属的质量节点的数量；$Q_{\text{eim}l}$ 表示第 m 个已加工零件的加工特征节点 i 所附属的质量节点 l 的误差；$D_{\text{em}i}$ 表示第 m 个已加工零件的加工要素节点 i 的误差。

第 m 个已加工零件，第 i 个节点的入度计算公式为

$$k_{mi}^{\text{in}*}=\sum_{j=1}^{N_1}(w_{ij}\cdot\sum_{l=1}^{L}Q_{\text{eim}l})+\sum_{q=1}^{N_2}(w_{qi}\cdot D_{\text{em}q}) \tag{3-44}$$

式中，w_{ij} 表示节点 i 对节点 j 的影响权重，对于初始无权重网络，w_{ij} 的值为 0 或

1；NF_{i1}表示节点 i 的加工特征入节点；NF_{i2}表示节点 i 的加工要素入节点；Q_{eiml}表示第 m 个已加工零件的加工特征节点 i 所附属的质量节点 l 的误差；D_{emq}表示第 m 个已加工零件的加工要素节点 q 的误差。

定义 3.15　第 m 个已加工零件节点 i 的修正度，记为 k_{im}^*，以反映第 m 个已加工零件个体中 i 节点对质量误差的接受和下传程度，即误差在网络中传递时该节点所起的作用。每个零件的节点修正度具有特异性，连续求解每个已加工零件同一节点的修正度指标，可以得到这个节点在多工件级别的变化规律。可结合控制图模式判别方法对该指标进行分析，当修正度指标出现阶跃上升、连续上升、周期变化等情况时，说明加工系统存在的系统误差影响了该点正常的误差传递，需要改进。修正度计算公式为

$$k_{im}^* = k_{im}^{\text{in}*} + k_{im}^{\text{out}*} \tag{3-45}$$

3) 关键工序及其关键加工特征的计算提取

为了提取加工过程中的关键工序及其关键加工特征，这里给出基于复杂网络分析方法定义的误差传递效应评价指标。

定义 3.16　误差传递网络中节点 i 的入度，记为 k_i^{in}，表示节点 i 受网络中其他节点的直接影响效应，即

$$k_i^{\text{in}} = \sum_{j \in \text{NI}_i} w_{ji} \tag{3-46}$$

式中，NI_i表示网络中直接指向节点 i 的节点集合；w_{ji}表示节点 j 对节点 i 的影响权重。

定义 3.17　误差传递网络中节点 i 的出度，记为 k_i^{out}，表示节点 i 对网络中其他节点的直接影响效应，即

$$k_i^{\text{out}} = \sum_{j \in \text{NO}_i} w_{ij} \tag{3-47}$$

式中，NO_i表示网络中由节点 i 直接指向的节点集合；w_{ij}表示节点 i 对节点 j 的影响权重。

定义 3.18　误差传递网络中节点 i 的度数，记为 k_i，表示节点 i 在网络中的误差影响效应，即

$$k_i = k_i^{\text{in}} + k_i^{\text{out}} \tag{3-48}$$

定义 3.19　误差传递网络中节点 i 的误差信息吸收度，记为 l_i，表示网络中其他节点对节点 i 进行直接误差传递的可能性大小，即

$$l_i = \sum_{j \in \mathrm{NI}_i} (k_j^{\mathrm{in}} + 1) = \sum_{j=1}^{M} w_{ji} (k_j^{\mathrm{in}} + 1) \tag{3-49}$$

式中，NI_i 表示网络中直接指向节点 i 的节点集合；M 表示网络中节点的总数；w_{ji} 表示节点 j 对节点 i 的影响权重。

定义 3.20　误差传递网络中节点 i 的延展度，记为 e_i，表示节点 i 对网络中其他节点进行直接误差传递的可能性大小，即

$$e_i = \sum_{j \in \mathrm{NO}_i} (k_j^{\mathrm{out}} + 1) = \sum_{j=1}^{M} w_{ij} (k_j^{\mathrm{out}} + 1) \tag{3-50}$$

式中，NO_i 表示网络中由节点 i 直接指向的节点集合；M 表示网络中节点的总数；w_{ij} 表示节点 i 对节点 j 的影响权重。

定义 3.21　误差传递网络中节点的活跃度，记为 f_i，表示网络中误差经过节点 i 进行传递的可能性大小，即

$$f_i = \frac{1}{(N-1)(N-2)} \left[100 \times \left(\sum_{i,j \in N, j \neq k} \frac{n_{jk}(i)}{n_{jk}} \right) + \frac{(N-1)(N-2)}{N} \right] \tag{3-51}$$

式中，n_{jk} 表示节点 j、k 间最短路径数；$n_{jk}(i)$ 表示节点 j、k 间经过节点 i 的最短路径数；$100 \times \sum_{i,j \in N, j \neq k} \frac{n_{jk}(i)}{n_{jk}} \Big/ (N-1)(N-2)$ 表示节点 i 的规范化介数值。

定义 3.22　误差传递网络中节点 i 的综合效应指数，记为 I_i，表示节点 i 在网络中误差传递的综合效应，即

$$I_i = (l_i + e_i) f_i \tag{3-52}$$

通过以上指标的计算，可以对网络中各加工特征的误差传递效应进行度量，选取对其他节点影响大、受其他节点影响大及在网络中地位重要的加工特征作为关键加工特征，将其所属的工序作为关键工序，在加工过程中进行重点控制和分析。

3.2.3　加权误差传递特性分析

为了进一步探索赋值型加权误差传递网络的误差传递特性，本节给出关于其

物理特性度量的详细定义。

1. 节点权重

1) 工序属性层节点权重

作为加工特征和加工要素节点的属性描述，质量特征和工况要素的关系决定了加工特征和加工要素的耦合效应。这里引入粗糙集理论来研究工序属性层中过程数据波动对误差传递关系的影响。首先，通过提取节点QF_{js}的相邻节点，构建影响该节点的决策表$S=(U,C,D)$，其中U表示过程数据集合，C表示影响该节点的误差因素集合，D表示决策属性QF_{js}。影响QF_{js}的误差因素$c\,(c\in C)$的重要度$\mathrm{Sig}(c)$可通过式(3-53)来计算：

$$\mathrm{Sig}(c)=I(D\mid C-\{c\})-I(D\mid C) \tag{3-53}$$

式中，$I(D|C)=-\sum_{x\in C}\sum_{y\in D}p(x,y)\lg p(y\mid x)$表示给定$C$条件下的$D$的条件熵，$p(x,y)$和$p(y\mid x)$分别表示其联合概率分布值和条件概率分布值。

考虑因素c_{ir}本身的重要度和给定c_{ir}是输出质量的不确定占所有影响因素的比例，节点QF_{ir}或SE_{ir}对节点QF_{js}的影响权重$w_{ij,rs}$通过式(3-54)来计算：

$$w_{ij,rs}=\frac{\mathrm{Sig}(c_{ir})+I(D\mid\{c_{ir}\})}{\sum_{c\in C}\{\mathrm{Sig}(c)+I(D\mid\{c\})\}} \tag{3-54}$$

式中，节点QF_{ir}和SE_{ir}分别表示影响节点QF_{js}的相关质量特征节点和工况要素节点。

2) 工序层节点权重

定义 3.23　演变关系权重，指考虑加工特征演变过程中的误差累积，存在演化关系的两个加工特征节点i和节点j之间的权重，即

$$w_{ij}^{\mathrm{E}}=\sum_{r=1}^{n}\left(w_{ij,rr}\cdot\frac{d_{jr}}{d_{ir}}\right) \tag{3-55}$$

式中，d_{ir}表示加工特征i的第r个质量特征的实际偏差；n表示附属于加工特征i的质量特征的个数。演变关系权重定量描述前序加工特征与后续演变的加工特征之间误差传递相关度。

定义 3.24　定位关系权重，指当加工特征C1用于加工B1的定位基准时，根据存在的大量由设计和工艺规划的相对位置要求的定位关系，加工特征i和加工特征j之间的权重，即

$$w_{ij}^{\mathrm{L}}=\frac{1}{m}\sum_{s=1}^{m}\sum_{r=1}^{n}\left(w_{ij,rs}\cdot\frac{d_{ir}}{t_{ir}}\right) \tag{3-56}$$

式中，t_{ir} 表示加工特征 i 的第 r 个质量特征的公差要求；m 和 n 分别表示加工特征 j 和加工特征 i 的质量特征数。定位关系权重定量描述两个存在定位关系的加工特征之间由基准导致的误差传递相关度。

定义 3.25　加工关系权重，指在加工要素 i 和加工特征 j 之间的加工关系权重，即

$$w_{ij}^{\mathrm{M}}=\frac{1}{m}\sum_{s=1}^{m}\sum_{r=1}^{n}(w_{ij,rs}\cdot\mathrm{SE}_{ir}) \tag{3-57}$$

式中，SE_{ir} 表示基于传感器信号特征提取的结果，加工要素 i 和第 r 个工况要素标准化的运行状态值；m 和 n 分别表示加工特征 j 质量特征数和加工要素 i 的工况要素数。加工关系权重定量描述一个加工特征与其相关加工要素的误差传递相关度。

2. 网络评价指标

定义 3.26　节点 i 的入强度 s_i^{in} 整合了入度信息和与节点 i 发生的连接权重。s_i^{in} 是节点 i 的入度 k_i^{in} 的自然拓展，描述所有节点对该节点 i 的综合权重影响关系，即

$$s_i^{\mathrm{in}}=\sum_{j\in N}a_{ji}w_{ji} \tag{3-58}$$

式中，w_{ji} 表示节点 j 对节点 i 的权重；a_{ji} 表示邻接矩阵 $\boldsymbol{A}$ 中的元素；N 表示网络的节点集，包括加工特征、加工要素、质量特征和工况要素。

定义 3.27　节点 i 的出强度 s_i^{out} 整合了出度信息和与节点 i 相关的连接权重，s_i^{out} 是节点 i 的出度 k_i^{out} 的自然拓展，描述该节点 i 与所有被其影响的节点的综合权重影响关系，即

$$s_i^{\mathrm{out}}=\sum_{j\in N}a_{ij}w_{ij} \tag{3-59}$$

式中，w_{ij} 表示节点 i 对节点 j 的影响权重；a_{ij} 表示邻接矩阵 $\boldsymbol{A}$ 中的元素。

定义 3.28　加工特征或加工要素节点 i 的加权负载度(weighted loading degree, WLD)，记为 l_i，描述从前序节点到工序节点 i 的误差传递能力，即

$$l_i=\frac{1}{s_i^{\mathrm{in}}}\sum_{j\in N}a_{ji}w_{ji}s_j^{\mathrm{in}} \tag{3-60}$$

定义 3.29 加工特征或加工要素节点 i 的加权释放度(weighted release degree, WRD)，记为 r_i，描述节点 i 到其后序节点的误差传递能力，即

$$r_i = \frac{1}{s_i^{\text{out}}} \sum_{j \in N} a_{ij} w_{ij} s_j^{\text{out}} \tag{3-61}$$

定义 3.30 加工特征或加工要素节点 i 对加工特征节点 j 的加权活跃度(weighted activating degree, WAD)，记为 wf_{ij}，描述从节点 i 到节点 j 的误差传递能力，即

$$\text{wf}_{ij} = \frac{s_i}{k_i} \sum_{m,j \in N_i} \frac{w_{ij} + w_{im} w_{mj}}{2} \tag{3-62}$$

式中，$s_i = s_i^{\text{in}} + s_i^{\text{out}}$ 表示节点 i 的强度；k_i 表示节点 i 的度数；w_{ij} 表示节点 i 对节点 j 的权重；N_i 表示节点 i 的相邻节点集合。

定义 3.31 节点 i 的加权活跃度，记为 wf_i，描述节点 i 对其他后序节点的误差传递能力，即

$$\text{wf}_i = \sum_{j \in N_i} \text{wf}_{ij} \tag{3-63}$$

定义 3.32 加工特征或加工要素节点 i 的误差传递指数(error propagation index, EPI)，记为 I_i，它从加工特征形状和精度演变的角度综合地评估误差传递机理，识别赋值网络中的关键节点，计算公式为

$$I_i = l_i \sum_{j \in N_i} (\text{wf}_{ij} \cdot r_j) \tag{3-64}$$

3.3 工序流误差传递网络的动态演变分析

3.3.1 动态演变规则描述

3.2.1 节中针对加权误差传递网络的性能波动进行了分析，描述了加权误差传递网络节点加工质量波动与整体网络性能波动的关联关系，是针对多工序加工过程的静态分析，本节从多工序加工过程动态演变的角度出发，分析多工序加工过程的动态演变特性。如图 3-9 所示，加权误差传递网络拓扑结构描述了多工序加工过程中工序与加工特征间的时序关系及关联关系，网络节点代表工序加工特征，节点间的边代表工序加工特征间关系(基准定位关系、特征演变传递关系)，边的方向代表工序间的时序关系。在多工序加工过程的动态演变过程中，若加工特征节点 4 与加工特征节点 6 的加工精度足够高，对后续工序的加工质量影响足够小，

误差的传递与累积可以忽略，则删除加工特征节点 4 与加工特征节点 6 以及与该节点相关的边，可得到加权误差传递网络动态演变后的拓扑结构。

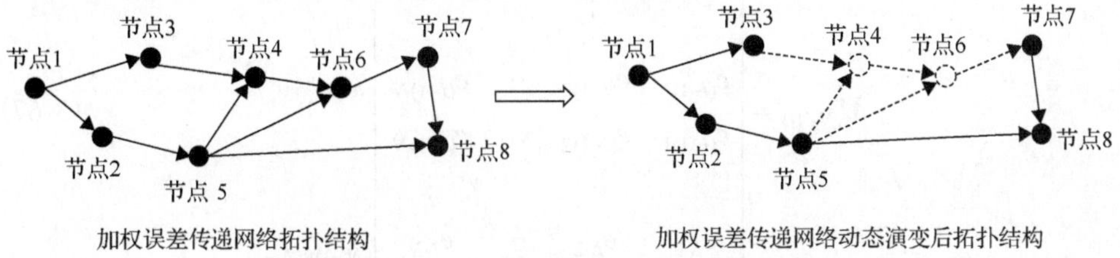

图 3-9　加权误差传递网络拓扑结构的动态演变

首先对加权误差传递网络拓扑结构的动态演变进行相关的定义。加权误差传递网络拓扑结构的动态演变针对同一加工批次或者同一零件在一系列加工工艺流程中的动态变化，即不同的加工批次及零件的多加工过程具备不同的加权误差传递网络拓扑结构。

定义 3.33　假设加工特征节点 n_i 的加工质量为 q_i，该加工特征分布服从均值为 μ_i、方差为 σ_i 的正态分布，则该节点的扩展强度 $s_{\mathrm{out}i}$ 表示节点 i 的加工质量对后续关联节点的误差影响程度，即反映误差在网络中的扩散程度：

$$s_{\mathrm{out}i} = \sum_{j>i,\, j\in R} w_{ij} \tag{3-65}$$

式中，R 表示与加工特征节点 i 相连的加工特征节点集合；w_{ij} 表示节点 i 对节点 j 的权重。

设 N 为网络节点总数，若有 $0\leqslant s_{\mathrm{out}i}\leqslant \dfrac{1}{5}\sum_{j=1}^{N} s_{\mathrm{out}j}$，即节点 i 的扩展强度远小于网络平均节点扩展强度，则该加工特征节点的加工误差对网络后续加工特征节点的加工质量影响可以忽略，可以删除该节点及与该节点相关的边。

描述加权误差传递网络拓扑结构的邻接矩阵 $\boldsymbol{M}_N$ 由式(3-66)变为式(3-67)，网络节点个数由 N 个变为$(N-1)$个，同时边减少 $e(i)$ 个，$e(i)$ 为式(3-66)中第 i 行中 1 的个数。

$$\boldsymbol{M}_N = \begin{bmatrix} e_{11} & e_{12} & \cdots & e_{1N} \\ e_{21} & e_{22} & \cdots & e_{2N} \\ \vdots & \vdots & & \vdots \\ e_{N1} & e_{N2} & \cdots & e_{NN} \end{bmatrix}_{N\times N} \tag{3-66}$$

式中，e_{ij} 表示布尔类型数据，“0”表示节点 i 指向节点 j 不存在边，“1”表示节点

i 指向节点 j 存在边。

$$\boldsymbol{M}_{N-\{i\}}=\begin{bmatrix} e_{11} & e_{12} & \cdots & e_{1N} \\ \vdots & \vdots & & \vdots \\ e_{(i-1)1} & e_{(i-1)2} & \cdots & e_{(i-1)N} \\ e_{(i+1)1} & e_{(i-1)2} & \cdots & e_{(i-1)N} \\ \vdots & \vdots & & \vdots \\ e_{N1} & e_{N2} & \cdots & e_{NN} \end{bmatrix}_{(N-1)\times(N-1)} \tag{3-67}$$

式中，$\boldsymbol{M}_{N-\{i\}}$表示原网络去除节点$\{i\}$后的加权误差传递网络拓扑结构的邻接矩阵。

多工序加工过程的加权误差传递网络的动态建模，首先确定网络拓扑结构的邻接矩阵 $\boldsymbol{M}_N$，在实时加工质量数据采集的基础上，计算网络模型的边的权重，获取加权误差传递网络的权重矩阵 $\boldsymbol{W}_N$。

以连杆大头孔的加工过程为例，说明加权误差传递网络的动态演变过程。

(1)依据连杆中孔 A 的加工工艺及加工特征间的定位和传递特性，共 8 个加工特征节点，建立孔 A 加工过程的加权误差传递网络拓扑结构的邻接矩阵 $\boldsymbol{M}_8$，如式(3-68)所示：

$$\boldsymbol{M}_8=\begin{bmatrix} 0&1&0&0&0&0&0&0 \\ 0&0&0&0&1&1&0&0 \\ 0&0&0&1&0&0&0&0 \\ 0&0&0&0&1&0&1&1 \\ 0&0&0&0&0&0&1&0 \\ 0&0&0&0&0&0&1&1 \\ 0&0&0&0&0&0&0&1 \\ 0&0&0&0&0&0&0&0 \end{bmatrix}_{8\times8} \tag{3-68}$$

(2)采集某一加工批次或零件的实时加工质量数据，如表 3-11 所示。

表 3-11　实时加工质量和相对误差

节点	n_1	n_2	n_3	n_4	n_5	n_6	n_7
加工质量	31.700	32.504	32.22	33.02	51.32	32.98	52.51
相对误差	1.49σ	0.083σ	3.73σ	3.253σ	0.96σ	0.35σ	1.85σ

(3)计算网络边的权重矩阵 $\boldsymbol{W}_8$，如式(3-69)所示：

$$
\boldsymbol{W}_8 = \begin{bmatrix} 0 & 0.432 & 0 & 0 & 0 & 0 & 0 & 0 \\ 0 & 0 & 0 & 0 & 0.045 & 0.045 & 0 & 0 \\ 0 & 0 & 0 & 0.497 & 0 & 0 & 0 & 0 \\ 0 & 0 & 0 & 0 & 0.625 & 0 & 0.527 & 0.527 \\ 0 & 0 & 0 & 0 & 0 & 0 & 0.453 & 0 \\ 0 & 0 & 0 & 0 & 0 & 0 & 0.457 & 0.375 \\ 0 & 0 & 0 & 0 & 0 & 0 & 0 & 0.588 \\ 0 & 0 & 0 & 0 & 0 & 0 & 0 & 0 \end{bmatrix}_{8\times 8} \tag{3-69}
$$

(4) 计算各节点的扩展强度 $s_{\mathrm{out}i}$ 及各相对扩展强度，如表 3-12 所示。

表 3-12　节点的扩展强度及相对扩展强度

节点	n_1	n_2	n_3	n_4	n_5	n_6	n_7
扩展强度	0.432	0.09	0.497	1.679	0.453	0.845	0.588
相对扩展强度	0.66	0.14	0.76	2.56	0.69	1.29	0.90

(5) 由表 3-12 可知，节点 2 的相对扩展强度小于 $\frac{1}{5}\sum_{j\in N} s_{\mathrm{out}j}$，则删除节点 n_2 及边 $n_2\to n_5$、$n_2\to n_6$。

(6) 删除邻接矩阵中节点 n_2 的行和列，构建新的邻接矩阵 $\boldsymbol{M}_{8-\{2\}}$，如式(3-70)所示：

$$
\boldsymbol{M}_{8-\{2\}} = \begin{bmatrix} 0 & 0 & 0 & 0 & 0 & 0 & 0 \\ 0 & 0 & 1 & 0 & 0 & 0 & 0 \\ 0 & 0 & 0 & 1 & 0 & 1 & 1 \\ 0 & 0 & 0 & 0 & 0 & 1 & 0 \\ 0 & 0 & 0 & 0 & 0 & 1 & 1 \\ 0 & 0 & 0 & 0 & 0 & 0 & 1 \\ 0 & 0 & 0 & 0 & 0 & 0 & 0 \end{bmatrix}_{7\times 7} \tag{3-70}
$$

(7) 依据式(3-70)所示的邻接矩阵及式(3-69)所示的权重矩阵，构建演变后的加权误差传递网络，如图 3-10 所示。

3.3.2　关键网络节点提取

依据加工过程质量数据的实时采集，提取影响实时加工过程的关键工序节点，是实时质量监控与控制的关键。关键网络节点提取步骤如图 3-11 所示，基本算法过程具体如下。

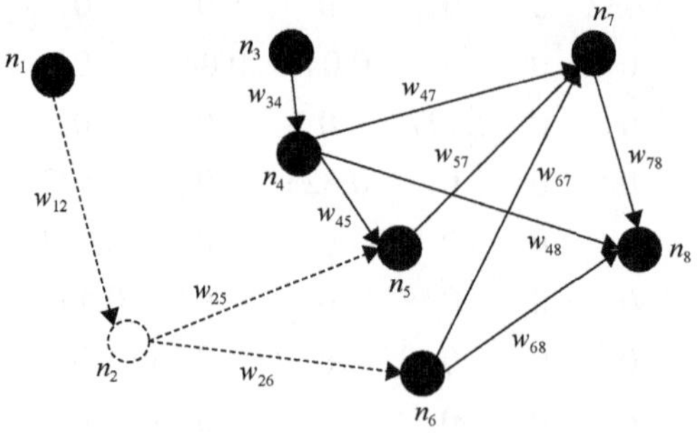

图 3-10　演变后的孔 A 加工过程加权误差传递网络

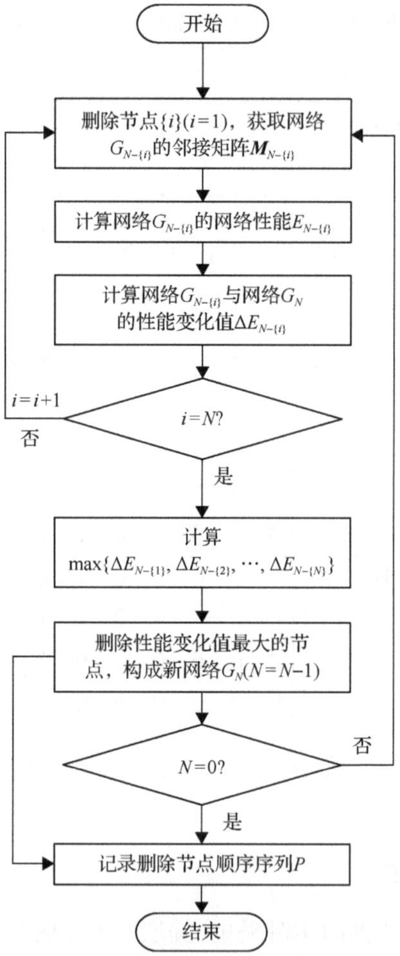

图 3-11　基于动态演变规则的关键网络节点提取

步骤1　删除节点$\{i\}(i=1)$，构建网络$G_{N-\{i\}}$的邻接矩阵$\boldsymbol{M}_{N-\{i\}}$。

步骤2　计算网络$G_{N-\{i\}}$的网络性能$E_{N-\{i\}}$。

步骤3　计算网络$G_{N-\{i\}}$与网络G_N的性能变化值$\Delta E_{N-\{i\}}$。

步骤4　若$i<N$，则$i=i+1$，重复步骤1～步骤3；若$i=N$，则进行步骤5。

步骤5　计算$\max\{\Delta E_{N-\{1\}},\Delta E_{N-\{2\}},\cdots,\Delta E_{N-\{N\}}\}$。

步骤6　删除网络性能变化值最大的节点，并记录删除顺序，构成新的加权误差传递网络G_N，其中$N=N-1$。

步骤7　重复执行步骤1～步骤6，直至删除所有节点，获取删除节点顺序。

3.3.3　基于不同演变规则的加权误差传递网络性能分析

基于加权误差传递网络拓扑结构动态演变的定义及关键加工特征节点提取的分析，本节从不同的演变规则角度出发，在不同的加工过程质量状态条件下，分析加权误差传递网络的性能变化规律，挖掘不同条件下多工序加工过程的动态变化规律。

演变规则1　网络节点随机无序状态。

假设多工序加工过程的加权误差传递网络模型为$G=\{V,E,W\}$，其中$V=\{f_1, f_2,\cdots,f_n\}$为网络中加工特征节点集合，$E$为网络边的集合，$W$为网络边的权重集合。假设网络中加工特征节点的加工质量服从正态分布，同时网络中加工特征节点的加工质量Q以概率P随机产生，模拟多工序加工过程加工质量的随机无序状态，在此基础上获取的加权误差传递网络权重集合也是随机且无序的，能够达到模拟随机加工过程的目的。

例如，连杆大头孔A的加工过程共7道加工工序，构建的加权误差传递网络具有8个节点与11条边，工序i的加工质量服从正态分布$N(\mu_i,\sigma_i^2)$，随机生成一个加工批次或一个零件的多工序加工质量集合$Q_7^{(i)}=\{q_1^{(i)},q_2^{(i)},\cdots,q_7^{(i)}\}$，其中$q_j^{(i)}$表示第$i$个加工批次或者第$i$个零件的第$j$个节点加工质量，重复此操作，生成具有$s$个加工质量集的集合$Q_7^s=\{Q_7^{(1)},Q_7^{(2)},\cdots,Q_7^{(s)}\}$，依据3.1.3节中加权误差传递网络权重的定义与计算方法，获取具有s个网络权重集的集合$W_{11}^s=\{W_{11}^{(1)}, W_{11}^{(2)},\cdots,W_{11}^{(s)}\}$，通过随机的数据仿真，构建$s$个加工误差传递网络，分析加权误差传递网络在一般无控制条件下的网络性能波动规律。

以叶片粗加工过程为例，分析加工质量随机波动条件下多工序加工过程误差的传递规律及网络综合性能与加工质量的关系。叶片粗加工过程包含18道工序，除去钻顶尖孔工序共17道工序，基于此建立加权误差传递网络模型，则有17个加工特征节点和55条边。各加工特征节点加工质量分布参数及前续子网络关联关系如表3-13所示。

表 3-13　加工特征节点加工质量分布参数及前续子网络关联关系

节点序号	工序内容	目标值/mm	公差范围/mm	前续子网络
n_1	钻工艺孔 L	10	[+0.03,+0.06]	—
n_2	粗铣叶根上表面 A	16	[+0.0,+0.5]	1
n_3	粗铣叶根下表面 B	16	[+0.0,+0.5]	1,2
n_4	半精铣叶根下表面 B	14	[+0.025,+0.5]	1,2,3
n_5	半精铣叶根上表面 A	14	[+0.025,+0.5]	1,3,4
n_6	粗铣叶根左侧面 C	45	[−0. 5,+0.5]	1, 4,5
n_7	粗铣叶根右侧面 D	45	[−0. 5,+0.5]	1, 4,5
n_8	半精铣叶根右侧面 D	42.5	[−0.05,+0.05]	1,4,5,7
n_9	半精铣叶根左侧面 C	42.5	[−0.05,+0.05]	1,4,5,6
n_{10}	粗铣叶根左侧叶齿 E	11	[0,+0.2]	1,4,5,9
n_{11}	粗铣叶根右侧叶齿 F	11	[0,+0.2]	1,4,5,8
n_{12}	半精铣叶根右侧叶齿 F	9	[0,+0.05]	1,4,5,11
n_{13}	半精铣叶根左侧叶齿 E	9	[0,+0.05]	1,4,5,10
n_{14}	粗铣叶身凹面 G	异形曲面	[−0.5,+0.5]	1,4,5
n_{15}	粗铣叶身凸面 H	异形曲面	[−0.5,+0.5]	1,4,5
n_{16}	半精铣叶身凸面 H	异形曲面	[0,+0.05]	1,4,5,15
n_{17}	半精铣叶身凹面 G	异形曲面	[0,+0.05]	1,4,5,14

依据表 3-13，仿真 100 组质量数据 Q_{17}^{100}，并计算各条边的权重，获取 100 组网络权重样本集合 W_{55}^{100}，仿真结果如图 3-12 所示。从图中可以看出，绝大部分仿真样本构成的加权误差传递网络性能分布在区间[0.2,0.8]，少量的样本在区间[0.2,0.8]外，说明在演变规则 1 条件下，随着多工序加工质量的随机波动，网络性能存在聚集中心，同时网络性能极高与极低的数量所占比例非常小；网络性能波

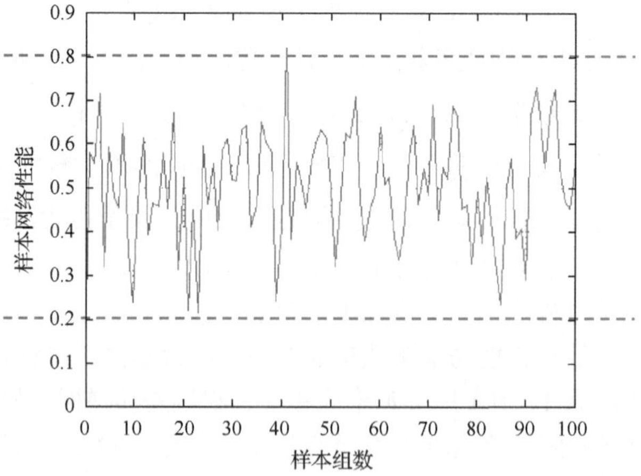

图 3-12　演变规则 1 的加权误差传递网络性能仿真分析

动属于随机波动，无明显规律。基于上述分析，若多工序加工过程工序质量处于无控制的随机状态，则网络性能也处于无规律分布状态，说明多工序加工过程加工质量一致性差。

演变规则 2　关键节点受控状态。

在 3.3.2 节中关键网络节点提取的基础上，使关键网络节点 N_{key} 的加工质量保持高精度状态，具备较高的工序能力指数 P_k，设定其加工质量 $Q_{key} \in [\mu-\sigma, \mu+\sigma]$，在区域$[\mu-\sigma, \mu+\sigma]$中随机取值，网络其他节点的加工质量则依据演变规则 1 进行仿真。通过蒙特卡罗法，仿真 s 组加工质量数据，构建 s 个加权误差传递网络，分别计算各网络平均最短路径$\overline{L}$、平均聚集系数$\overline{C}$和网络性能 E，分析加权误差传递网络在关键节点受控条件下加权误差传递网络的网络性能波动规律。

依据表 3-13，按照演变规则 2 仿真 100 组质量数据 Q_{17}^{100}，并计算各条边的权重，获取 100 组正态分布的网络权重样本 W_{55}^{100}。其中关键节点由 3.3.2 节中所提方法提取，获得关键节点 n_1(钻工艺孔 L)、n_2(粗铣叶根上表面 A)、n_4(半精铣叶根下表面 B)及 n_5(半精铣叶根上表面 A)，仿真结果如图 3-13 所示。

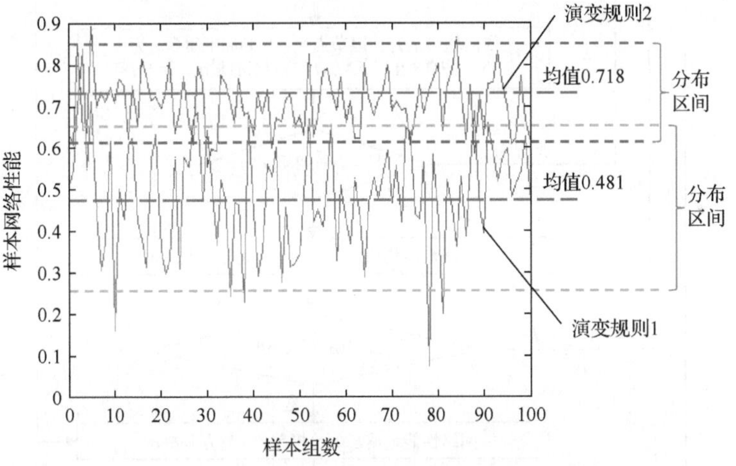

图 3-13　演变规则 2 的加权误差传递网络性能仿真分析及其对比

通过对图 3-13 进行分析，可得到如下结论：演变规则 2 的仿真结果均值为 0.718，演变规则 1 的仿真结果均值为 0.481，说明关键工序节点受控条件下的网络性能优于工序节点加工质量不受控条件下的网络性能；演变规则 2 的网络性能主要分布在区间[0.614,0.857]，演变规则 1 的网络性能主要分布在区间[0.265,0.661]，说明关键工序节点受控时，多工序加工质量的一致性优于工序质量随机分布的加工质量一致性。基于上述分析，采用关键节点重点监控的质量控制方案，不仅能够提高工序流的加工质量一致性，还能降低工序间加工误差的传递与累积现象对加工质量的影响。

演变规则 3　关键节点失控状态。

加权误差传递网络中关键节点失控状态，可定义为关键节点加工质量的 SPC 控制图处于失稳状态，即控制图存在异常模式，如趋势上升或下降、控制点超界等。

首先，构建一个加权误差传递网络，选择关键网络节点 $N_{\text{key}}(i)$ 作为失控节点，其他关键网络节点及剩余网络节点作为随机状态节点，并对各加工特征节点的加工质量进行初始化，如图 3-14 所示。

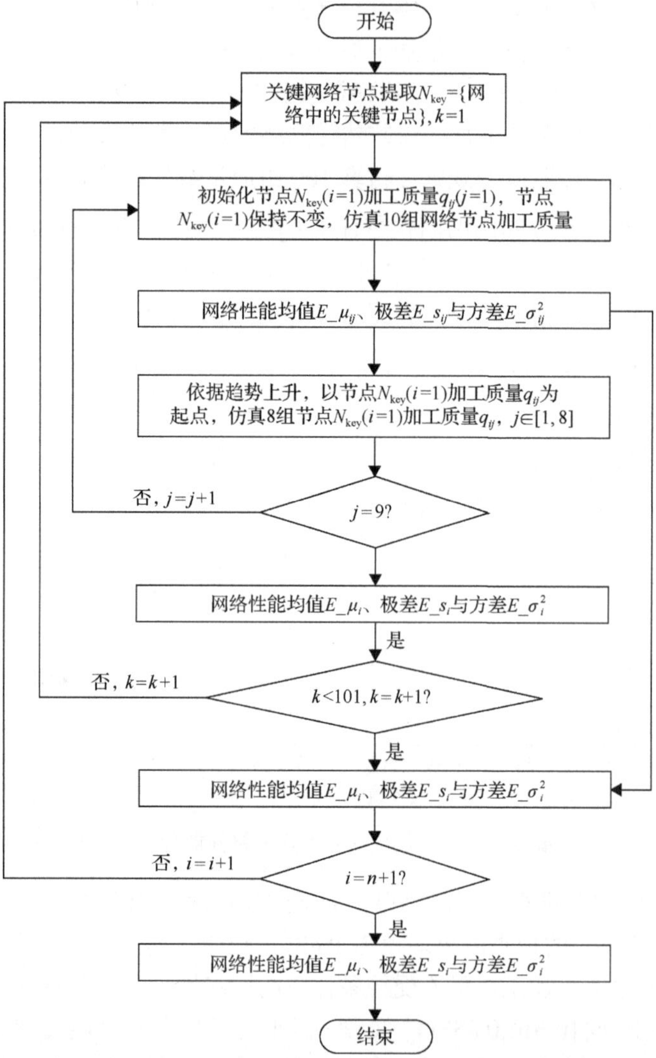

图 3-14　基于动态演变规则的关键网络节点提取

步骤 1　确定关键网络节点集合 N_{key}={网络中的关键节点}，由 3.3.2 节介绍的关键网络节点提取方法获取加权误差传递网络中的关键网络节点。

步骤 2　选择关键网络节点 $N_{\text{key}}(i)$，令 i=1，表示关键网络节点集合中的第 i 个节点，并对该节点的加工质量赋值 q_{ij}，表示第 i 个网络节点的第 j 个加工质量样本，令 j=1，其加工质量服从正态分布 $N(\mu_i,\sigma_i^2)$；同时对其他节点进行数值仿真，且其他关键节点加工质量保持不变，构成加权误差传递网络的加工质量样本 $Q_{im}=\{q_{i1},q_{i2},\cdots,q_{ij},\cdots,q_{in}\}$，表示当关键网络节点 i 的第 j 个加工质量样本为 q_{ij} 时的网络节点第 m 个样本集合，令 $m\in[1,10]$，表示在上述条件下针对关键网络节点 i 仿真 10 组网络节点的加工质量样本集合。

步骤 3　计算 10 组加工质量样本 $Q_{ijm}=\{q_{ij1}, q_{ij2},\cdots, q_{ij},\cdots, q_{ijn}\}$ $(m=1, 2,\cdots, 10)$ 的网络性能均值 E_μ_{ij} 、极差 E_s_{ij} 与方差 $E\_\sigma_{ij}^2$ (如式(3-71)～式(3-73)所示)，以及加工质量样本的均值 Q_μ_{ij} 、极差 Q_s_{ij} 与方差 $Q\_\sigma_{ij}^2$。

$$E\_\mu_{ij}=\frac{1}{10}\sum_{m}E\_\mu_{ijm} \tag{3-71}$$

$$E\_s_{ij}=\text{Max}(E\_s_{ijm})-\text{Min}(E\_s_{ijm}) \tag{3-72}$$

$$E\_\sigma_{ij}^2=\frac{1}{(10-1)}\sum_{m}(E\_\mu_{ijm}-E\_\mu_{ij})^2 \tag{3-73}$$

式中，E_μ_{ijm} 表示网络节点 i 的第 j 个样本加工质量样本为 q_{ij} 时仿真的加权误差传递网络的网络性能。

步骤 4　针对趋势上升的异常模式，以关键网络节点集合中的第 i 个节点的加工质量数据 q_{ij} 为起点，仿真 8 组趋势上升的加工质量数据 $\{q_{i1}, q_{i2},\cdots, q_{i8}\}$，若 $q_{ij}\in[\mu_i-3\sigma_i,\mu_i]$，则 $\{q_{i1}, q_{i2},\cdots, q_{i8}\}\in[\mu_i-3\sigma_i,\mu_i]$；若 $q_{ij}\in[\mu_i,\mu_i+3\sigma_i]$，则 $\{q_{i1}, q_{i2},\cdots, q_{i8}\}\in[\mu_i,\mu_i+3\sigma_i]$。分别针对 8 组加工质量数据 q_{ij}，重复步骤 2 与步骤 3，获取相应的网络性能均值 $E\_\mu_{ij}\{q_{i1}, q_{i2},\cdots, q_{i8}\}$、极差 $E\_s_{ij}\{q_{i1}, q_{i2},\cdots, q_{i8}\}$ 与方差 $E\_\sigma_{ij}^2\{q_{i1}, q_{i2},\cdots, q_{i8}\}$，以及网络节点加工质量样本的均值 $Q\_\mu_{ij}\{q_{i1}, q_{i2},\cdots, q_{i8}\}$、极差 $Q\_s_{ij}\{q_{i1}, q_{i2},\cdots, q_{i8}\}$ 与方差 $Q\_\sigma_{ij}^2\{q_{i1}, q_{i2},\cdots, q_{i8}\}$。

步骤 5　计算步骤 4 中网络样本集合的网络性能均值 $E\_\mu_{ij}\{q_{i1}, q_{i2},\cdots, q_{i8}\}$、极差 $E\_s_{ij}\{q_{i1}, q_{i2},\cdots, q_{i8}\}$ 与方差 $E\_\sigma_{ij}^2\{q_{i1}, q_{i2},\cdots, q_{i8}\}$ 的均值 E_μ_i、E_s_j、$E\_\sigma_i^2$，以及加工特征节点的加工质量样本集合的均值 $Q\_\mu_{ij}\{q_{i1}, q_{i2},\cdots, q_{i8}\}$、极差 $Q\_s_{ij}\{q_{i1}, q_{i2},\cdots, q_{i8}\}$ 与方差 $Q\_\sigma_{ij}^2\{q_{i1}, q_{i2},\cdots, q_{i8}\}$ 的均值 Q_μ_i、Q_s_i、$Q\_\sigma_i^2$，最终获取样本 $\{Q\_\mu_i, Q\_s_i, Q\_\sigma_i^2, E\_\mu_i, E\_s_j, E\_\sigma_i^2\}$，它表示关键网络节点 i 的起始加工质量为 q_{ij}、节点 i 的加工质量波动模式为趋势向上或者趋势向下时网络节点加工质量与网络性能的直接关系。

步骤 6　依据步骤 1～步骤 5，仿真 100 组节点 i 的起始加工质量，获取节点 i 的加工质量波动的异常模式对网络性能 E 的波动图，即均值波动图、极差波动图和方差波动图。

步骤 7　依据步骤 1～步骤 6，对关键网络节点分别进行仿真分析，分析关键网络节点对网络性能 E 的波动影响及各关键节点对网络性能的影响效应对比。

依据表 3-13，其中关键节点由 3.3.2 节中所提方法获取，获得关键节点 n_1(钻工艺孔 L)、n_2(粗铣叶根上表面 A)、n_4(半精铣叶根下表面 B)及 n_5(半精铣叶根上表面 A)，按照演变规则 3 进行数据仿真，分析结果如下。

(1) 当关键节点 n_1(钻工艺孔 L)加工质量趋势上升时，网络性能变化曲线的仿真结果呈上升趋势，如图 3-15～图 3-17 所示，其中节点 n_1 的初始加工质量 q 为 10.05mm，且 $q \in [\mu_1, \mu_1+3\sigma_1]$，趋势上升加工质量样本 $Q_1 \in [\mu_1, \mu_1+3\sigma_1]$，为 {10.05,10.053,10.054,10.056,10.057,10.058,10.059,10.06}。如图 3-15 所示，通过对网络性能均值进行线性拟合可以看出，随关键节点 n_1 加工质量相对误差的增大，网络性能均值 E_μ_{ij} 形成下降趋势，这说明关键节点 n_1 加工质量偏差越大，对后续加工工序影响越大，误差传递效应越明显，网络性能有不同程度的降低。如图 3-16 所示，通过对网络性能极差进行线性拟合可以看出，随关键节点 n_1 加工质量相对误差的增大，网络性能极差 E_s_{ij} 形成下降趋势，这说明关键节点 n_1 加工质量偏差增大对整个工序流的影响增强，网络性能可调节范围缩小，即随关键节点 n_1 加工误差增大，网络其他节点对网络性能的影响效应降低，工序质量可调节能力下降。如图 3-17 所示，通过对网络性能方差进行线性拟合可以看出，随关键节点 n_1 加工质量相对误差的增大，网络性能方差 $E\_\sigma_{ij}^2$ 形成下降趋势，但是下降幅度很小，这说明关键节点 n_1 加工质量偏差增大时，网络性能分布趋于集中。其他关键节点的仿真结果与节点 n_1 的仿真结果相似，这里不再累述。

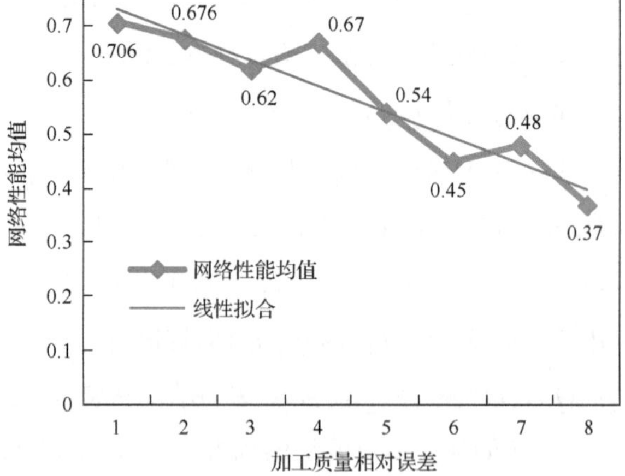

图 3-15　关键节点 n_1 的网络性能均值变化曲线

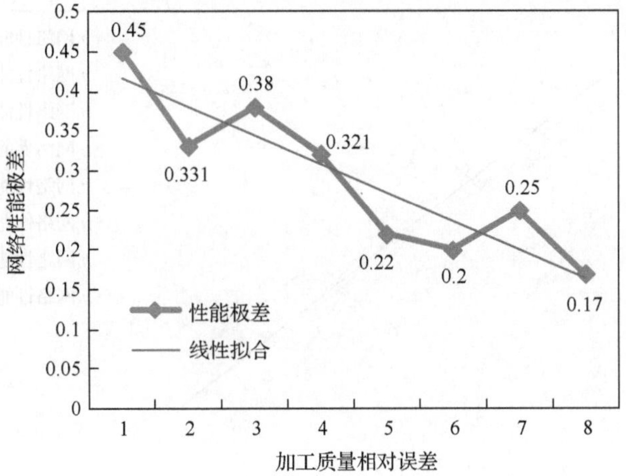

图 3-16　关键节点 n_1 的网络性能极差变化曲线

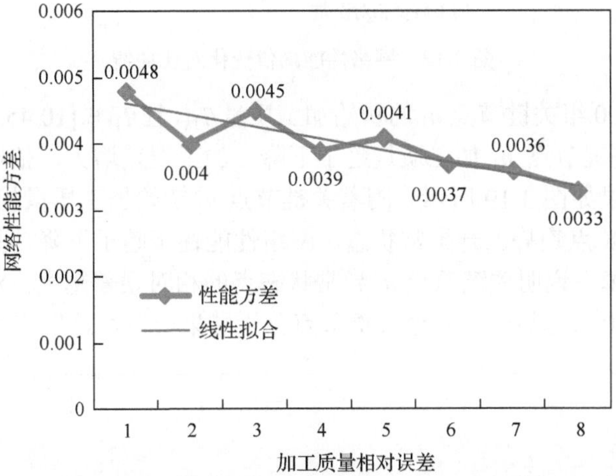

图 3-17　关键节点 n_1 的网络性能方差变化曲线

(2) 依次对节点 n_2(粗铣叶根上表面 A)、n_4(半精铣叶根下表面 B) 及 n_5(半精铣叶根上表面 A) 进行仿真分析，其初始加工质量分别为 16.33、14.379、14.379，相对误差与节点 n_1 初始加工质量相对误差相同。各关键节点的仿真结果对比如图 3-18 所示，关键节点 n_1 的下降趋势大于其他三个节点，关键节点 n_2 的下降趋势最小，关键节点 n_4 及 n_5 的下降趋势相似，说明关键节点 n_1 对网络性能变化的影响最大，关键节点 n_2 对网络性能变化的影响最小。关键节点 n_1 作为工序流中最重要的定位特征(中心定位孔)，对所有工序加工质量均有不同程度的影响；关键节点 n_4 及 n_5 作为后续工序的定位特征，同样对工序流加工质量影响较大。网络性能极差及方差变化对比结果与图 3-17 相似，这里不再累述。

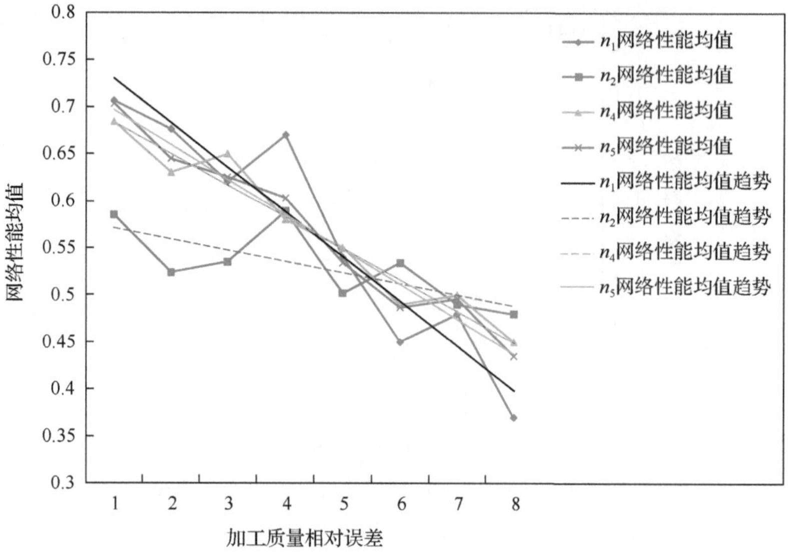

图 3-18　网络性能均值变化对比曲线

(3) 仿真 100 组关键节点 n_1 的初始加工质量 q_{1k}，且 $q_{1k}\in[10.45,10.60]$ ($q_{1k}\in[\mu_1, \mu_1+3\sigma_1]$)，即关键节点 n_1 加工质量趋于下降，加工误差增大，依据上述步骤进行仿真分析，结果如图 3-19 所示。随着关键节点 n_1 初始加工质量相对误差的增大，同时出现连续 8 点趋势上升异常状态，网络性能逐步趋于下降，且网络性能波动曲线的振幅收窄，说明关键节点 n_1 异常状态点的相对误差越大，对工序流影响越大，误差传递现象越显著。其他关键节点分析结果类似，这里不再累述。

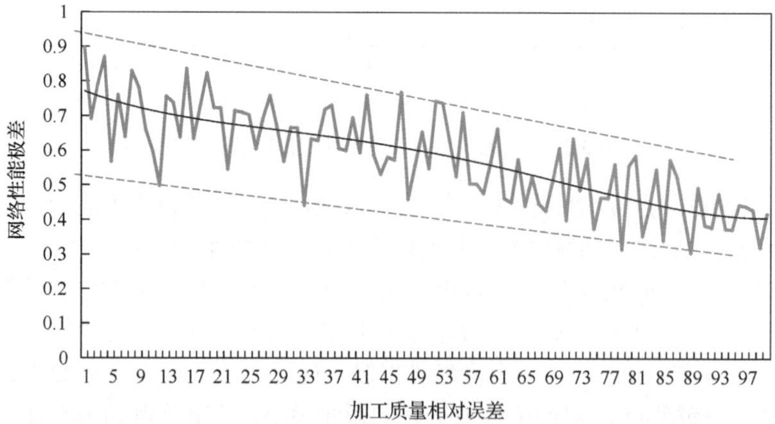

图 3-19　关键节点 n_1 加工质量相对误差对网络性能的影响效应

(4) 上述仿真分析揭示了关键工序节点加工质量对网络性能的影响，即加工质量相对误差越大，网络性能越低，同时网络优化能力越差。关键节点 n_1(钻工艺孔

L)、n_2(粗铣叶根上表面 A)、n_4(半精铣叶根下表面 B)及 n_5(半精铣叶根上表面 A)作为叶片加工过程中重要的基准定位特征，其加工质量的相对误差越大，加工误差的传递累积效应越显著，极大地削弱了零件最终加工特征的加工质量控制能力及协调维护能力，也降低了工序流加工质量的稳定性。

3.3.4　加权误差传递网络动力学分析

如图 3-20 所示，多工序加工过程的事件发生由时间和前续工序的完成来驱动，即在 t_j 时刻发生的事件 j 为加工特征节点 n_j 完成加工，其前提条件件是加工特征节点 n_i 加工完成，并且时间处于 t_j 状态。

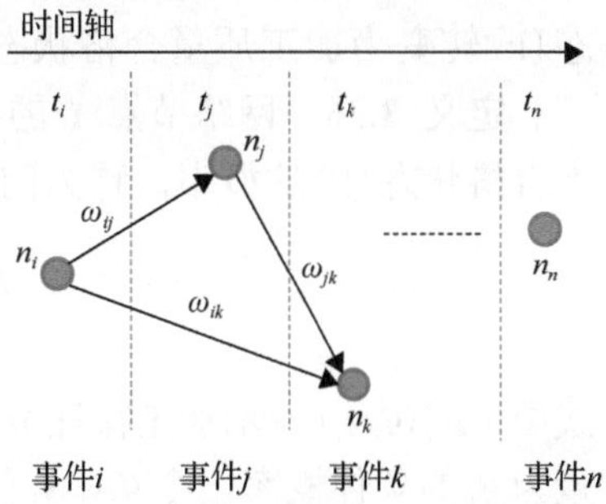

图 3-20　多工序加工过程事件模型

如图 3-21 所示，针对批量加工模式，一个批次的零件在某一个时刻 t 只能处于一个事件中，那么在时刻 t 时，不同批次的零件处于不同的事件中，可以理解为同一时刻，所有批次零件的事件构成一个事件集合 $E=\{E_1, E_2,\cdots, E_n\}$，其中 n 表示加权误差传递网络中加工特征节点的个数。相应地，若以加工批次表示时间变量 t，批次越多，加工工件越多，事件集合 E 将会随不同批次中待加工工件数量的变化而变化。

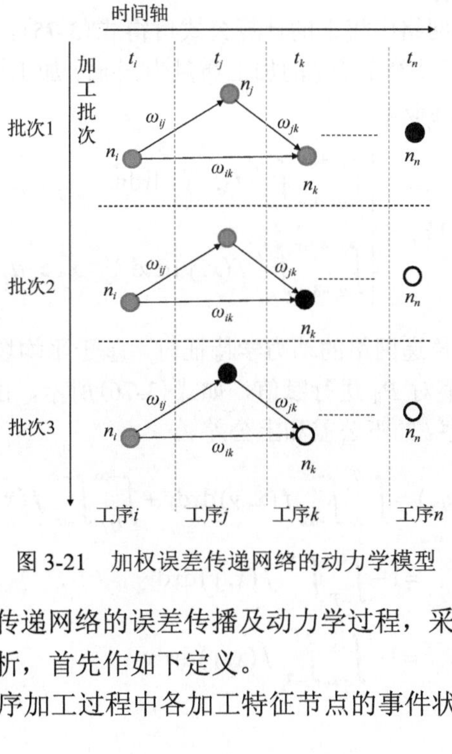

图 3-21　加权误差传递网络的动力学模型

为研究加权误差传递网络的误差传播及动力学过程，采用平均场理论[77]对多工序加工过程进行分析，首先作如下定义。

定义 3.34　多工序加工过程中各加工特征节点的事件状态分为两个状态，即加工质量合格状态(N)和加工质量不合格状态(F)。加工质量合格状态(N)表示该加工特征节点的加工质量符合质量控制标准(如采用六西格玛(6sigma)质量标准);加工质量不合格状态(F)表示该加工特征节点的加工质量不符合质量控制标准(超出质量标准的上限或者下限)。

定义 3.35 在多工序加工过程中,加工特征节点 i 的事件状态会依据前续加工特征节点的加工质量以概率 $P_{i\mathrm{F}}$ 发生转变,由加工质量合格状态(N)转变为加工质量不合格状态(F),当加工特征节点的事件状态处于加工质量不合格状态(F)时,通过返工或者其他补偿措施以概率 $P_{i\mathrm{N}}$ 进行状态变换,由加工质量不合格状态(F)转变为加工质量合格状态(N)。

定义 3.36 网络节点 i 的事件状态由加工质量合格状态(N)转变为加工质量不合格状态(F)的概率,称为网络节点故障概率 $P_{i\mathrm{F}}$,即

$$P_{i\mathrm{F}}=\frac{1}{R}\sum_{j\in R}P_{ji}(q_i\mid q_j) \tag{3-74}$$

式中,$P_{ji}(q_i|q_j)$ 表示加工特征节点 j 的加工质量为 q_j 时,加工特征节点 i 的加工质量为 q_i 的条件概率,令 $q_i\in S$,其中 $S=[-\infty,\mu_i-3\sigma_i]\cup[\mu_i+3\sigma_i,+\infty]$,$S$ 为加工特征节点 i 的加工质量的失效域,即加工特征节点 i 的事件状态为 F;R 表示与加工特征节点 i 相邻的前续工序节点集合;q_j 表示加工特征节点 j 的加工质量;q_i 表示加工特征节点 i 的加工质量。

由加权误差传递网络中权重的计算公式可得式(3-75),加权误差传递网络中的权重 $w_{i,j}$ 表示当加工特征节点 j 的加工质量为 x_j^* 时,加工特征节点 i 的加工质量属于域$[\mu_i-3\sigma_i,\mu_i+3\sigma_i]$的概率。

$$w_{i,j}=\begin{cases}\int_{\mu_i-3\sigma}^{\mu_i+3\sigma}\int_{x_j^*}^{\mu_j}f(x,y)\,\mathrm{d}x\mathrm{d}y, & x_j^*<\mu_j\\ \int_{\mu_i-3\sigma}^{\mu_i+3\sigma}\int_{\mu_j}^{x_j^*}f(x,y)\,\mathrm{d}x\mathrm{d}y, & x_j^*>\mu_j\end{cases} \tag{3-75}$$

在分析加权误差传递网络的动力学特征时,基于平均场理论,采用网络节点中故障概率 $P_{i\mathrm{F}}$ 的均值对 $P_{i\mathrm{F}}$ 进行赋值,如式(3-76)所示,由此计算 $P_{ji}(q_i|q_j)$,其中$-T_i$及 T_i 分别为工序 i 的下公差和上公差。

$$\begin{aligned}P_{ji}(q_i\mid q_j)&=\int_{-\infty}^{-T_i}\int_{-\infty}^{+\infty}f(x,y)\,\mathrm{d}x\mathrm{d}y+\int_{T_i}^{+\infty}\int_{-\infty}^{+\infty}f(x,y)\,\mathrm{d}x\mathrm{d}y\\&=1-\int_{-T_i}^{T_i}\int_{-\infty}^{+\infty}f(x,y)\,\mathrm{d}x\mathrm{d}y\\&=1-\int_{-\infty}^{+\infty}\int_{-T_i}^{T_i}f(x,y)\,\mathrm{d}y\mathrm{d}x\end{aligned} \tag{3-76}$$

定义 3.37　网络节点 i 的事件状态由加工质量不合格状态(F)转变为加工质量合格状态(N)的概率，称为网络节点恢复概率 $P_{i\mathrm{N}}=\dfrac{1}{R}\sum\limits_{j\in R}P_{ji}(A\,|\,q_{i\mathrm{F}})=\dfrac{A}{R}\sum\limits_{j\in R}P_{ji}(q_{i\mathrm{F}})$，即在工序加工质量不合格状态条件下能够返工合格的概率，其中加工质量不合格状态概率为 $P_{i\mathrm{F}}$，返工合格的概率 A 可由加工过程历史信息进行估算，或者由专家依据经验给出一个经验数值。

定义 3.38　网络节点的故障率记为 λ，如式(3-77)所示，表示网络节点以概率 $P_{i\mathrm{F}}$ 失效，同时以概率 $P_{i\mathrm{N}}$ 得到修复，节点的事件状态转变为加工质量合格状态(N)。

$$\lambda=\frac{1}{n}\sum_{i\in n}\frac{P_{i\mathrm{F}}}{P_{i\mathrm{N}}} \tag{3-77}$$

式中，n 为网络节点数目。

定义 3.39　在批量加工条件下，加权误差传递网络中节点事件状态为加工质量不合格状态(F)时的节点密度为 $\rho(t)$，表示在 t 时刻网络中处于不合格状态 F 的节点数目占总节点数目的比值。

实际加工过程中，零件由毛坯经过多道工序形成，可以假设加工前所有节点均处于不合格状态 F，那么经过各工序加工，由不合格状态 F 转变为合格状态 N，即加工过程是一个不断消除质量缺陷的过程。

面向多工序加工过程的加权误差传递网络可近似看作小世界网络，具备小世界网络特性。因此，其节点事件为加工质量不合格状态时的节点密度随时间 t 的演化满足式(3-78)，这里假设节点恢复概率为 1，即所有产生质量缺陷的节点均可通过返工使其加工质量达到要求，可以看作理想状态。

$$\frac{\mathrm{d}\rho(t)}{\mathrm{d}t}=-\rho(t)+\lambda\langle k\rangle\rho(t)[1-\rho(t)] \tag{3-78}$$

式中，$\langle k\rangle$为加权误差传递网络的平均度(大批量条件下可视为无限网络)；$-\rho(t)$表示 F 状态节点以单位速率减少；$\lambda\langle k\rangle\rho(t)[1-\rho(t)]$表示新的 F 状态节点数量正比于故障率 λ、节点的连接数、边指向 N 状态节点的概率 $\rho(t)[1-\rho(t)]$。

当 $\mathrm{d}\rho(t)/\mathrm{d}t=0$ 时，$\rho(t)$ 处于临界状态，令其为 ρ，由式(3-78)可得到：

$$\rho[-1+\lambda\langle k\rangle(1-\rho)]=0 \tag{3-79}$$

由式(3-79)得到 ρ 的解，如式(3-80)和式(3-81)所示：

$$\rho=0 \tag{3-80}$$

$$\rho=\frac{\lambda-\dfrac{1}{\langle k\rangle}}{\lambda} \tag{3-81}$$

由定义 3.41 可知，加工质量不合格状态(F)下的节点密度 $\rho(t)\geqslant 0$，为非负数。因此，式(3-81)中 λ 存在一个临界值 λ_c，使得 $\rho=0$，如式(3-82)所示：

$$\rho=\frac{\lambda_c-\dfrac{1}{\langle k\rangle}}{\lambda_c}=0 \tag{3-82}$$

由此可得到 $\lambda_c=\langle k\rangle^{-1}$。

在上述加工质量不合格状态(F)下节点密度 $\rho(t)$ 临界值分析的基础上，可得出以下结论：

(1) 当 $\lambda<\lambda_c$ 时，加工质量不合格状态(F)下节点密度 $\rho(t)$ 在加工零件批次足够多的条件下，逐渐趋于 0，即多工序加工过程加工质量达到零缺陷。

(2) 当 $\lambda\geqslant\lambda_c$ 时，加工质量不合格状态(F)下节点密度 $\rho(t)$ 在加工零件批次足够多的条件下，会稳定在一定的比例 $\rho(t)>0$。

加工质量不合格状态(F)下节点密度 $\rho(t)$ 为一阶非线性微分方程，对一阶非线性微分方程进行通解求解，如式(3-83)所示：

$$\int\frac{1}{\rho+A\rho(1-\rho)}\mathrm{d}\rho=t \tag{3-83}$$

式中，$A=\lambda\langle k\rangle$。

对式(3-83)进行分解可得

$$\int\frac{1}{\rho}\cdot\frac{1}{B-A\rho}\mathrm{d}\rho=t \tag{3-84}$$

式中，$B=1+A$，求解不定积分为

$$\ln\left|\frac{\rho}{B-A\rho}\right|=\mathrm{e}^{2Bt+C} \tag{3-85}$$

式中，C 为常数。

令 $x=\mathrm{e}^{2Bt+C}$，得到 ρ 的通解为

$$\rho=\frac{-ABx\pm B\sqrt{A^2x^2-A^2x+1}}{1-A^2x} \tag{3-86}$$

由于加工质量不合格状态的节点密度 $\rho(t)\geqslant 0$，因此 ρ 的通解为

$$\rho=\frac{-ABx+B\sqrt{A^2x^2-A^2x+1}}{1-A^2x} \tag{3-87}$$

将 $A=\lambda\langle k\rangle$、$B=1+A$、$x=e^{2Bt+C}$ 代入式(3-87)，可得

$$\rho=\frac{-\lambda\langle k\rangle(1-\lambda\langle k\rangle)e^{2Bt+C}+(1-\lambda\langle k\rangle)\sqrt{\lambda^2\langle k\rangle^2 e^{4(1-\lambda\langle k\rangle)t+2C}-\lambda^2\langle k\rangle^2 e^{2(1-\lambda\langle k\rangle)t+C}+1}}{1-\lambda^2\langle k\rangle^2 e^{2(1-\lambda\langle k\rangle)t+C}} \tag{3-88}$$

同时，可以定义 $n(t)$、$f(t)$ 分别为多工序加工过程中时刻 t 加工特征节点的事件状态处于 N 与 F 的密度，其动力学可以由微分方程组(3-89)描述，即

$$\begin{cases}\dfrac{\mathrm{d}n(t)}{\mathrm{d}t}=-P_{\mathrm{F}}f(t)n(t)+P_{\mathrm{N}}f(t)\\ \dfrac{\mathrm{d}f(t)}{\mathrm{d}t}=P_{\mathrm{F}}f(t)n(t)-P_{\mathrm{N}}f(t)\end{cases} \tag{3-89}$$

式中，P_{F} 表示网络节点平均故障概率；P_{N} 表示网络节点平均修复概率。

$n(t)$ 和 $f(t)$ 满足以下条件：

$$n(t)+f(t)=1 \tag{3-90}$$

可以通过 MATLAB 进行数值仿真求解式(3-90)，仿真结果将在案例中进行展示。

以表 3-6 中的柴油机连杆加工过程为例，对其构成的加权误差传递网络进行动力学分析，其分析过程与结果如下。

1) 加权误差传递网络中节点事件状态为加工质量不合格状态(F)时的节点密度 $\rho(t)$

由式(3-81)计算得到 $\langle k\rangle=3.667$，$\lambda_c=\langle k\rangle^{-1}=0.2727$。当 $\lambda=\lambda_c$ 时，加工质量不合格状态下的节点密度 $\rho(t)$ 的数值仿真曲线如图 3-22 所示。当 $\lambda=0.2$ 时，$\lambda<\lambda_c$，

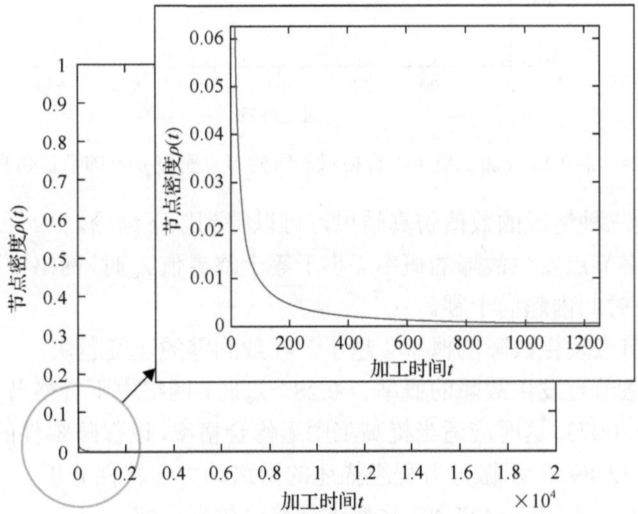

图 3-22　$\lambda=\lambda_c$ 及加工质量不合格状态时的节点密度 $\rho(t)$ 的数值仿真曲线

加工质量不合格状态下的节点密度 $\rho(t)$ 的数值仿真曲线如图 3-23 所示。当 λ=0.28 时，$\lambda>\lambda_c$，加工质量不合格状态下的节点密度 $\rho(t)$ 的数值仿真曲线如图 3-24 所示。

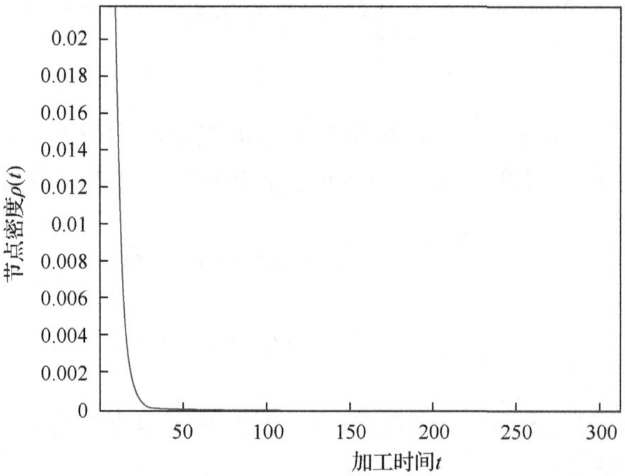

图 3-23　λ=0.2 及加工质量不合格状态时的节点密度 $\rho(t)$ 的数值仿真曲线

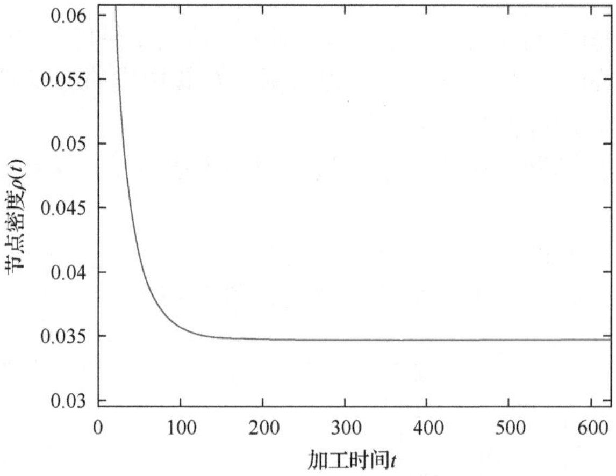

图 3-24　λ=0.28 及加工质量不合格状态时的节点密度 $\rho(t)$ 的数值仿真曲线

基于上述三种情况的数值仿真结果，可以得到以下结论。

(1) 当网络节点发生故障的概率 λ 小于等于临界值 λ_c 时，网络中不合格节点的密度将在一段时间内趋向于零。

(2) 网络节点发生故障的概率 λ 越小，收敛到零的速度越快。

(3) 当网络节点发生故障的概率 $\lambda=0.28>\lambda_c$ 时，网络中不合格节点的密度将无限趋于 $\lambda-\lambda_c$ =0.0073，这时应适当提高工序返修合格率，以保障零件的总体合格率。

2) 依据式 (3-89) 所示微分方程组描述的网络动力学特性分析

令 $\gamma=P_F/P_N$，应用 MATLAB 软件进行数值仿真求解。

当 $\gamma \leqslant 1$ 时，网络中节点处于加工质量合格状态(N)和不合格状态(F)的密度如图 3-25 所示。当 $\gamma=1.1>1$ 时，网络中节点处于加工质量合格状态(N)和不合格状态(F)的密度如图 3-26 所示。

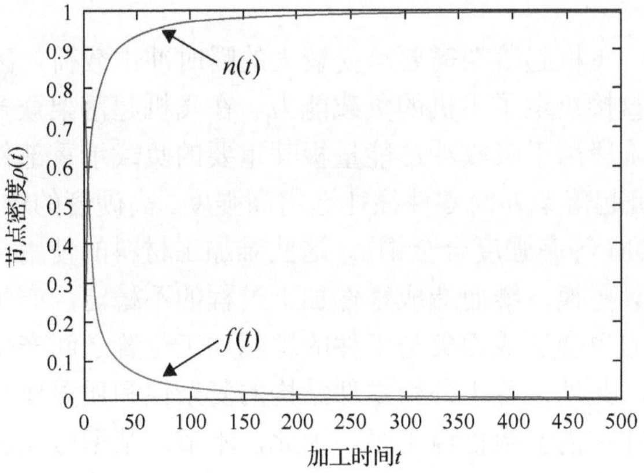

图 3-25　$\gamma \leqslant 1$ 时 $n(t)$ 及 $f(t)$ 的数值仿真结果

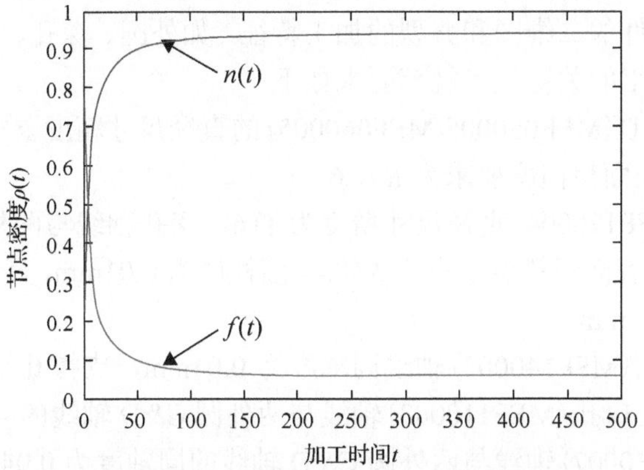

图 3-26　$\gamma=1.1>1$ 时 $n(t)$ 及 $f(t)$ 的数值仿真结果

基于上述两种情况的数值仿真结果，可以得到以下结论：

(1)当 $\gamma \leqslant 1$ 时，网络节点发生故障的概率将会逐步减小，最终趋于零。

(2)当 $\gamma=1.1>1$ 时，网络不合格率逐步减小，并趋于一个固定值$(1-\gamma^{-1})$。因此，实际加工过程中，可通过降低零件加工的一次合格率和提高产品产生质量缺陷后的返工合格率来提高由于误差累积而降低的产品合格率。

通过上述两种动力学方程的演变分析，最终结果趋于一致，在大批量加工过程中，零件加工不合格率是逐步降低的，而为了有效地提高产品合格率，可以改进产品出现质量缺陷时的返工效率，提高产品合格率，使产品零不合格率达到工艺要求。

3.4 工序流误差传递网络实证分析

3.4.1 案例描述

飞机着陆时，飞机起落架需要承受较大的瞬时冲击载荷。因此，其零件加工质量和装配质量直接决定了飞机的负载能力。在飞机起落架众多零件中，外筒零件是在飞机降落阶段用于吸收冲击能量极其重要的负载承重部件。为了满足飞机的负载要求，飞机起落架外筒零件往往选用高强度、高硬度的难加工切削材料(如Aermet100 和 300M 等高强度合金钢)。这些难加工材料的使用会导致严重的刀具磨损和频繁的刀具更换，继而造成零件加工过程的不稳定，产生零部件的故障失效。较大的切削力也会造成刀尖与工件的理想加工位置之间产生更大的偏差，挑战了机床的刚度。此外，鉴于外筒零件结构的复杂性和质量要求高等特性，满足其最终质量要求往往需要数百道工序。因此，本节以某型号飞机起落架外筒零件的多工序加工过程为案例验证上述方法的有效性。其中，该外筒零件的材料选用超高强度合金钢 Aermet100，这将导致更高加工要求和更差的加工工况。图 3-27 给出了该外筒零件的二维图和典型的加工特征，如外圆、深孔、端面和顶尖孔等。该零件多工序加工的关键技术规范要求如下：

(1) 外圆 C&D (MFF050005/MFF060005) 的直径尺寸精度要求为 IT7，圆度要求为 0.02mm，表面粗糙度要求为 *Ra*1.6。

(2) 深孔 (MFF120004) 直径尺寸精度为 IT6，深孔轴线与两外圆 C&D 轴线同轴度为 0.03mm，表面粗糙度要求为 *Ra*0.4，圆柱度为 0.01mm，直线度为 0.025mm，最小壁厚不小于 7mm。

(3) 两支撑孔 (MFF140003) 轴线同轴度为 0.04mm，支撑孔轴线与深孔轴线垂直度为 0.1mm，止口孔 (MFF110003) 轴线与两外圆 C&D 轴线的同轴度为 0.03mm；左端内孔 (MFF030007) 轴线与两外圆 C&D 轴线的同轴度为 0.04mm。

3.4.2 建立赋值型加权误差传递网络

基于前述网络建模流程，本节建立了包含 396 个节点的赋值型加权误差传递网络，其中包含 46 个加工特征节点、47 个加工要素节点、93 个质量特征节点和 210 个工况要素节点。基于表 2-4 的编码规则，附录 A 给出了所有被编码的节点列表。基于网络生成规则，图 3-28 给出了建立的外筒零件完整工序的赋值网络的拓扑图。经过复杂网络拓扑分析，该外筒零件赋值网络的最短路径长度为 3.874，聚集系数为 0.057。同时，同样大小的随机网络的最短路径平均值和聚集系数平均值分别为 5.6 和 0.00735。因此，该误差传递网络比随机网络具有更小的最短路径和更大的聚集系数，所以该网络具有小世界特性[78,79]。

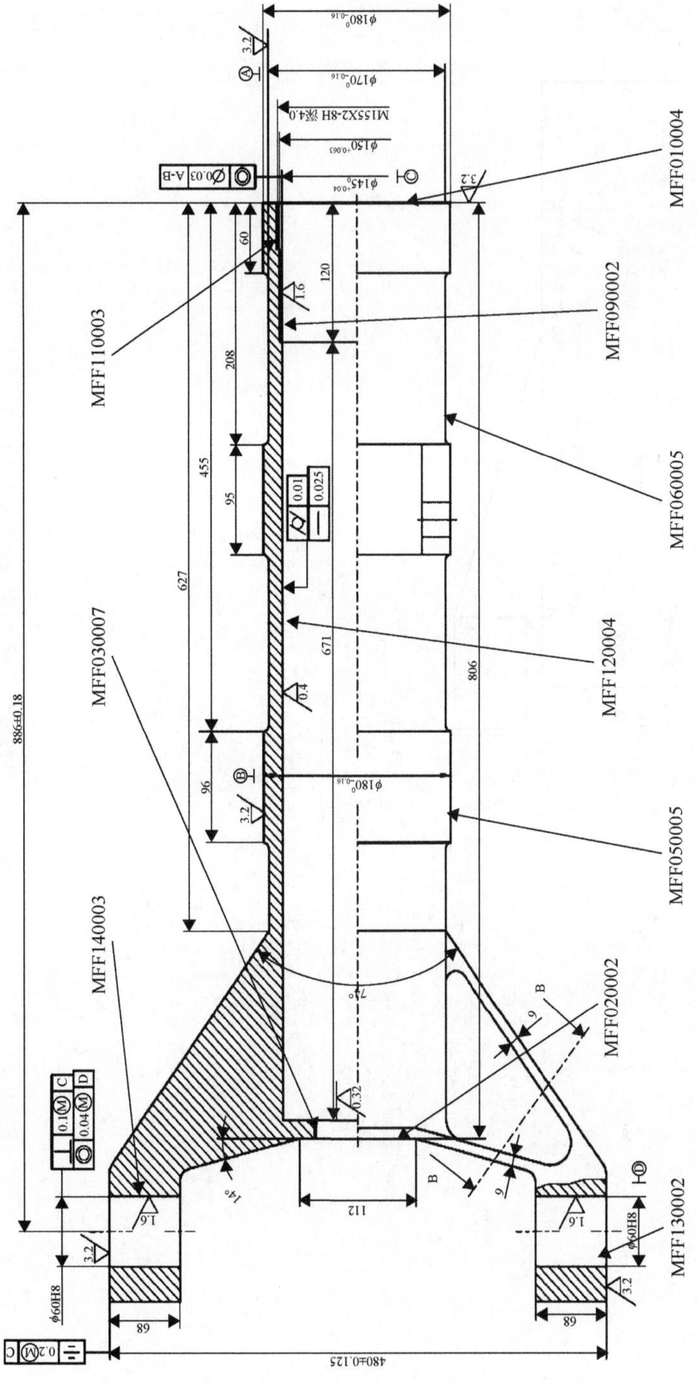

MFF010004—右端面	MFF090002—右端深孔(φ150)
MFF020002—左端面	MFF110003—止口孔(φ155)
MFF030007—左端内孔	MFF120004—深孔左段(φ145)
MFF050005—外圆C(φ180)	MFF130002—支撑孔端面
MFF060005—外圆D(φ170)	MFF140003—支撑孔(φ60)

图3-27　外筒零件二维图及其典型加工特征（单位：mm）

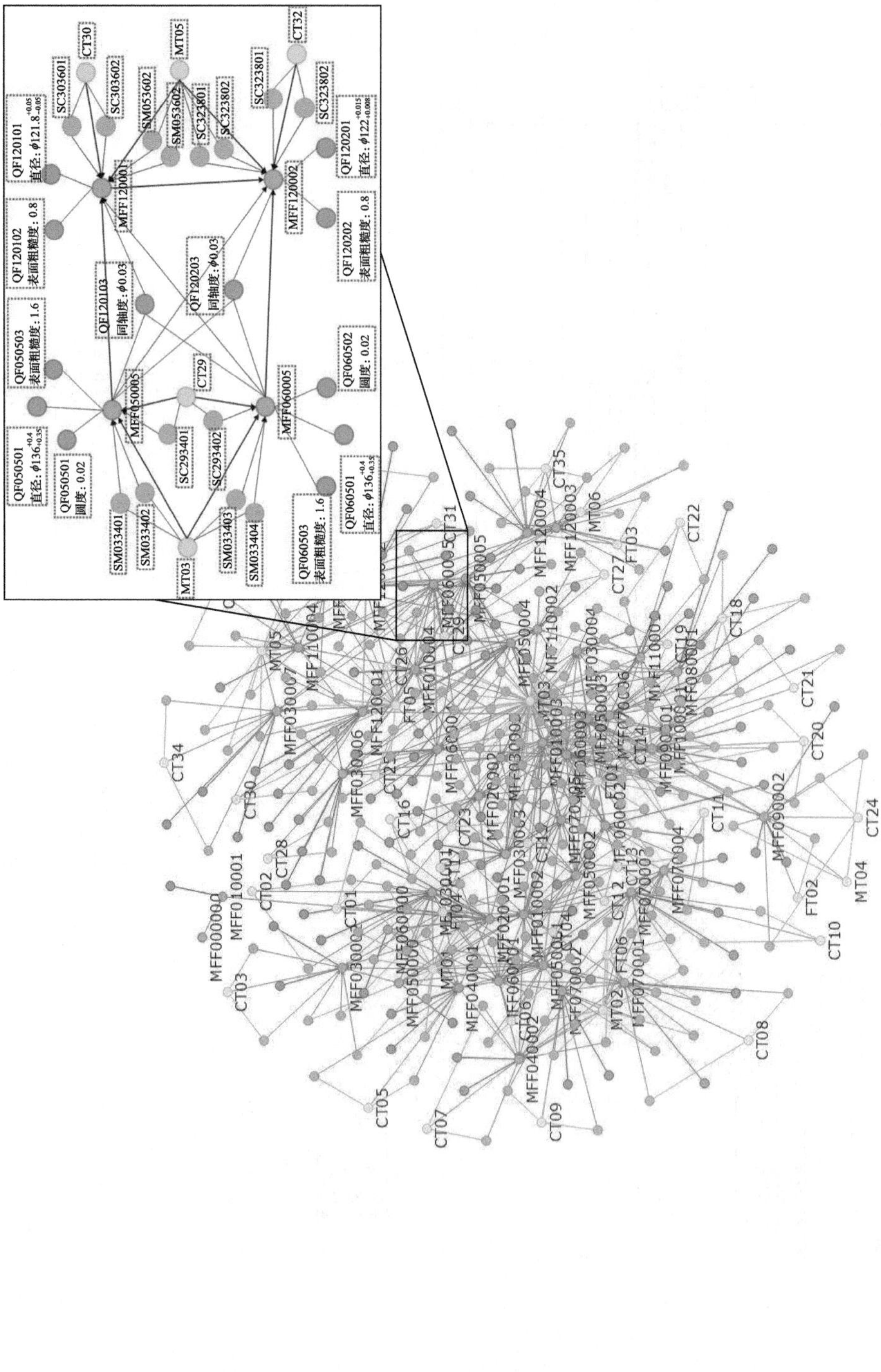

图 3-28　外筒零件完整工序的赋值网络拓扑图

3.4.3　拓扑特性分析

为了进一步探索赋值型加权误差传递网络的拓扑特性，本节对所有加工特征和加工要素节点的度数和介数进行分析。

1) 度数

度数视为反映关系活动数量，这些活动使得具有高度数的节点更加明显[80]。在赋值型加权误差传递网络中，一个具有高度数的节点比其他节点可获得一个更大范围的影响。一个加工特征节点必须确保加工精度满足质量要求。图 3-29 给出了两种不同误差传递网络中加工特征和加工要素节点的度数分布，一种包含四类节点(加工特征、加工要素、质量特征和工况要素)；另一种包含两类节点(加工特征和加工要素)。因此，可以得出加工要素 MT03 (HTC125 CNC 车床) 在两种网络中均具有最大的度数，其值分别是 66 和 22。此外，FT01 和 FT05 也具有较大的度数。与无权的误差传递网络相比，描述加工要素运行状态的工况要素的增加导致了加工要素在误差传递网络中更大的度数。因此，加工要素在赋值型加权误差传递网络比误差传递网络中能发挥更加重要的作用。在这些加工特征节点中，MFF010002、MFF050003、MFF060003、MFF010003、MFF010004、MFF050005 和 MFF060005 具有更大的度数。通过分析外筒零件的工艺过程，可以发现这些节点是在不同工序节点的定位基准。

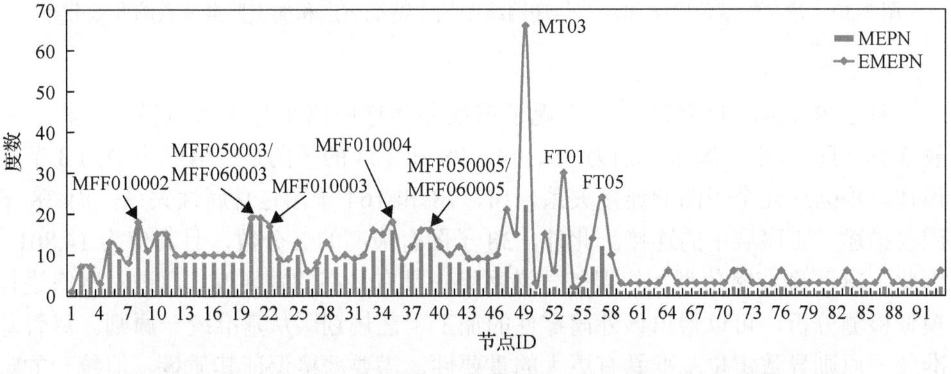

图 3-29　EMEPN 和 MEPN[6]中加工特征和加工要素节点的度数分布

2) 介数

两个不相邻点之间的相互作用，依赖于连接这两个节点路径上的其他点。介数测度了网络中一个点到另一个点的瓶颈(gate-keeping)特性，而该特性的发生是由于一个给定点在最短路径上控制信息流动和联系[81]。作为赋值型加权误差传递网络的中心点或枢纽，这些具有高介数的节点沿工序流传递误差将潜在地影响后序加工特征节点的质量，甚至是零件的最终质量。在该外筒零件网络中，节点的平均介数是 0.12。如图 3-30 所示，加工要素节点 MT03(数控车床 HTC125)具有最高的介数。这是由于该机床不仅用于基准 MFF050003、MFF060003、MFF050004、MFF060004、MFF010002 和 MFF010003 的加工，还用于半精加工阶段深孔特征 MFF070005 和 MFF070006 的加工。此外，与包含加工特征和加工要素两种节点的基础误差传递网络相比，赋值型加权误差传递网络的加工要素节点具有更高的介数。作为连接工况要素和加工特征的中间节点，可使加工要素节点在赋值型加权误差传递网络中承担更加重要的 Gate-Keeping 作用。基于上述分析，可以发现赋值型加权误差传递网络更适合描述实际加工过程的误差传递关系，且能够根据加工过程数据反映误差传递特性的变化。

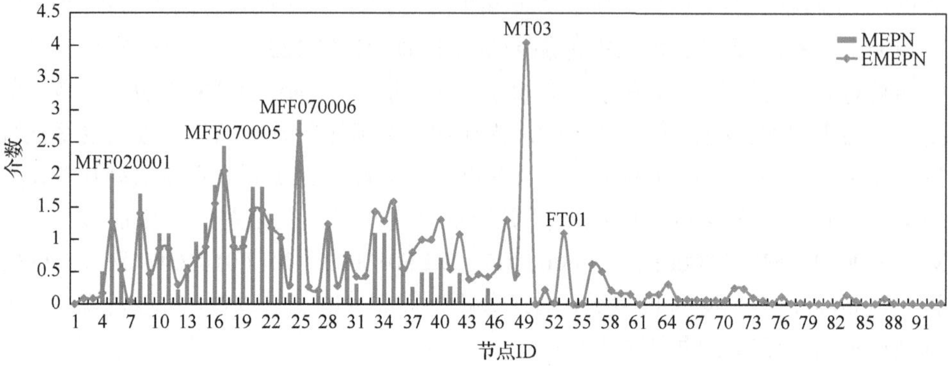

图 3-30　建立的赋值网络和误差传递网络中加工特征节点和加工要素节点的介数分布

3）模体分析

基于 Rand-ESU 算法[82]，实现了该误差传递网络中的 3 节点模体分析。从表 3-14 可以看出，编号分别为 38、14、78 和 164 的子图是赋值网络中的 3 节点模体。根据这几个子图的连接关系，14、78 和 164 子图包含属性关系，而 38 子图仅描述了工序层中的连接。此外，38 子图有最高的 Z 分数，且其值为 14.801。因此，38 子图在赋值型加权误差传递网络中具有最高的重要度。通过对网络进行模体检测分析，可以得出该外筒零件的加工工艺规划服从基准统一原则。尽管基准统一原则导致定位基准具有更大的重要性，需要严格保证其质量，但统一的定位基准往往可以避免基准转换导致的误差累积，从而保证零件最终的加工质量和提高加工效率。

表 3-15 给出了网络 4 节点模体检测分析结果，得到 8 种典型的模体，为便于描述，分别将模体中的 4 个节点从右下角开始顺时针编号为 A、B、C、D。通过分析不同的连接方式与网络中节点关系的物理意义，可以发现编号分别为 2252、2254、206、2126 和 204 的子图隶属于 3 节点模体中的基准统一原则。特别地，2252 子图中加工特征节点 C 和 D 的连接关系存在两种可能，分别是基准关系和

多次加工采用统一基准的特征演变关系。如果节点 C 和 D 之间没有关系则为 204 子图，该子图中的特征节点 A 和 B 之间如果存在基准关系则为 206 子图；同理，在此基础上，节点 C 和 D 存在关联关系则为 2126 子图。2190 子图和 2140 子图表明网络中存在属于互为基准原则的模体。

表 3-14　赋值网络中的 3 节点模体检测分析

序号	邻接关系	频率(赋值网络)	频率平均值(随机网络)	标准差(随机网络)	Z 分数	P 值
38		4.2789%	1.9552%	0.0015699	14.801	0
14	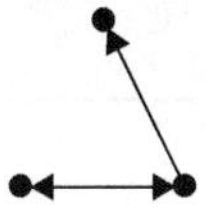	32.959%	31.628%	0.00097981	13.582	0
78	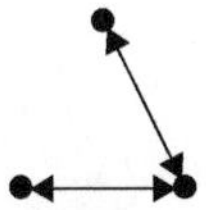	24.451%	23.463%	0.00072687	13.582	0
164		9.6811%	9.2902%	0.0002878	13.582	0

表 3-15　赋值网络中的 4 节点模体检测分析

序号	邻接关系	频率(赋值网络)	频率平均值(随机网络)	标准差(随机网络)	Z 分数	P 值
2252	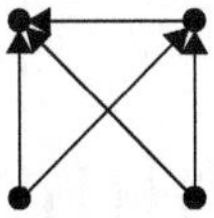	0.20885%	0.029595%	6.052×10^{-5}	29.62	0
2254	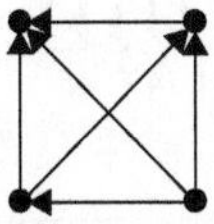	0.11161%	0.010332%	4.3934×10^{-5}	23.052	0
206	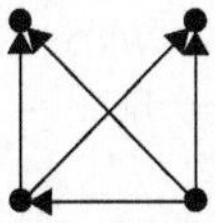	0.41881%	0.085776%	0.00017508	19.022	0
2126	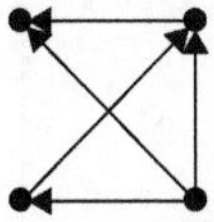	0.25416%	0.070218%	0.00016011	11.488	0
2182	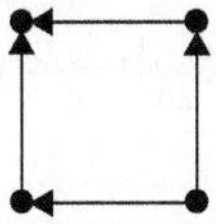	0.26742%	0.096963%	0.00015154	11.248	0

续表

序号	邻接关系	频率(赋值网络)	频率平均值(随机网络)	标准差(随机网络)	Z 分数	P 值
204	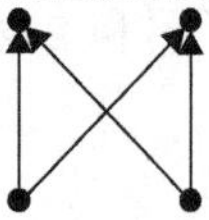	0.44643%	0.2339%	0.00024157	8.7979	0
2190	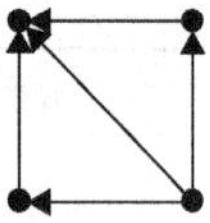	0.087298%	0.028964%	7.4361×10^{-5}	7.8446	0
2140	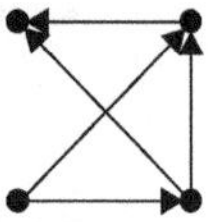	0.099453%	0.032581%	9.1313×10^{-5}	7.3233	0

3.4.4 误差传递特性分析

1. 基于拓扑网络的无权误差传递特性分析

基于 3.2.3 节定义的检测指标探索网络误差传递特性，图 3-31 分别给出了赋值型误差传递网络中加工特征和加工要素节点的 WLD、WRD、WAD 和 EPI 分布图。

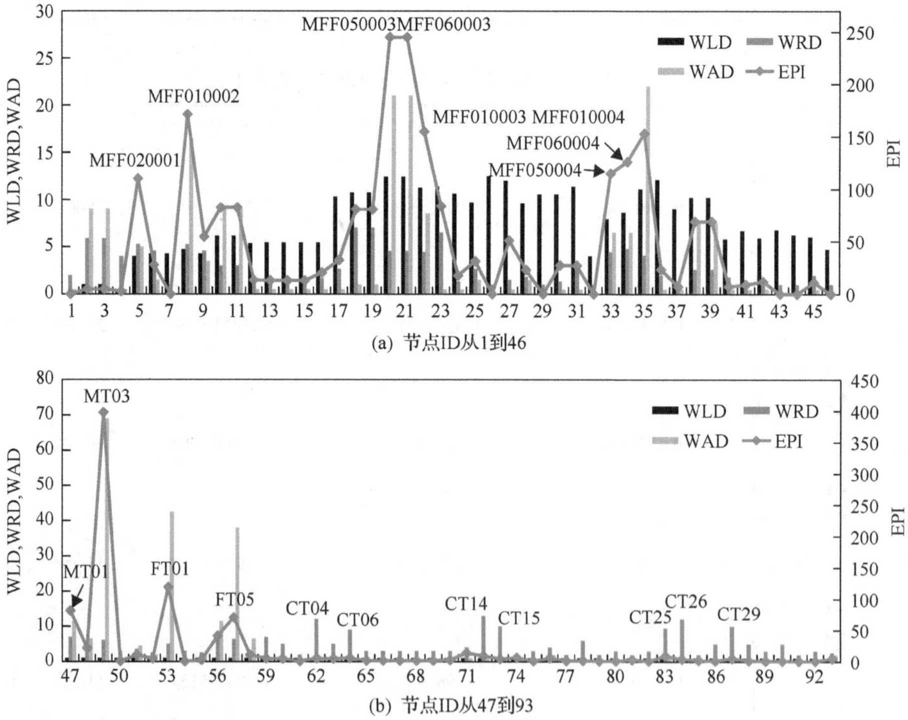

图 3-31　加工特征和加工要素节点的 WLD、WRD、WAD 和 EPI 分布图

从图 3-31 中可以看出，半精加工和精加工工序的加工特征节点具有更大的 WLD。与加工特征相比，加工要素 CT04、CT14 和 CT26 有更大的 WRD。这些刀具分别用于加工 MFF010002(右端面 2)、MFF050003/MFF060003(外圆 C3/D3)和MFF010004(右端面4)。加工要素节点MT03、FT01和FT05也具有较大的WAD，加工特征 MFF010002、MFF050003/MFF060003 和 MFF010004 也具有较大的 WAD。此外，MFF010002、MFF050003/MFF060003、MFF010003、MFF050004、MFF060004 和 MFF010004 的 EPI 值分别为 171、245、155、115、126 和 153，这些节点需要给予更多的关注。通过分析加工过程可以发现，右端面加工特征(MFF010002、MFF010003 和 MFF040004)是零件的设计基准和加工定位基准。加工特征外圆 C/D 是半精加工阶段的关键定位基准，该特征的精度直接决定了零件的最终质量。如图 3-31 所示，加工要素 MT03 具有所有节点中最大的 EPI，原因是该机床用于加工几乎所有的外圆表面。此外，加工要素 MT01、FT01 和 FT04 的 EPI 值分别为 82、119 和 71。这些节点也具有较大的 EPI，原因是所有粗加工阶段的加工特征被 MT01 和 FT04 加工，FT01 和 MT03 用于加工半精加工阶段的加工特征。

2. 基于实时加工数据的加权误差传递特性分析

基于赋值型加权误差传递网络的拓扑结构，通过配置测量及传感监测装置在线获取加工要素的运行状态信息和加工质量数据。通过不同的传感器和装置采集加工过程数据用于评估每个加工要素的运行状态，这些过程数据包括机床运动误差、机床工作台振动、刀具振动、刀具温度和夹具径向跳动误差等。为了保证数据的有效性，采用文献[15]、文献[83]、文献[84]中成熟的方法采集和处理加工状态数据。此外，通过双目立体视觉采集系统[85,86]采集在线过程质量数据。根据外筒零件的工艺流程，采用如表 3-16 所示的传感器装置和质量数据采集设备，采集了 10 个外筒零件的质量数据，同时记录多工序加工过程中每个加工要素的运行工况数据，以进一步分析外筒零件加工过程中的误差传递特性。

通过对如图3-28所示的完整工艺过程的赋值型加权误差传递网络进行拓扑分析，可以注意到外圆特征的演变过程是实现工件最终质量的关键因素。此外，深孔特征的直径、圆柱度和表面粗糙度是该起落架零件最重要的质量因素。因此，选择包含外圆基准第 5 次加工和第 1、2 次深孔精加工等 3 道工序加工过程用于加权的误差传递关系分析。图 3-32 给出了该外筒零件 3 道工序加工过程的赋值型加权误差传递网络，该拓扑网络的加权邻接矩阵如表 3-17 所示。通过提取拓扑网络中每个节点与其他节点的关联关系，可以获得该节点的影响因素集合。基于附录 B 所示的 10 个工件的加工过程数据和各阶段质量数据，建立各个工件的加权邻接矩阵描述各网络节点间的误差传递关系。基于此，通过计算式(3-58)～式(3-64)

的评价指标分析不同工况条件下的误差传递特性。

表 3-16　深孔加工过程工况要素采集的传感器配置方案

加工要素	工况要素	传感器	品牌	型号	图片
机床	运动误差	动态测试分析系统	自研	MT02-HDT	
	工作台振动	三轴加速度传感器	Beetech	A301/302	
刀具	刀具振动	加速度计	PCB	ICP352C34	
	刀具温度	温度传感器	Beetech	T801/802	
夹具	径向跳动误差	电涡流位移传感器	MICRO-EPSILON	DT3010-M	

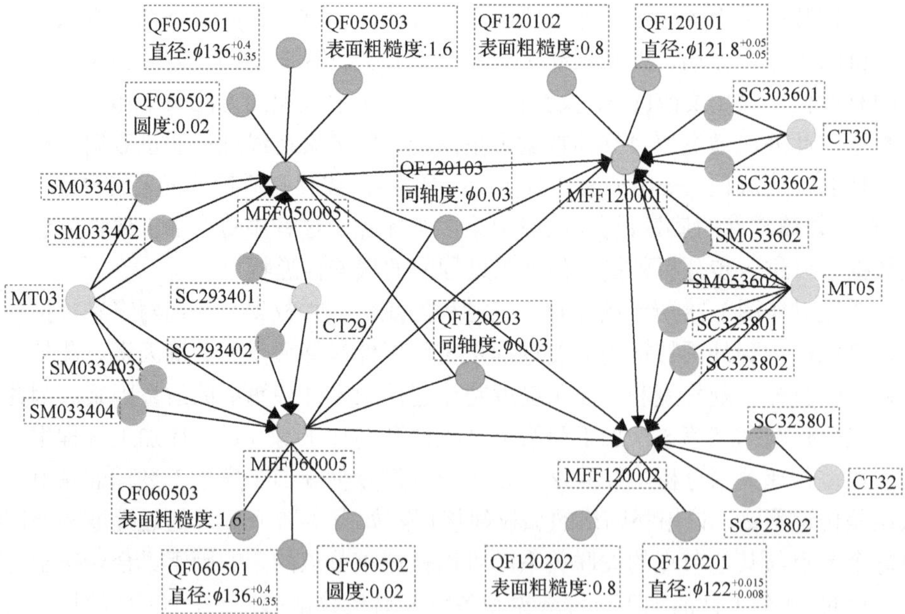

图 3-32　某外筒零件的赋值型加权误差传递网络

表 3-17　加权邻接矩阵

节点 ID	MFF050005	MFF060005	MFF120001	MFF120002	MT03-CT32
MFF050005	0	0	1	1	0
MFF060005	0	0	1	1	0
MFF120001	0	0	0	1	0
MFF120002	0	0	0	0	0
MT03	1	1	0	0	0
MT05	0	0	1	1	0
CT29	1	1	0	0	0
CT30	0	0	1	0	0
CT32	0	0	0	1	0

图 3-33 给出了多个工件关键节点的 EPI 分布。动态加工过程数据导致不同工件的赋值网络节点呈现不同的误差传递特性。通过比较不同工件的 EPI 曲线，可以发现某些节点如 MFF010002、MFF050003 和 MFF060003 具有较大的波动。这种现象意味着这些节点对加工基准和加工工况的变化具有更大的灵敏度，并且对后续加工过程的影响更不稳定，需要给予更多的关注，且在后续的加工过程中需要对这些节点执行更加严格的控制。某些节点如 MFF050005、MFF060005、MT03、FT01 和 FT05 的 EPI 值具有较小的波动，这意味着这些节点在制造过程中具有相对稳定的特性。此外，通过与拓扑网络的 EPI 值波动进行比较，可以发现某些节点的 EPI 值远远超过了其拓扑的值。这些节点如 MFF050004、MFF060004 和 MFF010004 在实际的加工过程中更加活跃和不稳定。一旦这些节点发生质量缺陷，工件的加工过程将不稳定。

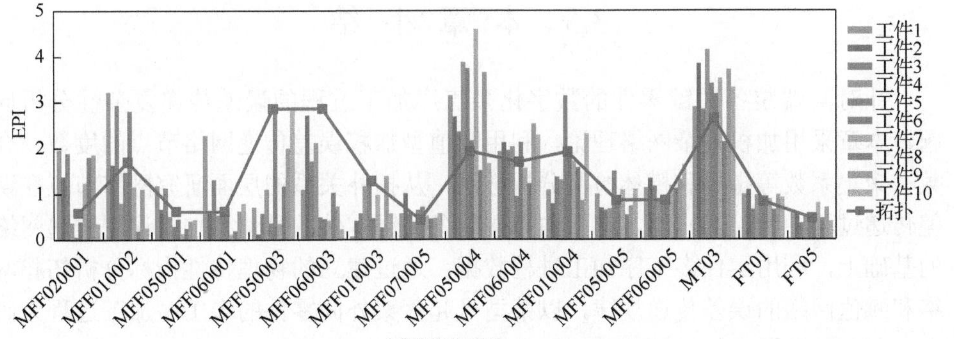

图 3-33　不同工件的部分节点 EPI 分布

对于该外筒零件中外圆特征的演变过程，其第 4 次加工(MFF050004)的 EPI

值最大且具有较大的波动。同时，第 5 次加工(MFF050005)的 EPI 值相对较小且具有较小的波动。通过分析外筒零件的工艺加工，可以发现 MFF050004 具有较大的加工余量，且需要更高的加工精度，这就导致更高的 EPI 波动。而相对于高加工精度，MFF050005 更关注表面精细加工，所以需要更加稳定的加工过程。因此，上述分析结果验证了该方法的有效性。

3.4.5 讨论

在数字化多工序制造环境中，赋值型加权误差传递网络提供了一种系统化且有效的方法，分析了加工误差传递复杂性和识别多工序加工过程的影响工序质量与零件最终质量的关键要素和关键节点。网络中质量特征和工况要素的提出为加工工序流的数字化描述提供了一种便利。在高端装备关键零件多工序加工过程的描述中，每个节点有不同的物理特性，且仅有较少的节点对误差传递具有重要的影响，这将导致误差传递关系的高灵敏性和加工过程的不稳定性。然而，仍然有几个方面需要进一步研究。

(1)模体监测提出了一种新方法用于工艺过程的合理性分析，更多的描述不同类型加工过程的模体应该进一步被探索以实现多工序加工过程的质量控制和提高。

(2)其他的与加工质量相关的工况要素如材料热处理特征、测量特征也可以作为实际加工环境下的误差影响因素。

(3)多工序加工过程中的误差传递关系是动态的和非线性的，因此在数据充足的条件下，应该采用一些更加精确的数学方法来进一步描述加工误差传递关系，这将有助于分析赋值型加权误差传递网络中节点所起的作用。

3.5 本章小结

针对高端装备关键零件的数字化多工序加工过程的误差传递复杂性分析问题，本章采用加权复杂网络理论，利用赋值型加权误差传递网络节点的度数、介数、聚集系数等指标和模体检测分析方法，从拓扑关系的层面研究网络节点在误差传递过程中所起的作用，在面向高端装备关键零件的赋值型加权误差传递网络的基础上，利用零件多工序加工过程数据，通过建立的物理特性指标分析拓扑网络和赋值网络的误差传递规律，以某型号起落架外筒零件的多工序加工过程为研究对象，对所提出的加权误差传递复杂性分析方法进行了验证。

第 4 章　加工质量的灵敏度分析及工序流动态过程能力评估

4.1　基于加工误差灵敏度空间的误差波动分析建模

4.1.1　从灵敏度的角度看加工误差波动

加工误差受到“工件-工序流-机床-刀夹具”多工序工艺系统中各元素的几何误差及由切削力、切削热和振动导致的误差相互耦合的综合影响。如果将工艺系统看作一个黑箱，那么这些误差影响因素大致可以分为两类(图 4-1)：一类是系统误差，包括机床、夹具和刀具的几何误差以及切削力、切削热和诊断等工况要素导致的动态误差；另一类可称为加工过程的输入误差，包括上道工序的加工误差、基准面误差及安装误差。输入误差不仅直接影响最终的加工误差，而且通过影响动态误差间接影响加工误差。通常情况下，输入误差具有允许的公差范围且是可测和可控的，而系统误差很难监测和控制。在正式生产的一段时间内，工艺稳定且切削参数一般保持不变，而且机床的服役性能也相对比较稳定。因此，由机床误差及动态服役性能导致的动态误差也可以认为是稳定的，加工误差的波动可视为工艺系统对输入误差扰动的响应。

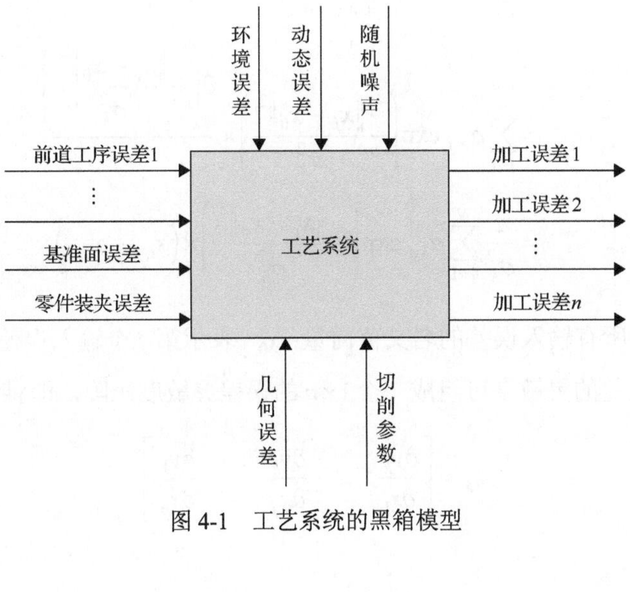

图 4-1　工艺系统的黑箱模型

当工艺系统不存在异常原因时，加工过程处于稳定状态且加工误差对输入误差的灵敏度相对较小；当出现异常原因时，加工过程处于不稳定状态，导致加工误差对输入误差的灵敏度相对较大。所以，加工误差对输入误差的灵敏度大小在一定程度上反映了加工过程的性能。

4.1.2 加工误差灵敏度空间定义

误差传递模型的输入是一个n维向量$\boldsymbol{x}=\left[x_1,x_2,\cdots,x_n\right]^{\mathrm{T}}$，第$k$个质量特性的加工误差为$y_k$。加工误差$y_k$对第$j$个输入误差$x_j$的灵敏度可以通过$y_k$对$x_j$的偏导数进行计算，即

$$s_{k,j}=\frac{\Delta y_k}{\Delta x_j}=\frac{\partial y_k}{\partial x_j} \tag{4-1}$$

式中，$s_{k,j}$表示加工误差y_k对输入误差x_j的灵敏度。

将式(3-10)代入式(4-1)，可得

$$\begin{aligned}
s_{k,j}&=\frac{\partial\left[\sum_{i=1}^{N}\alpha_{k,i}\exp\left(-\frac{\left\|\boldsymbol{x}_i-\boldsymbol{x}_0\right\|^2}{\sigma_k^2}\right)+b_k\right]}{\partial x_j}\\
&=\sum_{i=1}^{N}\frac{\partial\alpha_{k,i}\exp\left(-\frac{\left\|\boldsymbol{x}_i-\boldsymbol{x}_0\right\|^2}{\sigma_k^2}\right)}{\partial x_j}\\
&=\sum_{i=1}^{N}\alpha_{k,i}\exp\left(-\frac{\left\|\boldsymbol{x}_i-\boldsymbol{x}_0\right\|^2}{\sigma_k^2}\right)\times\frac{\partial\left(-\frac{\left\|\boldsymbol{x}_i-\boldsymbol{x}_0\right\|^2}{\sigma_k^2}\right)}{\partial x_j}\\
&=\frac{2}{\sigma_k^2}\sum_{i=1}^{N}\alpha_{k,i}\exp\left(-\frac{\left\|\boldsymbol{x}_i-\boldsymbol{x}_0\right\|^2}{\sigma_k^2}\right)\times\left(x_{i,j}-x_{0,j}\right)
\end{aligned} \tag{4-2}$$

式中，$\boldsymbol{x}_0$表示所有输入误差的名义值向量；$x_{0,j}$表示第j个输入误差的名义值。y_k对所有输入误差的灵敏度可组成一个$1\times n$的误差灵敏度矩阵，即雅可比矩阵

$$\boldsymbol{s}_k=\left[\frac{\partial y_k}{\partial x_1}\quad\cdots\quad\frac{\partial y_k}{\partial x_j}\quad\cdots\quad\frac{\partial y_k}{\partial x_n}\right] \tag{4-3}$$

所有质量特性的加工误差对所有输入误差的灵敏度可组成一个 $m \times n$ 的误差灵敏度矩阵：

$$J = \begin{bmatrix} s_1 & \cdots & s_k & \cdots & s_m \end{bmatrix}^{\mathrm{T}} = \begin{bmatrix} \dfrac{\partial y_1}{\partial x_1} & \cdots & \dfrac{\partial y_1}{\partial x_j} & \cdots & \dfrac{\partial y_1}{\partial x_n} \\ \cdots & \cdots & \cdots & \cdots & \cdots \\ \dfrac{\partial y_k}{\partial x_1} & \cdots & \dfrac{\partial y_k}{\partial x_j} & \cdots & \dfrac{\partial y_k}{\partial x_n} \\ \cdots & \cdots & \cdots & \cdots & \cdots \\ \dfrac{\partial y_m}{\partial x_1} & \cdots & \dfrac{\partial y_m}{\partial x_j} & \cdots & \dfrac{\partial y_m}{\partial x_n} \end{bmatrix} \tag{4-4}$$

矩阵 J 的每一行表示第 k 个质量特性的加工误差 y_k 对所有输入误差的灵敏度，每一列表示所有质量特性的加工误差对第 j 个输入误差的灵敏度。

4.1.3　基于加工误差灵敏度空间的误差波动分析

采用 Zhu 和 Ting 提出的系统性能灵敏度分析方法进行加工误差灵敏度分析[87]。由雅可比矩阵的属性可知，当误差值很小时，误差传递模型可以用线性模型逼近：

$$y = Jx \tag{4-5}$$

式中，$y = [y_1, y_2, \cdots, y_m]^{\mathrm{T}}$ 表示 m 个质量特性的加工误差向量；J 表示输入误差在名义值处的雅可比矩阵。假设 n 个输入误差相互独立，所有输入误差的波动范围构成一个 n 维的波动空间，记为 S_v。

加工误差向量与输入误差之间的关系可进一步用 y 的二范数表示，即

$$\|y\|^2 = y_1^2 + y_2^2 + \cdots + y_m^2 = y^{\mathrm{T}} y = x^{\mathrm{T}} J^{\mathrm{T}} J x \tag{4-6}$$

式中，$\|\bullet\|$ 表示二范数算子。令 $A = J^{\mathrm{T}} J$，那么 A 是一个 $n \times n$ 的对称矩阵，表示该工序当前的误差传递特性矩阵。式(4-6)可进一步变换为

$$\|y\|^2 = x^{\mathrm{T}} A x \tag{4-7}$$

由二范数的定义可知，$\|y\|^2$ 大于或等于 0，那么 A 必定是一个正定或半正定矩阵，并有 n 个相互正交的特征向量和 n 个对应的特征值 $\lambda_i\ (i = 1, 2, \cdots, n)$，而且大于 0 的特征值数量等于 A 的秩。将这 n 个特征值从小到大排序，即 $0 \leqslant \lambda_1 \leqslant \lambda_2 \leqslant \cdots \leqslant \lambda_n$，对应的特征向量记为 $v_i\ (i = 1, 2, \cdots, n)$。定义矩阵

$$\boldsymbol{B}=\begin{bmatrix}\boldsymbol{v}_1 & \boldsymbol{v}_2 & \cdots & \boldsymbol{v}_n\end{bmatrix} \tag{4-8}$$

和矩阵 $\boldsymbol{C}=\mathrm{diag}\left(\lambda_1,\lambda_2,\cdots,\lambda_n\right)$，那么 $\boldsymbol{B}$ 是一个正交矩阵，并且满足 $\boldsymbol{B}^{-1}=\boldsymbol{B}^{\mathrm{T}}$ 和 $\boldsymbol{A}=\boldsymbol{BCB}^{\mathrm{T}}$。用矩阵 $\boldsymbol{B}$ 对输入误差向量 $\boldsymbol{x}$ 进行正交变换，可得

$$\boldsymbol{x}'=\boldsymbol{B}^{\mathrm{T}}\boldsymbol{x} \tag{4-9}$$

式中，$\boldsymbol{x}'=\left[x_1',x_2',\cdots,x_n'\right]^{\mathrm{T}}$，由正交变换的性质可知，向量 $\boldsymbol{x}'$ 与 $\boldsymbol{x}$ 仅方向不同，其大小和其他几何属性在输入误差波动空间是一样的。

将式(4-9)代入式(4-7)，可得

$$\|\boldsymbol{y}\|^2=\boldsymbol{x}^{\mathrm{T}}\boldsymbol{BCB}^{\mathrm{T}}\boldsymbol{x}=\left(\boldsymbol{B}^{\mathrm{T}}\boldsymbol{x}\right)^{\mathrm{T}}\boldsymbol{C}\left(\boldsymbol{B}^{\mathrm{T}}\boldsymbol{x}\right)=\boldsymbol{x}'^{\mathrm{T}}\boldsymbol{C}\boldsymbol{x}'=\lambda_1x_1'^2+\lambda_2x_2'^2+\cdots+\lambda_nx_n^2 \tag{4-10}$$

式(4-10)描述了加工误差在输入误差波动空间的灵敏度分布情况。根据矩阵 $\boldsymbol{A}$ 的性质，可分为两种情况进行详细讨论。

(1)如果 $\boldsymbol{A}$ 是正定矩阵，则 $\mathrm{rank}(\boldsymbol{A})=r=n$，$\lambda_i>0,i=1,2,\cdots,n$，式(4-10)可以变换为

$$\frac{x_1'^2}{\left(\|\boldsymbol{y}\|/\sqrt{\lambda_1}\right)^2}+\frac{x_2'^2}{\left(\|\boldsymbol{y}\|/\sqrt{\lambda_2}\right)^2}+\cdots+\frac{x_n'^2}{\left(\|\boldsymbol{y}\|/\sqrt{\lambda_n}\right)^2}=1 \tag{4-11}$$

式(4-11)定义了一个 n 维超级椭圆体，第 i 个半轴 x_i' 的长度为 $\|\boldsymbol{y}\|/\sqrt{\lambda_i}$，方向为相应特征向量 $\boldsymbol{v}_i$ 的方向。

对于一个确定的 $\|\boldsymbol{y}\|$ 值，对应的超级椭圆面是一个封闭的输入误差波动空间子空间。椭圆面上任意一点 $\boldsymbol{x}=\left(x_1,x_2,\cdots,x_n\right)^{\mathrm{T}}$ 表示一个输入误差的向量，而且椭圆面上所有点对应的输入误差向量导致的加工误差向量的二范数 $\|\boldsymbol{y}\|$ 相等。所以，输入误差向量 $\boldsymbol{x}$ 的二范数 $\|\boldsymbol{x}\|$ 的值越大，加工误差对输入误差在 $\boldsymbol{x}'$ 方向的灵敏度越小；反之，输入误差向量 $\boldsymbol{x}$ 的二范数 $\|\boldsymbol{x}\|$ 的值越小，加工误差对输入误差在 $\boldsymbol{x}'$ 方向的灵敏度越大。显然，$\|\boldsymbol{x}\|$ 的最大值和最小值分别对应超级椭圆体的最长主轴和最短主轴。由于 $0\leqslant\lambda_1\leqslant\lambda_2\leqslant\cdots\leqslant\lambda_n$，$\boldsymbol{v}_1$ 和 $\boldsymbol{v}_n$ 分别对应 n 维输入误差空间 $S_v\{\boldsymbol{x}\}$ 中加工误差灵敏度的最小方向和最大方向。图 4-2(a)显示了一个三维输入误差空间中误差传递特性矩阵 $\boldsymbol{A}$ 为正定矩阵时加工误差灵敏度的分布示意图。

(2)如果 $\boldsymbol{A}$ 是半正定矩阵，那么 $\mathrm{rank}\left(\boldsymbol{A}\right)=r<n$，且 $\lambda_1=\lambda_2=\cdots=\lambda_{n-r}=0$，令 $0<\lambda_{n-r+1}\leqslant\lambda_{n-r+2}\leqslant\cdots\leqslant\lambda_n$，式(4-10)可改写为

$$\frac{x'^2_{n-r+1}}{\left(\|\boldsymbol{y}\|/\sqrt{\lambda_{n-r+1}}\right)^2}+\frac{x'^2_{n-r+2}}{\left(\|\boldsymbol{y}\|/\sqrt{\lambda_{n-r+2}}\right)^2}+\cdots+\frac{x'^2_{n}}{\left(\|\boldsymbol{y}\|/\sqrt{\lambda_{n}}\right)^2}=1 \tag{4-12}$$

根据式(4-11)的几何含义，式(4-12)可以解释为一个n维的有$(n-r)$个无限长主轴的超级椭圆柱，可看作n维超级椭圆体的特例。如上所述，最长主轴和最短主轴的方向分别对应加工误差灵敏度的最小方向和最大方向。因此，$(n-r)$个无限长的主轴意味着加工误差在这些主轴方向上对输入误差不敏感，即这些主轴方向上的输入误差向量导致的加工误差为0。从工程实际的角度看，这很不合理，但可以解释为工艺系统中加工误差不敏感方向的输入误差向量导致的加工误差相对比较小。图4-2(b)显示了一个三维输入误差空间中传递特性矩阵$\boldsymbol{A}$的秩等于2时加工误差灵敏度的分布示意图(超级椭圆柱)。该椭圆柱的第1个主轴为无限长圆柱轴线，其对应的方向为$\boldsymbol{v}_1$方向；第2、3个主轴为长度有限的椭圆主轴，其对应方向为$\boldsymbol{v}_2$和$\boldsymbol{v}_3$方向。因此，该椭圆柱的加工误差灵敏度最小方向和最大方向分别为$\boldsymbol{v}_1$和$\boldsymbol{v}_3$方向。

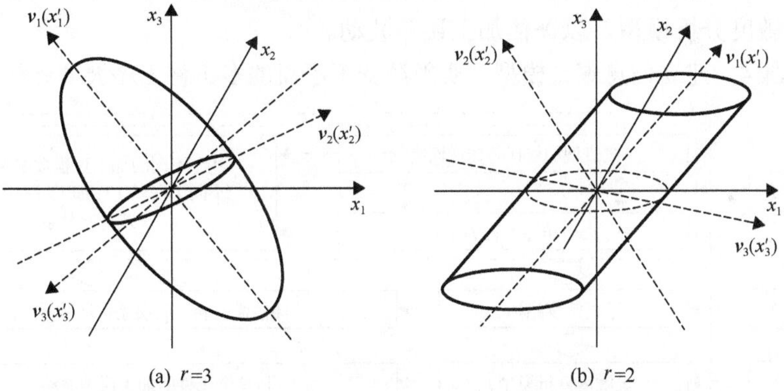

图4-2　加工误差灵敏度分布示意图(n=3)

4.2　基于误差传递方程的加工误差波动灵敏度分析建模

高端装备关键零件的实验件和批次件的混流生产引起加工过程的不稳定，导致加工质量一致性差。针对大批量加工过程的误差波动统计评估方法不适用于高端装备关键零件的单件小批量加工过程评价，因此本节提出了针对关键工序及其关联工序的加工误差波动灵敏度分析方法。该方法以赋值型加权误差传递网络的节点关系为基础，通过建立误差传递二阶泰勒展开方程，描述质量特征与其误差影响因素间的非线性误差传递关系。在此基础上，本节提出一种基于加工特征演变过程波动轨迹图的工艺过程稳定性评估方法，以评价工艺系统是否满足零件最终质量要求。

为了评估高端装备关键零件多工序加工过程的稳定性和保证加工质量的一致性，建立了一个 4 层结构的误差波动评估和识别模型(error fluctuation evaluation and identification model, FEIM)。该模型不仅聚焦于单工件加工过程中质量特征与误差因素间的关联灵敏度分析，也包括多工件的质量特征终值及其演变过程的工序过程波动评估。图 4-3 给出了 FEIM 的逻辑流程，主要包括四个步骤：

步骤 1　根据质量特征和工况要素节点间的误差传递网络映射关系，建立当前工序质量特征值与当前工序工况要素和前序质量特征值之间的误差传递二阶泰勒展开方程。该方程基于不同工件的加工过程数据描述相应工件的误差传递网络中的误差传递特性。

步骤 2　为了评估前序质量特征和当前工序工况要素状态对当前工序质量特性的影响，基于前述建立的误差传递方程建立了两个子灵敏度指标，分别是质量特征灵敏度和工况要素灵敏度。

步骤 3　基于制造过程中加工阶段和加工要素的粒度划分，建立多层次、多维度的灵敏度分析模型，以评估加工误差波动。

步骤 4　建立信息聚合模型，实现演变工序流的多工件工序波动评估。

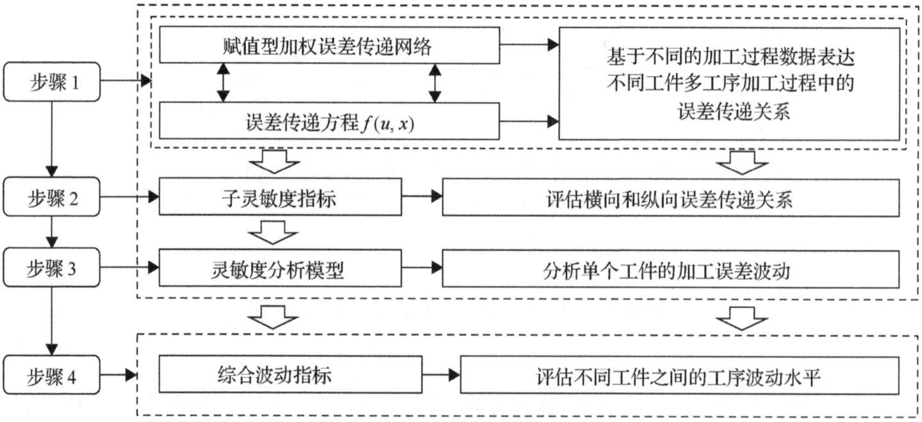

图 4-3　FEIM 的逻辑流程

其中，为了评估多工件的工序波动，建立如图 4-4 所示的 FEIM 分析框架。根据多工序加工过程的粒度划分，将灵敏度分析模型的分析结构分为质量特征层、单工序层、多工序层和工件层等四个层次。

(1) 质量特征层。质量特征是重要的属性，可以实现加工过程和客户要求的量化评估。通过综合前序质量特征和当前工序工况要素对当前工序质量特征的影响，可以获得单个质量特征的综合灵敏度。

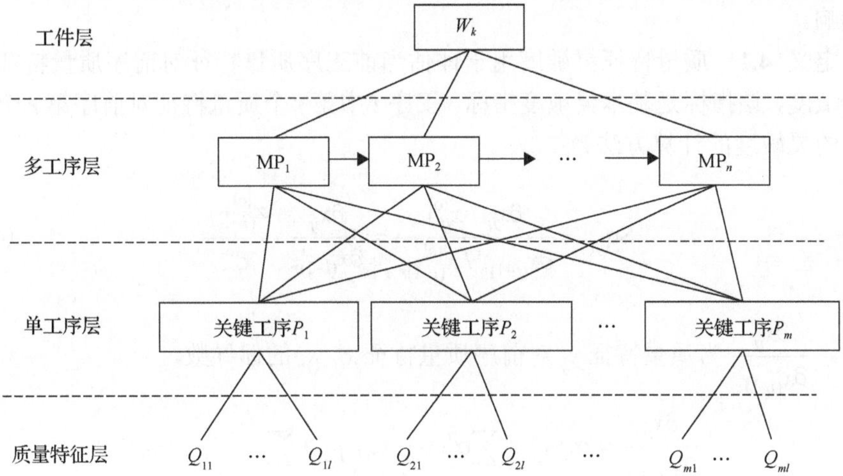

图 4-4　FEIM 分析框架

(2) 单工序层。在零件加工过程中，加工特征是连接质量特征和加工工序的关键实体，且定义一道工序只加工一个加工特征。因此，单工序层是从加工特征的角度来描述灵敏度分析的。也就是说，单工序灵敏度分析是从附属于单个加工特征的多个质量特征的角度进行综合波动分析的。

(3) 多工序层。根据在单工序层的灵敏度分析，某一加工特征的演变过程可以通过分析该加工特征所经过的不同工序进行灵敏度分析。在多工序层的分析中，既需要考虑单个质量特征随工序流演变的灵敏度波动水平，也需要考虑附属于加工特征的多个质量特征随工序流演变的灵敏度波动水平。

(4) 工件层。通过综合所有加工特征的质量特征终值灵敏度波动和质量特征随工序流演变的灵敏度波动，从多个工件的角度横向比较不同加工工况下导致的加工误差灵敏度波动。

4.2.1　子灵敏度评价指标

基于 3.1.3 节提出的误差传递二阶泰勒展开方程，提出质量特征灵敏度(quality feature sensitivity, QFS)和工况要素灵敏度(state element sensitivity, SES)两个子灵敏度指标，分析质量特征之间的横向误差传递关系和工况要素对质量特征的纵向误差传递关系。

1) 质量特征灵敏度

不像简单零件，实现高端装备关键零件的最终质量要求需要更多的加工工序。以起落架外筒的加工为例，实现其最终质量需要经过如车削、镗削、铣削和磨削等多达 200 道不同的工序。因此，考虑质量特征在多工序演变过程中的误差传递现象，这里定义了质量特征灵敏度来描述前序质量特征值对当前工序质量特征值的影响。

定义 4.1　质量特征灵敏度用于评估当前工序质量特征对前序质量特征误差的灵敏度，该指标是基本灵敏度指标。工序 i 中第 j 个质量特征对前序第 r 个质量特征的灵敏度的计算方法为

$$\mathrm{Sq}_{ijr}=\frac{\partial x_{ij}/x_{ij}^{\mathrm{tol}}}{\partial x_{(i-1)r}/x_{(i-1)r}^{\mathrm{tol}}}=\frac{\partial x_{ij}}{\partial x_{(i-1)r}}\cdot\frac{x_{(i-1)r}^{\mathrm{tol}}}{x_{ij}^{\mathrm{tol}}} \tag{4-13}$$

式中，$\dfrac{\partial x_{ij}}{\partial x_{(i-1)r}}$ 为质量特征 x_{ij} 对前序质量特征 $x_{(i-1)r}$ 的偏导数，

$$\frac{\partial x_{ij}}{\partial x_{(i-1)r}}=\alpha_{(i-1)r}+\sum_s\alpha'_{(i-1)rs}\Delta x_{(i-1)s}+\sum_s\gamma_{(i-1)r,is}\Delta u_{is}$$

2）工况要素灵敏度

加工要素是工艺系统中直接的误差源，其运行状态直接决定了零件的加工精度，因此，提出一种工况要素用于描述加工要素的运行状态及其加工能力。针对工艺系统中动态变化的误差源，本书聚焦于研究机床、刀具和夹具对加工质量的影响。考虑到工况要素对质量的影响及可测量性，表 4-1 详细描述了机床、刀具和夹具的不同状态要素及其误差描述类型。

表 4-1　工艺系统中与机床、刀具和夹具相关的工况要素

加工要素	工况要素	描述
机床	运动误差	利用齐次坐标变换原理对数控机床进给轴的内置信号进行变换分析，获得机床空间加工轨迹，从而实现机床几何误差的评价
	热变形误差	考虑主轴系统的温度变化对加工精度的影响
	机床振动	在切削加工时，机床强烈的颤振使其运行状态落入不稳定区域，从而导致加工工件的表面质量恶化和产生几何形状误差
刀具	刀具磨损	刀具磨损造成的几何误差采用刀具振动来间接描述
	热变形	刀具热变形造成的刀具热伸长
	力变形	切削力导致的刀具变形造成的几何误差
夹具	跳动误差	径向圆跳动是零件车削或镗削加工中夹具的主要误差源

定义 4.2　工况要素灵敏度用于评估当前工序中质量特征对工况要素的灵敏度，该灵敏度是后续分析的基础评价指标。基于式(3-17)，工序 i 中前序第 s 个工况要素对第 j 个质量特征的灵敏度的计算方法为

$$\mathrm{Su}_{ijs}=\frac{\partial x_{ij}/x_{ij}^{\mathrm{tol}}}{\partial u_{is}/u_{is}^{\mathrm{tol}}}=\frac{\partial x_{ij}}{\partial u_{is}}\cdot\frac{u_{is}^{\mathrm{tol}}}{x_{ij}^{\mathrm{tol}}} \tag{4-14}$$

式中，$\frac{\partial x_{ij}}{\partial u_{is}}$ 为质量特征 x_{ij} 对工况要素 u_{is} 的偏导数，

$$\frac{\partial x_{ij}}{\partial u_{is}} = \beta_{is} + \sum_{r}\beta'_{i,rs}\Delta u_{ir} + \sum_{r}\gamma_{(i-1)r,is}\Delta x_{(i-1)r}$$

4.2.2 加工误差波动评估

对应图 4-4 中的 4 层分析结构，通过分析质量特征的终值及其演变过程中的波动，分别从质量特征终值和质量特征演变两方面提出四个灵敏度分析指标以定量评估加工过程的波动水平，每个方向分别研究单个质量特征和反映加工特征综合质量的多个质量特征。图 4-5 给出了这四个灵敏度分析指标的结构关系。

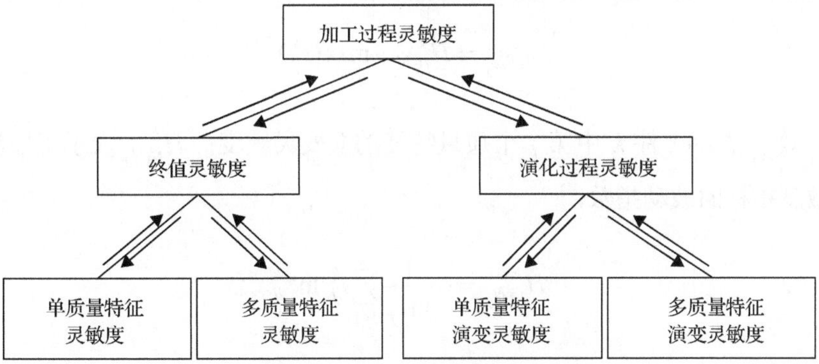

图 4-5　灵敏度分析指标的结构关系

为了定性分析误差传递关系和定量评估工序波动水平，定义如下四个灵敏度分析指标。

1) 单质量特征灵敏度

单质量特征灵敏度(sensitivity of single QF, SSQF)用于质量特征层工序波动的评估。在实际制造过程中，工件最终质量往往由工艺系统中的薄弱工序或要素决定。因此，通过计算当前工序中最大的质量特征灵敏度和工况要素灵敏度，可以实现单质量特征灵敏度的计算，如式(4-15)所示。单质量特征灵敏度是基本的工序波动分析。

$$s_{ij}^{k} = \max(\{\mathrm{Sq}_{ijr}^{k}(r=1,2,\cdots,R), \mathrm{Su}_{ijs}^{k}(s=1,2,\cdots,S)\}) \tag{4-15}$$

式中，s_{ij}^{k} 为工件 k 在工序 i 的第 j 个质量特征的灵敏度指标；Sq_{ijr}^{k} 和 Su_{ijs}^{k} 分别为第 r 个质量特征灵敏度和第 s 个工况要素灵敏度。

2) 多质量特征灵敏度

多质量特征灵敏度(sensitivity of multiple QFs, SMQF)用于综合反映单个加工

特征所属的多质量特征的波动水平。通过计算工序 i 中附属于该加工特征的最大质量特征灵敏度，可以得到如式(4-16)所示的多质量特征灵敏度计算式，即

$$s_i^k = \max_{j \in M_i}(s_{ij}^k) \tag{4-16}$$

式中，s_i^k 表示工件 k 在关键加工工序 i 的多质量特征灵敏度；M_i 表示该工序中的质量特征集合。

3)单质量特征演变灵敏度

单质量特征演变灵敏度(evolution sensitivity of single QF, ESSQF)用于评价单质量特征在其演变过程中的工序波动，如式(4-17)所示。引入波动指标 H 用于定量评估单个质量特征在不同工序中的波动。

$$s_{i \in N_j}^k = H_{i \in N_j}^k \cdot \max_{i \in N_j}(s_{ij}^k) \tag{4-17}$$

式中，$s_{i \in N_j}^k$ 表示工件 k 中第 j 个质量特征的演变灵敏度；$H_{i \in N_j}^k$ 表示工序流中这些灵敏度指标的波动指数，

$$H_{i \in N_j}^k = -\frac{1}{\ln t_j}\sum_{i=1}^{t_j} s_{ij}^{k'} \ln s_{ij}^{k'} \tag{4-18}$$

其中，$s_{ij}^{k'}$ 表示归一化处理后的单质量特征灵敏度 s_{ij}^k；N_j 表示第 j 个质量特征演变过程中经过的加工工序集合；t_j 表示加工工序集合中的工序总数。

4)多质量特征演变灵敏度

多质量特征演变灵敏度(evolution sensitivity of multiple QFs, ESMQF)用于评价加工特征在其连续演变过程中的波动水平。式(4-19)给出了工件 k 在关键加工工序 i 的多质量特征演变灵敏度 $s_{i \in N}^k$ 的计算公式，式中波动指数 $H_{i \in N}^k$ 用于定量评估附属于该加工特征的多个质量特征灵敏度的波动，如式(4-20)所示：

$$s_{i \in N}^k = H_{i \in N}^k \cdot \max_{i \in N}(s_i^k) \tag{4-19}$$

$$H_{i \in N}^k = -\frac{1}{\ln t}\sum_{i=1}^{t} s_i^{k'} \ln s_i^{k'} \tag{4-20}$$

式中，$s_i^{k'}$ 表示归一化后的多质量特征灵敏度 s_i^k；N 表示实现工序 i 中的质量特征的综合质量所需经过的演变工序集合；t 表示该演变工序集合中的工序总数。

4.2.3　多工件工序波动评估

本节从“工件-工序-质量特征”的多维角度建立了如图 4-6 所示的综合波动分析空间，通过在工件维度上对不同工件横向评估来实现多工件工序波动评估。

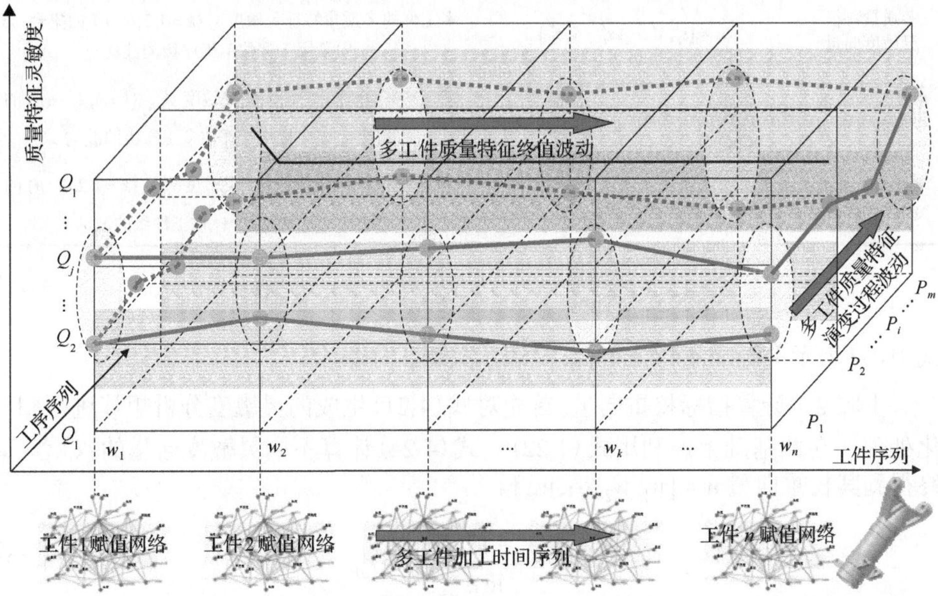

图 4-6　多工件工序波动分析空间

如图 4-7 所示，首先，从质量特征终值波动和质量特征演变波动方面，基于提出的四个灵敏度分析指标，建立四个多工件灵敏度分析向量，并在此基础上形成灵敏度分析矩阵；然后，通过对多工件灵敏度分析矩阵的聚合分析，建立各个灵敏度分析向量的权重向量；最后，通过计算提出的综合波动指标实现工序流中工件薄弱环节和要素的识别，并确定哪些阶段或元素应该得到改进的优先级。具体步骤如下。

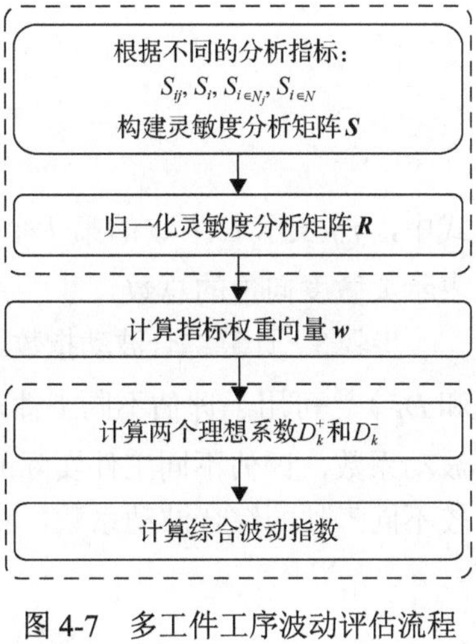

图 4-7　多工件工序波动评估流程

步骤 1　构建灵敏度分析矩阵。如表 4-2 所示，这四个灵敏度分析向量可以综合反映工艺系统的运行状态对加工质量的影响。基于此，通过聚合这四个灵敏度分析向量可以得到如式(4-21)所示的灵敏度分析矩阵 $\boldsymbol{S}$。

表 4-2 灵敏度分析矩阵中的灵敏度向量

概念	公式表达	定义
单质量特征灵敏度向量	$\boldsymbol{S}_{ij}=[s_{ij}^1,s_{ij}^2,\cdots,s_{ij}^k,\cdots,s_{ij}^n]$	多工件的单质量特征灵敏度 $s_{ij}^k(k=1,2,\cdots,n)$ 的集合，该向量用于评估质量特征级的波动
多质量特征灵敏度向量	$\boldsymbol{S}_i=[s_i^1,s_i^2,\cdots,s_i^k,\cdots,s_i^n]$	多工件的多质量特征灵敏度 $s_i^k(k=1,2,\cdots,n)$ 的集合，该向量用于评估单工序级的波动
单质量特征演变灵敏度向量	$\boldsymbol{S}_{i\in N_j}=[s_{i\in N_j}^1,s_{i\in N_j}^2,\cdots,s_{i\in N_j}^k,\cdots,s_{i\in N_j}^n]$	多工件的单质量特征演变灵敏度 $s_{i\in N_j}^k(k=1,2,\cdots,n)$ 的集合，该向量用于评估多工序级的波动
多质量特征演变灵敏度向量	$\boldsymbol{S}_{i\in N}=[s_{i\in N}^1,s_{i\in N}^2,\cdots,s_{i\in N}^k,\cdots,s_{i\in N}^n]$	多工件的多质量特征演变灵敏度 $s_{i\in N_j}^k(k=1,2,\cdots,n)$ 的集合，该向量用于评估工件级的波动

$$\boldsymbol{S}=[S_{ij}(j\in J),S_i(i\in I),S_{i\in N_j}(j\in J),S_{i\in N}(i\in I)] \tag{4-21}$$

式中，J 表示关键质量特征集合；I 表示关键工序集合。

步骤 2 计算指标权重向量。首先对式(4-21)生成的灵敏度分析矩阵进行归一化处理，在此基础上，利用式(4-22)～式(4-24)计算不同灵敏度向量的权重，最终得到其权重向量 $\boldsymbol{w}=[w_1,w_2,\cdots,w_m]$。

$$E_l=-\frac{1}{\ln n}\sum_{u=1}^{n}\dot{r}_{ul}\ln\dot{r}_{ul} \tag{4-22}$$

$$\dot{r}_{kl}=\frac{r_{kl}}{\sum\limits_{u=1}^{n}r_{ul}} \tag{4-23}$$

$$w_l=\frac{1-E_l}{\sum\limits_{v=1}^{m}(1-E_v)} \tag{4-24}$$

式中，r_{ul} 表示工件 u 的第 l 个归一化后的灵敏度指标值；n 表示工件的个数；m 表示灵敏度向量的总数。

步骤 3 计算综合波动指数。基于式(4-25)和式(4-26)计算的两个理想系数（D_k^+ 和 D_k^-）[88]可用于评估不同工件在极限条件下的工序波动。式(4-27)用于计算综合波动系数，评估不同工件实际的加工条件距离和其极限加工条件的距离。通过比较不同工件的综合波动系数，获得具有最大波动的工件。

$$D_k^+=\left[\sum_{l=1}^{m}\left(|\dot{r}_{kl}-1|\cdot w_l\right)^2\right]^{1/2} \tag{4-25}$$

$$D_k^- = \left[\sum_{l=1}^{m}\left(\dot{r}_{kl}w_l\right)^2\right]^{1/2} \tag{4-26}$$

$$\mathrm{SFI}_k = \frac{D_k^-}{D_k^+ + D_k^-} \tag{4-27}$$

式中，D_k^+ 表示工件 k 在正极限情况下的理想系数；D_k^- 表示工件 k 在负极限情况下的理想系数；SFI_k 表示第 k 个工件的综合波动系数。

4.3　工艺系统要素耦合分析

4.3.1　误差因素耦合空间

多工序加工过程中各输入工况要素和质量特征的偏差与输出质量特征的误差传递关系是耦合的，如何判断工艺系统中各输入误差对输出质量的耦合程度是进行非线性误差传递关系分析的重要环节。基于前述建立的误差传递二阶泰勒展开方程，如式(3-15)所示，其中 $\nabla f(x_{i-1},u_i)$ 中的各一阶偏导数 $\left(\dfrac{\partial f(x_{i-1}^*,u_i^*)}{\partial x_{i-1}},\dfrac{\partial f(x_{i-1}^*,u_i^*)}{\partial u_i}\right)$ 分别表示输入变量 (x_{i-1},u_i) 的变化对 x_{ij} 变化的影响程度，在此将 $\nabla f(x_{i-1}^*,u_i^*)$ 定义为工艺系统中 (x_{i-1}^*,u_i^*) 对 x_{ij} 的影响梯度向量，描述在中值条件下的工艺系统各要素 (x_{i-1},u_i) 与 x_{ij} 的灵敏度。此外，$H(x_{i-1},u_i)$ 的各二阶偏导数 $\dfrac{\partial^2 f(x_{i-1},u_i)}{\partial x_{i-1}\partial u_i}$ 分别表示输入变量 (x_{i-1},u_i) 的变化对 (x_{i-1},u_i) 与 x_{ij} 灵敏度的影响程度，用于描述 x_{i-1} 与 u_i 对 x_{ij} 影响的耦合程度；特别地，将式(3-15)中的 $H(x_{i-1}^*,u_i^*)$ 定义为工艺系统中 x_{i-1}^* 与 u_i^* 对 x_{ij} 影响的耦合矩阵，用于描述在中值条件下的工艺系统各要素 x_{i-1}^* 与 u_i^* 对 x_{ij} 影响的耦合程度。

如果 $\dfrac{\partial^2 f(x_{i-1},u_i)}{\partial x_{i-1}\partial u_i}=0$，则表示 x_{i-1} 与 u_i 对 x_{ij} 的影响是不耦合的，其物理意义为输入误差影响因素 x_{i-1} 与 u_i 在实现质量特征精度要求的过程中产生的误差对质量 x_{ij} 的影响相互独立，可以独立地对其中一个输入误差影响因素进行控制而不引起另外一个输入误差影响因素产生不确定的变化。如果 $\dfrac{\partial^2 f(x_{i-1},u_i)}{\partial x_{i-1}\partial u_i}\neq 0$，则表示 x_{i-1} 与 u_i 对 x_{ij} 的影响是耦合的，其物理意义为输入误差影响因素 x_{i-1} 与 u_i 在实现质量特征精度要求的过程中产生的误差对质量 x_{ij} 的影响相互关联，对其中一个因素进行控制可能导致另外一个因素引起的误差产生不确定性的影响，从而导致控制决策不可控。

为了进一步定量描述加工过程中各个误差影响因素之间的耦合程度，这里提出一个多维的误差因素耦合空间来形式化描述各个误差因素的耦合向量在耦合空间中的相关关系。图 4-8 给出了误差因素耦合空间的一些基本元素，如耦合空间的坐标轴、耦合向量和解耦空间。为便于描述，用 $\boldsymbol{Y}_i$ 描述第 i 个误差因素 y_i 与其他误差因素的耦合向量，即

$$\boldsymbol{Y}_i=\left[\frac{\partial^2 f}{\partial y_i \partial y_1} \quad \frac{\partial^2 f}{\partial y_i \partial y_2} \quad \frac{\partial^2 f}{\partial y_i{}^2} \quad \frac{\partial^2 f}{\partial y_i \partial y_N}\right]^{\mathrm{T}},$$

其中 N 表示误差因素的个数。此外，$O\text{-}C_i$ 表示描述耦合向量的原始坐标系，其中坐标轴方向 C_i 表示耦合矩阵中的各个误差因素 $y_1,y_2,\cdots,y_N$ 与误差因素 y_i 对加工质量灵敏度的耦合关系；而 $O\text{-}C_i'$ 表示描述耦合向量的解耦坐标系，其中坐标轴方向 C_i' 表示各个误差因素解耦后的坐标轴。

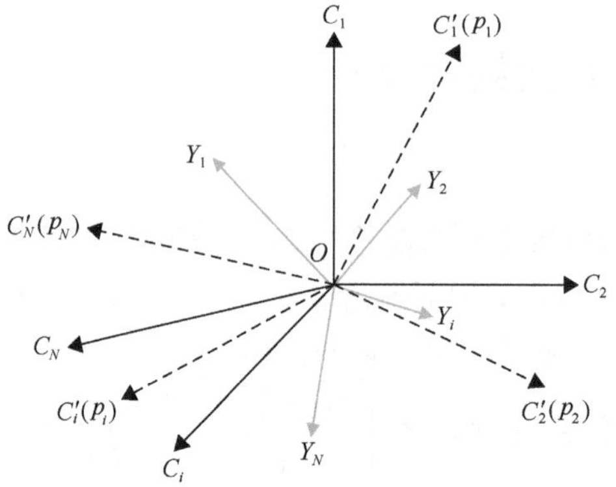

图 4-8 误差因素耦合空间

4.3.2 误差因素的解耦与工艺系统配置优化

通过分析式(4-13)和式(4-14)可以发现，质量特征对误差因素的灵敏度随着工艺系统服役性能的变化而不断变化，而误差因素之间的耦合特性是由工艺系统的配置所决定的，不随工艺系统的服役性能变化而变化。因此，实现耦合矩阵 $H(x_{i-1}^*,u_i^*)$ 的解耦是实现各误差因素解耦的基础。基于上述建立的误差因素耦合空间，实现工艺系统内各误差因素的解耦需要以下几个步骤。

步骤 1 假设耦合矩阵 $\boldsymbol{H}(x_{i-1}^*,u_i^*)$ 是实对称矩阵，即矩阵的特征值均为实数，因此存在多个互不相等的特征值 $\lambda_1,\lambda_2,\cdots,\lambda_s$，它们的重数依次为 $r_1,r_2,\cdots,r_s$（$r_1+r_1+\cdots+r_s=N$），通过求这个 N 个特征值的特征向量可得到正交矩阵 $\boldsymbol{P}_i$，使得

$$\boldsymbol{P}_i^{-1}\boldsymbol{H}(x_{i-1}^*,u_i^*)\boldsymbol{P}_i=\boldsymbol{\Lambda} \tag{4-28}$$

式中，$\boldsymbol{\Lambda}$ 表示以耦合矩阵 $\boldsymbol{H}(x_{i-1}^*,u_i^*)$ 的 N 个特征值为对象元素的对角矩阵，即工艺系统内的各个误差因素 $y_1,y_2,\cdots,y_N$ 在正交矩阵 $\boldsymbol{P}_i$ 构建的正交坐标系下的新耦

合向量 $Y_1', Y_2', \cdots, Y_N'$。

步骤 2　特征向量体现样本之间的相关程度，特征值则反映了耦合程度。在正交矩阵 $\boldsymbol{P}_i$ 所表示的空间坐标系中，一组特征向量用于表示空间的各个坐标方向，而对应于每个特征向量的特征值就表示各个坐标方向上的能量或在矩阵空间中的重要度，其值越大，则代表该特征值的特征向量所呈现的特性越明显。通过分析耦合矩阵 $\boldsymbol{H}(x_{i-1}^*, u_i^*)$ 的正交矩阵中每一个特征向量的特征值，可以看出特征值最大的特征向量方向的误差因素耦合特性越明显。

步骤 3　计算最强耦合方向矢量在各个误差因素矢量上的投影，如式(4-29)所示，最强耦合方向矢量在误差因素 y_i 方向上的投影长度为

$$L_i = \lambda_s \left| (\boldsymbol{p}_s \cdot \boldsymbol{e}_i) \right| \tag{4-29}$$

式中，λ_s 表示该特征向量的特征值；$\boldsymbol{p}_s$ 表示最强耦合方向的特征向量；$\boldsymbol{e}_i$ 表示误差因素矢量方向的单位向量。若 $L_i > 0$，则表示该误差因素在最强耦合方向上与其他误差因素有耦合作用；若 $L_i = 0$，则表示该误差因素在最强耦合方向上与其他误差因素是不相关的。

在最强耦合向量方向上，各个误差因素对质量产生影响最有效且耦合程度最强，因此最大耦合方向上的误差因素产生的误差具有最大的不确定性。通过计算最强耦合方向的特征向量在各个误差因素矢量方向上的投影、比较各个误差因素矢量上的投影长度，可以获得对加工误差产生最大耦合特性的误差因素。此外，耦合特性的分析是从工艺系统的角度分析要素之间的相互关系，这为后续进行加工过程的稳定性评估奠定了基础。

4.4　加工过程动态稳定性评估

由于高端装备关键零件的批次加工数量少甚至是单件生产，采用工序过程能力指数 C_p 等广泛用于评价加工过程满足产品质量要求程度的统计学方法已不适用于评价高端装备关键零件工艺系统的工序过程能力，尤其不能针对加工特征演变工序流评价多工序加工过程能力。此外，由前述针对高端装备关键零件的加工条件的分析可知，高强超硬材料的使用会导致工艺系统各加工要素的服役性能波动和加工条件极其恶劣。因此，其加工过程实际上处于一种动态稳定的加工状态，这种加工状态有别于大批量加工过程中的统计稳态，是随着加工要素服役性能状态和加工误差波动动态地发生变化而又处于可控的一种加工状态。针对这种动态稳定的加工状态，本节提出一种基于加工误差波动灵敏度的波动轨迹图方法，通过反映工序演变过程中加工误差终值灵敏度和演变灵敏度的波动来评价加工过程

的动态稳定性，从而反映工艺过程能力。

SPC 控制图是一种广泛用于制造过程监控和波动量测的方法，在加工质量数据服从正态分布的前提下，分析过程是否处于统计稳定状态，在此基础上可评价各工序是否满足所加工质量特性的质量要求。然而，高端装备关键零件的生产方式仅产生少量的加工质量数据，这些数据不足以支撑 SPC 方法的有效实施。因此，在数字化的加工条件下，通过融合加工过程工况数据和质量数据，建立的反映误差关联关系的加工误差波动灵敏度是一种有效的评价指标，它能解决 SPC 控制图不适用于高端装备关键零件多工序加工过程波动量测的问题。为此，通过分析“工件-工序-质量特征”三维波动分析空间，可以从工件加工特征演变的角度构建每个工件的多工序演变过程的波动轨迹，形成工序演变波动轨迹图，反映加工特征演变过程的波动变化和不同工件所使用的工艺系统对质量影响的波动变化。

4.4.1 过程动态稳定性的量测

为衡量工序演变过程中的动态稳定性，下面分别定义工序过程稳定度和演变过程波动度衡量加工过程波动状态。

1) 工序过程稳定度

在工艺系统中各个加工要素的服役状态基本可控的条件下，一般误差因素产生的误差或偏差往往在有效的控制范围内，对加工质量的影响较小且有限。通过对工艺系统要素进行耦合分析，可以发现由于多个误差因素的耦合作用，产生的误差呈现指数级的放大，如在外圆切削过程中机床刀架在径向的运动误差或不合理的切削参数会导致切削过程中喘振、崩刃等现象发生，从而造成工件表面质量下降。因此，综合考虑工艺系统中最强耦合方向上的各个误差因素，采用如式(4-30)所示的工序过程稳定度衡量加工过程的稳定性。

$$\varGamma_{s_{ij}} = -\frac{1}{\ln N}\sum_{r=1}^{N}\left[\frac{s_{ijr}/L_r}{\sum\limits_{u=1,2,\cdots,N}(s_{iju}/L_u)}\ln\frac{s_{ijr}/L_r}{\sum\limits_{u=1,2,\cdots,N}(s_{iju}/L_u)}\right] \tag{4-30}$$

式中，$\varGamma_{s_{ij}}$ 表示工序 i 中质量特征 j 的工序过程稳定度；N 表示影响该质量特征 j 的误差因素的个数；s_{ijr} 表示影响该质量特征的第 r 个误差因素的误差波动灵敏度；L_r 表示最强耦合方向在误差因素 r 方向上的投影长度；$\frac{s_{ijr}/L_r}{\sum\limits_{u=1,2,\cdots,N}(s_{iju}/L_u)}$ 用于描述最强耦合方向上质量特征对各误差因素灵敏度的相对变化，其中，假如 $L_u=0$，则 $s_{iju}/L_u=0$。

2) 演变过程波动度

工序演变过程中各道工序的过程灵敏度是随着工艺系统中实现加工质量的加工要素等不断发生变化而波动的，为衡量演变过程波动度，这里采用工序过程稳定度评估当前工序和前序质量波动引起的信息熵变化，其计算公式如式(4-31)所示：

$$H_{ij} = -\frac{1}{\ln t_j}\sum_{r=1}^{t_j}(\Gamma'_{s_{rj}} \ln \Gamma'_{s_{rj}}) \tag{4-31}$$

式中，H_{ij} 表示加工到工序 i 时质量特征 j 的演变过程波动度；$\Gamma'_{s_{rj}}$ 表示归一化处理后的工序过程稳定度；t_j 表示第 j 个质量特征演变过程中加工至工序 i 所经过的加工工序总数。

4.4.2　工序演变波动轨迹图的构建

基于上述定义的工序过程稳定度和演变过程波动度构建一个二维坐标系，两个坐标轴分别描述工序过程稳定度和演变过程波动度。如图 4-9 所示，$\Gamma_{s_{ij}}$ 和 H_{ij} 分别由坐标系中的横轴和纵轴表示，假设 $\Gamma_{s_{ij}}$ 和 H_{ij} 代表确定工序的过程灵敏度和演变过程波动度，则点 $(\Gamma_{s_{ij}}, H_{ij})$ 就是这个二维坐标系中的坐标点；随着工序演变过程的进行，对不同工序的坐标进行连线，会在工序波动平面上形成一条有方向的波动轨迹，该轨迹反映了工序 i 质量特性 j 的工序演变波动轨迹图。

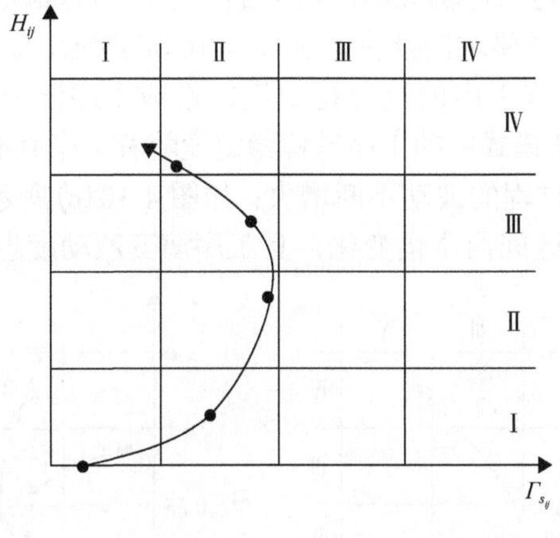

图 4-9　工序 i 质量特性 j 的工序演变波动轨迹图

为了实现工序演变波动轨迹图直观的定性分析，根据信息熵的函数分布，将二维波动平面按照表 4-3 和表 4-4 的分区划分为若干个不同的区域。因此，通过考察波动轨迹图可以直观地看出工序过程的稳定状态。

表 4-3 工序过程稳定度分区

$\Gamma_{s_{ij}}$ 的范围	评价	区域
[1,0.4)	接近稳定	Ⅰ
[0.4,0.25)	动态稳定	Ⅱ
[0.25,0.1)	不太稳定	Ⅲ
[0.1,0]	不稳定	Ⅳ

表 4-4 演变过程波动度分区

H_{ij} 的范围	评价	区域
[1,0.4)	接近稳定	Ⅰ
[0.4,0.25)	动态稳定	Ⅱ
[0.25,0.1)	不太稳定	Ⅲ
[0.1,0]	不稳定	Ⅳ

4.4.3 轨迹波动模式与对比分析

基于前述工序演变波动轨迹图的建模流程，分别从工序过程稳定度和演变过程波动度两个维度构建工序演变波动轨迹图，通过分析式(4-31)可知，当质量特征第 1 次加工时，演变过程波动度 H_{ij} 的值为 1，故轨迹的起点均在横坐标轴上。在此基础上，分析加工过程的稳定性，可以得到 U 型模式、趋势模式、平稳模式等三种典型的波动模式。图 4-10 给出了这三种典型模式的波动轨迹图。

下面分别讨论上述三种轨迹图所对应加工过程动态稳定性的变化模式，从而判断工艺系统满足质量要求的能力。如图 4-10(a)所示，U 型模式中的中间工序高于或低于起始和最终工序的过程稳定度，造成工序演变过程的波动不断；如图 4-10(b)所示，趋势模式中的工序过程稳定度随着工序流不断增大、减小或小幅波动，造成工序演变过程的波动不断增大；如图 4-10(c)所示，稳定模式中的工序过程稳定度在某一小区间内小幅变化，且工序演变波动度也小幅变化。

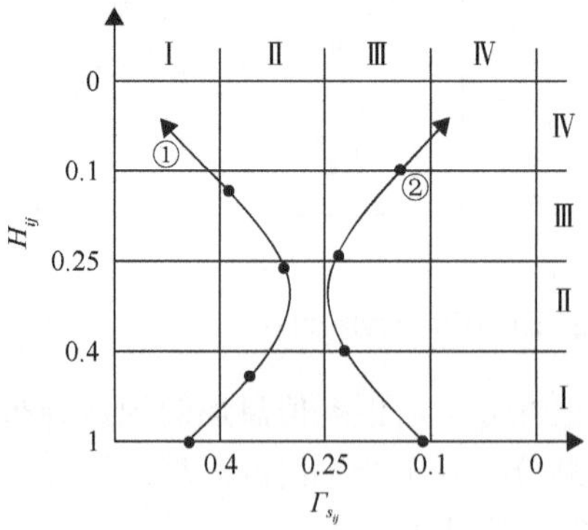

(a) U型模式

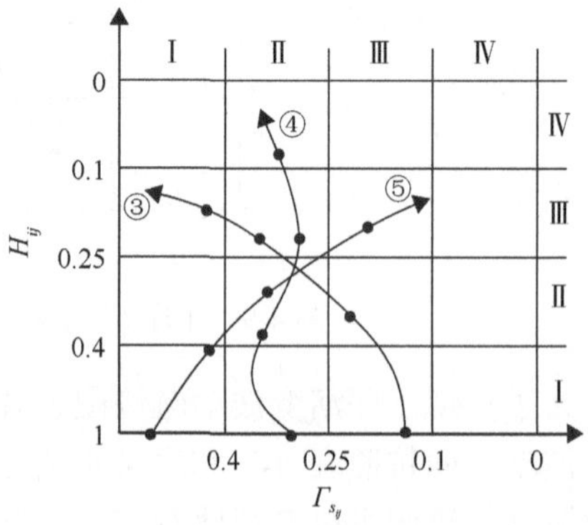

(b) 趋势模式

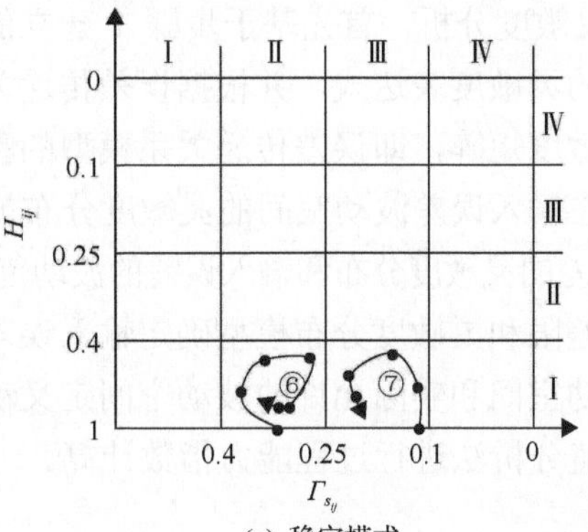

(c) 稳定模式

图 4-10　工序演变波动轨迹图的典型模式

4.5　基于加工误差灵敏度空间的过程能力评估

4.5.1　基于加工误差灵敏度分析的过程能力评估流程

基于加工误差灵敏度分析的过程能力评估方法实现流程如图 4-11 所示，具体包括以下三个步骤。

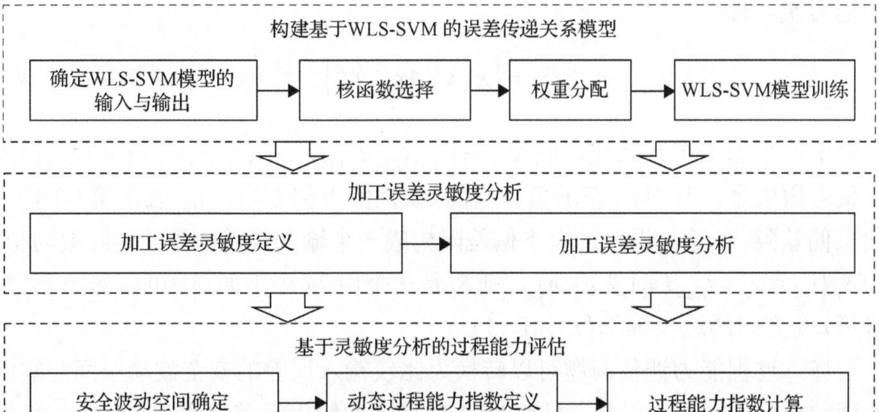

图 4-11　基于加工误差灵敏度分析的过程能力评估方法的实现流程

步骤 1　构建基于加权支持向量机(weighted least square support vector machine, WLS-SVM)的误差传递关系模型，该模型描述工序输入误差与加工误差之间的误差传递映射关系，通过确定模型的输入与输出、核函数选择、权重分配和模型训练，得到反映加工工序当前的误差传递回归模型。

步骤 2　加工误差灵敏度分析，首先基于步骤 1 建立的误差传递关系模型求解加工误差对输入误差的灵敏度表达式，并根据误差传递关系建立多质量特性误差对多个输入误差的灵敏度矩阵，即误差传递关系模型的雅可比矩阵；然后通过矩阵变换得到加工误差在输入误差波动空间的灵敏度分布模型。

步骤 3　根据加工误差的灵敏度分布和输入误差的波动范围进行过程能力评估，首先根据质量特性的公差限和灵敏度分布模型确定输入误差的安全波动空间；然后由输入误差的安全波动空间和实际允许的波动空间定义动态过程能力指数；最后综合利用解析法和数值分析法进行过程能力指数计算。

4.5.2　安全波动空间确定

为了确保加工误差在公差要求范围内，所有质量特性的加工误差必须满足如下约束：

$$\|\boldsymbol{y}\|^2 \leqslant \sum_{k=1}^{m} {t_k}^2 = Y_t^2 \tag{4-32}$$

式中，t_k 表示第 k 个质量特性绝对值最小且不为 0 的偏差值。当输入误差的波动空间中存在一个满足式(4-32)的子空间时，该子空间称为输入误差的安全波动空间，记为 S_{s}，即

$$S_{\mathrm{s}} = \left\{ \boldsymbol{x} \mid \boldsymbol{x}^{\mathrm{T}} \boldsymbol{A} \boldsymbol{x} \leqslant {Y_t}^2 \right\} \tag{4-33}$$

对于一个加工工艺系统，假设 $\boldsymbol{T} = \left(t_{1,1}, t_{1,\mathrm{u}}, t_{2,1}, t_{2,\mathrm{u}}, \cdots, t_{n,1}, t_{n,\mathrm{u}}\right)$ 表示输入误差的上下偏差限矢量，其中 $t_{i,1}$ 表示第 i 个输入误差的下偏差限，$t_{i,\mathrm{u}}$ 表示第 i 个输入误差的上偏差限。各输入误差的上下偏差限构成一个输入误差向量的实际波动空间，记为 $S_{\mathrm{r}}\left\{t_{i,1} \leqslant x_i \leqslant t_{i,\mathrm{u}}, i = 1, 2, \cdots, n\right\}$，则 S_{r} 是一个由 $2n$ 个平面封闭的 n 维方形空间，并且第 i 个方向的边长等于（$t_{i,1} + t_{i,\mathrm{u}}$）。

这样，过程能力评估问题可以转换为比较输入误差的安全波动空间与实际波动空间的适应性问题。但是，只有式(4-5)描述的输出误差向量 $\boldsymbol{y}$ 与输入误差向量 $\boldsymbol{x}$ 的线性关系符合实际情况时，才能确保过程能力分析的合理性。因此，在进行过程能力评估前有必要把 $\|\boldsymbol{x}\|$ 的值限定在一个较小的合适范围内，以满足线性关系要求。限定 $\|\boldsymbol{x}\|$ 的值就是限定输入误差的安全波动空间，由式(4-32)可知，可以通过调整描述加工误差灵敏度分布的椭圆体或椭圆柱的大小限定输入误差的安全波动范围，即通过修正违背线性误差传递关系的椭圆体或椭圆柱的主轴长度保证过程能力分析的合理性。通常情况下，不同工艺系统的刚性不一样，它们保持线性关系的范围是不一样的。研究表明，当一个系统的组件误差小于其尺寸名义值

的 3%～5%时，能够保持其与系统性能误差的线性关系[89]。

为了把输入误差向量 $\boldsymbol{x}$ 限定在满足线性误差传递关系的安全波动空间内，引入一个修正系数 ξ 以进一步修正每个输入误差的安全波动范围：

$$|x_i| \leqslant \xi d_i, \quad i=1,2,\cdots,n \tag{4-34}$$

式中，d_i 表示第 i 个输入误差的公称尺寸。如上所述，修正系数 ξ 可以设为 0.03～0.05。当加工误差的上下偏差限确定时，Y_t 的值也确定，修正椭圆体或椭圆柱的主轴长度只能通过修正误差传递特性矩阵 $\boldsymbol{A}$ 的特征值实现。由式(4-11)和式(4-12)可知，当椭圆体的半轴长度等于 $Y_t/\sqrt{\lambda_i}$ 时，第 i 个输入误差允许的波动范围为

$$|x_i| \leqslant Y_t/\sqrt{\lambda_i}, \quad i=1,2,\cdots,n \tag{4-35}$$

将式(4-35)代入式(4-34)，可得修正后第 i 个输入误差应满足：

$$|x_i| \leqslant Y_t/\sqrt{\lambda_i} \leqslant \xi d_i, \quad i=1,2,\cdots,n \tag{4-36}$$

由此，可根据式(4-37)对特征值 λ_i 进行修正：

$$\lambda_i' = \max\left(\lambda_i, \frac{Y_t^2}{\xi^2 d_i^2}\right), \quad i=1,2,\cdots,n \tag{4-37}$$

式中，λ_i' 表示修正后第 i 个特征值。修正后第 i 个主轴的半轴长度为

$$a_i = Y_t/\sqrt{\lambda_i'}, \quad i=1,2,\cdots,n \tag{4-38}$$

式中，a_i 表示修正后第 i 个主轴的半轴长度。修正后，每个主轴的半轴长度都小于或等于 ξd_i，所以修正后的安全波动空间可视为线性误差传递空间。

需要注意的是，修正安全波动空间并没有改变加工误差灵敏度的分布特性，因此修正后只是部分超级椭圆体或椭圆柱的主轴长度发生了改变，但它们的方向并没有改变。而且，当把一个超级椭圆柱的无限长主轴修正为有限长度时，超级椭圆柱也变为超级椭圆体。

下面主要针对修正后的安全波动空间进行讨论，为了避免混淆，仍然采用 S_s 表示修正后的安全波动空间，简称安全波动空间。

4.5.3 动态过程能力指数定义

根据过程能力的定义，可以通过比较输入误差的安全波动空间与实际允许波

动空间的适应性，即安全波动空间与实际波动空间的交集作为过程能力评估的准则。如果直接把输入误差安全波动空间与实际波动空间的体积之比定义为 PCI，则就可能产生错误的结论。因为安全波动空间与实际波动空间的交集受其主轴方向的影响，所以过程能力评估不仅要考虑安全波动空间的大小，而且要考虑其主轴方向，即根据安全波动空间与实际波动空间的位置关系定义过程能力。

安全波动空间是一个超级椭圆体，它的主轴方向可能与输入误差波动空间的坐标轴不重合；而实际波动空间是一个各方向与坐标轴平行的方形空间。因此，安全波动空间与实际波动空间之间可能存在四种位置关系，如图 4-12 所示。

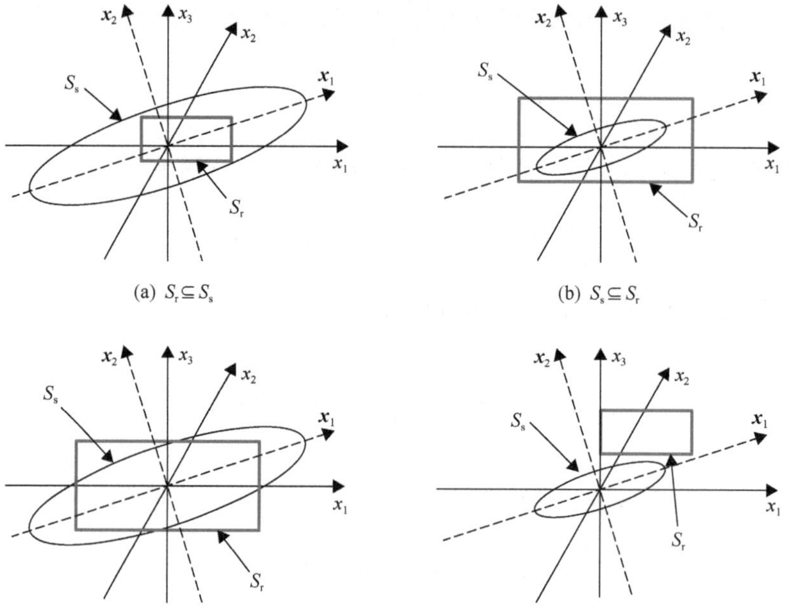

(a) $S_r \subseteq S_s$　　(b) $S_s \subseteq S_r$

(c) $S_r \not\subset S_s$, $S_s \not\subset S_r$, 且 $S_r \cap S_s \neq \varnothing$　　(d) $S_r \cap S_s = \varnothing$

图 4-12　安全波动空间与实际波动空间的位置关系（$n=2$）

(1) 安全波动空间包含实际波动空间，即 $S_r \subseteq S_s$，如图 4-12(a) 所示。在这种情况下，PCI 的值大于 1。

(2) 实际波动空间包含安全波动空间，即 $S_s \subseteq S_r$，如图 4-12(b) 所示。在这种情况下，PCI 的值小于 1，表明过程能力不足。

(3) 安全波动空间与实际波动空间互不包含且交集不为空，即 $S_r \not\subset S_s$，$S_s \not\subset S_r$ 且 $S_s \cap S_r \neq \varnothing$，如图 4-12(c) 所示。由于安全波动空间没有完全包含实际波动空间，这种情况同样表明过程能力不足。

(4) 安全波动空间与实际波动空间的交集为空，即 $S_s \cap S_r = \varnothing$，如图 4-12(d) 所示。这种情况意味着加工过程极其不稳定，加工误差完全落在公差范围之外。

不过，在生产实际中这种情况一般不会发生。

根据上述分析，这里提出一个新的过程能力指数 C_{ps}，它定义为安全波动空间与实际波动空间交集的体积与实际波动空间的体积的比值，即

$$C_{ps}=\begin{cases}\dfrac{V_{S'_r}}{V_{S_r}}, & S_r\subseteq S_s\\[2ex] \dfrac{V_{S_I}}{V_{S_r}}, & S_r\not\subset S_s\end{cases} \tag{4-39}$$

式中，S'_r 表示 S_r 的一个等距偏置且内接于安全波动空间 S_s 的方形空间；S_I 表示安全波动空间 S_s 与实际波动空间 S_r 的交集；$V_{S'_r}$ 表示等距偏置空间 S'_r 的体积；V_{S_r} 表示实际波动空间的体积；V_{S_I} 表示 S_s 与 S_r 的交集 S_I 的体积。由于 S'_r 内接于 S_s，因此至少有一个 S'_r 的顶点位于 S_s 的表面上，二维输入误差波动空间中的等距偏置空间 S'_r 的示意图如图 4-13 所示。

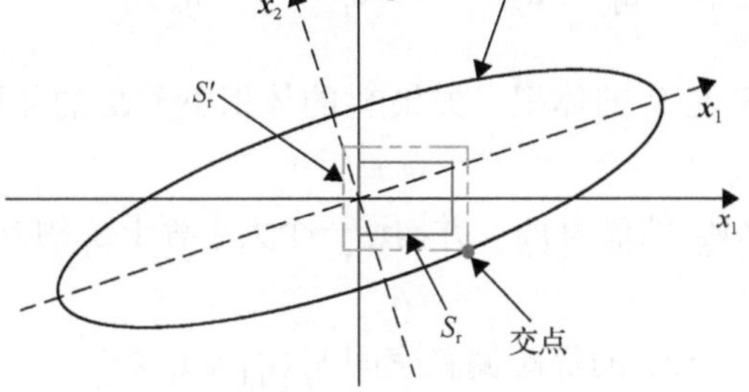

图 4-13　S_r 的等距偏置空间 S'_r 的示意图(n=2)

传统的过程能力指数基于一个假设前提，即加工过程处于统计受控状态。本章提出的过程能力指数 C_{ps} 主要针对处于动态稳定的加工过程，以反映当前时刻加工过程保证加工误差满足公差限要求的能力。不同于传统基于 SPC 技术的 PCI 值在一段时间内保持不变，C_{ps} 值是动态变化的，因此可以把它称为动态过程能力指数。

4.5.4　过程能力指数计算

为了计算过程能力指数 C_{ps}，首先需要计算实际波动空间及其与安全波动空间交集的体积。实际波动空间的体积计算公式为

$$V_{S_r}=\prod_{i=1}^{n}\left(t_{i,u}-t_{i,l}\right) \tag{4-40}$$

式中，V_{S_r} 表示实际波动空间的体积；n 表示输入误差的维数；$t_{i,u}$ 表示第 i 个输入误差的上公差限；$t_{i,l}$ 表示第 i 个输入误差的下公差限。

当计算实际波动空间与安全波动空间交集的体积时，很难通过几何解析法直接判断输入误差的安全波动空间与实际波动空间的位置关系，特别是当输入误差的个数大于 3 时，几乎不可能得到二者交集 S_I 的解析解。因此，只能通过数值分析法得到二者交集 S_I 的体积的近似解。C_{ps} 的计算过程如图 4-14 所示，具体包含以下几个步骤：

步骤 1　沿着各坐标轴方向，按一定步长 h 将实际波动空间离散成有限个 n 维块单元，并计算每个块单元的中心坐标。

步骤 2　根据式(4-41)，按顺序依次判断每个块单元的中心是否处于安全波动空间内，并将所有位于安全波动空间的块单元的体积进行累加，从而得到 S_s 与 S_r 的交集 S_I 的体积，其中每个块单元的体积等于 h^n，

$$\frac{x_1'^2}{a_1^2}+\frac{x_2'^2}{a_2^2}+\cdots+\frac{x_i'^2}{a_i^2}+\cdots+\frac{x_n'^2}{a_n^2}\leqslant 1 \tag{4-41}$$

步骤 3　比较 S_I 与 S_r 的体积，如果 S_I 的体积小于 S_r 的体积，则转到步骤 7，否则转到步骤 4。

步骤 4　初始化 $V_{S_r'}$ 的值为 V_{S_r}，并构造一个大小等于 S_r 的方形空间 $S_r{}^t\{t_{i,l}^t\leqslant x_i\leqslant t_{i,u}^t, i=1,2,\cdots,n\}$。

步骤 5　构造一个 $S_r{}^t$ 的等距偏置空间 $S_r'\left\{t_{i,l}'\leqslant x_i\leqslant t_{i,u}', i=1,2,\cdots,n\right\}$，偏置距离等于 h，即 $t_{i,l}'=t_{i,l}^t-h$，$t_{i,u}'=t_{i,u}^t+h$，并计算 S_r' 的所有顶点坐标。

步骤 6　根据式(4-41)依次判断 S_r' 的各个顶点是否位于 S_s 内，如果 S_r' 的所有顶点都位于 S_s 内，则计算 S_r' 的体积并使 S_r^t 等于 S_r'，然后转到步骤 5，否则转到步骤 7。

步骤 7　根据式(4-39)计算 C_{ps} 的值。

过程能力评估的本质是把过程“应该做的”和“正在做的”进行比较[90]。在传统的过程能力指数中，质量特性的公差带代表过程“应该做的”，过程方差和均值位置代表过程“正在做的”。对于本章提出的能力指数 C_{ps}，输入误差的实际波动空间代表过程“应该做的”，安全波动空间代表过程“正在做的”。应当指出的是，本章提出的动态过程能力指数的物理含义与经典的能力指数如 C_p 和 C_{pk} 相似但不完全相同。例如，C_{pk}=1.33 表示在正态分布假设条件下过程输出不一致性的概率为 0.01%。通常当一个过程的 C_{pk} 值大于或等于 1.33 时，认为该过

程的能力是充足的。对于 C_{ps}，当它的值大于或等于 1 时，表示输入误差的实际波动空间完全位于安全波动空间内，可认为该过程拥有足够的能力。C_{ps} 越大，表示过程能力越充足。

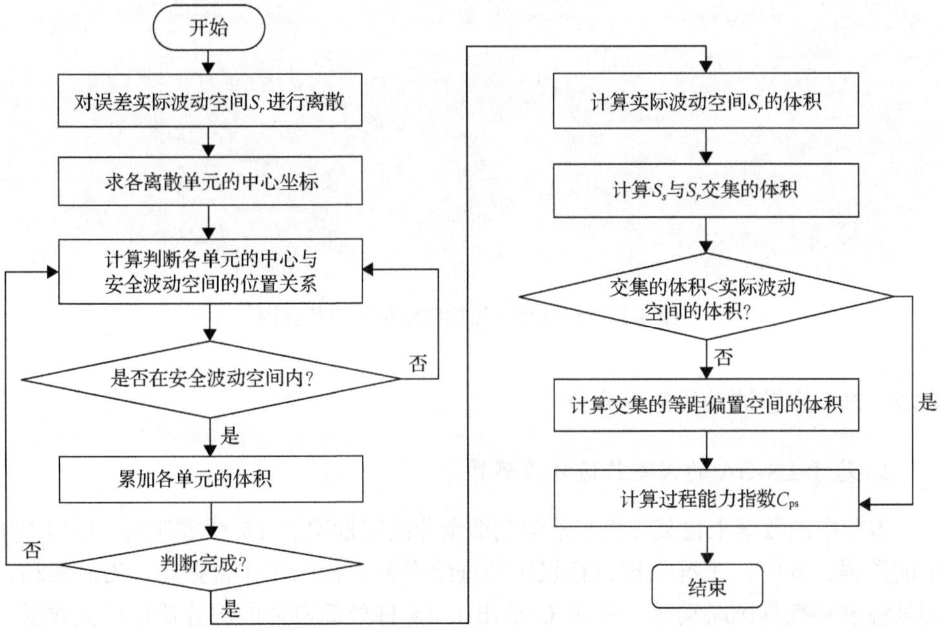

图 4-14　C_{ps} 的计算流程

4.6　综合案例分析与讨论

4.6.1　案例描述

为了分析多工序加工过程的工序波动和识别工艺系统中的波动源，本节以 3.4.1 节描述的某型号飞机起落架外筒零件的 8 道深孔加工工序为例，验证本章提出的加工误差波动灵敏度分析方法和工艺过程稳定性评估模型。这 8 道深孔加工工序包括钻孔、3 道粗镗、精镗、2 道磨削和珩磨等。由于深孔是起落架外筒零件的主要工作表面，与内筒支撑杆零件形成起落架的减振支柱，起到缓冲减振的作用，所以外筒深孔的精度直接影响到起落架的减振性能和强度。根据赋值型加权误差传递网络的构建流程，构建外筒零件深孔加工过程的赋值网络拓扑图，如图 4-15 所示。

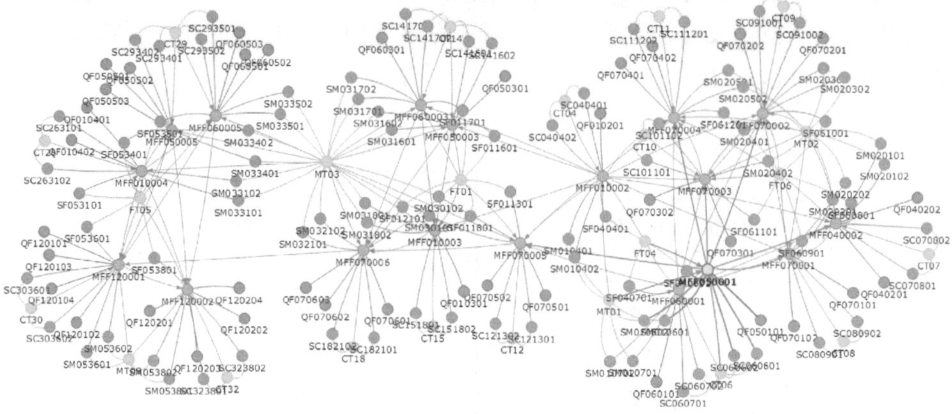

图 4-15　深孔加工过程的赋值网络拓扑图

4.6.2　加工误差波动灵敏度分析

1. 基于 LS-GA 的误差传递方程解算

本节中的数据来自某飞机起落架制造企业的同批次的 15 个零件加工过程中采集的数据。其中，工况数据包括机床的进给误差、机床工作台振动、刀具振动、刀具温度和夹具圆跳动等。附录 C 给出了 15 件外筒零件的部分质量特征数据。以深孔加工特征 MFF120002 的同轴度质量特征 QF120203 为例，建立影响其质量的误差传递方程。基于式(3-16)构建 15 个零件的误差传递方程组。采用最小二乘遗传算法(LS-GA)解算得到如表 4-5 和表 4-6 所示的误差传递方程组中的参数。

表 4-5　QF120203 误差传递方程组的部分参数 1

参数	QF010402	QF050502	QF060502	QF120101	QF120102	QF120103	QF120104
α	2.378	−1.5653	0.6118	−0.9276	0.7053	−0.2624	−1.8834
α'	−0.0072	0.8841	−1.176	1.7549	0.357	2.4243	1.8675

表 4-6　QF120203 误差传递方程组的部分参数 2

参数	SM053901	SM053902	SC333901	SC333902	SF053901
β	−0.0245	1.775	−0.7418	−1.969	1.0158
β'	1.5462	0.6222	0.653	1.0804	1.411

2. 构建加工误差波动灵敏度分析矩阵

基于解算的误差传递方程，采用式(4-13)和式(4-14)计算得到质量特征灵敏度和工况要素灵敏度。根据如图 4-5 所示的 FEIM 分析结构，基于式(4-15)～式(4-20)，分别从质量特征、单工序、多工序和工件等层次计算四个灵敏度分析指标，实现深孔加工工序波动分析。根据深孔加工的质量要求，获得了 10 个灵敏度分析指标，分别是 $s_{12,01}^k$、$s_{12,02}^k$、$s_{12,03}^k$、$s_{12,04}^k$、s_{12}^k、$s_{12\in N_{01}}^k$、$s_{12\in N_{02}}^k$、$s_{12\in N_{03}}^k$、$s_{12\in N_{04}}^k$ 和 $s_{12\in N}^k$。基于 15 个零件的加工数据，图 4-16 给出了 10 个分析指标的分布图。在此基础上，建立了与 MFF120002 加工质量相关的 15 个零件的灵敏度分析矩阵，如表 4-7 所示。

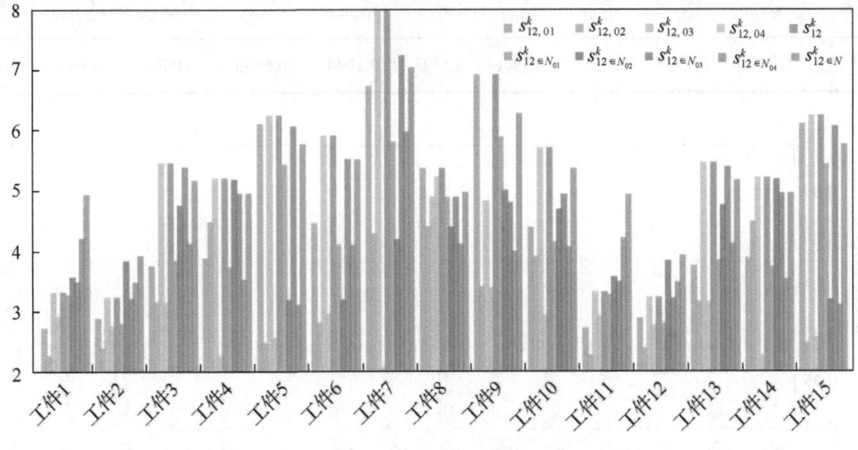

图 4-16　15 个零件的 10 个分析指标的分布图

表 4-7　15 个零件的灵敏度分析矩阵

指标	w_1	w_2	w_3	w_4	w_5	w_6	w_7	w_8	w_9	w_{10}	w_{11}	w_{12}	w_{13}	w_{14}	w_{15}
$s_{12,01}^k$	2.73	2.9	3.77	3.89	6.12	4.47	6.74	5.38	6.93	4.4	2.73	2.9	3.77	3.89	6.12
$s_{12,02}^k$	2.28	2.39	3.17	4.49	2.49	2.82	4.3	4.42	3.42	3.92	2.28	2.39	3.17	4.49	2.49
$s_{12,03}^k$	3.32	3.24	5.47	5.22	6.26	5.92	8.07	4.91	4.83	5.72	3.32	3.24	5.47	5.22	6.26
$s_{12,04}^k$	2.93	2.78	3.16	2.27	2.58	2.96	2.08	5.24	3.41	2.94	2.93	2.78	3.16	2.27	2.58
s_{12}^k	3.32	3.24	5.47	5.22	6.26	5.92	8.07	5.38	6.93	5.72	3.32	3.24	5.47	5.22	6.26
$s_{12\in N_{01}}^k$	3.29	2.8	3.86	3.75	5.44	4.11	5.82	4.89	5.9	4.16	3.29	2.8	3.86	3.75	5.44
$s_{12\in N_{02}}^k$	3.58	3.85	4.77	5.2	3.2	3.2	4.2	4.41	5.01	4.7	3.58	3.85	4.77	5.2	3.2
$s_{12\in N_{03}}^k$	3.5	3.22	5.39	4.96	6.08	5.52	7.25	4.9	4.81	4.95	3.5	3.22	5.39	4.96	6.08
$s_{12\in N_{04}}^k$	4.22	3.5	4.14	3.54	3.12	4.11	5.99	4.13	4	4.08	4.22	3.5	4.14	3.54	3.12
$s_{12\in N}^k$	4.95	3.93	5.18	4.96	5.78	5.52	7.05	4.98	6.29	5.37	4.95	3.93	5.18	4.96	5.78

3. 计算综合波动指数

根据如图 4-7 所示的多工件工序波动评估流程，首先引入包含 15 个工件的灵敏度分析矩阵，在此基础上，对矩阵中的元素进行归一化处理，根据式(4-22)～式(4-24)，计算得到如表 4-8 所示的每个灵敏度分析指标的权重向量。最终通过计算两个理想系数获得如图 4-17 所示的不同零件的综合波动指数。

表 4-8 工序波动分析指标权重向量

指标	$s_{12,01}^k$	$s_{12,02}^k$	$s_{12,03}^k$	$s_{12,04}^k$	s_{12}^k	$s_{12\in N_{01}}^k$	$s_{12\in N_{02}}^k$	$s_{12\in N_{03}}^k$	$s_{12\in N_{04}}^k$	$s_{12\in N}^k$
权重 w_j	0.1829	0.1235	0.1252	0.0946	0.1328	0.1044	0.0533	0.0963	0.048	0.039

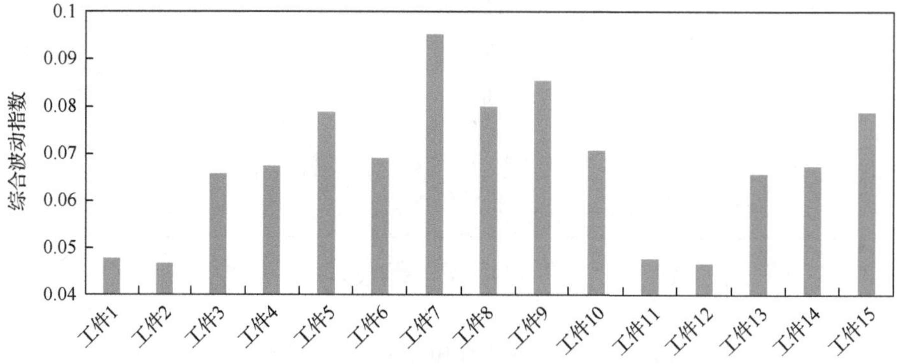

图 4-17 工件综合波动指数分布图

SFI 的比较表明，第 7 个工件相比同批次的其他工件具有较大的波动，需要更加深入地分析其加工过程中潜在的误差源。

图 4-18 给出了工序层第 7 个工件演变过程中的灵敏度分布。由图 4-18 可以看出，精加工阶段的加工特征磨深孔 MFF120002 相对于粗加工阶段具有较大的灵敏度。此外，通过分析图 4-19 给出的 QF120203 的子灵敏度分布图可以看出，两外圆特征(MFF050005/MFF060005)的圆度误差和夹具圆跳动误差(SF053901)相对于其他节点具有较大的灵敏度，因为外圆特征 MFF050005 和 MFF060005 是精磨工序关键定位基准，而且在加工中，基准的圆度误差和夹具的圆跳动直接决定了深孔特征 MFF120002 和外圆特征同轴度的最终质量。综上所述，图 4-18 和图 4-19 分别给出了工序流中的薄弱工序和元素，这些应该进行优化改进。

4. 波动源追踪路径图

基于上述分析结果，对于工件 7，深孔加工第 8 道工序具有工序层最大的灵敏度，QF120203(同轴度)具有 QF 层最大的灵敏度。在 QF120203 的子灵敏度层，外圆特征的圆度误差(QF050502/QF060502)和夹具的圆跳动误差(FT05)相对于其他元素具有较大的灵敏度。因此，在图 4-4 的灵敏度分析结构基础上，在零件层、工序层、质量特征层和工艺系统要素层建立了如图 4-20 所示的灵敏度追溯路径图，该路径清晰地给出了该外筒零件的小批量加工过程中影响工件 7 最终质量的潜在误差源、薄弱环节和元素。

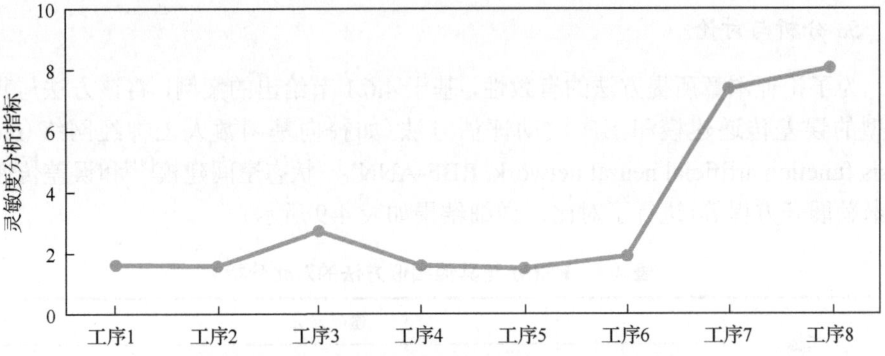

图 4-18 第 7 个工件演变过程中的灵敏度分布

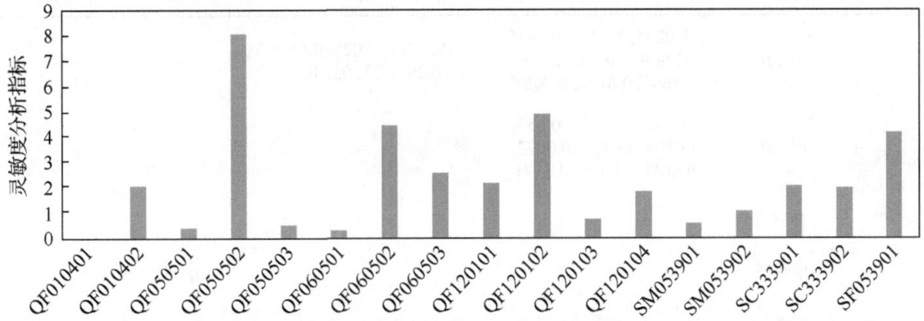

图 4-19 第 7 个工件的质量特征 QF120203 的质量特征灵敏度和工况要素灵敏度

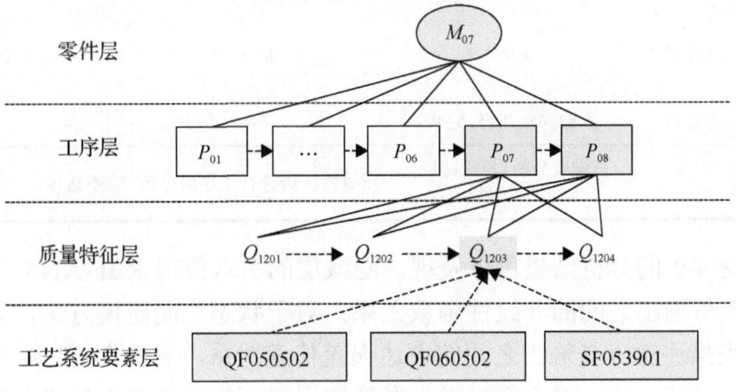

图 4-20 灵敏度追溯路径图

在分析完该外筒零件的加工过程之后，可以发现工序 7 和工序 8 的深孔加工特征具有更高的加工精度，该精度决定了起落架的性能质量。通过分析工件 7 的磨削工序，机床运动误差和振动小于其他工件，但圆跳动误差大于其他工件。根据灵敏度分析结果，外圆基准圆度误差(QF050502/QF060502)和夹具跳动(FT05)是影响深孔磨削质量的关键因素，因此该分析结果与生产实际相符。

5. 分析与讨论

为了论证本章所提方法的有效性，基于 4.6.1 节给出的案例，将该方法与其他典型的误差传递建模和工序波动评估方法(如径向基函数人工神经网络(radial basis function artificial neural network, RBF-ANN)、状态空间建模[91]和误差传递一阶泰勒展开方程等)进行了对比，详细结果如表 4-9 所示。

表 4-9　FEIM 与其他相似方法的对比分析

指标		建模方法			
		FEIM	误差传递一阶泰勒展开方程	RBF-ANN	状态空间建模
误差传递关系表达		非线性	线性	非线性	线性
误差传递模型中的参数	α , β	{−0.0245, 1.775, −0.7418, −1.969, 1.0158, 2.378, −1.5653, 0.6118, 0.7053}	{0.064, 0.8, 0.025, 0.65, 0.31, 0.29, 0.33, 0.2, 0.53}	—	—
	α' , β'	{1.5462, 0.6222, 0.653, 1.0804, 1.411, −0.0072, 0.8841, −1.176, 0.357}	—	—	—
	W^{input}	—	—	$W^{13\times17}$	—
	W^{output}	—	—	$W^{1\times13}$	—
	T	—	—	—	$\mathfrak{R}^{127\times127}$
波动分析水平	质量特征级	{6.74, 4.3, 8.07, 2.08}	{0.685, 0.82, 0.80, 1.15}	—	—
	工序级	8.07	1.15	—	{0.06, 0.06, 0.1, 0.06, 0.06, 0.07, 0.28, 0.31}
	工件级	{5.82, 4.2, 7.25, 5.99}	—	—	—
总结		多维度分析(质量特征/工序/工件)	质量特征级分析工序级分析	不适用	工序级分析

基于表 4-9 的分析结果可以发现，隐藏层的引入使得 RBF-ANN 不适用于直接表达输入与输出之间的非线性函数关系；对于状态空间建模方法，采用一个回归矩阵 $\boldsymbol{T}$ 来描述输入与输出之间的表达误差传递关系，基于该回归矩阵 $\boldsymbol{T}$ 可以实现工序级的误差分解，然而暂时没有发现应用于高维度的多工件级分析和低维度的质量特征级分析。误差传递一阶泰勒展开方程仅可以实现质量特征级和工序级

分析。尽管上述比较是不完全的，但也可以反映出在某些方面提出的误差波动分析方法具有优势。这里提出的 FEIM 评估方法从不同层次和维度系统地反映了多工序加工过程的波动水平，最终展示出加工过程的薄弱环节和元素，为工艺系统调整提供了决策依据。采用灵敏度分析评估工序波动具有如下优势：

(1) 通过分析与质量相关的误差影响因素，过程历史数据可得到充分利用，也可以实现高端装备关键零件的单件小批量生产条件下有效的误差传递关系分析。

(2) 考虑近似精度，误差传递二阶泰勒展开方程可以实现误差因素与加工质量之间的非线性关系表达。

(3) 通过质量特征、单工序、多工序和工件等层次分析，实现“工件-工序-质量特征”多维度分析加工过程的误差传递和波动规律。

然而，在误差波动评估建模过程中参数评估的精度受样本量的影响较大，由于误差传递表达式采用二阶泰勒展开方程，表达非线性误差传递关系的参数大量增加，这直接导致了参数估计的复杂性，进而降低了参数估计的精度。为了解决这个问题，针对深孔加工过程中误差波动评估，将每个分段加工的测量数据作为不同的样本来扩展测量数据。

4.6.3　工艺系统耦合分析与过程动态稳定性评估

1. 工艺系统误差因素耦合分析

以深孔加工特征 MFF120002 的同轴度质量特征 QF120203 为例，影响其质量的误差因素有 QF050501、QF050502、QF060501、QF060502、QF120101、QF120103、QF120104、SM053801、SM053802、SC323801、SC323802、SF053801。基于 4.6.2 节中建立的误差传递二阶泰勒展开方程，通过解算建立由二阶偏导数构成的黑塞耦合矩阵 $\boldsymbol{H}(x_{i-1}^{*},u_{i}^{*})$。

$$\boldsymbol{H}(x_{i-1}^{*},u_{i}^{*})=\begin{bmatrix}
-0.791 & -2.191 & -1.344 & 2.252 & -0.611 & -0.086 & -0.656 & 1.133 & 1.107 & 0.76 & 1.562 & -2.67\\
-2.191 & -0.706 & 1.183 & -1.483 & -1.228 & 0.952 & -1.583 & 0.967 & 0.426 & -1 & 0.118 & 0.588\\
-1.344 & 1.183 & 2.917 & -1.325 & 2.73 & -0.859 & -0.464 & 0.499 & 2.28 & 0.809 & -5.02 & -0.199\\
2.252 & -1.483 & -1.325 & 0.313 & -1.362 & 1.778 & -0.341 & 1.732 & 0.882 & -0.483 & 0.17 & 0.864\\
-0.611 & -1.228 & 2.73 & -1.362 & 0.143 & 1.292 & -0.719 & -1.648 & 1.28 & 1.416 & 2.709 & 0.129\\
-0.086 & 0.952 & -0.859 & 1.778 & 1.292 & -4.296 & -1.218 & 0.539 & 0.213 & 1.17 & 0.979 & 0.029\\
-0.656 & -1.583 & -0.464 & -0.341 & -0.719 & -1.218 & -0.456 & 1.518 & 1.274 & 3.053 & -0.879 & 0.33\\
1.133 & 0.967 & 0.499 & 1.732 & -1.648 & 0.539 & 1.518 & -0.634 & -0.698 & 4.003 & -0.356 & 1.616\\
1.107 & 0.426 & 2.28 & 0.882 & 1.28 & 0.213 & 1.274 & -0.698 & -1.213 & -0.864 & 0.748 & -0.913\\
0.76 & -1 & 0.809 & -0.483 & 1.416 & 1.17 & 3.053 & 4.003 & -0.864 & 1.374 & 0.606 & -0.649\\
1.562 & 0.118 & -5.02 & 0.17 & 2.709 & 0.979 & -0.879 & -0.356 & 0.748 & 0.606 & 1.725 & -0.082\\
-2.67 & 0.588 & -0.199 & 0.864 & 0.129 & 0.029 & 0.33 & 1.616 & -0.913 & -0.649 & -0.082 & -1.35
\end{bmatrix}$$

采用 MATLAB 求解上述耦合矩阵的特征值及对应的特征向量，其中特征值分别为 8.8109、–7.0211、6.6847、–6.2079、–5.9220、–5.5821、4.9216、3.2434、–3.2257、1.7463、–0.4981 和 0.0761。按照特征值的大小顺序整合各特征值对应的特征向量，构建如下所示的正交矩阵：

$$
\boldsymbol{P}=\begin{bmatrix}
0.302 & 0.102 & -0.151 & 0.453 & 0.218 & 0.31 & -0.092 & -0.391 & 0.005 & 0.04 & -0.315 \\
-0.171 & -0.214 & 0.157 & 0.399 & 0.247 & -0.064 & 0.126 & 0.143 & -0.412 & -0.426 & -0.429 \\
-0.699 & 0.4 & -0.119 & 0.097 & -0.097 & -0.34 & -0.231 & -0.199 & -0.219 & 0.063 & -0.044 \\
0.258 & -0.2 & -0.152 & 0.147 & 0.015 & -0.415 & 0.214 & 0.296 & -0.477 & 0.097 & 0.348 \\
-0.086 & -0.366 & 0.042 & -0.003 & 0.474 & 0.088 & -0.691 & 0.014 & -0.13 & 0.248 & 0.243 \\
0.103 & 0.61 & -0.036 & -0.104 & 0.128 & 0.414 & -0.094 & 0.53 & -0.337 & 0.1 & -0.036 \\
-0.023 & 0.231 & -0.416 & 0.199 & 0.423 & -0.136 & 0.025 & 0.124 & 0.408 & -0.463 & 0.365 \\
0.036 & -0.061 & -0.524 & -0.569 & 0.276 & 0.022 & 0.193 & -0.36 & -0.338 & -0.045 & -0.154 \\
-0.082 & -0.188 & 0.008 & -0.22 & -0.332 & 0.338 & -0.273 & 0.026 & -0.154 & -0.665 & 0.163 \\
0.029 & -0.199 & -0.671 & 0.249 & -0.46 & 0.038 & -0.246 & 0.236 & 0.05 & 0.142 & -0.21 \\
0.542 & 0.315 & 0.118 & -0.021 & -0.168 & -0.427 & -0.424 & -0.248 & -0.157 & -0.219 & -0.026 \\
-0.048 & 0.075 & -0.022 & 0.346 & -0.188 & 0.34 & 0.195 & -0.395 & -0.304 & 0.066 & 0.553
\end{bmatrix}
$$

在此基础上构建图 4-8 所示的误差因素耦合空间。以最大特征值 $\lambda_1 = 8.8109$ 的特征向量方向 p_1 作为最强耦合方向。根据式(4-29)计算最强耦合方向矢量在各个误差因素矢量上的投影长度 L，如表 4-10 所示。

表 4-10　最强耦合方向矢量在各误差因素矢量上的投影长度

参数	QF 050501	QF 050502	QF 060501	QF 060502	QF 120101	QF 120103	QF 120104	SM 053801	SM 053802	SC 323801	SC 323802	SF 053801
L	2.661	1.507	6.159	2.273	0.758	0.908	0.203	0.317	0.723	0.256	4.776	0.423

由表 4-10 可知最强耦合方向矢量在各误差因素矢量上的投影长度。其中，QF060501、SC323802、QF050501、QF060502、QF050502 的投影长度较大，而其他误差因素的投影长度较小，这表示在该耦合方向上 QF060501、SC323802、QF050501、QF060502、QF050502 之间存在强耦合作用，而其他误差因素等存在弱耦合关系。因此，在该最强耦合方向上的误差因素产生的误差具有最大的不确定性。此外，QF060501 的投影长度最大，表明该误差因素对加工误差产生最大的耦合特性。

2. 加工过程的稳定性评估

研究深孔特征的精度演变过程，可以得到其演变路径为 MFF120001(磨深孔左段 1)⟶MFF120002(磨深孔左段 2)⟶MFF120003(珩磨深孔左段 1)⟶MFF120004(珩磨深孔左段 2)，表 4-11 给出了深孔直径的演变工序。根据 4.5 节的分析流程，对深孔特征直径精度演变的各道工序进行工艺系统耦合分析，得到描述工艺系统耦合特性的各演变工序最大特征值及其对应的特征向量，如表 4-12 所示。

表 4-11　深孔直径的演变工序

工序	加工特征	质量特征	基准 1	基准 2	公称	上偏差	下偏差	公差
245	MFF120001 （磨深孔左段 1）	QF120101 （直径）	MFF050005/MFF060005 （车外圆基准 5）	MFF010004 （右端面 3）	121.8	0.05	– 0.05	0.1
250	MFF120002 （磨深孔左段 2）	QF120201 （直径）	MFF050005/MFF060005 （车外圆基准 5）	MFF010004 （右端面 3）	122	0.095	0.08	0.015
315	MFF120003 （珩磨深孔左段 1）	QF120301 （直径）	MFF050005/MFF060005 （车外圆基准 5）	MFF010004 （右端面 3）	122	0.12	0.1	0.02
365	MFF120004 （珩磨深孔左段 2）	QF120401 （直径）	MFF050005/MFF060005 （车外圆基准 5）	MFF010004 （右端面 3）	122	0.063	0	0.063

表 4-12　各演变工序最大特征值及其对应的特征向量

工序	最大特征值	特征向量
245	λ=9.5447	$\boldsymbol{p}$=[0.3132, – 0.1707, – 0.066, 0.1057, – 0.1780, – 0.3512, – 0.3224, – 0.1694, 0.5084, – 0.0114, 0.5576]^{T}
250	λ=9.8083	$\boldsymbol{p}$=[– 0.4514, 0.325, 0.0177, 0.1056, – 0.1528, 0.1138, – 0.0354, 0.2159, – 0.6475, 0.2083, 0.3574, 0.0675]^{T}
315	λ=10.4752	$\boldsymbol{p}$=[– 0.1512, 0.0939, – 0.0299, 0.1373, – 0.1677, – 0.0261, – 0.001, – 0.5022, – 0.411, – 0.1494, 0.2765, 0.4468, 0.4474]^{T}
365	λ=13.3779	$\boldsymbol{p}$=[– 0.0761, 0.1784, – 0.2785, – 0.4876, 0.2286, – 0.7002, 0.1927, – 0.0088, 0.2575, – 0.0314]^{T}

根据式(4-30)和式(4-31)计算工序过程稳定度和演变过程波动度两个指标，得到如表 4-13 所示各加工特征的工序过程动态稳定性量测指标$(\Gamma_{s_{ij}}, H_{ij})$。

表 4-13　工件 1～15 的工序过程动态稳定性量测指标

工件编码	各工序 MFF 编码			
	MFF120001	MFF120002	MFF120003	MFF120004
1	(0.1187,0.3827)	(0.0666,0.0147)	(0.2327,0.0070)	(0.3122,0.0187)
2	(0.1859,0.2160)	(0.2224,0.0020)	(0.6942,0.3697)	(0.2717,0.3705)
3	(0.1825,0.3706)	(0.1430,0.0025)	(0.5342,0.0641)	(0.3914,0.0649)
4	(0.1091,0.0328)	(0.1255,0.0098)	(0.6524,0.2712)	(0.2496,0.2684)
5	(0.1993,0.3691)	(0.2305,0.0006)	(0.1442,0.0022)	(0.3430,0.0144)
6	(0.1784,0.4080)	(0.2101,0.0280)	(0.7411,0.3695)	(0.2527,0.3699)
7	(0.0806,0.0412)	(0.1196,0.0018)	(0.6845,0.3696)	(0.2963,0.3848)
8	(0.1706,0.0503)	(0.0809,0.0095)	(0.5758,0.1034)	(0.1923,0.1024)
9	(0.1524,0.3769)	(0.1185,0.0087)	(0.4308,0.0638)	(0.2991,0.0626)
10	(0.1542,0.2086)	(0.1994,0.0008)	(0.7442,0.3698)	(0.1995,0.3691)
11	(0.1287,0.3827)	(0.0666,0.0147)	(0.2387,0.0070)	(0.3122,0.0287)
12	(0.1859,0.2160)	(0.2224,0.0020)	(0.6942,0.3697)	(0.2717,0.3705)
13	(0.1825,0.3706)	(0.1430,0.0025)	(0.5342,0.0641)	(0.3914,0.0649)
14	(0.1091,0.0328)	(0.1255,0.0098)	(0.6524,0.2712)	(0.2496,0.2684)
15	(0.1993,0.3691)	(0.2305,0.0006)	(0.1442,0.0022)	(0.3430,0.0144)

在此基础上，绘制 15 个已加工零件的深孔直径各工序的演变波动轨迹图，如图 4-21 所示。通过该演变波动轨迹图可以发现，各工件的轨迹模式主要为 U 型模式。为了进一步分析各个工件对加工过程的反映，对各个工件的轨迹模式进行了进一步的分类和识别，如图 4-22 所示，工件 1 和工件 11 的演变波动轨迹模式定义为模式Ⅰ，模式Ⅰ的两个工件的工序过程稳定度和演变过程波动度都接近稳定状态，是一种理想加工状态，且演变过程波动度稳定，而根据轨迹的趋势方向可以看出工序过程稳定度有增大的趋势；工件 3、工件 9 和工件 13 的演变波动轨迹模式定义为模式Ⅱ，模式Ⅱ的三个工件的演变工序过程也处于稳定状态，且根据轨迹的趋势方向可以看出其加工过程区域更加稳定；工件 5 和工件 15 的演变波动轨迹模式定义为模式Ⅲ，其加工过程处于稳定状态；工件 4、工件 7 和工件 14 的演变波动轨迹模式定义为模式Ⅳ，其加工过程中的磨深孔左段工序处于动态稳定阶段；工件 2、工件 6、工件 10 和工件 12 的演变波动轨迹模式定义为模式Ⅴ，工件 8 的演变波动轨迹模式定义为模式Ⅵ，且模式Ⅴ和模式Ⅵ是模式Ⅳ的演化模式。

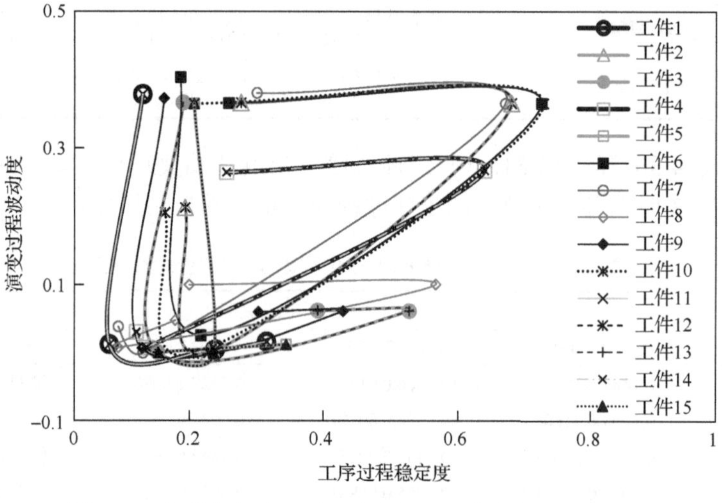

图 4-21　起落架外筒零件深孔直径各工序演变波动轨迹图

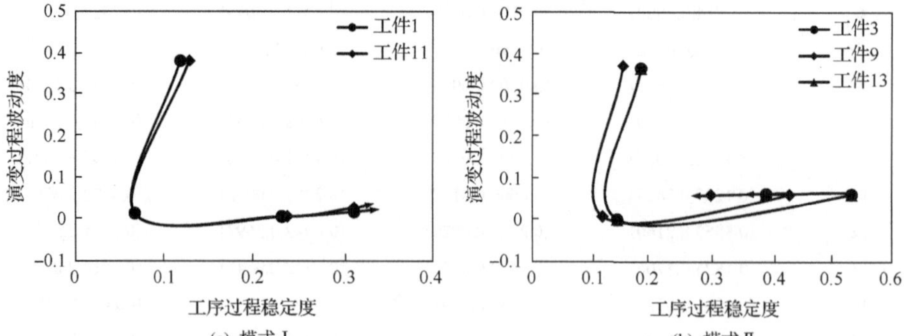

(a) 模式Ⅰ　　　　(b) 模式Ⅱ

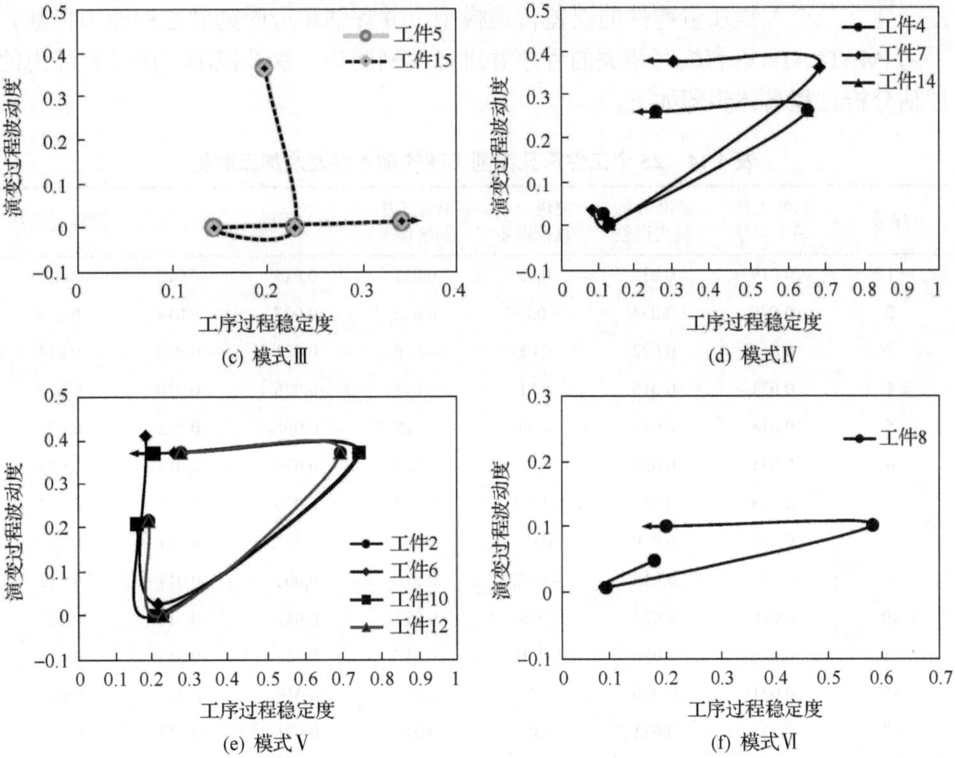

图 4-22　各个工件的深孔直径演变波动轨迹图

3. 分析与讨论

通过提取工艺系统的运行工况数据和各阶段加工质量数据建立的过程数据驱动的工艺系统耦合分析方法，不仅实现了多工序加工过程中影响工件的相关误差因素的耦合分析，还实现了工艺系统的解耦，从而获得解耦条件下起支配性作用的误差因素集合，但该方法仅对工艺系统静态工况进行解耦，无法反映动态加工过程的耦合情况。因此，结合关键工序的加工误差波动分析结果，对动态加工过程的稳定性进行评估，并绘制加工特征精度演变过程的波动轨迹图，以反映动态加工过程的运行状态，从而评价高端装备关键零件的多工序工艺系统实现其质量要求的能力。

4.6.4　过程能力评估

在一次小批量生产中，采集了 25 个工件加工过程的输入误差和对应的加工误差，如表 4-14 所示。为了观察过程能力的变化，首先通过试错法选择合适观测窗口以建立误差传递模型，然后依次选择 N 个连续加工过程的输入误差和加工误差，建立三个关键质量特性的误差传递模型，并评估相应时刻的过程能力指数。采用 MATLAB 语言编写相关的程序并进行案例验证。深孔镗削工序过程能力的评估分析过程具体步骤如下。

表 4-14 25 个工件深孔镗削工序的输入误差及加工误差

序号	基准 A 的装夹误差	基准 B 的装夹误差	前道工序直径误差	前道工序圆度误差	直径误差	圆度误差	同轴度误差
1	0.019	0.032	0.05	0.021	0.015	0.015	0.017
2	0.030	0.034	–0.08	0.025	0.007	0.014	0.019
3	0.015	0.022	0.02	0.016	0.021	0.012	0.014
4	0.031	0.015	0.01	0.011	0.026	0.010	0.020
5	0.018	0.015	–0.06	0.023	0.008	0.015	0.028
6	0.031	0.023	0.03	0.022	0.024	0.013	0.023
7	0.038	0.020	–0.03	0.017	0.026	0.012	0.023
8	0.006	0.019	0.01	0.013	0.022	0.011	0.009
9	0.011	0.018	–0.07	0.016	0.001	0.011	0.012
10	0.026	0.024	–0.06	0.027	0.012	0.015	0.027
11	0.034	0.036	–0.01	0.017	0.033	0.013	0.015
12	0.021	0.020	0.03	0.015	0.019	0.012	0.017
13	0.013	0.023	0.02	0.016	0.021	0.012	0.012
14	0.023	0.038	–0.02	0.019	0.029	0.013	0.010
15	0.019	0.021	0.04	0.022	0.017	0.013	0.020
16	0.024	0.021	0.09	0.016	0.002	0.012	0.016
17	0.029	0.017	–0.01	0.020	0.028	0.012	0.022
18	0.019	0.025	0.02	0.009	0.021	0.011	0.011
19	0.031	0.009	0.05	0.019	0.012	0.011	0.024
20	0.026	0.023	0.02	0.017	0.026	0.012	0.018
21	0.025	0.032	–0.04	0.014	0.021	0.009	0.016
22	0.038	0.056	0.09	0.013	0.013	0.012	0.011
23	0.036	0.025	0.01	0.017	0.007	0.011	0.013
24	0.019	0.027	–0.03	0.013	0.016	0.008	0.012
25	0.023	0.012	0.06	0.033	0.024	0.012	0.015

步骤1 建立三个关键质量特性的误差传递模型。为了找到合适的观测窗口大小以平衡建模误差和时效性，首先通过实验比较了不同观测窗口大小时的建模误差。观测窗口大小分别为 12、16、20 和 24，评估准则为模型相对误差的均方根。误差传递模型采用 de Brabanter 等[92]开发的 LS-SVM MATLAB 工具箱，建模误差结果如表 4-15 所示。从表中可以看出，观测窗口大小为 20 和 24 时，相对误差的

均方根值均小于 5%且基本相同，模型性能没有明显的提升，所以该案例中观测窗口的大小设置为 20。

表 4-15　不同观测窗口大小的建模误差

观测窗口大小	12	16	20	24
x_{rms}/%	12.62	9.58	4.78	4.75

当一个零件的深孔镗削工序完成后，把该工序最近加工的 20 个工件的输入误差和质量观测值作为训练样本，分别基于 WLS-SVM 建立三个关键质量特性的误差传递模型。当下一个零件加工完成后，把观测窗口向前移动一步，根据该工序最近加工的 20 个工件的观测数据为 3 个质量特性建立新的误差传递模型，依此类推。观测窗口从 20 移动到 24，为 3 个关键质量特性共建立了 15 个误差传递模型。通过交叉验证法获得优化的超参数组合 (γ,σ)，获得的 15 个 WLS-SVM 回归模型的超参数组合如表 4-16 所示。

表 4-16　15 个误差传递模型的超参数

窗口序号	质量特性	γ	σ
1	直径误差	4346.8373	5.7553
	圆度	3606.6703	14.0355
	同轴度	7322.1340	5.4763
2	直径误差	92.7749	59.4011
	圆度	104.6589	5.1042
	同轴度	4205.7111	8.7760
3	直径误差	548.9422	7.1464
	圆度	20.1327	3.4670
	同轴度	496.1846	3.8125
4	直径误差	587.1648	7.2169
	圆度	25.4155	8.9897
	同轴度	455.4810	4.8391
5	直径误差	2057.6507	5.2539
	圆度	5.5070	3.2628
	同轴度	2962.4003	10.4863

步骤 2　计算雅可比矩阵。根据式(4-2)分别计算 3 个关键质量特性对 4 个输入误差的灵敏度，并根据式(4-4)构造雅可比矩阵 $\boldsymbol{J}$，由 5 个观测窗口的观测数据计算的加工误差灵敏度如表 4-17 所示。

表 4-17 加工误差对输入误差的灵敏度

窗口序号	质量特性	基准 A 的安装误差	基准 B 的安装误差	前道工序直径误差	前道工序圆度误差
1	直径误差	0.0045	0.2124	–0.2739	0.2176
	圆度	0.0989	0.0871	0.0467	0.2615
	同轴度	0.2178	0.1559	–0.0626	0.0658
2	直径误差	0.0025	0.2287	–0.2514	0.2062
	圆度	0.1344	0.0772	0.0258	0.2909
	同轴度	0.2539	0.1697	–0.0684	0.0772
3	直径误差	0.0032	0.2337	–0.2265	0.1979
	圆度	0.1176	0.0584	0.071	0.2792
	同轴度	0.2396	0.1967	–0.1723	0.0705
4	直径误差	0.0027	0.2404	–0.2652	0.2082
	圆度	0.1241	0.0677	–0.1071	0.2654
	同轴度	0.2522	0.1775	–0.0723	0.0627
5	直径误差	0.0340	0.2337	–0.2772	0.1979
	圆度	0.1176	0.0584	–0.0382	0.2792
	同轴度	0.1996	0.1967	–0.0705	0.0904

步骤 3 根据公式 $\boldsymbol{A}=\boldsymbol{J}^{\mathrm{T}}\boldsymbol{J}$ 计算误差传递特性矩阵 $\boldsymbol{A}$ 并计算它的特征值和特征向量，计算得到的特征值如表 4-18 所示。

表 4-18 误差传递特性矩阵 $\boldsymbol{A}$ 的特征值

窗口序号	λ_1	λ_2	λ_3	λ_4
1	0	0.0338	0.0586	0.2430
2	0	0.0385	0.0643	0.2685
3	0	0.0379	0.0702	0.2680
4	0	0.0264	0.0553	0.2960
5	0	0.0292	0.0435	0.2875

步骤 4 修正特征值及输入误差的安全波动空间。根据式(4-32)，可得

$$Y_t^2=\sum_{k=1}^{3}{t_k}^2=0.04^2+0.02^2+0.03^2=0.0029$$

然后，根据式(4-37)对特征值进行修正，前两个输入误差的名义值均为 175，由工艺文件可知后两个输入误差的名义值均为 144.8，修正系数取 0.03，修正后的特征值 λ_i' ($i=1,2,3,4$) 如表 4-19 所示，从而可得到修正后的安全波动空间，它的半轴

长度如表 4-20 所示。从表 4-20 可以看出，所有的半轴长度都大于对应输入误差允许的公差范围(加工误差最敏感方向的半轴长度)，即 a_4 也大于第 4 个输入误差容许公差的 2 倍，说明安全波动空间有满足输入误差容差范围的可能。

表 4-19　修正后的特征值

窗口序号	λ_1'	λ_2'	λ_3'	λ_4'
1	1.0522×10^{-4}	0.0338	0.0586	0.2430
2	1.0522×10^{-4}	0.0385	0.0643	0.2685
3	1.0522×10^{-4}	0.0379	0.0702	0.2680
4	1.0522×10^{-4}	0.0264	0.0553	0.2960
5	1.0522×10^{-4}	0.0292	0.0435	0.2875

表 4-20　修正后安全波动空间的半轴长度

窗口序号	a_1	a_2	a_3	a_4
1	5.2500	0.2928	0.2224	0.1092
2	5.2500	0.2746	0.2124	0.1039
3	5.2500	0.2767	0.2032	0.1040
4	5.2500	0.3315	0.2291	0.0990
5	5.2500	0.3153	0.2583	0.1004

步骤 5　计算 S_r、S_I 和 S_r' 的体积及 C_ps 的值。随着观测窗口的向前移动，安全波动空间的体积也发生变化，而实际波动空间的体积保持不变。根据式(4-40)可以计算出实际波动空间的体积为

$$V_{S_\text{r}}=\prod_{i=1}^{n}\left(t_{i,\text{u}}-t_{i,\text{l}}\right)=0.05\times0.05\times\left[0.1-(-0.1)\right]\times0.04=0.00002$$

根据 4.5.3 节说明的计算步骤，可依次计算安全波动空间与实际波动空间交集的体积和实际波动空间等距离偏置空间的体积，其中实际波动空间的偏置步长设为 0.001。根据式(4-39)计算 C_ps。5 个观测窗口下计算的 C_ps 值如表 4-21 所示。

表 4-21　5 个观测窗口下计算的 C_ps 值

窗口序号	V_{S_I}	$V_{S_\text{r}'}$	C_ps
1	0.00002	3.3586×10^{-5}	1.3793
2	0.00002	3.5780×10^{-5}	1.4890
3	0.00002	2.6174×10^{-5}	1.3087
4	0.00002	2.2776×10^{-5}	1.2388
5	0.00002	2.2852×10^{-5}	1.2426

图 4-23 显示了 C_{ps} 值随加工过程运行的变化情况，从中可以观察到两个现象。

(1) 5 个观测窗口的 C_{ps} 值都大于 1，说明深孔镗削加工过程的能力充足。

(2) 随着加工过程的进行，C_{ps} 值在一定范围内波动，说明加工过程不稳定但能力足够，即加工过程是动态稳定的。

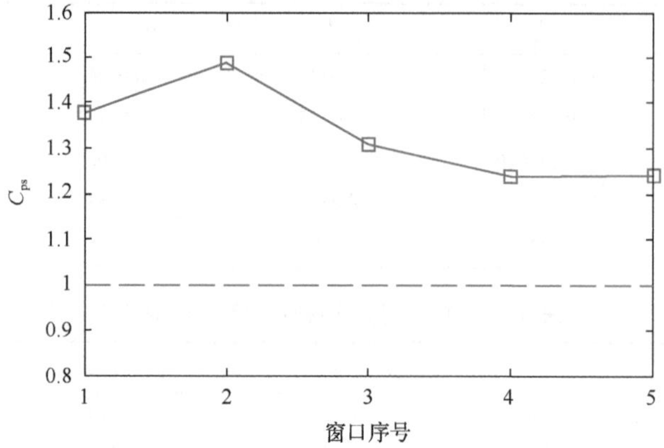

图 4-23　C_{ps} 的运行图

4.7　本 章 小 结

通过误差波动分析和加工过程动稳态评估，消除多工序加工过程中影响加工质量的不确定性因素，是提高高端装备关键零件的加工质量一致性、实现零不合格率目标的关键。本章聚焦于高端装备关键零件的多工序加工过程中定量评估加工质量对误差因素的误差波动灵敏度分析和基于误差波动分析的工艺过程稳定性评估技术，主要在以下几个方面取得了进展。

(1) 构建了误差传递二阶泰勒展开方程描述网络节点之间的非线性误差传递关系，引入灵敏度分析的思想，提出质量特征灵敏度和工况要素灵敏度分别描述前序质量特征和当前工序工况要素对当前工序质量的影响。建立了包含质量特征层、单工序层、多工序层和工件层等多层次误差波动分析框架，通过多工件灵敏度分析矩阵的聚合分析，实现了工序流中工件薄弱环节和要素的识别，并确定了哪些阶段或元素应该得到改进的优先级。

(2) 构建了各个误差因素的耦合空间，通过对工艺系统要素进行解耦，得到了各个误差因素的最强耦合方向上的耦合特性，从而获得了影响加工质量不确定性的误差因素。从工序演变的角度构建了工序演变波动轨迹图，在二维坐标平面上描述工件工序演变过程中不同工序的工序过程稳定度和演变过程波动度，从而形成一条反映其过程波动规律的轨迹。

(3) 采用 WLS-SVM 建立了输入误差与加工误差之间的误差传递模型，并基于该模型构造了加工误差灵敏度矩阵。通过特征值分解将加工误差对输入误差的灵敏度分布描述为一个输入误差波动空间的超级椭圆体。通过比较输入误差安全波动空间与实际波动空间的适应性，提出了一个新的过程能力指数 C_{ps}，实现了小批量加工过程的能力评估。

本章对高端装备关键零件的加工误差波动分析和过程动稳态评估，为多工序加工过程的控制和工艺系统的改进提供了理论依据和技术支撑，它是在赋值型加权误差传递网络的基础上对工艺系统的潜在误差和不确定因素的进一步定量化评估。

第 5 章　加工过程调整与工艺改进

5.1　多工序加工质量预测

前述章节对高端装备关键零件的多工序加工过程稳定性控制的理论和方法进行了研究，从而识别出工艺系统中影响加工质量的潜在误差源和改进优先级。由于高端装备关键零件的质量损失成本极高，在加工过程处于动态稳定的条件下，实时的质量预测和改进控制是实现过程质量持续改进的另一种手段。为此，基于传感检测设备的实时在线采集技术，本章首先基于前述建立的赋值型加权误差传递网络模型提取关键质量特性演变过程中的关联工序和节点，建立其演变子网络，然后以最终质量满足标准要求和降低精度演变过程波动为控制目标，提出一种基于增量学习支持向量机回归的多工序加工质量预测模型，从而在加工过程中实时地预测多工序加工精度演变规律和识别影响质量的潜在误差因素，以实现高端装备关键零件精细化质量控制和降低质量损失成本的目标。

加工过程监控和质量预测是实现加工质量控制和改进的重要手段。统计过程控制(SPC)是工程实践中用于质量和过程监控的主要技术方法[93]。针对传统的SPC 技术缺乏识别不同工序误差变异能力的问题，往往在最终阶段采用 SPC 技术实现多工序加工过程监控和预测，这些典型方法包括选控图(cause-selecting control charts)[94]、回归调整图(regression-adjusted charts)[95-97]、指数加权移动平均图(exponential weighted moving average chart)[98, 99]等，它们大多是基于大量质量数据的统计分析。随着智能算法的不断发展，基于人工智能算法可以实现更加准确的误差输入与质量输出关系的非线性关系拟合，从而实现更加准确的加工质量预测。然而，由于建模方法的局限性，大多数基于人工智能算法的加工质量预测方法针对单工序的加工过程提出。由于高端装备关键零件复杂多工序加工过程的工序间存在传递耦合效应，即当前工序的加工质量可能与前序的加工质量相关，且加工过程中存在大量的影响加工质量的误差源，高端装备关键零件的加工过程变得异常复杂。因此，仅仅针对单工序的质量预测不能满足其加工质量控制的需求。

在前述章节中，采用复杂网络理论，通过整合工程模型和底层工艺系统运行状态数据与各阶段质量数据，建立了描述多工序加工过程复杂耦合关系的赋值型加权误差传递网络模型；基于历史加工过程数据，对加工特征形状和精度演变过程的误差波动进行灵敏度分析，识别了引起质量偏差的不确定因素，并给出了实现加工过程动稳态运行的改进依据。在此基础上，本章将基于赋值型加权误差传递网络建立多工序加工过程误差传递关系，提取加工特征演变过程中的关联工序和关联节点，建立加工特征演变子网络；在此基础上，针对演变工序流中的每道工序，采用支持向量机回归对加工过程中的非线性误差传递关系进行解算，获得多工序加工过程中的误差传递关系表达；最终基于在线实时获取的加工质量数据，实现多工序加工质量的预测。这里提出的多工序加工质量预测是基于精确的误差传递关系建模，从众多误差因素中提取影响质量明显的因素，并从质量特征由毛坯到最终质量的演变过程的角度预测加工精度。图 5-1 给出了赋值型加权误差传递网络与多工序加工质量预测模型的关系。赋值型加权误差传递网络模型为单工序加工质量预测模型的建立提供了模型输入和数据基础，进一步为最终多工序加工质量预测模型的实现提供了整合单工序加工质量预测模型的拓扑基础。而提取工程模型中的加工工艺信息和反映工艺系统服役状态的加工过程数据，可为多工序加工质量预测提供建模和数据基础。

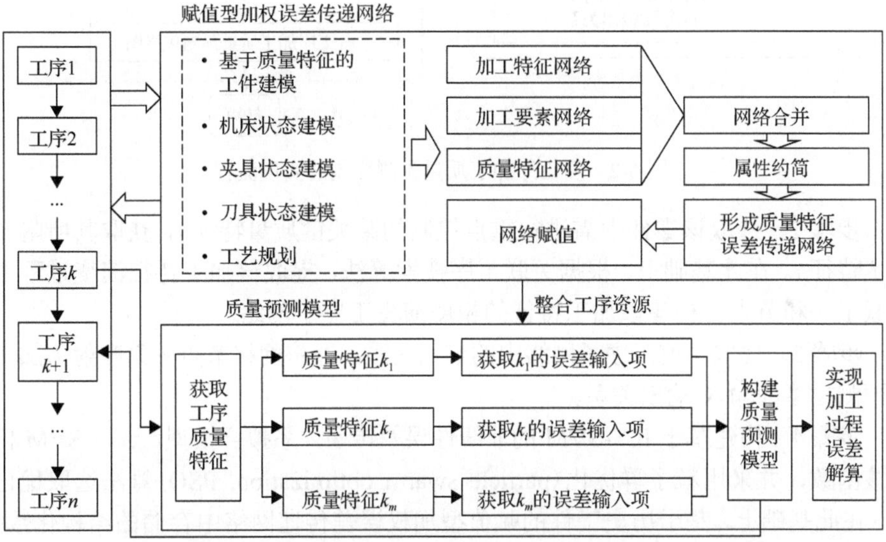

图 5-1　赋值型加权误差传递网络与多工序加工质量预测模型的关系

为了实现加工特征演变过程驱动的多工序加工精度演变预测，图 5-2 给出了对某外筒零件关键质量特征 j 的最终质量进行多工序加工质量预测控制的实现流程。

步骤 1　基于第 2 章提出的赋值型加权误差传递网络的建模流程，构建该零件的赋值型加权误差传递网络拓扑结构，并通过采集不同工件的加工过程中反映工艺系统运行本质的加工工况数据和各阶段质量数据且提取状态特征，赋值到网络对应的节点，实现加工过程数据和质量数据的结构化存储。

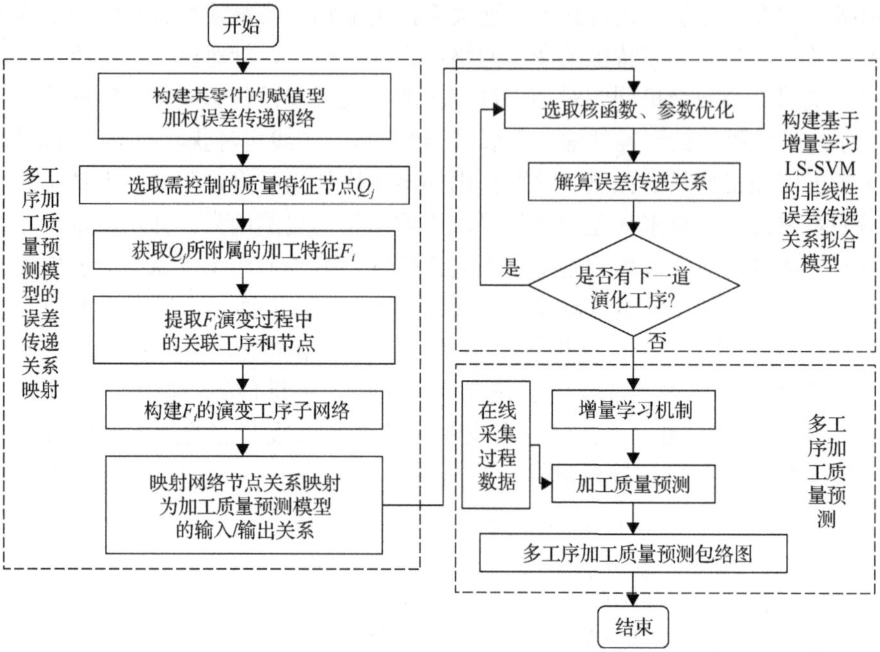

图 5-2　多工序加工质量预测控制的实现流程

步骤 2　选取该零件中需进行重点控制的某关键质量特征 j，获取其所附属的加工特征 i。在此基础上，根据关联工序搜索算法，提取该加工特征演变过程中的关联工序和节点，构建该加工特征的精度演变工序子网络。

步骤 3　提取当前工序子网络中的节点关系，并将网络节点关系映射为加工质量预测模型的输入/输出关系。

步骤 4　构建基于 ILS-SVM 的非线性误差传递关系拟合模型，选取 SVM 模型的核函数，并采用粒子群优化(particle swarm optimization, PSO)算法选取优化参数，在此基础上，基于历史工件的赋值型加权误差传递网络中存储的结构化数据，依次对质量特征 j 演变过程的各道工序的非线性误差传递关系进行解算。

步骤 5　根据高端装备关键零件多工序加工过程的复杂特性，建立基于最小二乘支持向量机的增量学习机制，通过提取典型工况特征和质量特征，进一步丰富加工质量预测的训练样本，提高非线性误差传递关系的拟合精度。

步骤 6　通过在线实时采集的加工工况数据和各阶段质量数据作为输入样本，对当前工序的加工质量进行预测。

步骤 7　在此基础上，以后续工序相关设备的历史工况为基础，在其工况状态的波动范围内，取其随机的加工状态作为后续未加工工序的工况输入，实现多工序加工精度的演变预测，进而监控和探测多工序加工过程的变化，进一步诊断过程中引起质量偏差的误差源。

为了实现多工序加工精度演变预测，基于上述实现流程，下面分别从单工序和多工序两个角度描述多工序加工质量预测模型的建模过程。

5.2　基于增量学习最小二乘支持向量机的单工序加工质量预测模型

5.2.1　单工序加工质量预测模型构建

1. 单工序加工质量预测模型

加工特征与加工要素之间的耦合关系描述了实体元素之间的拓扑关系，由于这些实体元素不能量化描述，故采用质量特征和工况要素来间接描述加工特征与加工要素的关系。根据加工特征与质量特征、加工要素与工况要素之间的属性关系，分别形成加工特征节点的质量特征子网络 $G_{F_i}=\{\{F_i, O_i\}, E_{\mathrm{FQ}_i}\}$ 和加工要素节点的工况要素子网络 $G_{M_j}=\{\{\mathrm{ME}_j, \mathrm{SE}_j\}, E_{\mathrm{MS}_j}\}$。通过合并各子网络，采用式(5-1)建立工况要素与质量特征间的关联关系。图 5-3 给出了质量特征与工况要素耦合关系图的构建过程。

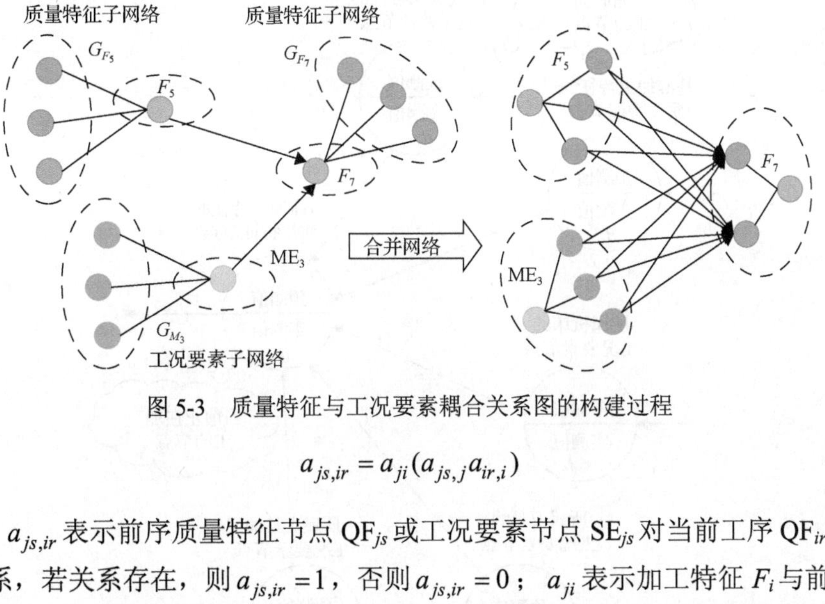

图 5-3　质量特征与工况要素耦合关系图的构建过程

$$a_{js,ir}=a_{ji}(a_{js,j}a_{ir,i}) \tag{5-1}$$

式中，$a_{js,ir}$ 表示前序质量特征节点 QF_{js} 或工况要素节点 SE_{js} 对当前工序 QF_{ir} 的耦合关系，若关系存在，则 $a_{js,ir}=1$，否则 $a_{js,ir}=0$；a_{ji} 表示加工特征 F_i 与前序加工特征 F_j 之间的基准关系或加工特征 F_i 与工况要素 SE_j 之间的加工关系，若关系存在，则 $a_{ji}=1$，否则 $a_{ji}=0$；$a_{js,j}$ 表示加工要素 SE_j 与工况要素 SE_{js} 之间的属性关系，若关系存在，则 $a_{js,j}=1$，否则 $a_{js,j}=0$；$a_{ir,i}$ 表示加工特征 F_i 与质量特

征 QF_{ir} 之间的属性关系，若关系存在，则 $a_{ir,i}=1$，否则 $a_{ir,i}=0$。

选取当前工序正在加工的质量特征节点作为输出项，根据该质量特征节点与其他节点的关联关系，建立该质量特征与其他相关质量特征和工况要素的耦合关系图，将影响其变化的前序质量特征和工况要素节点作为加工质量预测模型的输入项。其中，工况要素节点描述用于该质量特征加工的机床、刀具和夹具等加工要素运行状态，前序质量特征节点包含相应的已完成工序的演变质量特征节点和基准质量特征节点，从而构建如图 5-4 所示的单工序加工质量预测模型。

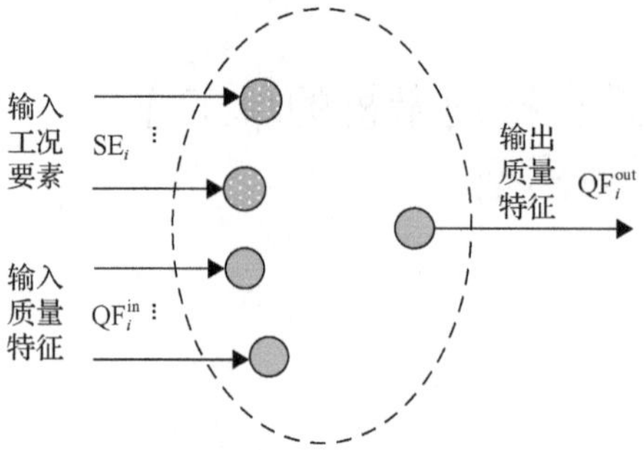

图 5-4　单工序加工质量预测模型示意图

图 5-5 给出了单工序加工质量预测模型的拓扑结构与数据输入关系，当被预测的质量特征节点为正在被加工的节点时，输入的基准约束质量特征数据和工况加工要素状态数据为实测值；当被预测的质量特征节点为未加工节点时，输入的质量数据为前序预测值及生产排程预测值，具体在多工序加工预测建模中进行讨论。

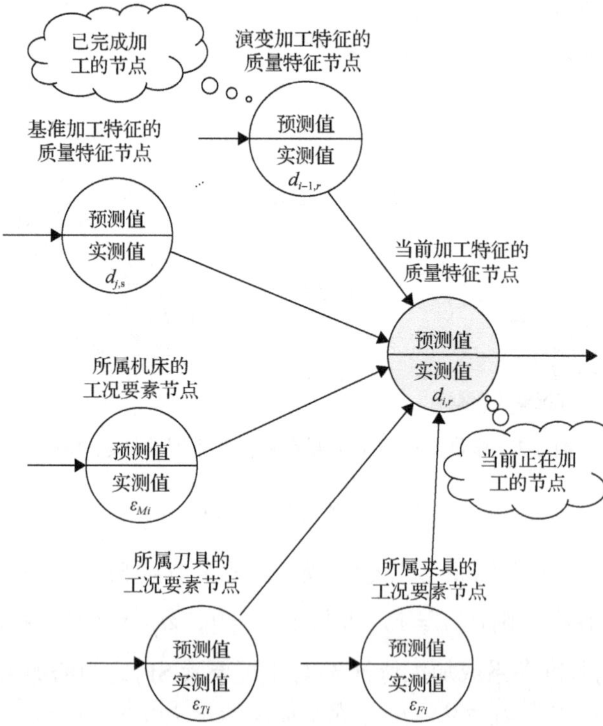

图 5-5　单工序加工质量预测模型的拓扑结构与数据输入关系

将训练样本集赋予单工序误差预测模型，对预测模型进行训练，当加工零件达到一定数量后，通过新零件的前序质量特征误差和当前工序工况要素状态即可预测当前工序加工特征所附属的质量特征的质量。

2. 非线性节点关系映射

对高端装备关键零件小批量加工过程进行质量控制，为了解决小样本条件下的质量数据不足问题，引入基于径向基核函数的 LS-SVM 回归将原始质量数据变换到某一新的高维特征空间，以提高数据的利用率。在多工序加工过程中，由于机床等加工要素的运行性能具有动态性，且加工过程中存在大量不确定因素，所以质量特征节点的误差传递关系是非线性的。基于线性模型的分析方法无法准确地反映误差传递关系，这里通过 SVM 回归的引入，将原始质量数据变换到高维特征空间，且将误差传递模型中的非线性误差传递关系转换为高维空间的线性问题进行求解，如图 5-6 所示。

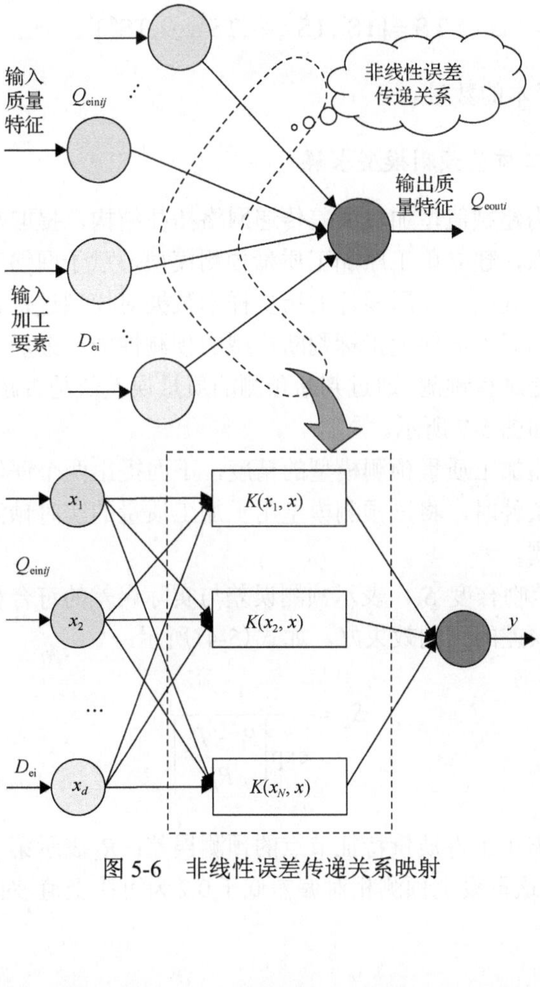

图 5-6 非线性误差传递关系映射

3. 预测模型的输入与输出

在零件加工过程中采集工况要素误差集 SE^k、输入质量特征集 D_{in}^k 和输出质量特征集 D_{out}^k，建立第 k 个工件在工序 i 的训练样本集 TS^k，如式(5-2)所示：

$$TS^k = \left\{SE^k, D_{in}^k, D_{out}^k\right\} \tag{5-2}$$

式中，工况要素误差集 $SE^k = \{\varepsilon_M^k, \varepsilon_T^k, \varepsilon_F^k\}$，$\varepsilon_M^k$ 表示工件 k 的机床工况要素状态集，ε_T^k 表示工件 k 的刀具工况要素状态集，ε_F^k 表示工件 k 的夹具工况要素状态集；输入质量特征集 $D_{in}^k = \{d_{in,1}^k, d_{in,2}^k, \cdots, d_{in,l}^k\}$ 表示基准约束质量特征的加工误差集；输出质量特征集 $D_{out}^k = \{d_{out,1}^k, d_{out,2}^k, \cdots, d_{out,l}^k\}$ 表示被加工质量特征的实际加工误差集。

通过采集多个工件的质量数据构建了加工质量预测的训练样本矩阵 **TS**，如式(5-3)所示：

$$\mathbf{TS} = [TS^1, TS^2, \cdots, TS^k, \cdots, TS^n]^T \tag{5-3}$$

式中，n 为训练样本的数量。

4. 单工序加工质量预测模型求解

首先，基于构建赋值型加权误差传递网络拓扑结构，提取与当前工序质量特征节点相关的节点，建立单工序加工质量预测模型，赋予网络工况要素状态值和各质量特征误差；其次，使用零件的历史样本数据对模型进行训练，根据前述定义的误差吻合度和误差成熟度指标判断模型的预测性能；最后，使用成熟的预测模型对其质量误差进行预测，通过判断预测的质量误差值是否超差指导生产过程。其具体求解流程如图 5-7 所示。

为了保证上述加工质量预测模型的精度，下面提出两个评价指标以评估模型的优劣，当满足条件时，将该预测模型用于加工质量的实时预测及后续多工序加工精度的演变预测。

指标 1 误差吻合度 S_k，表示预测误差与实际误差的符合程度，吻合度高，表明该质量特征误差的预测效果好，如式(5-4)所示：

$$S_k = \frac{1}{\exp\left|\dfrac{P_k - R_k}{R_k}\right|} \tag{5-4}$$

式中，P_k 表示第 k 个工件质量特征节点的预测误差；R_k 表示第 k 个工件质量特征节点的实际误差。这里设定预测相对偏差低于 0.2 为可接受值，对应的 S_k 大于 82%。

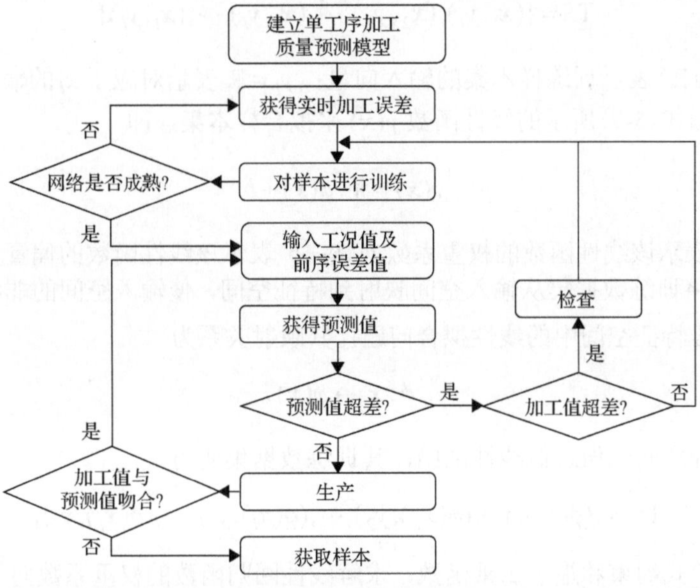

图 5-7　单工序误差预测模型流程图

指标 2　模型成熟度 M，成熟度满足设定的指标表示模型已经过足够的样本训练，可以进行误差预测，如式(5-5)所示：

$$M = \frac{1}{\exp\left(\frac{1}{3}\sum_{k=N-1}^{N}\left|\frac{P_k - R_k}{R_k}\right|\right)} \tag{5-5}$$

式中，N 表示已加工的工件数量，当工件数量 $N \geqslant 2$ 时开始评估。这里设定可以接受的预测误差的相对误差值为 0.15，对应的 M 为 86%。

5.2.2　基于最小二乘支持向量机的非线性误差传递关系拟合

支持向量机(SVM)作为一种求解非线性误差传递关系的有效方法，通过核函数将原始空间的数据映射到高维特征空间中，巧妙地避免了机器学习中的维数灾难问题。LS-SVM 中最小二乘损失函数的引入使得优化问题变为无约束凸二次规划，相较于标准 SVM 产生的约束凸二次规划更易求解。此外，由于 LS-SVM 的解常常是非稀疏的，几乎所有的训练数据都对最终的决策函数起作用，在样本较小的情况下可以提高数据的利用率，因此采用 LS-SVM 实现工序加工质量预测模型的误差传递关系拟合。

1. LS-SVM 的基本原理

对于加工质量预测问题，假设一个给定的训练数据集 TS 由 l 个样本组成，即

$$\mathrm{TS} = \{(\boldsymbol{x}_1, y_1), (\boldsymbol{x}_2, y_2), \cdots, (\boldsymbol{x}_i, y_i), \cdots, (\boldsymbol{x}_l, y_l)\} \tag{5-6}$$

式中，$\boldsymbol{x}_i \in \mathbb{R}^n$ 表示训练样本集的输入向量；$y_i \in \mathbb{R}$ 表示对应于 x_i 的输出。利用高维空间中如式(5-7)所示的线性函数 $y(\boldsymbol{x})$ 来拟合样本集，即

$$y(\boldsymbol{x}) = \boldsymbol{w}^{\mathrm{T}} \phi(\boldsymbol{x}) + b \tag{5-7}$$

式中，$\boldsymbol{w}$ 表示该线性函数的权重系数向量；b 表示该线性函数的偏置量。非线性映射 $\phi(\boldsymbol{x})$ 将训练数据集从输入空间映射到特征空间，使输入空间的非线性拟合问题变成高维特征空间中的线性拟合问题，其映射关系为

$$\phi : \boldsymbol{x} \mapsto \phi(\boldsymbol{x}) \tag{5-8}$$

在高维特征空间中做近似线性回归，其训练数据集变为

$$\mathrm{TS} = \{(\phi(\boldsymbol{x}_1), y_1), (\phi(\boldsymbol{x}_2), y_2), \cdots, (\phi(\boldsymbol{x}_i), y_i), \cdots, (\phi(\boldsymbol{x}_l), y_l)\} \tag{5-9}$$

基于等式约束和最小二乘函数，求解线性回归函数的权重系数向量 $\boldsymbol{w}$ 和偏量 b，则 LS-SVM 的优化问题为

$$\begin{aligned} &\min_{\boldsymbol{w},b,\boldsymbol{e}} \quad J(\boldsymbol{w},b,\boldsymbol{e}) = \frac{1}{2}\boldsymbol{w}^{\mathrm{T}}\boldsymbol{w} + \frac{\gamma}{2}\sum_{i=1}^{l} e_i^2 \\ &\text{s.t.} \quad y_i = \boldsymbol{w}^{\mathrm{T}}\phi(\boldsymbol{x}_i) + b + e_i, \quad i = 1,2,\cdots,l \end{aligned} \tag{5-10}$$

对应于优化问题(5-10)的拉格朗日函数为

$$L(\boldsymbol{w},b,\boldsymbol{e},\boldsymbol{\alpha}) = J(\boldsymbol{w},b,\boldsymbol{e}) - \sum_{i=1}^{l} \alpha_i \{\boldsymbol{w}^{\mathrm{T}}\phi(\boldsymbol{x}_i) + b + e_i - y_i\} \tag{5-11}$$

式中，α_i 表示拉格朗日乘子，训练数据集中对应于 $\alpha_i \neq 0$ 的样本点为支持向量。根据优化问题的库恩-塔克条件(Kuhn-Tucker conditions)，分别对式(5-11)中的各个变量求偏导数，并令它们为 0，从而得到如式(5-12)所示的方程组：

$$\begin{cases} \dfrac{\partial L}{\partial \boldsymbol{w}} = 0 \rightarrow \boldsymbol{w} = \displaystyle\sum_{i=1}^{l} \alpha_i \phi(\boldsymbol{x}_i) \\ \dfrac{\partial L}{\partial b} = 0 \rightarrow \displaystyle\sum_{i=1}^{l} \alpha_i = 0 \\ \dfrac{\partial L}{\partial e_i} = 0 \rightarrow \alpha_i = \gamma e_i, \quad i = 1, 2, \cdots, l \\ \dfrac{\partial L}{\partial \alpha_i} = 0 \rightarrow \boldsymbol{w}^{\mathrm{T}}\phi(\boldsymbol{x}_i) + b + e_i - y_i = 0, \quad i = 1, 2, \cdots, l \end{cases} \tag{5-12}$$

从方程组(5-12)消去 e_i、$\boldsymbol{w}$ 后，可以得到

$$\begin{bmatrix} 0 & \mathbf{1}^{\mathrm{T}} \\ \mathbf{1} & \boldsymbol{\Omega}+\gamma^{-1}\boldsymbol{I} \end{bmatrix}\begin{bmatrix} b \\ \boldsymbol{\alpha} \end{bmatrix}=\begin{bmatrix} 0 \\ \boldsymbol{Y} \end{bmatrix} \tag{5-13}$$

式中，$\Omega_{ij}=\phi(\boldsymbol{x}_i)^{\mathrm{T}}\phi(\boldsymbol{x}_j)=K(\boldsymbol{x}_i,\boldsymbol{x}_j),\quad i,j=1,2,\cdots,l$；$\mathbf{1}=(1,\cdots,1)^{\mathrm{T}}$；$\boldsymbol{\alpha}=(\alpha_1,\alpha_2,\cdots,\alpha_l)$；$\boldsymbol{Y}=(y_1,y_2,\cdots,y_l)^{\mathrm{T}}$。

通过解方程(5-13)得到 $\boldsymbol{\alpha}$ 和 b 后，对于新的输入向量 $\boldsymbol{x}$，其输出值 $y(\boldsymbol{x})$ 可以根据式(5-14)进行计算：

$$y(\boldsymbol{x})=\sum_{i=1}^{l}\alpha_i\phi(\boldsymbol{x}_i)^{\mathrm{T}}\phi(\boldsymbol{x})+b=\sum_{i=1}^{l}\alpha_i K(\boldsymbol{x}_i,\boldsymbol{x})+b \tag{5-14}$$

从式(5-14)可以看出，不同于标准 SVM 求解二次规划问题，LS-SVM 的训练问题转化为求解一个线性方程组，从而使得求解过程更简单且快速。

2. 核函数的选择

构造出一个具有良好性能的支持向量机，核函数的选择至关重要。选择核函数需要确定核函数的类型及选择相应类型的相关参数。对于非线性映射问题，经常使用的核函数类型有以下几种。

(1) 多项式核函数。它是一种非标准核函数，非常适合于正交归一化后的数据，性能相对稳定，但参数较多，具有良好的全局性质，但局部性较差。其具体形式如式(5-15)所示：

$$K(\boldsymbol{x},\boldsymbol{x}_i)=[a(\boldsymbol{x}^t\cdot\boldsymbol{x}_i)+c]^d \tag{5-15}$$

其中，a、t、c 和 d 等参数需要进行优化设置，以实现其最优性能。

(2) 高斯(Gaussian)径向基核函数。它是局部性强的核函数，其外推能力随着参数 σ 的增大而减弱。对于数据中的噪声有较好的抗干扰能力，其参数决定了函数作用范围，因此该核函数的性能对参数十分敏感。

$$K(\boldsymbol{x},\boldsymbol{x}_i)=\exp\left(-\frac{\|\boldsymbol{x}-\boldsymbol{x}_i\|^2}{2\sigma^2}\right) \tag{5-16}$$

(3) Sigmoid 核函数。它来源于神经网络，现在已经大量应用于深度学习。

$$K(\boldsymbol{x},\boldsymbol{x}_i)=\tanh(\alpha(\boldsymbol{x}\cdot\boldsymbol{x}_i)+\delta) \tag{5-17}$$

除了上述三类核函数外，常用的核函数还有傅里叶核函数、样条核函数、紧支撑核函数等。鉴于高斯径向基核函数具有强大的非线性映射能力和函数逼近能力[100]，且需要设置的参数较少[101]，本书选用高斯径向基核函数用于非线性误差传递关系的拟合。

3. 基于粒子群优化算法的参数优化

与传统的参数寻优方法相比，如实验定参法、交叉验证法等，遗传算法和粒子群优化(PSO)算法是两种比较有效的参数寻优方法。利用遗传算法对 SVM 参数进行优选不仅缩短了计算时间，而且降低了对初始值选取的依赖度[102]。但是遗传算法操作往往比较复杂，对不同的优化问题都需要设计不同的交叉或变异方式[103]。PSO 算法是通过个体间的协作来寻找最优解，它的概念更简单、效率更高，更容易实现。因此，选用 PSO 算法进行 LS-SVM 的参数寻优。由上述 LS-SVM 算法推导可知，其主要参数是向量机超参数 γ 和径向基核参数 σ，这两个参数的取值决定了 LS-SVM 的非线性映射能力。根据 PSO 算法[104]，由两个参数 (γ,σ) 组成一个二维的搜索空间(搜索维度 d 最大为 2)。在参数寻优的过程中，每个备选解对应每个“粒子”在搜索空间中的位置，且当前时刻 t 的搜索空间中“粒子 i”都有速度 $v_{id}(t)$、当前位置 $x_{id}(t)$ 和最佳位置 $\text{pbest}_{id}(t)$ 等几个属性。$\text{pbest}_{id}(t)$ 表示当前时刻的粒子 i 找到的个体最优解，而整个种群找到的全局最优解用 $\text{gbest}_d(t)$ 表示。PSO 算法初始化为一组代表随机解的随机粒子，通过每次迭代，粒子通过跟踪个体最优解 $\text{pbest}_{id}(t)$ 和 $\text{gbest}_d(t)$ 来更新自己，最终找到最优解。为了找到最优解，粒子根据式(5-18)来更新速度和位置：

$$\begin{cases} v_{id}(t+1)=w_0 v_{id}(t)+c_1 r_1(t)(\text{pbest}_{id}(t)-x_{id}(t))+c_2 r_2(t)(\text{gbest}_d(t)-x_{id}(t)) \\ x_{id}(t+1)=x_{id}(t)+v_{id}(t+1) \end{cases} \tag{5-18}$$

式中，c_1 和 c_2 表示两个非负常数的学习系数，通常取 $c_1=c_2=2$；r_1 和 r_2 表示(0,1)的随机数；$v_{id}(t)\in[-v_{\max},v_{\max}]$ 决定粒子的更新方向和大小，$v_{\max}$ 表示设计最大速率；w_0 为一个[0,1]惯性系数，用于平衡全局搜索和局部搜索的能力[105]。参数寻优的迭代终止准则有两个，分别是达到最大迭代数或达到设计适应度值。基于目标适应度值评价的最优解搜索过程中，选取合适的适应度函数至关重要。为了最大限度地提高 LS-SVM 的泛化性能，使测试样本的实际值和预测值之间的误差最小，适应度函数采用 LS-SVM 模型的推广能力估计值。考虑到 k-fold 交叉验证法具有推广能力估计无偏性，选用 k-fold 交叉验证误差作为 LS-SVM 参数选择的目标值。因此，适应度函数的计算公式如式(5-19)所示：

$$\text{Fitness} = \frac{1}{n}\sum_{i=1}^{n}\sqrt{\frac{1}{m}\sum_{j=1}^{m}(f(x_{ij}) - y_{ij})^2} \tag{5-19}$$

式中，n 表示 k-fold 交叉验证的数量；m 表示用于验证的子集数量；y_{ij} 表示测试样本的实际值；$f(x_{ij})$ 表示验证样本的预测值，基于最小化的适应度值选取最优化参数。在此基础上，基于图 5-8 所示的 LS-SVM 加工质量预测模型解算流程采用 PSO 算法进行参数寻优，在小样本条件下提高 LS-SVM 的预测效率和预测精度。

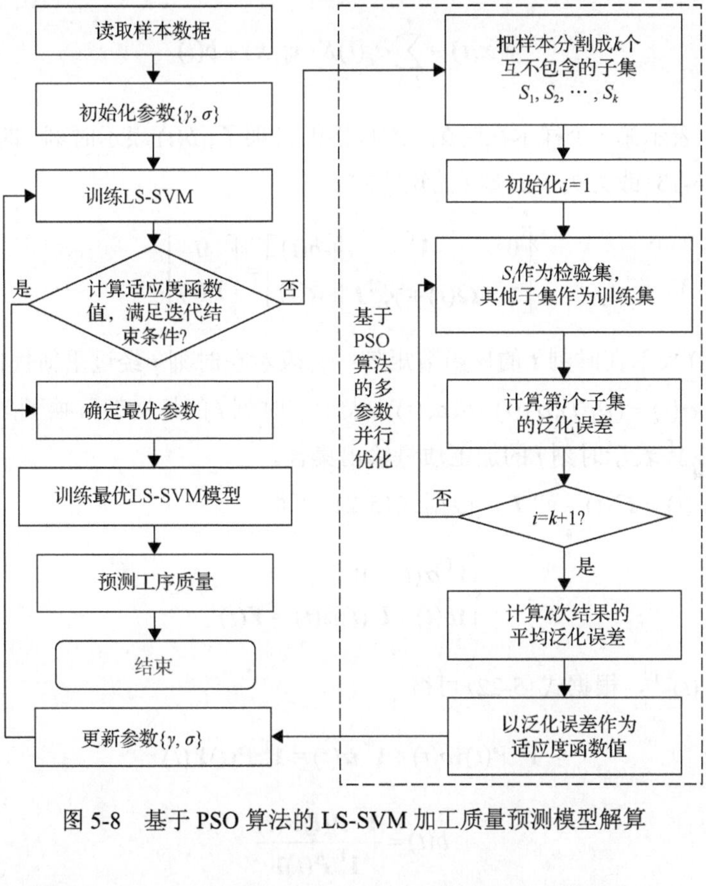

图 5-8　基于 PSO 算法的 LS-SVM 加工质量预测模型解算

5.2.3　基于增量学习最小二乘支持向量机的加工质量实时预测

高端装备关键零件通常是空间异形大尺寸零件，如汽轮机转子零件、起落架外筒零件等，这类零件的加工过程复杂且加工质量要求繁多，导致加工时间较长、切削区域面积大，加工过程的不稳定因素通常反映在切削区域的不同位置，通过识别在不同位置引起质量变异的不稳定因素，可形成不同的监测样本。将这些样本作为加工质量预测模型的输入，可反映出潜在误差源与加工质量之间的非线性映射关系，从而有效提高高端装备关键零件加工过程数据的利用效率。

基于上述分析，通过实时监测高端装备关键零件的多工序加工过程，随着加工工艺系统服役状态的变化，产生不同的加工过程数据，用于非线性误差传递映射关系学习的训练样本集是不断增加的，样本集随着加工的不断进行过程中工艺系统运行状态的变化而新增一个样本。因此，非线性加工误差传递关系的训练样本集可以表示为 $\{(\boldsymbol{x}_i, y_i), i=1,2,\cdots,t\}$，其中 t 是一个自然数，表示工艺系统运行状态变化的时刻。基于式(5-14)，LS-SVM 的输出式变为

$$y(\boldsymbol{x},t)=\sum_{i=1}^{t}\alpha_i(t)K(\boldsymbol{x}_i,\boldsymbol{x})+b(t) \tag{5-20}$$

式中，$\alpha_i(t)$ 表示第 i 个样本在时刻 t 的拉格朗日乘子；$b(t)$ 表示时刻 t 的常值偏量。

将式(5-13)改为关于时刻 t 的矩阵式：

$$\begin{bmatrix} 0 & \boldsymbol{1}^{\mathrm{T}} \\ \boldsymbol{1} & \boldsymbol{\Omega}(t)+\gamma_t^{-1}\boldsymbol{I} \end{bmatrix}\begin{bmatrix} b(t) \\ \boldsymbol{\alpha}(t) \end{bmatrix}=\begin{bmatrix} 0 \\ \boldsymbol{Y}(t) \end{bmatrix} \tag{5-21}$$

式中，$\boldsymbol{\Omega}(t)$ 表示在时刻 t 的核函数矩阵；γ_t 表示在时刻 t 经过重新优化后的向量机超参数；$\boldsymbol{\alpha}(t)=(\alpha_1(t),\alpha_2(t),\cdots,\alpha_t(t))^{\mathrm{T}}$ 表示在时刻 t 的拉格朗日乘子向量；$\boldsymbol{Y}(t)=(y_1,y_2,\cdots,y_t)^{\mathrm{T}}$ 表示时刻 t 的加工质量输出集合。

假设 $\boldsymbol{U}(t)=\boldsymbol{\Omega}(t)+\gamma_t^{-1}\boldsymbol{I}$，根据式(5-21)可得

$$\begin{cases} \boldsymbol{1}^{\mathrm{T}}\boldsymbol{\alpha}(t)=0 \\ \boldsymbol{1}b(t)+\boldsymbol{U}(t)\boldsymbol{\alpha}(t)=\boldsymbol{Y}(t) \end{cases} \tag{5-22}$$

令 $\boldsymbol{P}(t)=\boldsymbol{U}(t)^{-1}$，根据式(5-22)可得

$$\boldsymbol{1}^{\mathrm{T}}\boldsymbol{P}(t)\boldsymbol{1}b(t)+\boldsymbol{1}^{\mathrm{T}}\boldsymbol{\alpha}(t)=\boldsymbol{1}^{\mathrm{T}}\boldsymbol{P}(t)\boldsymbol{Y}(t) \tag{5-23}$$

$$b(t)=\frac{\boldsymbol{1}^{\mathrm{T}}\boldsymbol{P}(t)\boldsymbol{Y}(t)}{\boldsymbol{1}^{\mathrm{T}}\boldsymbol{P}(t)\boldsymbol{1}} \tag{5-24}$$

$$\boldsymbol{\alpha}(t)=\boldsymbol{P}(t)(\boldsymbol{Y}(t)-\boldsymbol{1}b(t)) \tag{5-25}$$

至此，求出了 LS-SVM 模型在已有样本数据情况下的 $\boldsymbol{\alpha}(t)$ 和 $b(t)$。为了实现加工质量的在线预测，当有新的输入样本 $\boldsymbol{x}_{t+1}$ 输入时，可根据式(5-20)获得预测值 $y(\boldsymbol{x}_{t+1},t+1)$。

综上所述，加工质量的在线预测的增量学习 LS-SVM 的实现流程如下：

(1) 初始化 t=1；

(2) 采集新数据 $(\boldsymbol{x}_t, y_t)$；

(3) 根据优化参数结果计算核函数矩阵 $\boldsymbol{\Omega}(t)$ 和 $\boldsymbol{P}(t)$；

(4) 计算 $\boldsymbol{\alpha}(t)$ 和 $b(t)$，获得描述误差源与加工质量之间非线性误差传递关系的 LS-SVM 模型；

(5) 为了实现加工质量的在线预测，实时采集反映工艺系统运行状态的工况信号，通过特征提取及数据预处理，根据式(5-20)将采集的工况数据和前序质量数据作为输入预测 $y(\boldsymbol{x}_{t+1}, t+1)$；

(6) 令 $t = t+1$，返回第(2)步。

5.3　多工序加工精度演变预测

要完成高端装备关键零件的最终质量要求，需要经过多达几百道的工序，这些工序之间相互耦合，从而共同保证零件的最终质量。此外，由于高端装备关键零件的质量损失成本极高和难切削材料导致的加工过程不稳定等因素，仅对某些重点工序进行质量监控不能满足高端装备关键零件的需求，所以需要从多工序的角度对零件加工过程实施全面质量控制。零件从毛坯到完成最终质量要求的过程其实是一个加工特征精度不断演变的过程。因此，为了对高端装备关键零件的最终质量进行有效的控制，本节基于建立的单工序加工质量预测模型，提出了一种基于质量预测包络图的多工序加工精度演变预测分析方法，结合加工过程误差灵敏度分析结果识别工序流中的潜在误差因素，实现了对精度演变过程的后续工序进行分析控制。

5.3.1　加工特征精度演变关联工序搜索

基于上述多工序加工精度演变预测的实现流程，要实现多工序加工质量预测，首先要建立多工序演变过程的非线性误差传递关系映射模型，通过搜索加工特征演变过程中节点的输入/输出关系，将节点的输入/输出关系映射到预测模型中。

误差传递网络的邻接矩阵描述了节点之间的关联关系。根据赋值型加权误差传递网络所包含的 4 类节点以及节点之间的关联关系，将网络的邻接矩阵 $\boldsymbol{A}$ 分为 16 个部分，分别用于描述不同节点的关联关系，如图 5-9 所示。

$$\boldsymbol{A}=\left[\begin{array}{c|c|c|c} \mathbf{FF} & \mathbf{FE} & \mathbf{FQ} & \mathbf{FS} \\ \hline \mathbf{EF} & \mathbf{EE} & \mathbf{EQ} & \mathbf{ES} \\ \hline \mathbf{QF} & \mathbf{QE} & \mathbf{QQ} & \mathbf{QS} \\ \hline \mathbf{SF} & \mathbf{SE} & \mathbf{SQ} & \mathbf{SS} \end{array}\right]$$

图 5-9　赋值型加权误差传递网络的邻接矩阵及其结构

从图 5-9 中可以看出，将邻接矩阵 $\boldsymbol{A}$ 分块，可分别得到加工特征、加工要素、质量特征和工况要素等节点的耦合矩阵。根据赋值型加权误差传递网络中 4 种关系边的建模规则，仅 **FF**、**EF**、$\mathbf{QF}=\mathbf{FQ}^{\mathrm{T}}$、$\mathbf{SE}=\mathbf{ES}^{\mathrm{T}}$ 等分块矩阵不为零矩阵。其中，矩阵 **FF** 用于表示加工特征之间的基准关系和演变关系，矩阵 **EF** 表示加工要素对加工特征的加工关系，矩阵 $\mathbf{QF}=\mathbf{FQ}^{\mathrm{T}}$ 表示加工特征和质量特征之间的属性关系，矩阵 $\mathbf{SE}=\mathbf{ES}^{\mathrm{T}}$ 表示加工要素和工况要素之间的属性关系。本节开发一种基于邻接矩阵的关联工序搜索算法，搜索与当前加工特征节点精度演变过程中有关联关系的一组节点，从而形成该加工特征节点的精度演变子网络。

下面给出关联工序集搜索的具体实现步骤：

(1) 选定需要分析的关键加工特征 F_i。

(2) 在矩阵 **FF** 中，搜索 F_i 演变过程中的后续演变加工特征，形成加工特征演变过程链 F01⟶F02⟶F03⟶F04，建立演变加工特征集合 $R_i=\{F_{i_1},\cdots,F_{i_n}\}$，$F_i\in R_i$。

(3) 分别在矩阵 **EF** 和 **FF** 中，搜索链上与加工特征相关的加工要素和基准加工特征，构建加工特征精度演变过程子网络 $G_{F_i}=\{\{F,\mathrm{ME}\},\ E_{FM}\}$。

(4) 分别在矩阵 **FQ** 和 **ES** 中，根据加工特征与质量特征、加工要素与工况要素之间的属性关系，形成加工特征精度演变过程子网络中各加工特征的质量特征子网络 $G_{F_i}=\{\{F_i,O_i\},\ E_{\mathrm{FQ}_i}\}$ 和各加工要素节点的工况要素子网络 $G_{M_j}=\{\{\mathrm{ME}_j,\mathrm{SE}_j\},\ E_{\mathrm{MS}_j}\}$。

$$A'=\left[\begin{array}{c|c}\mathbf{QQ} & \mathbf{0}\\\hline \mathbf{SQ} & \mathbf{0}\end{array}\right]$$

图 5-10　精度演变子网络邻接矩阵

(5) 合并各子网络，建立加工特征的精度演变子网络。根据选取的关键质量特征 Q_j，建立与其他相关加工特征的质量特征以及相关加工要素的工况要素的关联关系，形成仅包含 QF 和 SE 的 Q_j 精度演变子网络，在此基础上，建立如图 5-10 所示的精度演变子网络邻接矩阵 $\boldsymbol{A}'$，以描述质量特征与工况要素之间的虚拟耦合关系。矩阵 $\boldsymbol{A}'$ 中，**QQ** 描述质量特征间的耦合关系，**SQ** 描述工况要素对质量特征的影响关系。

5.3.2　多工序加工精度预测模型构建

实现多工序加工精度演变预测，首先需要构建多工序加工质量预测的拓扑模型，基于加工特征精度演变关联工序搜索算法，连接加工要素节点和质量特征节点，建立包含质量特征节点和工况要素节点的精度演变子网络。根据精度演变子网络的输入/输出关系，合并各个单工序加工质量预测模型，形成多工序加工质量预测模型，如图 5-11 所示。

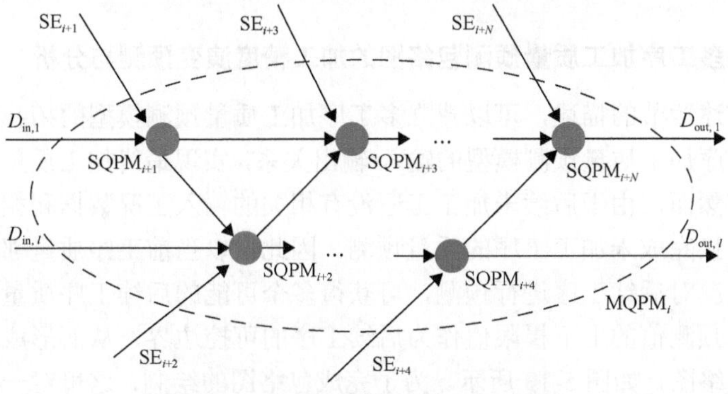

图 5-11　多工序质量预测模型示意图

多工序加工质量预测模型表示为 $\text{MQPM}_i = \{\text{SQPM}_r,\ r = i+1, i+2, \cdots, i+N\}$，其中 N 为当前工序完成最终质量所需经过的工序数量，即组成多工序质量预测模型的单工序质量预测模型数量。其中，SQPM 分为两类：起始 SQPM 和内部 SQPM。起始 SQPM 处于多工序加工过程的上游，它们的质量误差输入全部或部分来自 MQPM 外部；其他的称为内部 SQPM，它们的质量误差输入来自 MQPM 的内部。SQPM$_{i+1}$、SQPM$_{i+2}$ 为初始 SQPM，其余的为内部 SQPM。根据精度演变子网络中质量特征和工况要素间的耦合关系，在 MQPM 内部，一些 SQPM 的质量误差输出作为其他的 SQPM 的质量误差输入，如 SQPM$_{i+1}$ 的质量误差输出作为 SPPM$_{i+3}$ 的质量误差输入。其具体解算流程如图 5-12 所示。

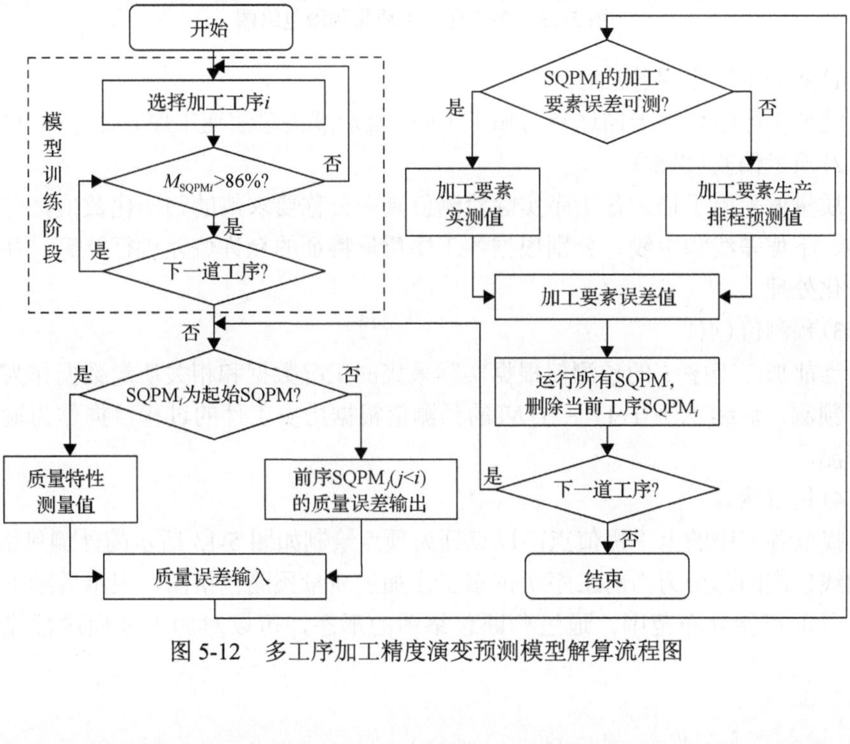

图 5-12　多工序加工精度演变预测模型解算流程图

5.3.3 基于多工序加工质量预测包络图的加工精度演变预测与分析

通过前述章节的描述，可以建立多工序加工质量预测模型的拓扑模型，从而连接各单工序加工质量预测模型的输入/输出关系，实现最终加工质量的加工精度演变预测。然而，由于后续未加工工序没有相关的输入工况数据和相关质量数据等，无法直接完成未加工工序的质量预测。因此，以当前工序质量邻近的历史工件的输入工况对后续工序进行预测，可获得多个可能的后续工序质量预测值，以此类推，以预测值的上下极限值作为后续工序的可控边界，从而形成多工序加工质量预测包络图，如图 5-13 所示。为了完成包络图的绘制，这里对一些主要概念进行定义。

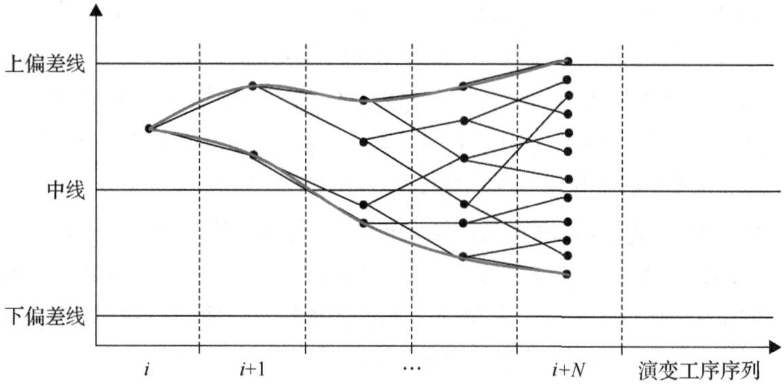

图 5-13　多工序加工质量预测包络图

1) 演变工序序列(横轴)

演变工序序列用于描述当前加工工序 i 及后续关联演变工序 $(i+1), \cdots, (i+N)$。

2) 质量偏差(纵轴)

质量偏差用于描述各工序实际检测值减去公称要求值的归一化数值，有上偏差线、下偏差线和中线，分别根据各工序质量特征的允许偏差进行计算，并进行归一化处理。

3) 预测值(点)

当前加工工序 i 的预测值根据实际采集的工况数据和相关质量数据作为输入进行预测，后续工序 $(i+1) \sim (i+N)$ 的预测值根据历史工件的过程数据作为输入进行预测。

4) 包络线

提取各工序的上下极值点，以点列为顶点绘制如图 5-13 所示的外侧包络线，该曲线包围的部分为当前工序 i 的多工序加工质量预测包络图，表示后续工序加工质量的可能分布范围。通过判断包络图的形态，可以对加工过程进行控制和改进。

由于多工序加工质量预测输入数据的局限性，随着加工的不断进行，包络图也需要不断完善。由此可知，多工序加工质量预测包络图是一种瞬时反映加工质量安全便捷的表现手段。结合历史工件的加工误差波动分析和工艺过程稳定性评估结果，可以建立在多工序加工过程中影响质量波动较大的潜在误差源集合。基于当前加工工件的质量预测包络图，在对工艺系统内潜在误差源或不确定性因素进行重点监控的基础上，从质量一致性的角度研究影响质量偏差增大、分布范围广的可能因素。在实际加工过程中，过程误差之间的耦合作用对加工质量的影响是变化的，为了提高高端装备关键零件的加工质量一致性，下面给出几种分析策略：

(1) 分析其他已完成工件某工序的分布范围，偏离该分布范围的作为分析识别目标，对引起质量波动较大的输入误差进行监控。

(2) 包络图发散，即多工序加工过程的误差源对加工质量的影响不稳定，造成由加工工况要素和前序质量特征等误差因素的变动引起加工质量预测值分布范围增大，需要消除或控制对质量影响敏感的误差因素。

(3) 包络图超差，说明某些异常误差因素的耦合作用在特定条件下对质量产生单一方向的影响，造成后续质量超差，需分析引起超差的潜在耦合因素，重点监控。

(4) 包络图收敛，说明造成加工质量变化的误差因素得到有效控制，是一种理想的多工序加工状态。

通过分析包络图的演变规律，给出多工序加工过程的预测性控制策略，从而在最终质量特性未加工前消除可能导致最终质量偏差较大的潜在和不确定性误差因素，提高质量的一致性。

5.3.4　案例分析

1. 案例描述

飞机起落架外筒零件的深孔是重要的装配基面和工作表面，需要保证其最终质量符合质量要求，而外圆特征作为外筒零件加工的重要基准决定了深孔特征的加工精度。本节以 3.3.1 节描述的飞机起落架外筒零件的外圆特征多工序精度演变加工过程为研究对象，验证本章提出的多工序加工精度演变预测方法的有效性。图 3-27 给出了该外筒零件的二维图和各加工特征的编码。该零件外圆加工的关键技术规范要求如表 5-1 所示。此外，该零件的深孔特征的质量要求包含直径、同轴度、最小壁厚和粗糙度等参数的质量要求，它们的公称要求分别是 $\phi 122\mathrm{H8}_{0}^{+0.063}$ mm、0.03mm、6.75mm 和 $Ra0.2$。

表 5-1　外圆特征演变过程的技术规范要求

工序	加工特征	基准	质量特征	公称要求
30	MFF050001/MFF060001（车外圆基准 C1、D1）	—	QF050101/QF060101（直径）	$\phi 140^{0}_{-0.1}$
75	MFF050002/MFF060002（车外圆基准 C2、D2）	MFF050001/MFF060001	QF050201/QF060201（直径）	$\phi 138^{0}_{-0.05}$
			QF050202/QF060202（圆度）	0.04
95	MFF050003/MFF060003（车外圆基准 C3、D3）	MFF050002/MFF060002	QF050301/QF060301（直径）	$\phi 137^{0.4}_{0.3}$
190	MFF050004/MFF060004（车外圆基准 C4、D4）	MFF050003/MFF060003	QF050401/QF060401（直径）	$\phi 136.5^{0.05}_{0}$
			QF050402/QF060402（圆度）	0.02
210	MFF050005/MFF060005（车外圆基准 C5、D5）	MFF050004/MFF060004	QF050501/QF060501（直径）	$\phi 136^{0.4}_{0.35}$
			QF050502/QF060502（圆度）	0.02

采用传感监测设备在线采集零件多工序加工过程中的工况数据和质量数据，采集一个生产批次中 15 件外筒零件深孔加工过程中的机床、刀具和夹具等加工要素的加工工况和基准质量特征误差，如附录 D 所示，从而建立预测训练样本矩阵 **TS**，为实现加工质量在线预测和多工序加工精度演变预测提供数据基础，以验证本章所提方法的有效性。将外圆特征加工工序中的加工特征和加工要素抽象为节点，根据它们之间的基准关系、演变关系和加工关系绘制单向连接线，形成完整的误差传递网络。在此基础上，抽象加工特征的质量特征为节点，以 5.2.1 节中的网络构建流程，形成赋值型加权误差传递网络的拓扑结构。在此基础上，对网络中的质量特征节点和加工要素节点的公称要求和公差进行赋值，形成如图 5-14 所示的赋值型加权误差传递网络拓扑结构。

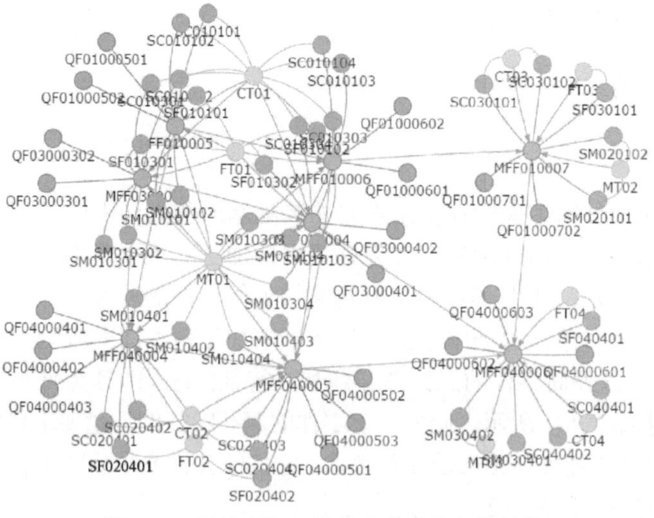

图 5-14　赋值型加权误差传递网络拓扑结构

2. 基于增量学习 LS-SVM 的工序质量实时预测

根据前述的基于增量学习 LS-SVM 的加工质量实时预测步骤，首先以该外筒零件车外圆工序为研究对象，对车外圆基准特征(MFF050005/MFF060005)的直径进行质量预测。通过建立的外圆多工序加工的赋值型加权误差传递网络，提取加工特征 MFF050005/MFF060005(车外圆 C、D)的影响因素，分别是 MFF050004/MFF060004(车外圆 C、D)、MFF010004(车右端面)和加工要素 MT03(HTC-125490a 数车)、FT05(斜面卡爪)、CT29(车刀 24)等，进而提取各加工特征和加工要素对应的质量特征与工况要素，从而建立车外圆 MFF050005/MFF060005 工序的赋值网络，在此基础上，形成描述质量特征和工况要素的耦合关系子网络，如图 5-15 所示。

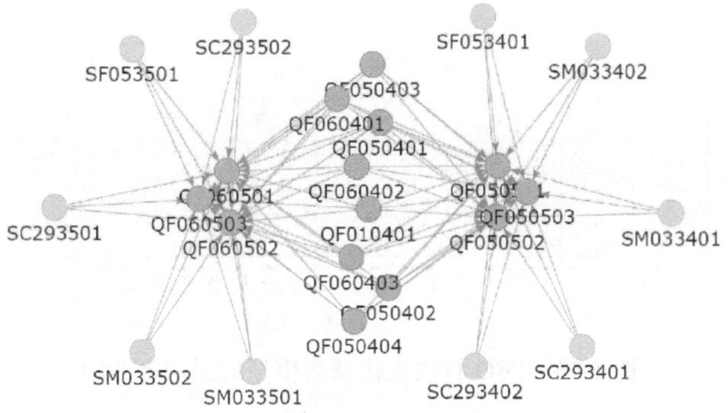

图 5-15　质量特征与工况要素耦合关系图

基于图 5-15 中的节点耦合关系，映射单工序加工质量预测模型的输入/输出关系，采用 LS-SVM 对输入/输出关系进行回归学习，随着不同工件深孔加工的不断进行，对车外圆直径进行预测。由于在模型训练的过程中需要大量的求解运算，分别利用 MATLAB 在矩阵求解方面和 Java 在逻辑运算方面的优势，开发了基于 Java 和 MATLAB 的求解程序。该求解程序的图形界面将在 6.3.6 节中进行展示，其具体实现过程如下：

(1) 对由工况数据和质量数据组成的训练数据与测试数据进行归一化处理，将所有数据归一化到范围[0,1]。

(2) 在开始回归预测之前，采用 PSO 算法对采用径向基核函数的 LS-SVM 的超参数γ和σ进行优化，PSO 算法的参数设置如下：初始粒子种群数量取为 30，最大迭代次数为 300 次，设置学习因子 $c_1=c_2=2$，初始权重 w_0 设置为 1 且根据迭代次数线性地降至0.1，粒子的最大更新速度设置为1000，一次不敏感损失函数 $\varepsilon=0.001$，采用留一交叉验证作为适应值，并记忆个体和群体所对应的最佳适应值的位置。

(3) 初始化，$t=2$。以第 1 件零件样本训练 LS-SVM 回归预测模型，如图 5-16

所示，曲线为每次迭代过程中粒子的最小适应度获得训练样本最优适应度的收敛曲线。从图 5-16 中可以看出，在开始的几次迭代中，适应度曲线显著降低且适应度值趋于稳定，这表明粒子群使超参数快速收敛于最优解，得到γ_1和σ_1，根据高斯径向基核函数的计算公式求解$\boldsymbol{\Omega}(1)$，随着加工工件数量的不断增加，基于附录 D 的加工过程数据对不同阶段预测模型的超参数进行优化，得到γ_t和$\boldsymbol{\Omega}(t)$，最终得到如表 5-2 所示的不同阶段预测模型的超参数优化解。

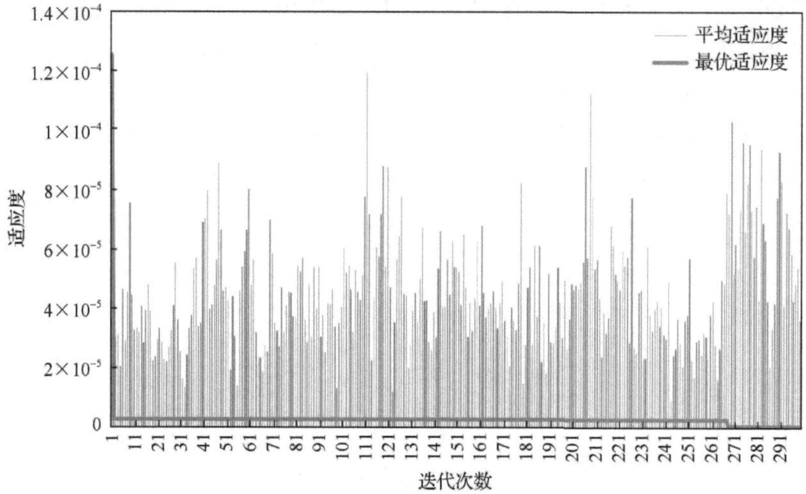

图 5-16　PSO 算法优化预测模型的适应度曲线

表 5-2　不同阶段车外圆 C 工序预测模型的超参数最优解及模型预测性能

工件数量	超参数		模型评价		测试误差
	γ	σ	S_k	M	
1	1282.575	4.1292	0.9278	0.9327	0.075
2	2131.7575	4.1162	0.9539	0.9432	0.0292
3	4777.8705	4.1108	0.9404	0.9423	0.0477
4	3477.6634	4.1191	0.1757	0.816	0.041
5	1996.1003	4.1717	0.9783	0.8462	0.01
6	1308.5061	4.1527	0.9673	0.8652	0.0173
7	3193.3662	4.1334	0.2997	0.817	0.0241
8	3781.0138	4.1426	0.9745	0.8352	0.0245
9	2556.2417	4.1432	0.9667	0.8489	0.0176
10	1149.402	4.1536	0.9697	0.8602	0.0155
11	241.2703	4.1121	0.9278	0.8666	0.017
12	901.314	4.1442	0.9539	0.8735	0.0292
13	893.1569	4.1441	0.964	0.8802	0.0277
14	950.3371	4.1805	0.6179	0.8679	0.021
15	618.0966	4.1727	0.9783	0.8748	0.010

(4) 根据公式 $\boldsymbol{U}(t)=\boldsymbol{\Omega}(t)+\gamma_t^{-1}\boldsymbol{I}$ 求解不同阶段回归预测模型的矩阵 $\boldsymbol{U}(t)$ 及其逆矩阵 $\boldsymbol{P}(t)$。利用附录 D 所示的数据实现矩阵 $\boldsymbol{U}(t)$ 及其逆矩阵 $\boldsymbol{P}(t)$ 的求解。在此基础上，分别根据式(5-24)和式(5-25)计算 $b(t)$ 和 $\boldsymbol{\alpha}(t)$，从而获得描述粗镗深孔加工过程中深孔直径与影响其质量因素之间的非线性误差传递关系的 LS-SVM 回归预测模型。

(5) 分别将附录 D 所示的正在加工外筒零件的深孔加工特征加工过程中机床、刀具、夹具等加工要素的服役状态和基准约束质量特征及演变质量特征等前序质量特征的相对误差作为测试数据，根据式(5-20)预测深孔孔径误差 $y(x_{t+1},t+1)$，将当前加工工件的加工质量数据对比预测数据从而检测最终预测结果的精度，以提出的两个指标误差吻合度 S_k 和模型成熟度 M 评测模型的性能。

(6) 表 5-3 分别给出了模型评价的两个指标及测量训练误差。图 5-17 给出了车外圆直径预测误差与实际加工误差之间的预测偏差随工件加工数量不断增加时的变化曲线。在该型工件的开始加工阶段，训练数据较少造成预测误差整体较大且误差值波动较大，随着工件加工数量的增加，其预测偏差值的波动趋于稳定且预测偏差值不断降低。由图 5-18 所示的车外圆直径的预测模型误差吻合度和成熟度指标可以看出，当已加工工件的数量达到 11 时，其预测模型的成熟度达到了 86%，在此基础上可以对深孔直径的最终质量进行多工序预测。

表 5-3　3 道工序的直径质量预测模型的超参数及预测性能

加工特征	超参数		模型评价		测试误差
	γ	σ	S_{14}	M	
MFF060005(车外圆 D)	618.0966	4.1727	0.9783	0.8748	0.01
MFF050005(车外圆 C)	1000	0.0742	0.9881	0.9572	0.0031
MFF120004(珩磨深孔)	94.1704	1.034	0.9977	0.9903	0.002

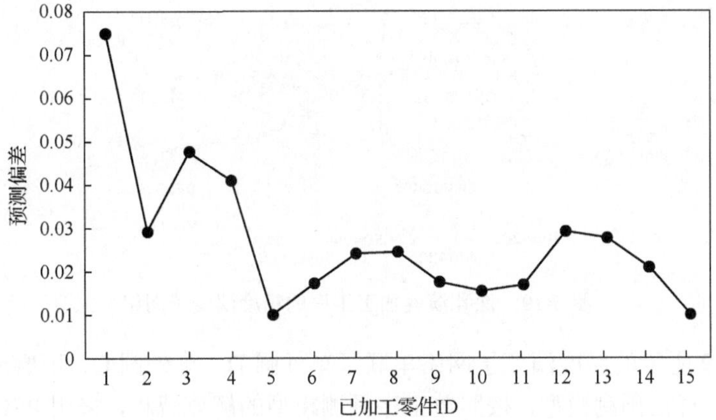

图 5-17　车外圆 D 直径的单工序预测模型运行结果

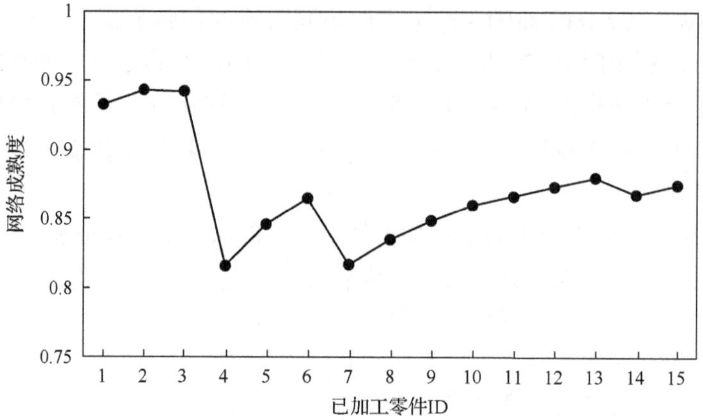

图 5-18　车外圆 D 直径的单工序预测模型成熟度

3. 基于多工序加工质量预测包络图的加工精度演变预测及分析

通过分析外筒零件的加工工艺可知，在车外圆工序的基础上，以外圆面作为定位基准对外筒零件的深孔进行最后的精加工，从而达到深孔特征最终的质量要求。因此，基于前述对车外圆直径的加工质量预测，本节将起落架外筒零件的深孔直径作为最终控制目标，基于前 14 个已完成工件，对第 15 个工件的最终质量进行多工序预测。首先，基于建立的赋值型误差传递网络，根据加工特征的精度演变过程，搜索与外圆特征和深孔直径关联的相关节点，构建包含质量特征和工况要素两类节点的精度演变子网络，如图 5-19 所示。

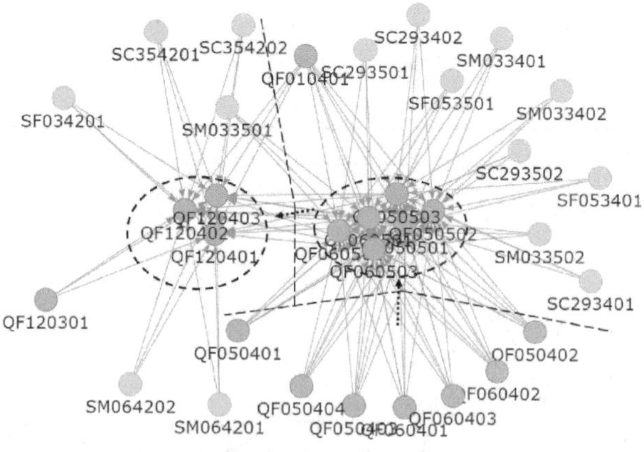

图 5-19　深孔演变加工工序的精度演变子网络

图 5-19 所示的精度演变子网络串联了车外圆 D、车外圆 C、珩磨深孔等 3 道工序的深孔直径预测模型，按照单工序预测模型的解算流程，采用 PSO 算法对采用径向基核函数的 LS-SVM 的超参数 γ 和 σ 进行优化，PSO 算法的参数设置如下：

初始粒子种群数量取为 30，最大迭代次数为 300 次，设置学习因子 $c_1= c_2=2$，初始权重 w_0 设置为 1 且根据迭代次数线性地降至 0.1，粒子的最大更新速度设置为 1000，一次不敏感损失函数 $\varepsilon=0.001$，采用留一交叉验证作为适应值，以获得的最优超参数训练各个工序的 LS-SVM 回归预测模型。表 5-3 给出了已完成的 14 个工件的“粗镗-精镗-珩磨”3 道工序的直径质量预测模型的超参数及预测性能。

图 5-20 分别给出了完成 14 个工件的车外圆工序和珩磨深孔工序的预测偏差及预测模型的成熟度分布图。从图 5-20 中可以看出，车外圆 C 工序的预测偏差在可控范围内小幅波动，由于工件 8 的预测偏差增大，车外圆 C 工序的单工序预测模型的成熟度大幅降低，但随着工件加工数量的不断增加，其单工序预测模型的成熟度不断趋于稳定，训练精度不断提高。而珩磨深孔工序的预测偏差随着工件加工数量的增加迅速趋于稳定，反映到模型上，则是其预测模型的成熟度不断增大。珩磨深孔工序的单工序预测模型的成熟度较高，当加工到第 14 个工件时其预测模型的成熟度趋于稳定。因此，车外圆 C 直径和珩磨深孔直径的单工序预测模型可以用于深孔直径演变的多工序加工质量预测，达到了为多工序加工质量控制提供控制依据的目的。

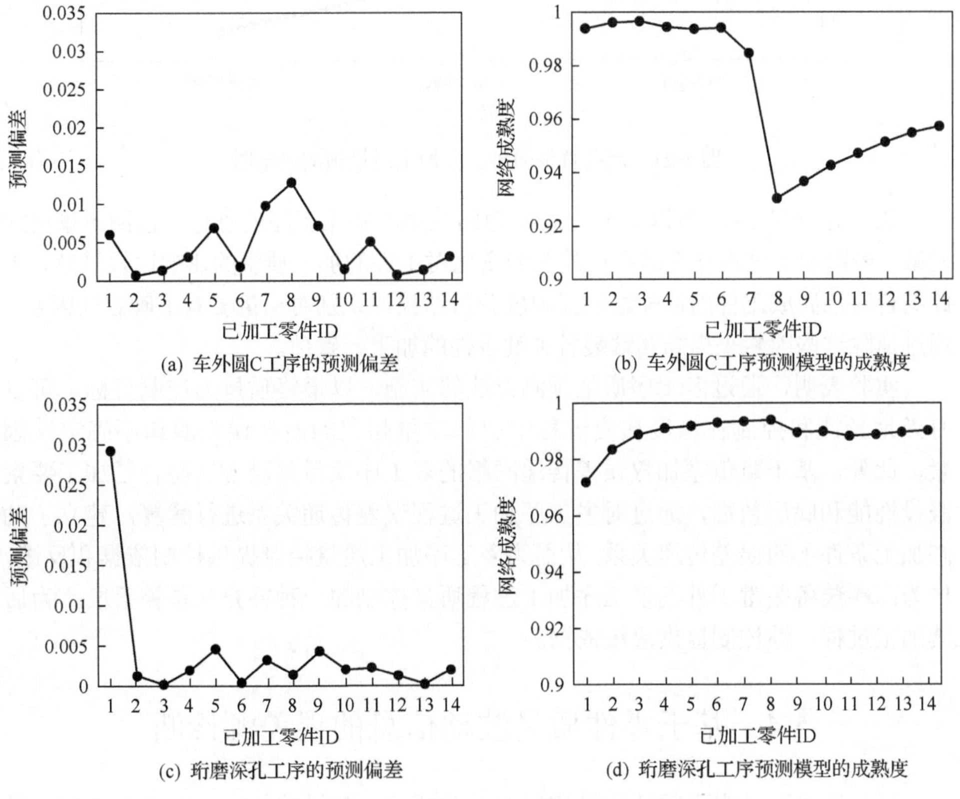

(a) 车外圆C工序的预测偏差　(b) 车外圆C工序预测模型的成熟度

(c) 珩磨深孔工序的预测偏差　(d) 珩磨深孔工序预测模型的成熟度

图 5-20　工序质量预测模型运行结果

在完成车外圆 D、车外圆 C 和珩磨深孔 3 道工序预测模型的基础上，进行多工序预测，即对珩磨深孔的直径进行预测，基于图 5-12 给出的多工序加工质量预测模型的解算流程，运行珩磨深孔直径的多工序质量预测模型。基于附录 D 中的数据，选取与预测值相邻的工件的加工过程数据作为输入，对车外圆 C 的直径进行预测，分别得到预测值。在此基础上，分别以上述三个预测值相邻质量数据的工件的加工过程数据作为输入数据，对珩磨深孔直径的工序进行预测，最终绘制如图 5-21 所示的多工序加工质量预测包络图。

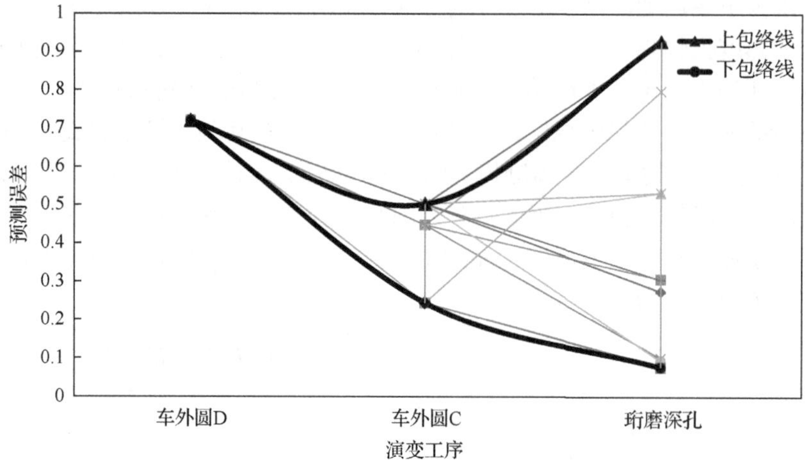

图 5-21　深孔直径的多工序加工质量预测包络图

通过分析图 5-21 可以看出，上/下包络线随着加工工序的进行，预测质量更加发散，表明加工过程存在潜在误差源的变化对工件的加工质量的影响比较敏感，因此结合对已完成工件的误差波动灵敏度分析结果，识别对质量影响不确定的因素，通过消除这些因素来提高高端装备关键零件的加工一致性。

实验表明，通过多工序质量预测方法的实施，以最终质量为控制目标，可以有效地预测和控制在精度演变过程中引起质量超差的潜在误差源和不确定性因素。此外，基于赋值型加权误差传递网络的多工序质量预测方法整合了加工要素服役性能和底层数据，通过对多工序加工过程误差传递关系进行解算，建立了动态加工条件下的误差传递关系，从而为多工序加工质量控制提供控制依据和反馈，作为高端装备关键零件的多工序加工过程质量控制的一种补充和预警手段，为后续加工过程反馈控制提供决策依据。

5.4　基于零件质量波动信息的误差源诊断

误差源诊断是实现闭环质量控制的关键环节，其目的是辨识出加工过程中导致误差波动异常或质量问题的根本原因，从而为过程调整提供依据。本节针对小批量加工过程质量样本数据少且无法估计其分布规律的问题，提出融合零件切削区域内质量波动信息的误差源诊断方法，在切削区域内沿着切削进给方向均匀测量若干个位置的加工误差并绘制相应的质量特性运行图(run chart)，通过识别质量特性运行图的异常波动模式并将其作为误差源诊断的线索，最后采用信息融合理论聚合多个异常波动模式提供的证据进行误差源诊断。本节采用的主要理论和算法包括模糊支持向量机(fuzzy support vector machine, FSVM)、遗传算法、集合论和证据理论(evidence theory)等。

加工误差是由“工件-工序流-机床-刀夹具”多工序工艺系统中各元素的误差以及由切削力、切削热和振动等物理现象导致的误差相互耦合的结果，同时还可能受到工艺方法和工艺参数的影响。一个质量问题可能由多个误差源相互作用产生，同时一个误差源可能导致多个质量特性值异常波动，如深孔镗削过程中刀具磨损可能导致深孔直径的均值偏移，也可能导致直径标准差的改变。误差源诊断的目的是减少或消除工序过程的异常因素，使加工过程处于只受偶然因素影响的状态，控制加工误差在允许的范围内波动。工艺系统各种元素之间的这种非线性耦合使得加工过程质量异常的误差源诊断十分困难。误差源诊断在本质上属于模式识别问题，其基本思路是根据加工过程异常的征兆信息识别相应的误差源。这里的异常征兆通常指加工误差的异常波动模式，但在小批量加工过程中无法获取足够的样本信息来监测异常征兆的出现，有限的质量特性观测值只能从总体上反映加工误差是否合格，不能反映加工过程中质量特性的波动状况。因此，质量事故往往在毫无征兆的情况下发生，不仅导致加工质量难以保证，而且使得误差溯源难以进行。另外，在获得的样本信息非常有限的情况下，如何确定征兆信息与误差源之间的不确定性映射关系也是小批量加工过程误差源诊断的关键问题之一。

复杂难加工零件存在着结构复杂、几何尺寸大和材料难加工等特点，导致这类零件的加工时间长、切削区域面积大，加工过程的不稳定因素通常反映在切削区域内不同位置的加工误差上，而且其加工工序通常有多个关键质量特性需要保证。当加工过程不受异常因素影响时，每个质量特性在切削区域内不同位置的测量值服从正态分布。如果在切削区域内沿某一方向按一定间隔在多个位置进行测量并将获得的多个观测值按顺序绘制成质量特性运行图，则可能出现反映加工过程的误差波动状况。所以，多个位置测量的质量特性运行图的波动模式能够为误差溯源提供有力的证据，而且可解决控制图需要大量样本观测值的问题。在同一切削区域内多点测量可能导致不同位置的测量值之间存在自相关性并可能在运行图上显示出异常模式，这对运行图的异常模式识别提出了更高的要求。另外，一个误差源可能导致多个质量特性异常波动，一个质量特性的异常波动可能由多个误差源共同导致，因此单独依据某个质量特性运行图的异常波动模式进行误差溯源可能导致诊断结果相互冲突。因此，如何融合多个运行图异常模式提供的信息从而消除证据冲突，是基于零件切削区域质量波动信息的误差源诊断的另一个关键问题。

基于上述分析，本节提出基于零件切削区域质量波动分析和信息融合的复杂难加工零件小批量加工过程误差源诊断方法，将零件多个质量特性在切削区域内的误差波动信息作为误差源诊断的征兆和证据，通过融合多个质量特性运行图异常模式提供的证据进行误差溯源。该方法实现的逻辑框架如图 5-22 所示，基于零件切削区域质量波动信息的误差溯源的实现流程包括三个步骤。

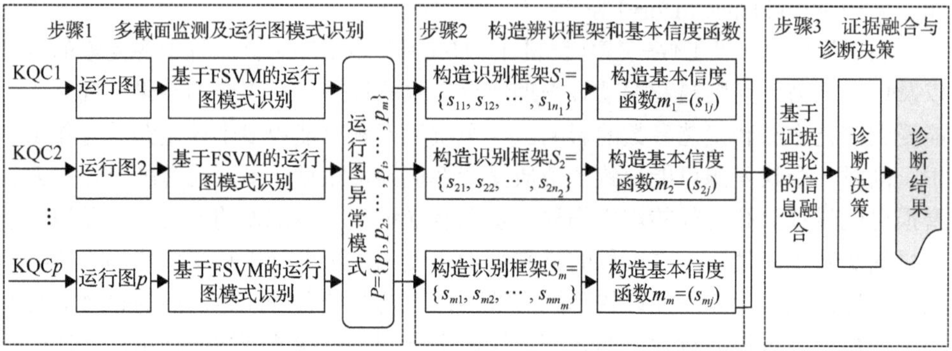

图 5-22　基于多截面测量运行图异常模式识别和信息融合的误差源诊断框架

步骤 1　在当前工序的零件切削区域内沿着加工过程的进给方向等距离测量每个关键质量特性的误差，并按测量顺序绘制质量特性加工误差运行图，然后采用混合核模糊支持向量机(FSVM with a hybrid kernel function)分别对每个关键质量特性运行图进行模式识别。

步骤 2　根据历史数据和工艺知识确定每个运行图异常模式可能的误差源，即误差源辨识框架，然后采用判断矩阵法和信息熵法确定在各运行图异常模式下每个潜在误差源的基本信度函数。

步骤 3　将每个运行图异常模式及其对应的辨识框架作为误差源诊断的证据，采用证据理论将多个证据信息进行融合，得到每个潜在误差的最终信度函数以消除多个证据之间的冲突，最后根据证据理论的决策规则确定导致质量问题的根本原因。

5.4.1　基于混合核模糊支持向量机的运行图模式识别

1. 切削区域内质量特性运行图的构造

切削区域内质量特性运行图是指沿着切削进给方向在切削区域内多个位置均匀采集质量特性值并按数据采集的时间顺序绘制的运行图，用于直观反映切削区域内的加工误差波动状况。下面以深孔镗削工序为例介绍质量特性运行图的构造过程，具体步骤如下：

步骤 1　沿着轴线进给方向在多个截面上均匀测量 n 个样本点(图 5-23)，每个样本点在圆周方向测量多个观测值，并依次计算每个样本的均值作为其观测值。

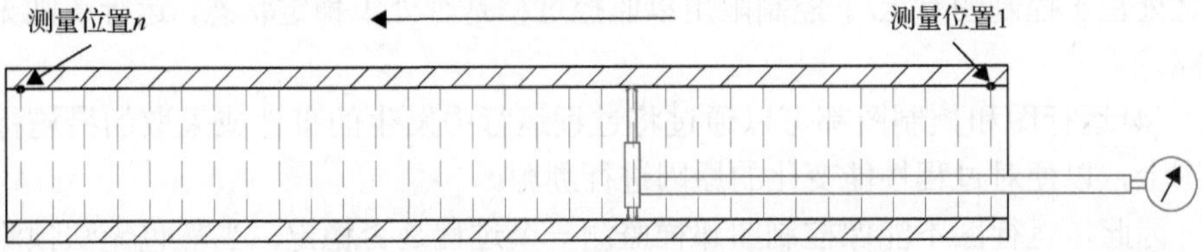

图 5-23　深孔镗削过程多截面测量示意图

步骤 2　按测量顺序绘制质量特性运行图，横轴代表时间顺序，纵轴代表质量特性值。

步骤 3　根据 n 个样本的观测值计算其中位数，并根据中位数绘制运行图的中心线。

步骤 4　将质量特性的上/下规格限(双边公差限)或规格限(单边公差限)绘制到运行图上，切削区域内质量特性运行图绘制完成。

将样本的中位数作为中心线主要基于两个原因[106]：①中位数提供了一个参考以期望有 1/2 的样本值分别位于中心线的上方或下方；②中位数不受样本数据的极值影响。另外，在采用基于概率的规则解释一个运行图时也需要中位数作为参考。当加工过程包含多个关键质量特性时，可根据以上步骤分别绘制每个质量特性相应的运行图。某深孔镗削过程直径运行图的实例如图 5-24 所示。

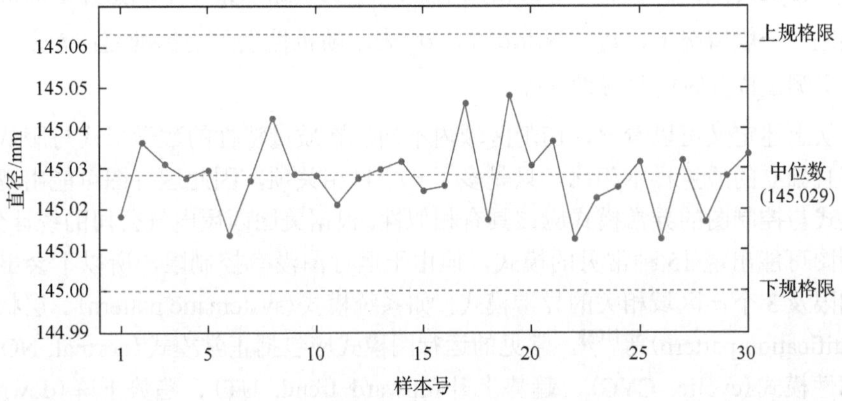

图 5-24　某深孔镗削过程直径运行图的实例

从上述定义可以看出，运行图和控制图之间的区别包括以下几个方面：

(1) 运行图按时间顺序显示过程性能，控制图则通过样本数据的统计量监测过程性能是否处于稳定状态。

(2) 运行图不需要前期的判稳阶段，而控制图需要前期的判稳阶段，然后才能用于过程监控。

(3) 控制图和运行图都是按数据采集的时间顺序绘制样本统计量的时序图，不同之处在于控制图有上/下控制限用以监控过程是否处于稳定状态，运行图则无此功能。

(4) 运行图和控制图都可以通过将过程运行中发生的事件或采取的措施标注到图上，以便对过程性能变化的原因进行溯源。

因此，运行图不能像控制图那样监测一个过程是否稳定，当然也无法预测过程将来的性能。这里只是借助切削区域不同位置质量特性运行图直观地反映加工过程受非随机因素影响的效果，并把运行图的异常模式作为过程误差源诊断的征兆信息和线索。当绘制出多个质量特性运行图之后，关键的问题是如何快速自动地识别出运行图的波动模式是否正常，从而为误差溯源提供有力的证据。

2. 常见的运行图模式

同一切削区域内不同位置的质量特性值存在自相关性并受到随机因素的干扰。由于制造过程中加工误差之间通常呈现一阶自相关(AR(1))关系[107]，因此切削区域内不同位置质量特性值的数学形式可描述为

$$x_k = \mu + \phi(x_{k-1} - \mu) + \varepsilon_k + d_k \tag{5-26}$$

式中，x_k表示工序质量特性在第 k 个测量位置的观测值；μ表示工序受控状态下质量特性的均值；ϕ表示一阶自相关系数；ε_k表示加工第 k 个测量位置时的随机性误差，一般情况下，$\varepsilon_k \sim \mathrm{N}(0,\sigma_\varepsilon)$，$\sigma_\varepsilon$表示随机性误差的标准差；$d_k$表示加工第 k 个测量位置时的系统性误差。

从上述定义可以看出，切削区域内不同位置质量特性的数学形式与服从正态分布且独立的质量样本相比，只是多了一个自相关项，因此运行图可能出现的异常模式与控制图的异常模式应该具有相似性。根据美国西屋电气公司的统计分析，控制图可能出现 15 种常见的模式，但由于运行图没有控制限，所以不会出现与控制限及 3 个σ区域相关的异常模式，如系统模式(systematic pattern)、层状模式(stratification pattern)等[108]。常见的运行图模式应包括正常模式(normal, NOR)、周期性模式(cyclic, CYC)、趋势上升(upward trend, UT)、趋势下降(downward trend, DT)、向上阶跃(upward shift, US)和向下阶跃(downward shift, DS)等 6 种模式。它们的数学描述如下：

(1) 正常模式

$$d_k = 0 \tag{5-27}$$

(2)周期性模式

$$d_k = a\sin(2\pi k / \Omega) \tag{5-28}$$

式中，a 表示周期性波动的赋值；Ω 表示波动周期。

(3)趋势上升、趋势下降模式

$$d_k = \pm \rho sk \tag{5-29}$$

式中，ρ 表示在趋势出现前为 0，趋势出现后为 1；s 表示上升或下降的斜率；正、负号分别代表上升模式和下降模式。

(4)向上、向下阶跃模式

$$d_k = \pm vr \tag{5-30}$$

式中，v 表示在阶跃前为 0，阶跃后为 1；r 表示阶跃幅度；正、负号分别代表向上阶跃和向下阶跃。

由此可以看出，识别运行图模式的关键在于识别 d_k 的变化规律。由于受到随机因素及异常样本点的干扰，当前模式的特征可能被随机噪声或异常点掩盖而表现为其他模式。因此，实现精确的运行图模式识别的关键是提取出波动模式的代表性特征并设计出性能优越的识别器。作为新一代的机器学习方法，SVM 在模式识别、函数估计等问题中表现出优异的性能，而模糊集理论在处理不精确问题方面具有明显的优势。这里将模糊集理论和 SVM 相结合，采用 FSVM 实现运行图的模式识别，为误差溯源提供证据信息。

3. 运行图模式特征提取

把运行图的形状特征和统计特征作为分类器的输入，不仅可以减少分类器的处理时间，而且可以提高模式识别的精度。在常见的统计特征和文献[109]提出的形状特征的基础上，这里提出了四个不依赖于运行图样本点数量和样本分布参数的形状特征和统计特征，另外选择运行图拟合直线的斜率[109]和歪斜度作为候选的输入特征。这些候选特征的数学描述如下。

(1)拟合直线的斜率(slope of fitted-line, 记为 s)：采用最小二乘法对运行图拟合得到的直线描述了模式的线性趋势。当运行图模式为正常模式或周期性模式时，拟合直线的斜率近似等于 0，所以它可以把正常模式/周期性模式与趋势模式/阶跃模式区分开。另外，拟合直线的斜率还可以区分趋势上升/向上阶跃模式与趋势下降/向下阶跃模式。

(2)运行图与中值线的平均交点数(average number of the intersections between a pattern and median-line, 记为 $\mathrm{ani_m}$)：运行图与中值线的平均交点数等于运行图与中值线交点数和样本数的比值。当运行图为正常模式时，$\mathrm{ani_m}$ 值较大；当运行图出现周期性模式时，ani_m 值为中间大小；当运行图呈现趋势或阶跃模式时，ani_m 值最小。

(3) 运行图与拟合直线的平均交点数(average number of the intersections between a pattern and fitted-line，记为 ani_f)：运行图与拟合直线的平均交点数等于运行图与拟合直线交点数和样本数的比值。当运行图为正常模式或出现周期性模式时，ani_f 的值较大；当运行图出现趋势模式或阶跃模式时，ani_f 值小，因此它可以把正常模式/周期性模式与趋势模式/阶跃模式区分开。

(4) 歪斜度(skew)：歪斜度是一个描述样本数据的对称性的统计指标。当运行图为正常模式时，它的歪斜度接近于 0，所以该特征可以把正常模式与其他模式区分开。歪斜度的计算公式为

$$\text{skew} = \frac{\sum_{i=1}^{N}(x_i - \bar{x})^3}{N\sigma^3} \tag{5-31}$$

式中，N 表示样本数；x_i 表示第 i 个样本值；$\bar{x}$ 表示样本均值，这里以样本的中位数代替；σ 表示样本标准差。

(5) 后半段中值变异系数(coefficient of median variation at later stage，记为 cv_m)：后半段中值变异系数等于运行图后半阶段的样本中位数与所有样本中位数的比值。当运行图为正常模式或周期性模式时，cv_m 值近似等于 1；当运行图出现趋势模式或阶跃模式时，cv_m 值大于或小于 1，其计算公式为

$$cv_m = \frac{x_{0.5}^{L}}{x_{0.5}} \tag{5-32}$$

式中，$x_{0.5}$ 表示样本中位数；$x_{0.5}^{L}$ 表示样本后半段的中位数，即集合 $\left\{x_{N/2+1}, x_{N/2+2}, \cdots, x_N\right\}$ 的中位数，N 表示样本数。

(6) 后半段标准差变异系数(coefficient of standard deviation variation at later stage，记为 cv_s)：后半段标准差变异系数等于后半段样本的标准差与所有样本标准差的比值。与 cv_m 一样，当运行图为正常模式或周期性模式时，cv_s 值近似等于 1；当运行图出现趋势模式或阶跃模式时，cv_s 值大于或小于 1，其计算公式为

$$cv_s = \frac{\sqrt{\frac{2}{N}\sum_{i=N/2}^{N}(x_i - \bar{x})^2}}{\sigma} \tag{5-33}$$

式中，N 表示样本数；x_i 表示第 i 个样本值；$\bar{x}$ 表示样本均值，以样本中位数代替；

σ 表示样本标准差。

4. 基于混合核 FSVM 的运行图模式识别

1) FSVM 的基本原理

给定一个带有模糊隶属度的分类样本集 $T=\{(\boldsymbol{x}_1,y_1,\mu_1),\cdots,(\boldsymbol{x}_i,y_i,\mu_i),\cdots,(\boldsymbol{x}_m,y_m,\mu_m)\}$，其中，$(\boldsymbol{x}_i,y_i,\mu_i)$ 表示样本的描述，且 $\boldsymbol{x}_i\in\mathbb{R}^n$；$y_i$ 表示 $\boldsymbol{x}_i$ 的类别标签，且 $y_i=\{+1,-1\}$；μ_i 是样本 $\boldsymbol{x}_i$ 属于类别 y_i 的隶属度，且 $0<\mu_i\leqslant 1\ (i=1,2,\cdots,m)$。FSVM 的目的是求解一个最优分类超平面，把带有模糊隶属度的两类样本分开，而且使两类样本的分类间隔最大。最优分类超平面的数学描述为

$$\boldsymbol{w}^{\mathrm{T}}\cdot\phi(\boldsymbol{x})+b=0 \tag{5-34}$$

式中，$\boldsymbol{w}$ 表示回归系数矩阵；$\phi(\boldsymbol{x})$ 表示一个把向量 $\boldsymbol{x}$ 映射到高维特征空间的非线性变换，即 $\phi(\boldsymbol{x})\colon\mathbb{R}^n\to\mathbb{R}^{n_h}$；$b$ 表示分类平面的偏差项。求解最优超平面的问题可以转化为求解 $\boldsymbol{w}$ 和 b 的最优化问题：

$$\begin{aligned}&\min_{\omega,b,\xi}\quad \frac{1}{2}\boldsymbol{w}^{\mathrm{T}}\boldsymbol{w}+C\left(\sum_{i=1}^{m}\mu_i\xi_i\right)\\&\text{s.t.}\quad y_i\left[\boldsymbol{w}^{\mathrm{T}}\cdot\phi(\boldsymbol{x}_i)+b\right]\geqslant 1-\mu_i\xi_i,\quad \xi_i>0,i=1,2,\cdots,m\end{aligned} \tag{5-35}$$

式中，C 表示惩罚参数；ξ_i 表示松弛变量。

通过引入拉格朗日乘子，将上述问题转换为其对偶问题：

$$\begin{aligned}&\max_{\alpha}\quad \sum_{i=1}^{m}\alpha_i-\frac{1}{2}\sum_{i=1}^{m}\sum_{j=1}^{m}\alpha_i\alpha_j y_i y_j K(\boldsymbol{x}_i,\boldsymbol{x}_j)\\&\text{s.t.}\quad \sum_{i=0}^{n}y_i\alpha_i=0,\ 0\leqslant\alpha_i\leqslant\mu_i C,\quad i=1,2,\cdots,m\end{aligned} \tag{5-36}$$

式中，α_i 和 α_j 表示非负的拉格朗日乘子；$K(\boldsymbol{x}_i,\boldsymbol{x}_j)$ 表示满足 Mercer 条件的核函数，用于代替高维空间中的向量内积运算，即 $K(\boldsymbol{x}_i,\boldsymbol{x}_j)=\phi(\boldsymbol{x}_i)^{\mathrm{T}}\cdot\phi(\boldsymbol{x}_j)$。

对式(5-36)进一步求解，可得 FSVM 的分类函数：

$$f(\boldsymbol{x})=\operatorname{sgn}\left\{\sum_{i=1}^{k}y_i\alpha_i^{*}K(\boldsymbol{x}_i\cdot\boldsymbol{x})+b^{*}\right\} \tag{5-37}$$

式中，α_i^{*} 表示最优分类超平面对应的拉格朗日乘子，对应拉格朗日乘子大于 $0\,(\alpha_i^{*}>0)$ 的训练样本称为支持向量；b^{*} 表示最优分类超平面对应的偏差项。

2) 基于混合核 FSVM 的运行图模式识别流程

运行图模式识别是一个典型的多分类问题，而混合核 FSVM 只能处理两分类问题。为了解决多分类问题，一些学者提出了多种有效的解决方法，这些多分类方法包括一对多分类(one-against-all, OAA)法、一对一分类(one-against-one, OAO)法和有向无环图分类(direct acyclic graph, DAG)法[110, 111]。Hsu 和 Lin[112]对这三种多分类方法的性能进行了比较研究，结果显示，尽管 OAA 法和 DAG 法需要的两分类器数量比 OAO 法少，但是它们的串行分类策略可能会导致连锁的分类错误。因此，选择 OAO 法作为基于混合核 FSVM 的运行图模式识别器的分类策略，对于 6 种常见的运行图模式，需要构造的一对一分类器数量为 $N_c = C_6^2 = 6\times(6-1)/2 = 15$ 个。具体的分类过程如图 5-25 所示。首先对样本数据进行特征提取并分别输入相应的一对一混合核 FSVM 分类器进行分类；然后根据每个一对一分类器的分类结果进行投票统计每个运行图模式的得票数；最后通过比较，得票数最多的模式即最终识别的运行图模式。

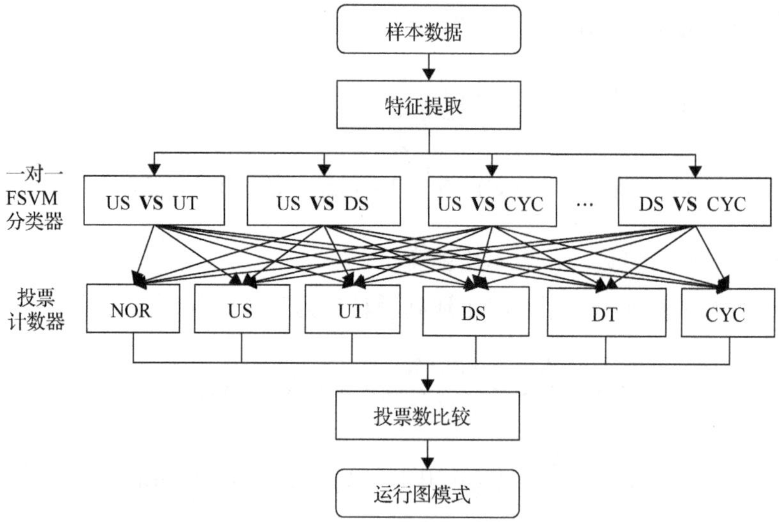

图 5-25　基于混合核 FSVM 的运行图模式识别流程

3) 模糊隶属度计算

由于训练样本中可能存在异常点，所以直接根据样本点到所属类别聚类中心的距离计算模糊隶属度不够准确。为此，结合由训练样本构造的经典 SVM 的分类超平面进行每个样本的模糊隶属度，具体步骤如下：

步骤 1　根据训练样本构造经典 SVM，并利用得到的分类器对训练样本进行预分类。

步骤 2　根据训练样本分别计算两类样本的聚类中心。为了消除异常样本的影响，从训练样本中选择属于同一类且被经典 SVM 正确分类的样本，即 $f(\boldsymbol{x}_i)\cdot y_i > 0$，

分别计算两个分类的聚类中心。聚类中心的计算公式为

$$\boldsymbol{x}_o = \frac{1}{N}\sum_{i=1}^{N}\boldsymbol{x}_i \tag{5-38}$$

式中，N 表示用于计算聚类中心的样本数。

步骤 3　根据每个样本与聚类中心和分类超平面的距离计算其模糊隶属度，计算公式如下：

$$\mu_i = \begin{cases} 1-\dfrac{d(\boldsymbol{x}_i)}{r+\delta}, & d(\boldsymbol{x}_i) \leqslant D \\ \left(1-\dfrac{r}{r+\delta}\right)\cdot \mathrm{e}^{-(d(\boldsymbol{x}_i)-D)}, & d(\boldsymbol{x}_i) > D \end{cases} \tag{5-39}$$

式中，μ_i 表示样本 $\boldsymbol{x}_i$ 的模糊隶属度；$d(\boldsymbol{x}_i)$ 表示样本 $\boldsymbol{x}_i$ 与聚类中心之间 $\boldsymbol{x}_o$ 的距离，$d(\boldsymbol{x}_i)=\|\boldsymbol{x}_i-\boldsymbol{x}_o\|$；$r$ 表示样本的聚类半径，$r=\max\|\boldsymbol{x}_i-\boldsymbol{x}_o\|$；$\delta$ 表示大于 0 的极小值，这里取 0.1；D 表示聚类中心与分类超平面之间的距离。

4）核函数选择

SVM 的分类性能在很大程度上依赖于核函数及其参数的选择，而核函数的选择又与拟解决的问题相关。为了避免核函数选择不合适而影响分类性能，采用由常见核函数线性组合而成的混合核函数。由于高斯径向基核函数和多项式核函数在非线性分类问题中展现出优异的泛化性能和学习能力[113]，混合核函数定义为这两个核函数的线性组合：

$$K_h = \beta(\boldsymbol{x}_i\cdot\boldsymbol{x}_j+1)^d + (1-\beta)\exp\left(-\gamma\|\boldsymbol{x}_i-\boldsymbol{x}_j\|^2\right) \tag{5-40}$$

式中，β 表示混合核函数的线性组合系数；d 表示多项式核函数的阶次；γ 表示高斯基核函数的宽度参数，其决定核函数的径向作用范围。

5）基于遗传算法的输入特征与参数优化

在保证输入特征能清楚描述各个运行图模式特征的前提下，减小输入特征的数量可以减少分类器处理的数据量，从而保证在不损失识别精度的情况下提高模式识别的速度。因此，对候选输入特征集进行优化以确定一个精简的且保证识别精度的输入特征向量对提高模式识别算法的性能有重要意义。同时，混合核函数的参数 β、d、γ 及混合核 FSVM 的惩罚参数 C 也需要进行优化。输入特征集优化的本质是确定各候选特征选择与否的组合优化问题，而核函数参数及惩罚参数的优化是连续优化问题，因此选择对组合优化问题和连续优化问题均有全局搜索能力的遗传算法对输入特征集和混合核 FSVM 的超参数同时进行优化。

(1)染色体编码和适应度函数。

根据输入特征优化和超参数优化的特点，选择实数编码方法，如图 5-26 所示，染色体的前 4 位依次表示 4 个超参数 β 、d、γ 和 C，后 6 位分别表示 6 个候选输入特征的选择与否。为了表示候选输入特征的选择与否，将后 6 位的基因值限定在 0～1，如果一个基因位的值小于 0.5，则表示不选择对应的候选输入特征；反之，如果基因位的值大于或等于 0.5，则表示选择对应的候选输入特征。

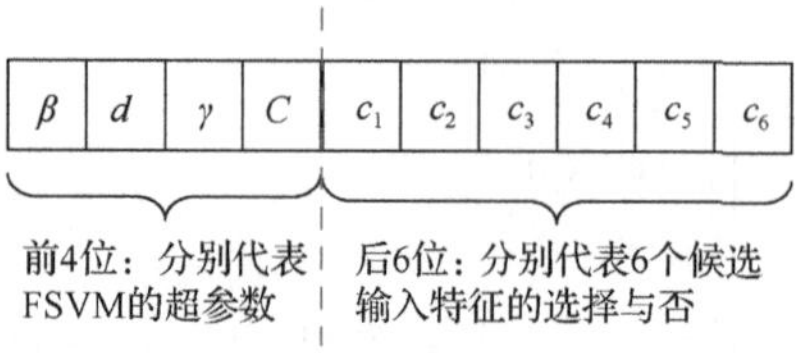

图 5-26　染色体编码方案

适应度函数定义为根据每个染色体对应的超参数和输入特征集训练得到的混合核 FSVM 分类模型的识别精度，其数学描述为

$$f = \frac{N_c}{N_t} \times 100\% \tag{5-41}$$

式中，N_c 表示测试集中被正确识别的样本数；N_t 表示测试集中的样本总数。

(2)优化过程。

基于遗传算法的输入特征集和超参数优化流程如图 5-27 所示，具体包括五个步骤。

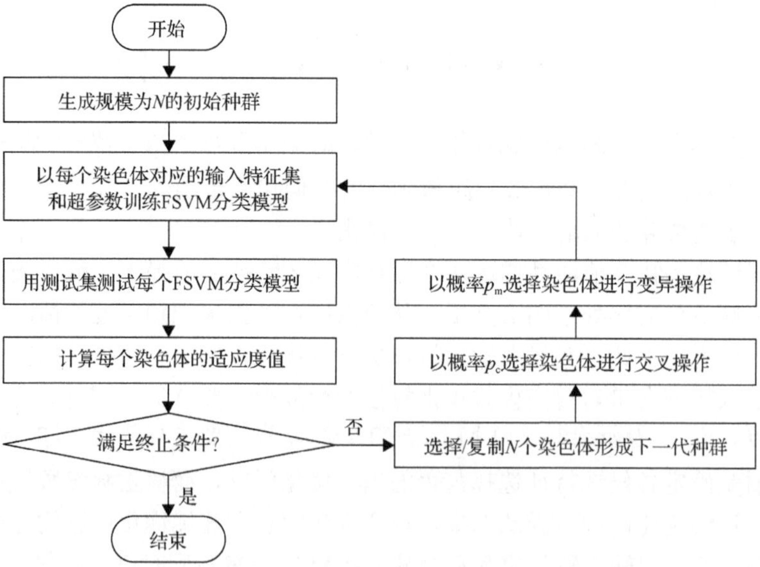

图 5-27　基于遗传算法的输入特征集和超参数优化流程

步骤 1　按照上述编码规则随机生成 N 个染色体形成初始种群。为了避免生成的初始种群太稀疏而影响算法的收敛速度，可以给每个超参数制定一个合适的搜索范围。

步骤 2　采用训练样本分别训练以每个染色体对应的输入特征集和超参数定义的混合核 FSVM，得到 N 个混合核 FSVM 分类模型(每个模型包含 15 个 FSVM 分类器)。

步骤 3　用测试集分别验证 N 个混合核 FSVM 分类模型，从而得到每个染色体的适应度值。

步骤 4　判断是否满足终止条件，如果满足终止条件则优化过程结束；如果不满足终止条件则转入步骤 5。这里，终止条件考虑两种情况：一是如果当前的迭代计算次数超过预定的最大迭代次数 D，则算法终止；二是如果最大适应度值在 $0.05D$ 个迭代区间内始终保持一个相对稳定的值，则算法终止。

步骤 5　执行遗传操作以形成下一代种群。首先，以每个染色体的适应度作为它被选中的依据，采用轮盘赌的方式从当前种群中重复选择 N 次，并以每次选中的染色体形成新一代种群；接着，以概率 p_c 从形成的新一代种群中选择染色体进行交叉操作；然后，以概率 p_m 从新一代种群中选择染色体进行变异操作；最后，转到步骤 2。

由于染色体采用的是实数编码规则，这里采用线性交叉算子[114]进行交叉操作。假设进行交叉的两个父染色体分别为 $P_1=\{p_1^1,p_2^1,\cdots,p_i^1,\cdots,p_n^1\}$ 和 $P_2=\{p_1^2,p_2^2,\cdots,p_i^2,\cdots,p_n^2\}$，通过线性交叉得到的两个子染色体分别为

$$c_i^1=\lambda p_i^1+\frac{(1-\lambda)}{2}p_i^2 \tag{5-42}$$

$$c_i^2=\lambda p_i^2+\frac{(1-\lambda)}{2}p_i^1 \tag{5-43}$$

式中，c_i^1 表示第 1 个子染色体中第 i 个基因位的值；c_i^2 表示第 2 个子染色体中第 i 个基因位的值；p_i^1 表示第 1 个父染色体中第 i 个基因位的值；p_i^2 表示第 2 个父染色体中第 i 个基因位的值；λ 表示线性交叉因子，实验结果显示，它的取值范围为[1.2, 1.5]比较合适。

变异操作采用高斯变异算子[115]，它的基本原理是把变异基因位的值变为一个服从正态分布的数。假设 $P=\{p_1,p_2,\cdots,p_i,\cdots,p_n\}$ 是需要变异的染色体，$C=\{c_1,c_2,\cdots,c_i,\cdots,c_n\}$ 是相应的变异后的染色体，变异基因位的值可表示为

$$c_i=p_i+r_i,\quad r_i\sim \mathrm{N}(0,\sigma_i) \tag{5-44}$$

式中，i 表示变异的基因位数；r_i 表示服从均值为 0 的高斯分布的随机数；σ_i 表示

r_i 的标准差，σ_i 表示可根据变异基因位对应变量的取值范围定义，即

$$\sigma_i = \frac{\max_i - \min_i}{6} \tag{5-45}$$

式中，$\max_i$ 表示变异基因位对应变量的上边界；$\min_i$ 表示变异基因位对应变量的下边界。

为了避免种群早熟及收敛于局部最优的问题，采用基于适应度的自适应调整策略确定交叉概率 p_c 和变异概率 p_m，使适应度高的个体具有低的交叉概率和变异概率，有助于算法的收敛，使适应度低的个体具有高的交叉概率和变异概率，避免其收敛于局部最优。

5.4.2 构造诊断辨识框架和质量函数

1. 构造诊断辨识框架

定义 5.1 误差源是指工艺系统、测量系统和环境因素中可能导致加工误差异常波动的各组成部分，误差源对加工误差的影响以某种程度反映在零件的加工误差值上。工艺系统中的误差源包括机床各部件、刀具、夹具和工件等对加工误差有影响的几何误差、运动误差、磨损、变形误差、装夹误差等因素；测量系统的误差源包括仪器精度、测量方法和测量条件等。此外，还有工艺方法和工艺参数等误差源。

定义 5.2 诊断辨识框架(diagnostic discernment frame)是指导致质量特性异常波动的所有可能的误差源集合，如刀具磨损、夹具松动等，辨识框架中的每个元素代表一种诊断假设。

将质量特性运行图的异常波动模式集合定义为

$$P = \{p_1, p_2, \cdots, p_i, \cdots, p_m\} \tag{5-46}$$

式中，p_i 表示第 i 个运行图异常波动模式；m 表示运行图异常波动模式的数量。异常波动模式 p_i 对应的诊断辨识框架定义为

$$S_i = \{s_{i1}, s_{i2}, \cdots, s_{ij}, \cdots, s_{in_i}\} \tag{5-47}$$

式中，s_{ij} 表示第 i 个异常波动模式对应的第 j 个可能的误差源；n_i 表示第 i 个异常波动模式对应的潜在误差源的数量。依据单个异常波动模式 p_i 的误差源诊断结果是 S_i 的一个子集，S_i 的所有子集组成的集合称为 S_i 的幂集，记为 $\Omega(S_i)$。

每个异常波动模式的诊断辨识框架可以由质量管理人员或工艺专家根据工程知识与历史数据分析得到。理论上，工艺系统的每个元素，即人(human)、机床(machine)、材料(material)、测量(measurement)和环境(environment)都有可能是

误差源，但有些影响因素如温度、湿度等在一段时间内相对比较稳定，对加工误差的影响可以忽略不计。为了减小计算的复杂度以提高误差源诊断的效率，主要的误差影响因素如刀具磨损、夹具误差和机床误差等作为独立的误差影响因素，其他次要的误差影响因素统一视为随机因素或不确定因素。因此，诊断辨识框架中主要包括两类元素：一类是机床误差、刀具磨损和夹具误差等因素，它们是辨识框架的主要元素；另一类是与生产过程相关的因素，如工人技能、材料批次变化等。是否把某个误差源作为辨识框架的元素要根据具体的加工信息确定。例如，在发生质量事故的时间段内没有工人轮换也不存在超负荷加班的情况下，可以认为工人原因导致质量问题的可能性非常小，可以忽略；否则应该把工人因素作为诊断辨识框架的一个元素。

2. 构造基本信度分配函数

基本信度分配(basic belief assignment, BBA)函数，也称为质量函数(mass function)，是证据不确定性的载体，得到质量事故误差源的证据(运行图异常模式)后，如何确定这些证据对各个目标(误差源)的支持程度，即根据运行图的异常波动模式构造潜在误差源的基本信度分配函数，是运用证据理论进行信息融合的另一个关键问题。在基于证据推理进行误差源诊断的过程中，基本信度分配函数表示某个特定的异常波动模式出现时，支持某个潜在误差源是根本原因的可信度。异常波动模式 p_i 赋予辨识框架 S_i 的基本信度可定义为一个向量，即

$$M_i = [m_i(s_{i1}), m_i(s_{i2}), \cdots, m_i(s_{ij}), \cdots, m_i(s_{in_i})] \tag{5-48}$$

式中，$m_i(s_{ij})$ 表示异常波动模式 p_i 出现时，潜在误差源 s_{ij} 的基本信度。

基本信度分配函数是对目标假设可信程度的一种人为判断，这种判断受各种因素的影响，不同的思想可以构造不同的基本信度分配函数，这里采用一种常用的基于相关系数的基本信度分配函数构造方法[116]。

1)确定相关系数

误差源诊断中的相关系数指一个异常波动模式与潜在误差源之间的相关度。首先通过判断矩阵(judgment matrix)法[117]确定异常波动模式 p_i 出现时所有潜在误差两两之间的相对可能性，然后根据判断矩阵计算异常波动模式与潜在误差源直接的相关系数。具体步骤如下：

步骤 1　确定潜在误差源的相对可能性。根据工程知识和历史数据确定异常波动模式 p_i 出现时所有潜在误差源$\{s_{i1}, s_{i2}, \cdots, s_{ij}, \cdots, s_{in_i}\}$两两之间的相对可能性。相对可能性采用定量标度法描述，各标度值的含义如表 5-4 所示。第 j 个误差源与第 k 个误差源之间的相对可能性定义为 $r_{i,jk}$（$j=1,2,\cdots,n_i$，$k=1,2,\cdots,n_i$），n_i 个

潜在误差源两两比较形成一个 n_i 阶判断矩阵 $\boldsymbol{R}_i=[r_{i,jk}]_{n_i\times n_i}$，根据 $r_{i,jk}$ 的定义可知，$r_{i,jj}=1$ 且 $r_{i,jk}>0$。

表 5-4　误差源相对可能性的标度值含义

标度值	两故障源可能性相比
1	两者可能性相当
3	前者比后者可能性稍大
5	前者比后者可能性明显大
7	前者比后者可能性大很多
9	前者比后者可能性极其大
2，4，6，8	介于以上两种情况中间
以上各数倒数	两故障源可能性反向比较

步骤 2　计算判断矩阵 $\boldsymbol{R}_i$ 的最大特征根，并根据式(5-49)对判断矩阵进行一致性检验，如果不满足一致性条件则需要对判断矩阵进行适当调整，直到其通过一致性检验。

$$\mathrm{CR}=\frac{\mathrm{CI}}{\mathrm{RI}} \tag{5-49}$$

式中，CR 表示一致性比率，如果 CR 小于 0.1，则认为判断矩阵满足一致性条件；CI 表示一致性指数，它的值可以通过式(5-50)进行计算；RI 表示平均随机一致性指标，它的值与判断矩阵的阶次有关，具体可参考文献[117]。

$$\mathrm{CI}=\frac{\lambda_{\max}-n_i}{n_i-1} \tag{5-50}$$

式中，$\lambda_{\max}$ 表示判断矩阵 $\boldsymbol{R}_i$ 的最大特征根。

步骤 3　计算异常波动模式 p_i 与所有潜在误差源的相关系数。计算最大特征根 $\lambda_{\max}$ 对应的特征向量 $\boldsymbol{U}=[u_1,u_2,\cdots,u_j,\cdots,u_{n_i}]$ 并进行归一化处理，归一化之后的向量记为 $\boldsymbol{U}'=[u_1',u_2',\cdots,u_j',\cdots,u_{n_i}']$。向量 $\boldsymbol{U}'$ 的第 j 个元素 u_j' 定义为异常波动模式 p_i 与误差源 s_{ij} 之间的相关系数 c_{ij}，即 $c_{ij}=u_j'$。异常波动模式 p_i 出现时所有潜在误差源的相关系数可表示为一个向量，即

$$\boldsymbol{C}_i=[c_{i1},c_{i2},\cdots,c_{in_i}] \tag{5-51}$$

2) 构造基本信度分配函数

根据相关系数可构造异常波动模式 p_i 支持的潜在误差源 s_{ij} 的基本信度函数，

其计算公式如式(5-52)所示：

$$m_i(s_{ij}) = \frac{c_{ij}}{\sum_{j=1}^{n_j} c_{ij} + (1-R_i)(1-w_i)} \tag{5-52}$$

式中，R_i 表示运行图模式分类器识别结果为 p_i 时的可靠度；w_i 表示异常波动模式 p_i 的加权系数。其中，R_i 的计算公式如式(5-53)所示：

$$R_i = \frac{\mathrm{CR}_i}{\mathrm{CR}_i + \sum_{\substack{k=1 \\ p_k \neq p_i}}^{n_p} \mathrm{ICR}_{ik}} \tag{5-53}$$

式中，CR_i 表示运行图模式分类器对异常波动模式 p_i 的正确识别率；n_p 表示运行图模式分类器能够识别的模式数；ICR_{ik} 表示运行图模式分类器将其他模式 p_k 错误识别为异常波动模式 p_i 的比率。

通常情况下，认为每个运行图异常波动模式为误差源诊断所提供的证据是等价的，但从信息论的角度看，它们提供的信息量并不相等。因此，通过引入信息熵理论计算每个异常波动模式的权重，每个相关系数提供的信息熵定义为

$$H_i = -\sum_{j=1}^{n_i} c_{ij} \cdot \ln c_{ij} \tag{5-54}$$

式中，H_i 表示每个运行图异常波动模式 p_i 对应的相关系数提供的信息熵。由此，每个异常波动模式 p_i 的权重可定义为

$$w_i = \frac{(H_{\max} - H_i)(0.1 - \mathrm{CR}_i)}{\sum_{i=1}^{m} (H_{\max} - H_i)(0.1 - \mathrm{CR}_i)} \tag{5-55}$$

式中，w_i 表示第 i 个异常波动模式的权重；$H_{\max}$ 表示诊断辨识框架 S_i 中各潜在误差源与异常波动模式 p_i 的相关系数分布的最大信息熵，它的值等于 $\ln(n_i)$。由信息熵理论[118]可知，信息熵越小，相关系数分布蕴含的信息量越大，因此赋予其较大的权重。

异常波动模式 p_i 支持不确定性 S_i 的基本信度函数为

$$m_i(S_i) = 1 - \sum_{j=1}^{n_i} m_i(s_{ij}) \tag{5-56}$$

5.4.3 信息融合与诊断决策

由于各个异常波动模式对应的辨识框架可能不相同，当把所有的运行图异常波动模式提供的证据进行融合时，首先需要将所有异常波动模式对应的辨识框架进行融合。融合之后的辨识框架定义为

$$S_F = S_1 \cup S_2 \cup \cdots \cup S_i \cup \cdots \cup S_m = \left\{\bar{\omega}_1, \bar{\omega}_2, \cdots, \bar{\omega}_j, \cdots, \bar{\omega}_n\right\} \tag{5-57}$$

式中，S_F 表示融合之后的辨识框架，即误差源诊断的解空间；m 表示异常波动模式的数量；n 表示融合之后的辨识框架包含的潜在误差源的数量。辨识框架融合后，异常波动模式 p_i 赋予各潜在误差源 $\bar{\omega}_j$ 的基本信度函数为

$$m_i(\bar{\omega}_j) = \begin{cases} m_i(s_{ik}), & \bar{\omega}_j \in S_i, \bar{\omega}_j = s_{ik} \\ 0, & \bar{\omega}_j \notin S_i \end{cases} \tag{5-58}$$

辨识框架合并后，各异常波动模式 p_i 对不确定性的基本信度函数 $m_i(S_F)$ 保持不变，即

$$m_i(S_F) = m_i(S_i) \tag{5-59}$$

信息融合是基于证据推理进行误差源诊断的核心，通过融合各异常波动模式提供的证据信息产生一个新的综合信度函数。根据信息融合过程中是否考虑最近加工完成的工件切削区域质量特性运行图的波动模式所提供的证据（时域信息），面向误差源诊断的信息融合分为空域信息融合与时-空域(spatio-temporal)信息融合。

1. 空域信息融合

如果只考虑当前加工的单个工件的质量特性运行图波动模式提供的信息，则多个异常波动模式提供的证据信息的融合过程称为空域信息融合。

假设所有潜在的误差源互不相交，同时只有一个误差源发生故障。根据 Dempster-Shafer 的证据合成原理[119]，融合之后各潜在误差源的基本信度函数的计算公式为

$$m(\bar{\omega}_j) = \frac{\prod_{i=1}^{m} m_i(\bar{\omega}_j) + \sum_{i=1}^{m}\left[m_i(\bar{\omega}_j) \sum_{\substack{k=1 \\ k\neq i}}^{m} m_k(S_F) \right]}{1 - \sum_{i=1}^{n}\left[m_i(\bar{\omega}_j) \sum_{\substack{k=1 \\ k\neq i}}^{m} \sum_{\substack{p=1 \\ p\neq j}}^{n} m_k(\bar{\omega}_p) \right]} \tag{5-60}$$

相应的不确定性的信度函数为

$$m(S_F)=1-\sum_{j=1}^{n}m(\bar{\omega}_j) \tag{5-61}$$

在各误差源互不相交且一次只有一个误差源发生故障的假设下，误差源 s_j 的信度函数为

$$\mathrm{bel}(\bar{\omega}_j)=m(\bar{\omega}_j) \tag{5-62}$$

各潜在误差源的似真函数为

$$\mathrm{pls}(\bar{\omega}_j)=m(\bar{\omega}_j)+m(S_F) \tag{5-63}$$

2. 时-空域信息融合

工艺系统异常因素有时在出现一段时间之后才被监测出来或导致质量事故，异常因素导致的加工误差异常波动不仅反映在当前加工的工件上，而且在最近加工的工件上可能也有体现。因此，如果在信息融合时把最近加工的多个工件质量特性的波动模式提供的证据信息考虑进来，无疑会提高误差源诊断的准确性。这种把不同工件相同切削区域内质量特性运行图的异常波动模式提供的信息进行融合的方式称为时-空域信息融合。时-空域信息融合的原理如图 5-28 所示，首先将当前零件的质量特性运行图异常波动模式提供的信息进行融合，然后与最近加工零件积累的证据信息进行融合。

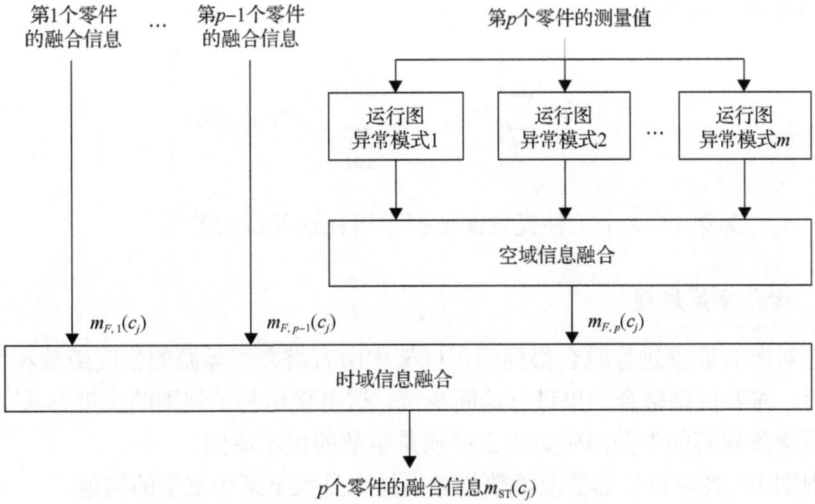

图 5-28　时-空域信息融合原理图

假设 $m_{F,p}(c_j)$，$m_{F,p-1}(c_j)$，…，$m_{F,1}(c_j)$ 分别表示第 p, $(p-1)$, …, 1 共 p 个工

件的所有质量特性运行图异常模式提供的信度函数，即各工件提供的空域信息的融合结果，采用加权平均法[120]对时域信息进行融合，其计算公式为

$$m_{\mathrm{ST}}(c_j) = m_{\cap}(c_j) + q(c_j) \cdot m_{\cap}(\Phi) \tag{5-64}$$

式中，$m_{\mathrm{ST}}(c_j)$ 表示时域信息融合后对潜在误差源 c_j 的信度函数；$m_{\cap}(c_j)$ 表示证据的交运算；$q(c_j)$ 表示证据对误差源 c_j 的加权平均支持程度；$m_{\cap}(\Phi)$ 表示证据之间的冲突概率。其中，$m_{\cap}(c_j)$ 的计算公式如式(5-65)所示：

$$m_{\cap}(c_j) = \prod_{i=0}^{p} m_{F,p-i}(c_j) + \sum_{i=0}^{p}\left[m_{F,p-i}(c_j) \sum_{\substack{k=0 \\ k\neq i}}^{p} m_{p-k}(\Theta) \right] \tag{5-65}$$

式中，$m_{p-k}(\Theta)$ 表示各工件提供的证据对不确定性的信度函数。

$q(c_j)$ 的计算公式为

$$q(c_j) = \sum_{i=0}^{p} \alpha_{p-i} m_{F,p-i}(c_j) \tag{5-66}$$

式中，α_{p-i} 为证据 $m_{F,p-i}$ 的权重，其定义为

$$\alpha_{p-i} = \frac{p+1-(p-i)}{(p+1)(p+2)} \tag{5-67}$$

$m_{\cap}(\Phi)$ 的计算公式为

$$m_{\cap}(\Phi) = \sum_{i=0}^{p}\left[m_{F,p-i}(c_j) \sum_{\substack{k=0 \\ k\neq i}}^{p} \sum_{\substack{l=1 \\ l\neq j}}^{n_{p-k}} m_{F,p-k}(c_l) \right] \tag{5-68}$$

式中，n_{p-k} 为第 $p-k$ 个工件提供的证据中潜在误差源的数量。

3. 诊断决策规则

在对所有证据进行融合得到辨识框架中所有潜在误差源的信度函数和似真函数之后，需要根据融合结果进行诊断决策。这里采用基于规则的决策方法[120]，满足下面 4 条规则的误差源确定为工序质量事故的根本原因。

规则 1　判定目标的信度函数值必须最大且大于某个规定的阈值。

规则 2　判定目标与其他潜在误差源的信度函数值之差必须大于规定的阈值。

规则 3　不确定的信度函数值必须小于规定的阈值。

规则 4　判断目标的信度函数值必须大于不确定的信度函数值。

通常很难找到设置规则 1～3 中阈值的准则。理论上可以通过历史数据或经验数据训练得到使正确识别率最大的阈值，但在小批量加工过程中很难找到足够多的学习样本。针对规则 1，提出了考虑潜在误差源数量和基准阈值的判断目标信度函数值阈值的计算公式，即

$$\theta_1 = \frac{n+2}{n} \times 0.3 \tag{5-69}$$

式中，n 为潜在误差源的数量；0.3 为基准阈值。由式(5-69)可知，当 $n=2$ 时；θ_1 的值最大，对应规则 2 的阈值最大为 0.2，以此确定规则 2 的阈值 $\theta_2=0.2$。另外，根据小概率事件原理，规则 3 的阈值 θ_3 设置为 0.05。除此之外，还可以选择一个稳健的准则，即判断目标的信度函数值大于其他潜在误差源的似真函数值。当上述这些规则不完全满足时，说明当前收集的证据不足以进行误差源诊断，需要补充其他的线索或证据。

5.4.4 案例研究与分析

1. 案例描述

以某型号飞机起落架外筒零件深孔浮动镗削工序为例，验证基于多源信息融合的误差源诊断方法。该工序的关键质量特征包括直径、圆度和同轴度，相应的公差范围为[0, 0.04]、[0, 0.02]和[0, 0.03]。由于外筒零件材料的超高强度和难加工性，加工过程中刀具磨损严重需要经常更换，从而加工过程处于不稳定状态，加工质量难以保证且误差溯源困难。根据历史经验，深孔镗削加工常见的形状误差问题主要表现为 6 种情况：内孔有锥度、出现台肩断面、内孔有鼓形、内孔呈椭圆状、内孔有弯曲和内孔圆度异常波动。上述 6 种形状误差问题反映到运行图上，分别对应如表 5-5 所示的异常波动模式。该外筒零件某次深孔浮动镗削加工后，质检结果显示深孔的圆柱度超差，采用本章提出的方法进行误差源诊断，具体诊断过程分为运行图模式训练及基于多源信息融合的误差溯源。

表 5-5　深孔镗削加工常见的形状误差问题及对应的运行图异常模式

序号	形状误差问题	运行图异常模式
1	内孔有锥度	直径运行图出现趋势上升或趋势下降模式
2	出现台肩断面	直径运行图出现向上阶跃或向下阶跃模式
3	内孔有鼓形	直径运行图出现周期性模式
4	内孔呈椭圆状	圆度运行图出现向上阶跃或向下阶跃模式
5	内孔有弯曲	直线度运行图出现趋势上升模式
6	内孔圆度异常波动	圆度运行图出现趋势上升或趋势下降模式

2. 基于混合核 FSVM 的运行图模式识别器训练

在生产实际中，除正常模式以外的其他 5 种异常波动模式都很难获得足够的训练样本，同时由于本书提出的运行图模式描述特征不依赖于质量特性的分布参数，所以通过仿真数据来验证提出的基于混合核 FSVM 的运行图模式识别方法的可行性和有效性，并实现对基于混合核 FSVM 的运行图模式识别器的训练。识别算法采用 MATLAB 编程实现，并以正确识别率(correct recognition rate, CRR)为评估指标。

1) 仿真数据生成

针对 19 个自相关系数($\phi=-0.9,-0.8,\cdots,-0.1,0,0.1,\cdots,0.8,0.9$)，分别采用蒙特卡罗(Monte-Carlo)法根据式(5-26)～式(5-30)生成一定数量的仿真数据，用于训练基于混合核 FSVM 的运行图模式识别器，相关参数的取值范围如表 5-6 所示。

表 5-6　生成仿真训练样本的相关参数

模式	数学公式	参数范围	每个模式中的质量特性数	样本数
NOR	$x_k=\mu+\phi(x_{k-1}-\mu)+\varepsilon_k$	$\mu=0$， $\sigma_\varepsilon=0.05$	30	500
UT	$x_k=\mu+\phi(x_{k-1}-\mu)+\varepsilon_k+sk$	$s\in\{0.05\sigma_\varepsilon,0.1\sigma_\varepsilon,0.15\sigma_\varepsilon,0.2\sigma_\varepsilon,0.25\sigma_\varepsilon\}$	30	300
DT	$x_k=\mu+\phi(x_{k-1}-\mu)+\varepsilon_k-sk$	$s\in\{0.05\sigma_\varepsilon,0.1\sigma_\varepsilon,0.15\sigma_\varepsilon,0.2\sigma_\varepsilon,0.25\sigma_\varepsilon\}$	30	300
US	$x_k=\mu+\phi(x_{k-1}-\mu)+\varepsilon_k+vr$	$r\in\{\sigma_\varepsilon,1.5\sigma_\varepsilon,2\sigma_\varepsilon,2.5\sigma_\varepsilon\}$， $v\in\{0,1\}$	30	240
DS	$x_k=\mu+\phi(x_{k-1}-\mu)+\varepsilon_k-vr$	$r\in\{\sigma_\varepsilon,1.5\sigma_\varepsilon,2\sigma_\varepsilon,2.5\sigma_\varepsilon\}$， $v\in\{0,1\}$	30	240
CYC	$x_k=\mu+\phi(x_{k-1}-\mu)+\varepsilon_k$ $-a\sin(2\pi k/\Omega)$	$a\in\{\sigma_\varepsilon,1.5\sigma_\varepsilon,2\sigma_\varepsilon,2.5\sigma_\varepsilon\}$， $\Omega\in\{6,7,8\}$	30	240

其中，趋势模式和阶跃模式的起始点范围设为[10, 15]，周期性模式的起始点范围设为[4, 10]，各参数在取值范围内服从均匀分布。生成的仿真数据集包括 500 个正常模式、300 个趋势上升和趋势下降模式、240 个向上阶跃、向下阶跃和周期性模式，每个模式包括 30 个质量特性值。数据集的 60%作为训练集，其余的 40%作为测试集。

仿真数据生成后，根据 5.4.1 节定义的特征提取方法分别提取了 6 种模式的统计特征和形状特征。图 5-29 显示了 $\phi=0.1$ 时不同波动模式的特征分布图，每种模式的第 1～3、5 个特征分布相对比较集中，而不同模式的特征分布相对比较分散；而第 4、6 个特征不能很好地区分这 6 种模式。

2) 参数设置

遗传算法的收敛速度和优化结果在很大程度上受到初始参数设置的影响。为了获得理想的优化结果，通过试错法确定相关参数的值及变量的取值范围，具体如表 5-7 所示。

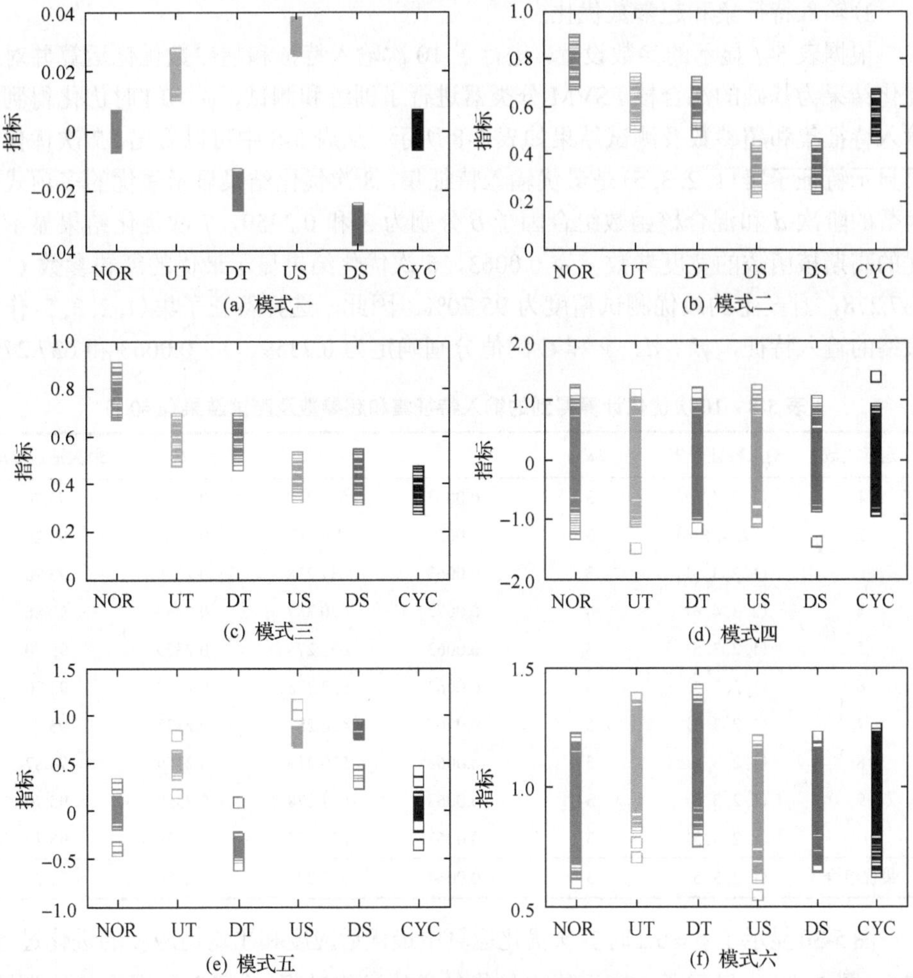

图 5-29　6 种运行图模式的特征分布图($\phi = 0.1$)

表 5-7　遗传算法的相关参数设置

参数	值或范围
最大迭代次数	$n_g = 100$
种群数量	$n_p = 50$
线性交叉因子	$\lambda = 1.25$
混合核函数组合系数	$\beta \in (0,1)$
多项式核函数阶次	$d \in [2,6]$
高斯核函数宽度参数	$\gamma \in (0,1)$
惩罚参数	$C \in [1, 2000]$

3)输入特征集和超参数优化

根据表 5-7 显示的参数设置，进行了 10 次输入特征和超参数优化运算并对以优化结果为基础的混合核 FSVM 分类器进行了训练和测试，$\phi = 0.1$时优化得到的输入特征集和超参数及测试结果如表 5-8 所示。从表 5-8 中可以看出，7 次优化结果显示特征子集(1, 2, 3, 5)是最优输入特征集，8 次优化结果显示最优的多项式核函数的阶次 d 和混合核函数组合因子 β 分别为 3 和 0.2359，7 次优化结果显示最优的高斯核函数的宽度参数 γ 为 0.0063，6 次优化结果显示最优的惩罚参数 C 为 637.278，且产生的最优测试精度为 95.70%。因此，选择特征子集(1, 2, 3, 5)作为最终的输入特征，β、d、γ 和 C 的值分别确定为 0.2359、3、0.0063 和 637.278。

表 5-8　10 次优化计算得到的输入特征集和超参数及测试结果(ϕ=0.1)

运行次数	输入特征子集	d	γ	C	β	最大适应度/%
1	(1, 2, 3, 5)	3	0.0063	637.278	0.2359	95.70
2	(1, 2, 4, 5, 6)	3	0.0039	139.05	0.3834	92.26
3	(1, 2, 3, 5)	3	0.0063	637.278	0.2359	95.70
4	(2, 3, 4, 6)	4	0.0072	670.387	0.2359	93.86
5	(1, 2, 3, 5)	3	0.0063	637.278	0.2359	95.70
6	(1, 2, 3, 5)	3	0.0063	637.278	0.2359	95.70
7	(1, 2, 3, 5)	5	0.0067	436.281	0.2325	93.79
8	(1, 2, 3, 6)	3	0.0063	570.219	0.2359	94.87
9	(1, 2, 3, 5)	3	0.0063	637.278	0.2359	95.70
10	(1, 2, 3, 5)	3	0.0063	637.278	0.2359	95.70
最优组合	(1, 2, 3, 5)	3	0.0063	637.278	0.2359	95.70

图 5-30 显示了$\phi = 0.1$时多次优化运算中最优适应度和平均适应度的进化过程。其中，图 5-30(a)显示了 5 次运行中最优结果的进化过程；为了确保图形的清晰性，图 5-30(b)只显示了第 1 次得到最优结果的优化运算中平均适应度的进化过

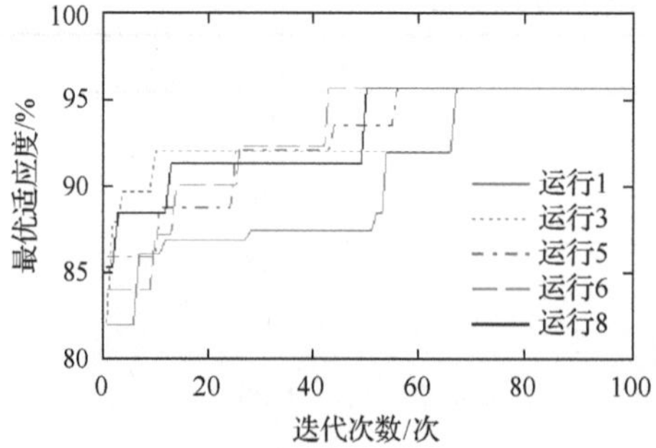

(a) 最优适应度进化过程

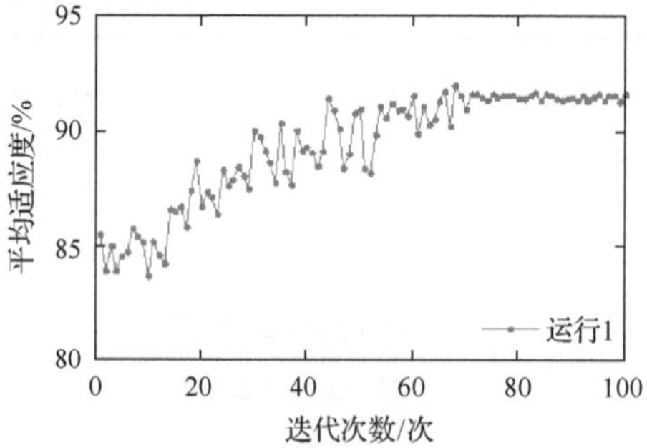

(b) 平均适应度进化过程

图 5-30　最优适应度和平均适应度的进化过程

程。进化结果显示，遗传算法在经过 70 次以内的迭代运算后能够收敛到输入特征集和超参数组合的全局最优解。最大适应度值从第 1 次迭代开始逐渐增加，经过 50～70 次迭代后不再增加；同样，平均适应度也在 70 次迭代运算后趋于稳定，说明得到的解接近全局最优解。

根据获得的最优输入特征集和超参数，重新训练和测试了 $\phi = 0.1$ 时的混合核 FSVM 运行图模式识别模型。测试结果如表 5-9 所示。训练得到的识别模型对正常模式(NOR)的正确识别率为 99%，对其他几种模式的正确识别率也在 93%以上，平均识别率为 95.70%。根据式(5-53)可计算训练的运行图模式识别器的可靠度，如表 5-10 所示，$\phi = 0.1$ 时训练的运行图模式识别器的平均可靠度为 0.9499。

表 5-9　基于混合核 FSVM 的运行图模式识别器的测试结果　(单位：%)

输入模式	识别模式						平均正确识别率
	NOR	UT	DT	US	DS	CYC	
NOR	99	0.5	0	0	0	0.5	95.70
UT	0	94.17	0	5.83	0	0	
DT	0.83	0	96.67	0	2.5	0	
US	0	4.17	0	95.83	0	0	
DS	1.04	0	5.21	0	93.75	0	
CYC	3.13	0	0	0	2.08	94.79	

表 5-10　基于混合核 FSVM 的运行图模式识别模型的可靠度(ϕ=0.1)

识别结果	NOR	UT	DT	US	DS	CYC
可靠度	0.9519	0.9528	0.9489	0.9427	0.9534	0.9499

图 5-31 显示了针对 19 个自相关水平质量特性运行图异常模式(不包含正常模

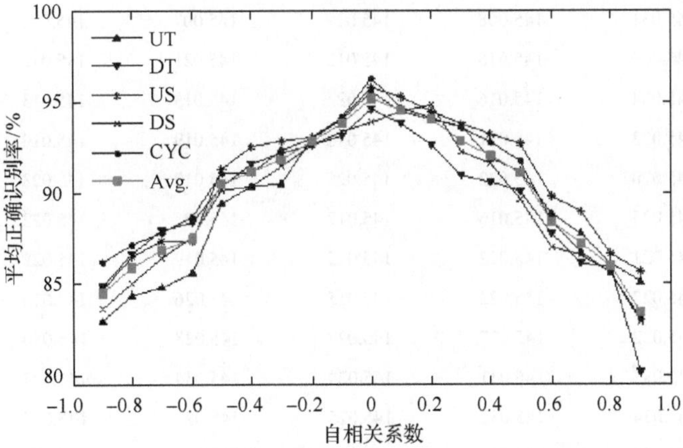

图 5-31　FSVM 识别器对不同回归系数运行图异常模式的正确识别率

式)的正确识别率。从图 5-31 中可以看出，随着自相关系数绝对值的增加，混合核 FSVM 对质量特性运行图异常模式的正确识别率逐步降低。当自相关系数的范围为[–0.5, 0.5]时，平均正确识别率保持在 90%以上；当自相关系数为[0.5, 0.9]或[–0.9, –0.5]时，平均正确识别率保持在 83%以上，说明训练的运行图异常模式识别器具有较好的性能。

3. 基于多源信息融合的误差源诊断

基于多源信息融合的误差源诊断过程包括五个步骤：

步骤 1　绘制基于多截面检测的深孔镗削质量特性运行图。为了反映深孔镗削过程加工误差的波动状况，对发生质量问题的工件沿深孔轴向方向依次等距离测量直径和圆度误差的 30 个样本，每个检测样本包含 5 个测量值，由于样本量较大，只列出了部分深孔直径的样本测量值，如表 5-11 所示；然后绘制相应的运行图，分别如图 5-32 和图 5-33 所示。

表 5-11　外筒零件深孔直径观测样本集　　（单位：mm）

序号	观测值 1	观测值 2	观测值 3	观测值 4	观测值 5	均值
1	145.020	145.021	145.011	145.011	145.032	145.019
2	145.026	145.011	145.017	145.017	145.021	145.018
3	145.005	145.011	145.020	145.021	145.024	145.016
4	145.021	145.012	145.023	145.030	145.011	145.020
5	145.018	145.001	145.025	145.013	145.014	145.014
6	145.010	145.024	145.017	145.018	145.015	145.017
7	145.014	145.018	145.009	145.016	145.023	145.016
8	145.018	145.013	145.013	145.006	145.015	145.013
9	145.036	145.024	145.011	145.014	145.020	145.021
10	145.031	145.008	145.029	145.007	145.006	145.016
11	145.009	145.016	145.013	145.021	145.015	145.015
12	145.034	145.016	145.022	145.013	145.013	145.020
13	145.023	145.021	145.018	145.019	145.010	145.018
14	145.020	145.022	145.025	145.017	145.023	145.021
15	145.025	145.016	145.017	145.023	145.022	145.021
16	145.021	145.022	145.015	145.019	145.022	145.020
17	145.022	145.022	145.015	145.026	145.016	145.020
18	145.032	145.027	145.027	145.028	145.030	145.029
19	145.033	145.031	145.024	145.034	145.027	145.030
20	145.034	145.032	145.025	145.025	145.025	145.028
21	145.031	145.023	145.035	145.016	145.027	145.026

续表

序号	观测值 1	观测值 2	观测值 3	观测值 4	观测值 5	均值
22	145.022	145.029	145.030	145.024	145.027	145.026
23	145.033	145.023	145.031	145.037	145.020	145.029
24	145.039	145.025	145.039	145.025	145.029	145.031
25	145.034	145.032	145.027	145.037	145.027	145.031
26	145.038	145.041	145.036	145.033	145.027	145.035
27	145.038	145.030	145.038	145.041	145.028	145.035
28	145.033	145.037	145.034	145.024	145.032	145.032
29	145.037	145.035	145.037	145.035	145.025	145.034
30	145.033	145.043	145.031	145.030	145.042	145.036

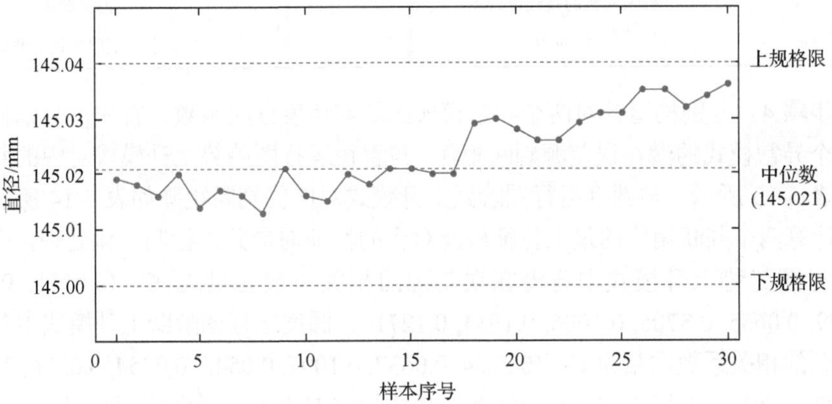

图 5-32　深孔直径运行图

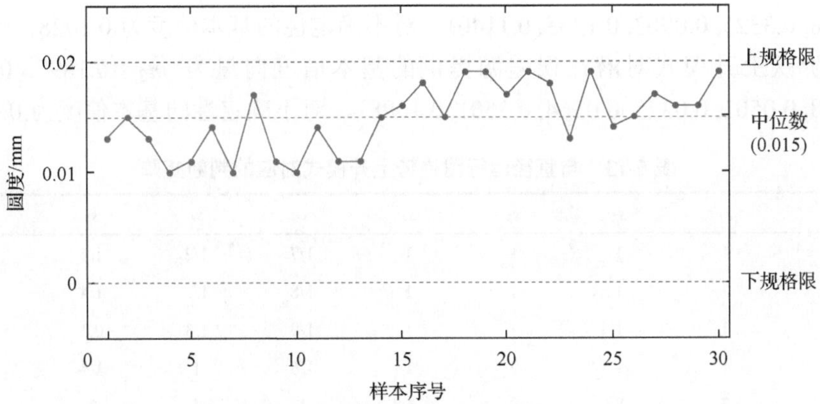

图 5-33　深孔圆度运行图

步骤 2　识别基于混合核 FSVM 的深孔质量特性运行图模式。采用 Minitab 软件分别对两个样本序列进行自相关分析，得到直径序列的自相关系数为 0.2007，圆度误差序列的自相关系数为 0.2894。依次采用 0 节训练的ϕ=0.2 和ϕ=0.3 时的模式识别器对深孔直径运行图和圆度运行图进行模式识别，结果显示深孔直径运行图出现趋势向上(UT)模式，圆度运行图出现阶跃上升(US)模式。

步骤 3　构造诊断辨识框架。质检人员和工艺人员首先根据过程信息排除人和环境因素导致质量问题的可能，然后根据历史数据和工艺知识构造诊断辨识框架，如表 5-12 所示。

表 5-12　深孔镗削误差源诊断辨识框架

序号	潜在误差源	序号	潜在误差源
s_1	机床主轴误差	s_5	导向套磨损
s_2	机床主轴和导轨之间的平行度误差	s_6	镗杆刚度
s_3	机床导轨的直线度误差	s_7	刀具磨损
s_4	内应力	s_8	上道工序的误差复映

步骤 4　分别构造针对两个异常模式的基本信度分配函数。首先，分别构造针对两个异常模式的潜在误差源判断矩阵。与直径运行图趋势上升模式对应的判断矩阵如表 5-13 所示，与圆度运行图阶跃上升模式对应的判断矩阵如表 5-14 所示。接着，计算两个判断矩阵的最大特征根及对应的特征向量并进行归一化处理，得到直径运行图趋势上升模式中各潜在误差源的相关系数向量为 $\boldsymbol{C}_1$=(0.0511, 0.0478, 0.0439, 0.0655, 0.3705, 0.1006, 0.1934, 0.1271)、圆度运行图阶跃上升模式中各潜在误差源的相关系数向量为 $\boldsymbol{C}_2$=(0.2064, 0.0637, 0.1097, 0.0546, 0.0354, 0.0396, 0.3810, 0.1097)。然后，根据式(5-52)计算两个异常模式对潜在误差源提供的基本信度值，其中直径运行图趋势上升模式提供的基本信度向量为 $\boldsymbol{m}_1$=(0.0459, 0.0428, 0.0394, 0.0588, 0.3325, 0.0903, 0.1735, 0.1140)，对不确定性的基本信度为 0.1028；圆度运行图阶跃上升模式对潜在误差源提供的基本信度向量为 $\boldsymbol{m}_2$=(0.1897, 0.0585, 0.1008, 0.0501, 0.0325, 0.0364, 0.3501, 0.1008)，对不确定性的基本信度为 0.0812。

表 5-13　与直径运行图趋势上升模式对应的判断矩阵

	s_1	s_2	s_3	s_4	s_5	s_6	s_7	s_8
s_1	1	1	1	1	1/7	1/2	1/4	1/2
s_2	1	1	1	1	1/8	1/2	1/4	1/3
s_3	1	1	1	1	1/9	1/3	0.2	1/3
s_4	1	1	2	1	1/6	1	1/4	1/2
s_5	7	8	9	6	1	4	2	3
s_6	2	2	2	2	1/4	1	1/2	1
s_7	4	4	4	3	1/2	2	1	2
s_8	2	3	3	2	1/3	1	1	1

表 5-14　与圆度运行图阶跃上升模式对应的判断矩阵

	s_1	s_2	s_3	s_4	s_5	s_6	s_7	s_8
s_1	1	3	2	4	6	5	1/2	2
s_2	1/3	1	1/2	1	2	2	1/6	1/2
s_3	1/2	2	1	2	3	3	1/4	1
s_4	1/4	1	1/2	1	2	1	1/8	1/2
s_5	1/6	1/2	1/3	1/2	1	1	1/9	1/3
s_6	1/5	1/2	1/3	1	1	1	1/9	1/3
s_7	2	6	4	8	9	9	1	3
s_8	1/2	2	1	2	3	3	1/4	1

步骤 5　进行信息融合与诊断决策。根据 D-S 证据合成规则将直径运行图趋势向上模式和圆度运行图阶跃向上模式提供的证据信息进行融合，融合后各潜在误差源的信度向量为 $\boldsymbol{m}$=(0.1140, 0.0428, 0.0626, 0.0460, 0.1469, 0.0513, 0.3956, 0.1111)，不确定性的信度为 0.0298，融合前后所有误差源的信度函数值如表 5-15 所示，对应的柱状图如图 5-34 所示。

表 5-15　信息融合后潜在误差源的信度函数值

	潜在误差源								不确定性 θ	诊断结果
	s_1	s_2	s_3	s_4	s_5	s_6	s_7	s_8		
$m_1(s_j)$	0.0459	0.0428	0.0394	0.0588	**0.3325**	0.0903	0.1735	0.1140	0.1028	不确定
$\mathrm{pls}_1(s_j)$	0.1487	0.1456	0.1422	0.1616	0.4353	0.1931	0.2763	0.2168	0.1028	
$m_2(s_j)$	0.1897	0.0585	0.1008	0.0501	0.0325	0.0364	**0.3501**	0.1008	0.0812	不确定
$\mathrm{pls}_2(s_j)$	0.2708	0.1396	0.1819	0.1313	0.1137	0.1176	0.4312	0.1819	0.0812	
$m(s_j)$	0.1140	0.0428	0.0626	0.0460	**0.1469**	0.0513	**0.3956**	0.1111	0.0298	s_7
$\mathrm{pls}(s_j)$	0.1438	0.0726	0.0924	0.0758	0.1767	0.0811	0.4254	0.1408	0.0298	

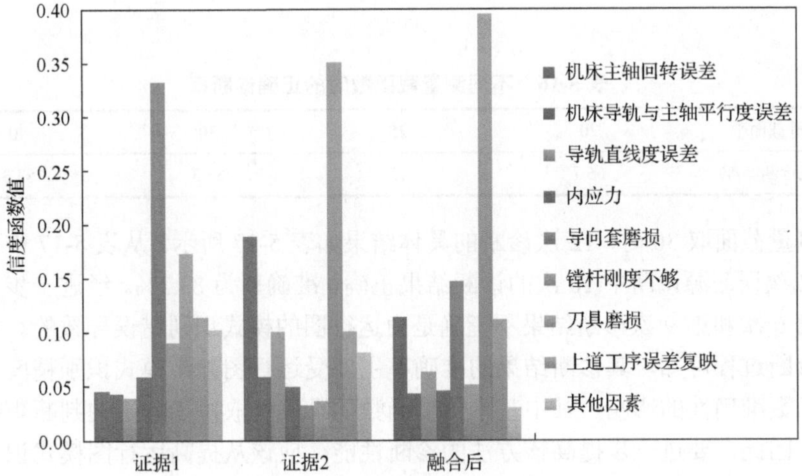

图 5-34　深孔加工误差源诊断结果

从表 5-15 可以看出，信息融合后 s_7 的信度从 0.3501 增加到 0.3956，而且最大；s_5 的信度从 0.3325 降低到 0.1469。采用同样的方法对该工序前一个加工零件的质量特性运行图进行模式识别，未发现异常，所以利用上述融合结果进行诊断决策。根据 5.4.3 节的诊断决策规则，识别目标的信度函数值的阈值应设为 0.375，辨识目标的阈值与其他潜在误差源的信度之差的阈值为 0.2，不确定性的阈值为 0.1，由此可以确定 s_7，即刀具磨损最有可能是导致深孔浮动镗削加工工序同轴度超差的原因，应该优先进行排查。经实际排查的结果与诊断结果一致，验证了该诊断方法的有效性。

上述诊断过程表明，直径运行图的趋势向上模式提供的证据表明 s_5 即刀具磨损的信度最大，最有可能是误差源；而圆度运行图的阶跃向上模式提供的证据表明 s_7 即导向元件磨损的信度最大，最有可能是误差源。这两个证据提供的信息显然相互矛盾，在生产实际中通常会让质量控制人员困惑。通过信息融合后，s_5 的信度降低到 0.1469，而 s_7 的信度增加到 0.3956，不确定性为 0.0298，融合后的证据明显加强了对 s_7 作为辨识目标的支持，而且解决了两个证据之间的矛盾冲突，因此诊断结果比信息融合前更加可信。

4. 性能分析与讨论

为了评估不同测量截面数对该方法诊断性能的影响，将其应用于某飞机起落架制造企业生产中深孔镗削和车外圆工序 12 次质量事故的误差源诊断，并与人工排查出的实际异常因素进行对比。切削区域质量特性测量截面数分别取 20、25、30 和 40 时的正确诊断率如表 5-16 所示。从表 5-16 中可以看出，测量截面数小于 30 时，正确诊断率随着测量截面数的增大而增大；但测量截面数为 40 时，正确诊断率并没有提高，说明测量截面数取 30 比较合适，能够兼顾诊断性能和测量成本。

表 5-16　不同测量截面数时的正确诊断率

测量截面数	20	25	30	40
正确诊断率/%	66.7	75	83.3	83.3

测量截面取 30 时，12 次诊断的具体结果如表 5-17 所示。从表 5-17 中可以看出，12 次误差源诊断中 10 次的诊断结果正确，准确率为 83.3%。经进一步分析发现，第 6 次和第 9 次诊断结果不正确是由运行图的模式识别错误导致的。由该方法的诊断过程可知，其诊断结果的准确率主要受运行图异常模式识别精度和基本信度函数准确性的影响，其中基本信度函数的准确性取决于构造的判断矩阵是否合理。因此，要进一步提高该方法的诊断性能，应该从提高运行图模式识别的精度和基本信度函数的准确性这两个方面进行深入研究。

表 5-17　深孔镗削和车外圆工序中测量截面为 30 时的 12 次诊断结果

序号	工序名称	运行图异常模式	实际异常因素	诊断结果是否正确	正确诊断率/%
1	深孔镗削	直径运行图出现 UT 模式，圆度运行图出现 US 模式	刀具磨损	是	83.3
2	深孔镗削	直径运行图出现 UT 模式，圆度运行图出现 US 模式	刀具磨损	是	
3	深孔镗削	直径运行图出现 DS 模式，圆度运行图出现 US 模式	刀具崩刃	是	
4	深孔镗削	直径运行图出现 US 模式，圆度运行图出现 US 模式	导向套磨损	是	
5	深孔镗削	直径运行图出现 DT 模式，圆度运行图出现 DT 模式	工件装夹偏斜	是	
6	深孔镗削	直径运行图出现 UT 模式，圆度运行图出现 US 模式	刀具磨损	否	
7	深孔镗削	直径运行图出现 UT 模式，圆度运行图出现 US 模式	刀具磨损	是	
8	车外圆	直径运行图出现 DT 模式，圆度运行图出现 US 模式	刀具磨损	是	
9	车外圆	直径运行图出现 DT 模式，圆度运行图出现 US 模式	刀具磨损	否	
10	车外圆	直径运行图出现 DT 模式，圆度运行图出现 UT 模式	工件装夹偏斜	是	
11	车外圆	直径运行图出现 DT 模式，圆度运行图出现 DT 模式	基准误差过大	是	
12	车外圆	直径运行图出现 DT 模式，圆度运行图出现 US 模式	刀具磨损	是	

上述案例表明，本章提出的基于多源信息融合的误差源诊断方法能够有效地应用于深孔镗削和外圆车削加工过程。通过融合多个证据信息，该方法不仅能解决证据之间的冲突，而且可提高诊断结果的可信度。与其他方法如统计分析法和基于贝叶斯网络的误差源诊断方法相比，该方法降低了求解过程的复杂性，提高了误差源诊断的效率。更重要的是，该方法通过对单个零件切削区域的多截面测量，获得了一定数量的质量观测值，绘制的相应的加工过程运行图反映了多个质量在切削区域的误差波动，为误差溯源提供了多源证据信息，为解决小批量加工过程的误差溯源问题提供了一种可行的方法。需要说明的是，该方法以单个零件切削区域内质量特性的运行图波动模式为误差源诊断的线索，只适用于切削区域较大的工序，因为在切削区域较小的工序中，其质量特性运行图可能没有明显的异常模式出现。

虽然上述案例展示的是该方法在深孔镗削和外圆车削加工过程误差溯源中的应用，但是本章提出的多截面测量的运行图模式识别与多源信息融合相结合的误差源诊断原理同样可以用于其他制造过程，如铣削、钻削及装配等过程。除了多个质量特性的运行图异常波动模式，多源信息还可以包括加工过程中的声发射、主轴功率、切削力、振动等工况数据。通过信号处理手段从工况数据中提取能反映异常误差源的特征信息，然后把这些特征信息与质量特性异常波动的证据信息进行融合，可进一步提高误差源诊断的准确性。

5.5 可控参数调整决策

本节从加工过程误差消减的角度，针对多工序加工过程，解决多工序质量波动及工序质量缺陷问题。在多工序加工质量的波动分析基础上，提出多工序质量改进策略；在多工序误差传递的状态空间模型基础上，对工艺系统中加工特征节点的实时加工状态进行建模，同时对刀具磨损状态进行监控并预测，提出工序过程可控参数优化决策模型，对工艺参数进行修正，达到单工序加工误差消减的目的。

5.5.1 加工过程误差消减决策的提出

1. 相关概念描述

在建立加工过程误差消减决策模型之前，首先应解释用于本节研究内容的一些基本术语，分别描述如下。

1) 零件加工质量缺陷

零件加工质量缺陷是指零件加工特征的质量特性指标在加工过程中的实际加工质量超出设定的理论加工质量上/下限，从而造成的零件加工特征质量指标偏差。

2) 多工序加工质量缺陷

多工序加工质量缺陷是指各工序质量在允许公差范围前提下，由于多工序间误差的传递与累积效应造成的零件最终加工特征质量偏差。

3) 多工序加工质量波动

多工序加工质量波动是指同批次零件在多工序制造过程中，其各道工序加工质量的相对误差不一致，导致零件最终加工特征的加工质量不一致，从而造成零件加工质量波动的现象。

4) 多工序决策

多工序决策是指出现多工序加工质量波动现象时，依据加权误差传递网络的网络性能波动规则分析多工序加工质量波动现象，通过在零件加工的不同工序作出误差消减决策，确保零件最终加工特征的质量。在本章中，多工序决策作为单工序误差消减的决策依据。

5) 刀尖位姿调整

在工序加工过程中，刀尖位姿包括刀具刀尖的位置及方向，它会影响加工特征的尺寸及表面质量。在本章中，将刀尖位姿调整作为零件加工质量缺陷决策的调整目标，对刀具刀尖的位置及对加工特征表面的法线方向进行调整，可达到减少加工误差的目的。

2. 加工过程误差消减决策实现框架

在多工序加工过程中，由于工序间加工误差存在传递与累积效应，关键工序出现加工质量缺陷时，会影响后续工序，对零件最终加工质量造成影响。从多工序误差传递角度出发，可建立加工过程误差消减决策模型，并对其执行逻辑进行描述，如图 5-35 所示。

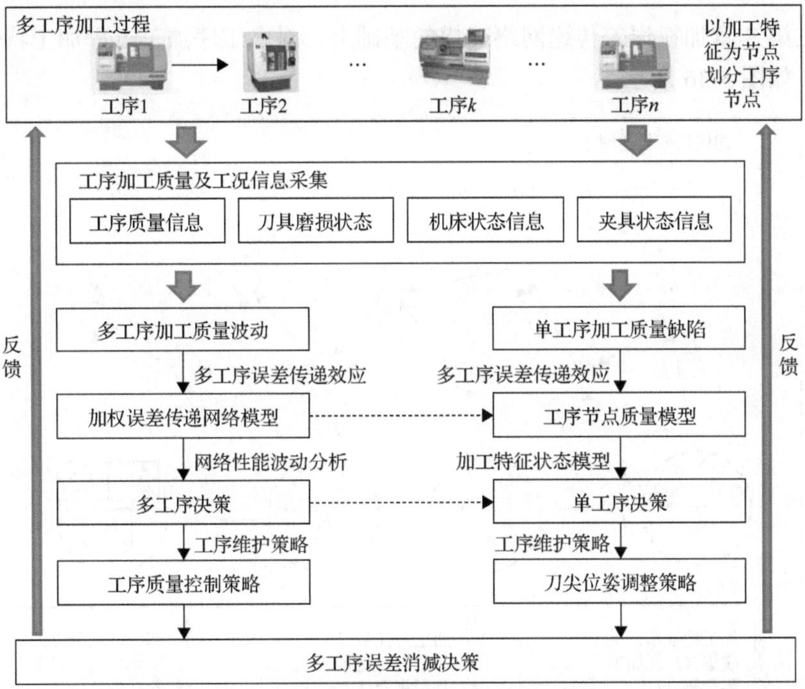

图 5-35　加工过程误差消减决策实现框架

零件加工过程中的误差消减主要聚集于多工序加工质量波动及单工序加工质量缺陷。如图 5-35 所示，为提高多工序加工过程的加工质量波动的稳定性，采用第 2 章所提出的加权误差传递网络建立其多工序误差传递模型，依据第 3 章中加权误差传递网络性能波动分析与动态演变分析理论及方法进行多工序加工质量决策。采用 3.2.1 节中网络性能波动规则，对多工序加工过程质量波动进行诊断，为确保多工序加工过程的加工质量稳定性，提出工序质量维护策略，给出关键工序节点的加工质量控制目标，并作为单工序质量缺陷消减模块的决策目标。同时，针对关键控制工序，采用 5.2.1 节中基于神经网络的节点质量模型建立单工序加工状态模型，并建立刀具磨损状态监测模型，对刀尖位姿进行调整，达到单工序误差消减的目的。可以看出，针对多工序加工质量波动的工序维护策略为单工序加工质量缺陷的消减决策提供了决策依据及决策目标。本章主要从刀尖位姿调整决策角度出发，研究单工序误差消减决策方案，其中，单工序误差消减决策由工序加工特征状态建模、刀具磨损状态监测建模和可控参数调整决策建模等三个功能模块构成，分别在后续章节中进行详细阐述。

5.5.2　工艺系统的加工特征状态描述

1. 加工过程描述与定义

在第 2 章加权误差传递网络建模的基础上，对多工序加工过程加工特征进行描述，如图 5-36 所示。

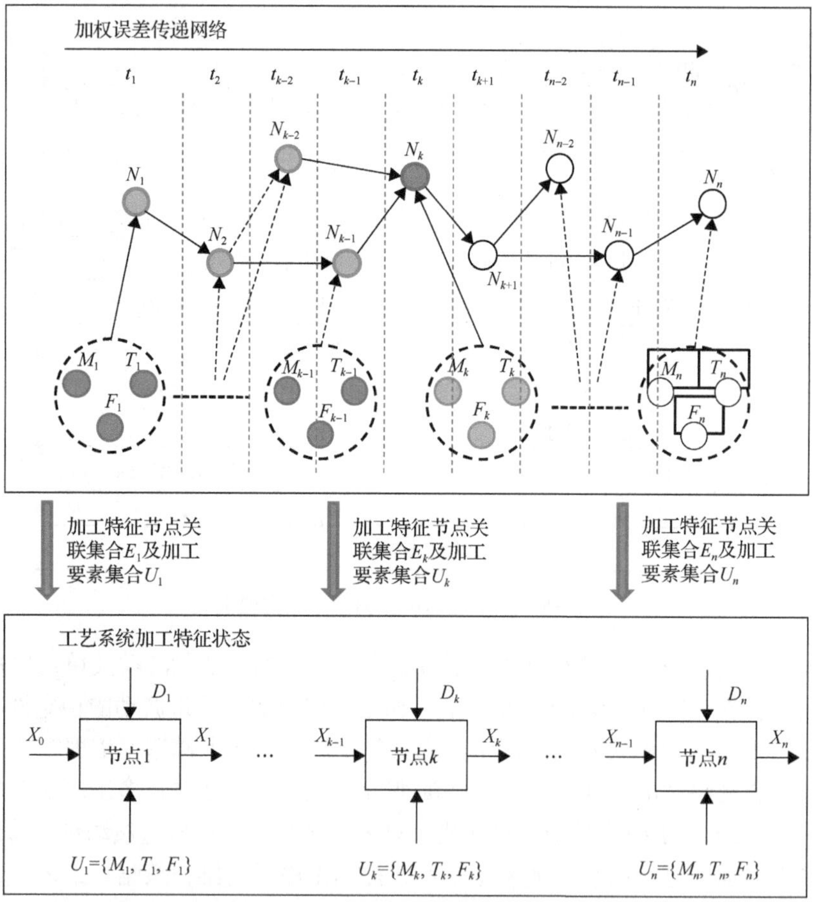

图 5-36　多工序加工过程加工特征描述

工序过程可控参数的优化需要从物理建模角度出发，基于加权误差传递网络描述的多工序加工过程的误差传递与网络性能的统计特征，分析多工序加工过程中加工特征间的形状及位置关系，从而建立工艺系统加工特征状态模型。由加权误差传递网络分析可知，加工特征节点 k 的加工质量 X_k，不仅与加工特征节点 k 的前续工序质量 X_{k-1} 有关，还与其定位特征集合 D_i 和当前工序的加工要素状态集合 U_i 有关。因此，为实现工序过程可控参数的优化，首先需要对加工特征的实时运行状态进行建模，可由式(5-70)表达：

$$X_k = F(X_{k-1}, U_k, D_k) \tag{5-70}$$

式(5-70)描述了定位特征集合 D_k、加工要素 U_k、前续加工特征质量 X_{k-1} 与加工特征质量 X_k 的函数关系。

如图 5-37 所示，针对加工特征平面 A 的铣削加工，对加工特征节点及工艺系统(包含机床、夹具)进行矢量化描述，并作如下定义。

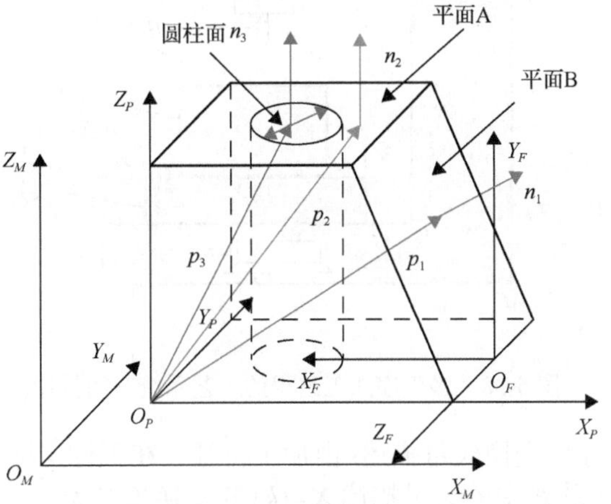

图 5-37　零件特征矢量化描述

定义 5.3　加工特征节点矢量化描述：如图 5-37 所示，多工序加工过程的加权误差传递网络包含 n 个加工特征节点，则第 k 个加工特征节点的零件加工特征可描述为

$$\boldsymbol{X}(k) = [\boldsymbol{n}^{\mathrm{T}}(k), \boldsymbol{p}^{\mathrm{T}}(k), \boldsymbol{d}^{\mathrm{T}}(k)]^{\mathrm{T}}_{(6+m)\times 1} \tag{5-71}$$

式中，$\boldsymbol{n}^{\mathrm{T}}(k)$ 表示加工特征表面方向矢量，且 $\boldsymbol{n}(k) = (n_{kx}, n_{ky}, n_{kz})^{\mathrm{T}}$，其中 n_{kx}、n_{ky}、n_{kz} 分别表示加工特征节点 k 坐标系中绕 x、y、z 轴的方向余弦值；$\boldsymbol{p}^{\mathrm{T}}(k)$ 表示加工特征表面位置矢量，且 $\boldsymbol{p}(k) = (p_{kx}, p_{ky}, p_{kz})^{\mathrm{T}}$，其中 p_{kx}、p_{ky}、p_{kz} 分别表示加工特征节点 k 坐标系中沿 x、y、z 轴的坐标值；$\boldsymbol{d}^{\mathrm{T}}(k)$ 表示加工特征的尺寸标量，且 $\boldsymbol{d}(k) = (d_{k1}, d_{k2}, \cdots, d_{km})^{\mathrm{T}}$，其中 d_{kj} 表示参数集中第 j 个尺寸标量，可以是长度、

直径等，m 为加工特征节点 k 所包含的尺寸标量的数目。

定义 5.4　工艺系统坐标系描述：由生产加工过程可知，工件在工序 k 加工时，首先按照“3-2-1”定位原则固定在夹具上，同时夹具固定在机床上；其次对工序 k 需要加工的特征进行切削操作。为描述加工过程工艺系统的空间状态，如图 5-38 所示，多工序加工过程的工艺系统可从机床坐标系 M、夹具坐标系 F 及工件坐标系 P 建立，其中工件坐标系 P 描述工序 k 的加工特征；夹具坐标系 F 描述夹具定位状态，同时工件坐标系 P 与夹具坐标系 F 直接关联；机床坐标系 M 描述机床工作台状态，同时夹具坐标系 F 与机床坐标系 M 直接关联。

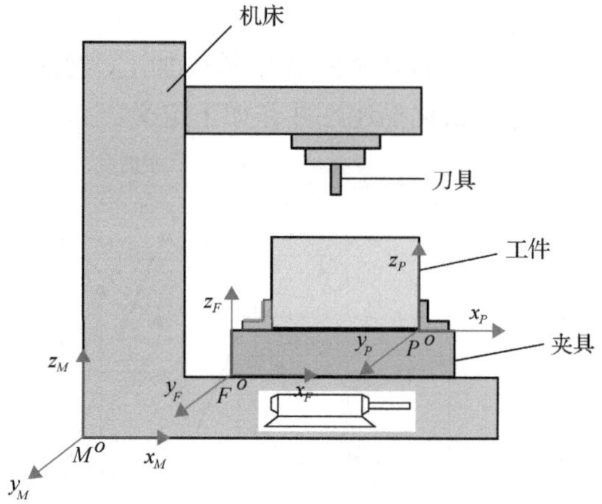

图 5-38　多工序加工过程的工艺系统空间描述

定义 5.5　坐标系变换矢量描述：由加工特征 k 在工件坐标系 P 中的矢量描述 $\boldsymbol{X}_P(k)$ 到夹具坐标系 F 中的矢量描述 $\boldsymbol{X}_F(k)$ 的变换关系为

$$\boldsymbol{X}_F(k) = {}_P^F\boldsymbol{R}(k) \times \boldsymbol{X}_P(k) + {}_P^F\boldsymbol{T}(k) \tag{5-72}$$

式中，${}_P^F\boldsymbol{T}(k)$ 表示平移矩阵；${}_P^F\boldsymbol{R}(k)$ 表示旋转矩阵，

$${}_P^F\boldsymbol{R}(k) = \mathrm{diag}(\boldsymbol{R}_{Pk})_{(6+m)\times(6+m)}$$

其中，

$$\boldsymbol{R}_{Pk} = (\boldsymbol{R}_{Pk(3\times3)}^F, \boldsymbol{R}_{Pk(3\times3)}^F, \boldsymbol{I}_{m\times m})$$

式中，$\boldsymbol{I}_{m\times m}$ 表示 $m\times m$ 的单位矩阵。

式(5-72)中，${}_P^F\boldsymbol{T}(k) = (0,0,0,x_P,y_P,z_P,\boldsymbol{0}_1,\cdots,\boldsymbol{0}_m)_{1\times(6+m)}^{\mathrm{T}}$，$x_P$、$y_P$、$z_P$ 分别为工件坐标系 P 到夹具坐标系 F 的平移量。

同理，由加工特征 k 在夹具坐标系 F 中的矢量描述 $\boldsymbol{X}_F(k)$ 到机床坐标系 M 中

的矢量描述 $\boldsymbol{X}_M(k)$ 的变换关系为

$$\boldsymbol{X}_M(k) = {}_F^M\boldsymbol{R}(k) \times \boldsymbol{X}_F(k) + {}_F^M\boldsymbol{T}(k) \tag{5-73}$$

式中，${}_F^M\boldsymbol{R}(k)$ 和 ${}_F^M\boldsymbol{T}(k)$ 分别表示从夹具坐标系 F 到机床坐标系 M 的旋转矢量及平移矢量。

定义 5.6　刀具运动矢量描述：针对图 5-37 中加工特征平面 A 的铣削加工过程，选择立铣刀 Endmill(E)进行加工，假设 E 为 h 型铣刀，经过一段时间 Δt 的加工，刀具 E 的端面刀刃的轴向磨损量为 ΔV_z、径向磨损量为 ΔV_h，则刀具 E 在机床坐标系 M 中的状态可描述为

$$\boldsymbol{E}_M(\Delta t) = (\boldsymbol{n}_{\mathrm{E}}^{\mathrm{T}}, \boldsymbol{p}_{\mathrm{E}}^{\mathrm{T}}, D)_{(6+m)\times 1}^{\mathrm{T}} \tag{5-74}$$

式中，$\boldsymbol{n}_{\mathrm{E}} = (n_{\mathrm{E}x}, n_{\mathrm{E}y}, n_{\mathrm{E}z})^{\mathrm{T}}$，其中 $n_{\mathrm{E}x}$、$n_{\mathrm{E}y}$ 及 $n_{\mathrm{E}z}$ 表示刀具端面刀刃的方向，分别表示在机床坐标系 M 中 x、y、z 轴的方向余弦值，实际加工过程中可近似得到 $n_{\mathrm{E}x}=0$，$n_{\mathrm{E}y}=0$，$n_{\mathrm{E}z}=-1$；$\boldsymbol{p}_{\mathrm{E}} = (p_{\mathrm{E}x}, p_{\mathrm{E}y}, p_{\mathrm{E}z})^{\mathrm{T}}$，其中 $p_{\mathrm{E}x}$、$p_{\mathrm{E}y}$、$p_{\mathrm{E}z}$ 表示加工时间 Δt 后刀具端面刀刃在机床坐标系 M 中 x、y、z 轴的坐标值，假设刀具在 t_0 时刻处于加工特征平面 A 未加工时的表面处，如图 5-39 所示，则 $\boldsymbol{p}_{\mathrm{E}}$ 可以写为

$$\boldsymbol{p}_{\mathrm{E}} = \boldsymbol{p}(k-1) + {}_P^F\boldsymbol{T}(k) + {}_F^M\boldsymbol{T}(k) - (0, 0, D'(\Delta t, F))^{\mathrm{T}} \tag{5-75}$$

式中，$D'(\Delta t, F) = D^0(\Delta t, F) - D(\Delta t, F, \Delta V_z)$，表示刀具端面刀刃的实际铣削深度。$D^0(\Delta t, F)$ 表示理论铣削厚度，其中 F 为切削参数集合，包含进给速度 f、切削深度 d；$D(\Delta t, F, \Delta V_z)$ 表示加工时间 Δt 后由刀具轴向磨损量 ΔV_z 造成的误差。

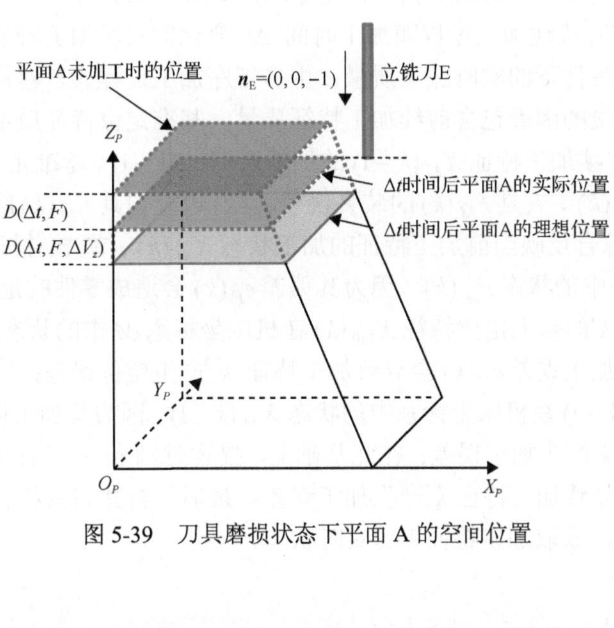

图 5-39　刀具磨损状态下平面 A 的空间位置

$D(\Delta t,F)$ 同时可以理解为刀具端面刀刃在机床坐标系 M 中的对加工特征平面 A 铣削的理论运动位移。对于加工特征平面 A 的铣削工序，若所关注的尺寸标量为其高度尺寸 d_{k1}，由于平面 A 的尺寸与刀具 E 的径向磨损量 ΔV_h 无关，仅与轴向磨损量 ΔV_z 有关，则 $D(\Delta t,F)$ 可以写为

$$D(\Delta t,F)=\frac{dfa}{60\times(L+D+2\alpha)h}\Delta t \tag{5-76}$$

式中，d 表示刀具切削深度；a 表示铣削宽度；D 表示刃刀盘径；L 表示工件长度；h 表示工件宽度；α 表示空行程。

$D(\Delta t,F,\Delta V_z)$ 可以写为

$$D(\Delta t,F,\Delta V_z)=\frac{\Delta V_z f}{60\times(L+D+2\alpha)}\Delta t \tag{5-77}$$

令 $S=60(L+D+2\alpha)$，则式(5-76)和式(5-77)可写为

$$\begin{aligned} D(\Delta t,F)&=\frac{dfa}{S}\Delta t \\ D(\Delta t,F,\Delta V_z)&=\frac{\Delta V_z fa}{S}\Delta t \end{aligned} \tag{5-78}$$

2. 基于状态空间法的加工状态描述

在对加工特征节点及工艺系统(包含机床、夹具)进行矢量化描述的基础上，分析基于状态空间模型的加工状态描述原理，如图 5-40 所示。零件加工特征 k 的加工状态 $X_M(k)$ 描述加工过程随加工时间 Δt 变化的实时加工特征状态，反映了当前加工要素条件下的实时加工质量。由多工序加工过程误差建模分析可知，影响零件加工质量的因素包含前续加工特征质量、基准定位特征质量和当前加工要素，由此，由前续加工特征 $X_M(k-1)$ 的加工误差 $e_p(k-1)$、基准定位特征 $X_{\mathrm{DM}}(k)$ 的定位误差 $e_D(k)$、夹具 $F_M(k)$ 的装夹误差 $e_F(k)$ 以及刀具 $E_M(k)$ 磨损造成的加工误差 $e_M(k)$，综合反映当前加工特征的加工状态 $X_M(k)$。首先，描述夹具 $F_F(k)$ 在机床坐标系 M 中的状态 $F_M(k)$，因为其偏差 $e_F(k)$ 会造成零件的定位误差；其次，描述加工特征 k 的基准定位特征 $X_{\mathrm{DP}}(k)$ 在机床坐标系 M 中的状态 $X_{\mathrm{DM}}(k)$，因为其定位特征的加工误差 $e_D(k)$ 会导致加工特征 k 产生定位误差；同时，描述前续加工特征 $X_P(k-1)$ 在机床坐标系中的状态 $X_M(k-1)$，因为其加工误差 $e_P(k-1)$ 会导致加工特征 k 产生加工误差；在此基础上，描述时刻 Δt 的刀具状态 $E_M(k)$，因为刀具磨损会导致加工特征 k 产生加工误差；最后，合并刀具状态及前续加工特征(k–1)的状态，获取加工特征 k 的实时状态。

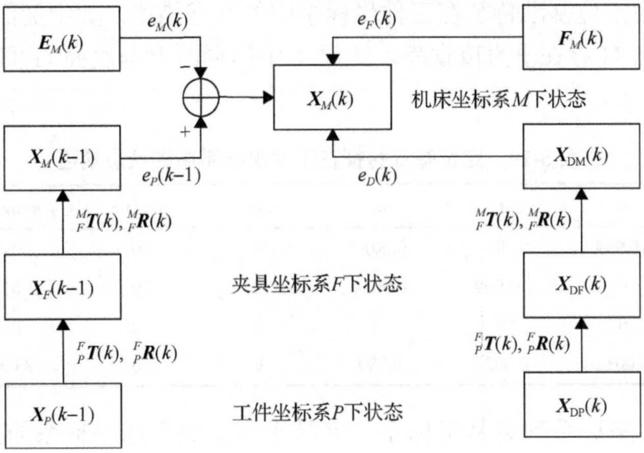

图 5-40　基于状态空间模型的加工状态描述原理

3. 案例分析

以加工某一虚拟样件(图 5-41)的特征端面 F 为例，建立端面 F 的加工状态模型，其加工工艺如表 5-18 所示。由表 5-18 可以看出，面 C、面 D 和面 G 作为端面 F 的定位基准特征，其加工误差对端面 F 造成定位误差 $e_D(k)$，同时夹具装夹误差为 $e_F(k)$，刀具磨损量为 ΔV。

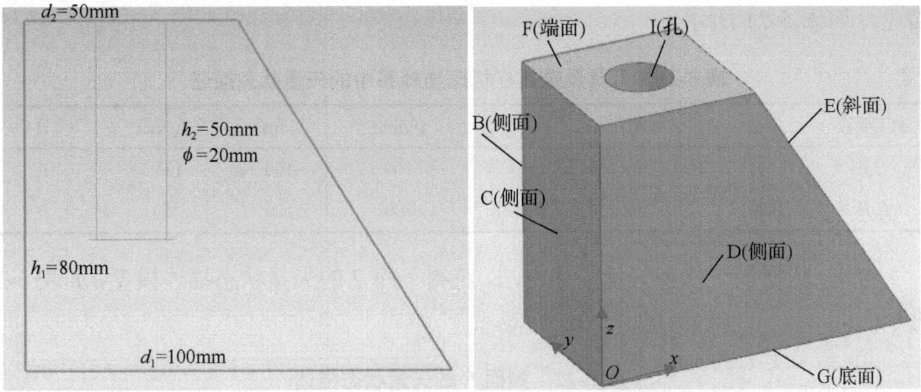

图 5-41　某虚拟样件尺寸及三维造型

表 5-18　零件工艺过程

工序序号	工序内容	基准定位	传递特征	质量特性
1	粗铣端面 F′	C+D+G		端面 F 距底面 F 的高度 83.5mm 端面 F 与侧面 D 的垂直度
2	半精铣端面 F	C+D+G	F′	端面 F 距底面 F 的高度 83mm 端面 F 与侧面 D 的垂直度

表 5-19 为定位基准特征在工件坐标系中的状态描述，其中侧面 C 与底面 G、侧面 D 与底面 G 存在垂直度误差，工序 1 中的端面 F′与底面 G 间存在平行度误差及尺寸误差。

表 5-19 定位基准特征在工件坐标系中的状态描述

加工特征	n_x	n_y	n_z	p_x/mm	p_y/mm	p_z/mm	d
C	–0.999	0	0.0017	0	0	0	0
D	0	–0.999	0.0034	0	0	0	0
G	0	0	–1	0	0	0	0
F′	0.0018	0.0023	0.999	0	0	83.5	0

定义工件坐标系到夹具坐标系、夹具坐标系到机床坐标系的旋转平移量如表 5-20 所示，$\alpha(k)$、$\beta(k)$、$\gamma(k)$ 分别为工件坐标系 P 绕夹具坐标系 F 的 x、y、z 轴的旋转矢量。

表 5-20 工件坐标系、夹具坐标系及机床坐标系间的旋转平移量

坐标系	$\alpha(k)$/(°)	$\beta(k)$/(°)	$\gamma(k)$/(°)	x_p/mm	y_p/mm	z_p/mm
$P\to F$	0	0	0	50	50	20
$F\to M$	0.1	0	0.1	100	100	30

由上述各坐标系间旋转平移关系获得刀具及夹具在机床坐标系中的矢量状态描述，如表 5-21 所示。

表 5-21 刀具及夹具在机床坐标系中的矢量状态描述

加工要素	n_x	n_y	n_z	p_x/mm	p_y/mm	p_z/mm	d
刀具	0	0	–1	100	100	133.5	0
夹具	0.0017	0	0.9983	100	100	50	0

由此，依据加工状态矢量描述方法，获得工序 2 的矢量状态描述模型，如表 5-22 所示。

表 5-22 端面 F 的矢量状态描述

加工特征	n_x	n_y	n_z	p_x/mm	p_y/mm	p_z/mm	d
F	0.0025	0.0023	0.9998	150	150	83.5+20+30–D'	0

采用表 5-23 所示加工参数进行加工，则工序 2 加工 Δt=100s 后，端面 F 的矢量状态描述为{0.0025,0.0023,0.9998,150,150,132.89,0}，包含 Δt 时刻加工特征在机床坐标系中的旋转与平移特征。

表 5-23　工序 2 加工参数选择

加工特征	f/(mm/min)	d/mm	D/mm	L/mm	h/mm	α/mm	a/mm
F	50	0.5	8	50	50	5	50

5.5.3　刀具磨损状态监测

1. 基于激光位移传感器的刀具振动信号检测

刀具检测量包括直接法和间接法两种，如图 5-42 所示。

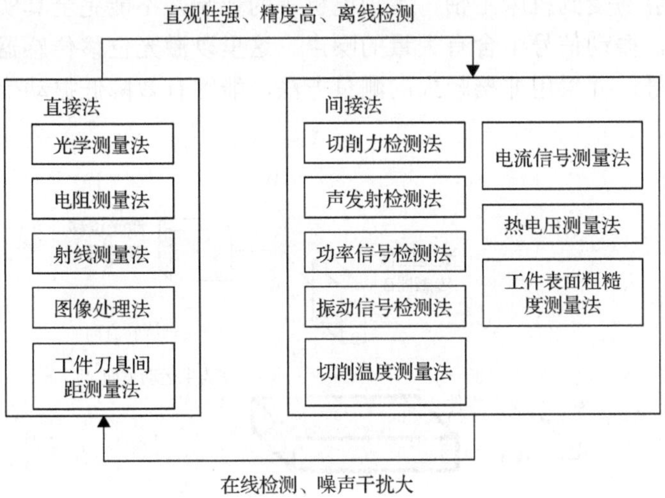

图 5-42　刀具检测方法

(1) 直接法是指测量与刀具材料体积损失有关的参量，能够识别刀刃外观、表面品质或几何形状变化，如检测刀具径向/轴向尺寸变化量、后刀面的磨损量、工件尺寸及表面质量的变化等。主要检测方法有光学测量法、电阻测量法、射线测量法、工件刀具间距测量法和图像处理法等。虽然直接法测量刀具直观性强且精度高，但是具有明显的局限性：一是不能在线进行检测；二是不能检测加工过程中出现的突发事件，如刀具的突然损坏、断裂等。

(2) 间接法是指测量切削加工过程中发出的与刀具状态有内在联系的各种信号，如温度、功率、力与振动等。主要检测方法有切削力检测法、声发射检测法、功率信号检测法、振动信号检测法、切削温度测量法、电流信号测量法、热电压测量法和工件表面粗糙度测量法等。上述方法能测量反映刀具磨损、破损的各种影响程度的参量，能够在刀具切削过程中进行检测，不影响切削加工过程，但是由于检测环境、系统噪声干扰，检测到的各种过程信号中含有大量的干扰噪声。

这里采用间接法中的振动信号检测法对刀具状态进行监控。在刀具切削过程中，刀具磨损或者破损、刀具与零件的接触面积增大、摩擦力变大，都会引起动态切削力的变化。而在切削力的作用下，刀具将产生随切削力方向的振动，振动信号随切削力可分解为 x、y 和 z 方向。观测刀具切削过程中的振动信号，可以有效地观察当前加工条件下的刀具磨损状态。

如图 5-43 所示，以铣削加工刀具为研究对象，使用激光位移传感器分别在 x 轴和 y 轴方向采集切削加工时刀具的振动信号。在铣削加工中，刀具做旋转运动，传统的检测手段是采用加速度传感器采集机床主轴的振动信号，这就造成采集的信号容易受到机床主轴、主轴电机等的影响，不能完全真实地反映刀具的振动状态，振动信号中含有大量的噪声。这里以激光位移传感器直接采集刀具的振动信号，并采用非接触式的测量方法，能够有效降低振动信号噪声，提高监测精度。

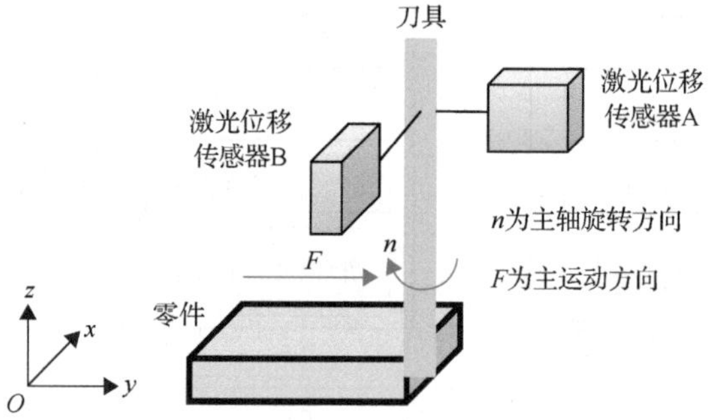

图 5-43　基于激光位移传感器的铣削加工刀具状态检测方案

激光位移传感器采集刀具/刀柄测量点的位移，输出为刀具旋转时刀具偏离初始点的位移，图 5-44 和图 5-45 分别为机床空载时刀具/刀柄 x 轴及 y 轴的位移振动信号。

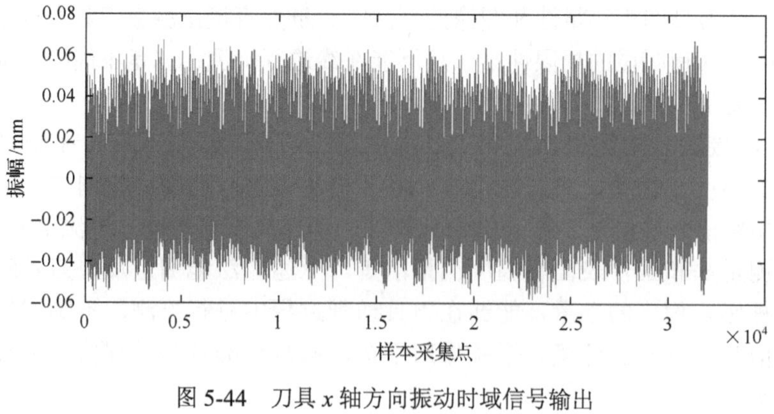

图 5-44　刀具 x 轴方向振动时域信号输出

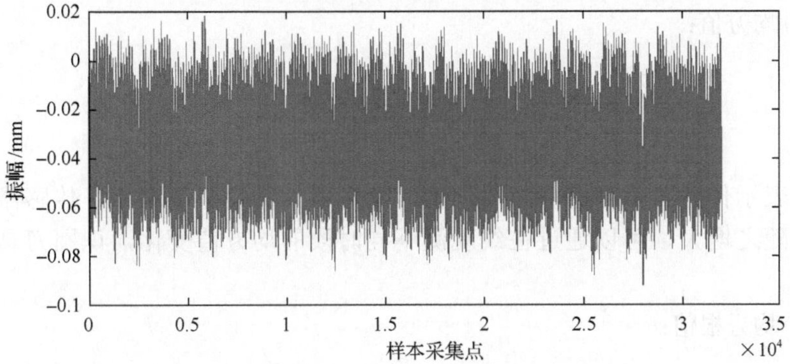

图 5-45　刀具 y 轴方向振动时域信号输出

2. 信号分析和特征选择

从传感器获取的信号信息并不能直接用来识别刀具的磨损状态或预测刀具磨损量，因为所获取信号的数据量很大而信息量很小，很难与刀具磨损状态建立确切的函数关系，所以必须对这些信号进行变换，提取反映刀具磨损的信号特征，从而对刀具的具体形态进行识别。

金属切削过程中，由于零件尺寸和材料、加工参数、刀具磨损状态、刀具尺寸和材料的改变，传感器信号会发生相应的变化。因此，刀具的磨损过程是一个非平稳的随机过程，传感器输出信号的统计特征也呈现非平稳随机过程的特点。由于实际检测的信号样本为有限长度，可近似认为检测信号为平稳随机过程并服从正态分布，所以可以通过时域、频域等信号分析方法获得检测信号的特征。

1) 时域分析与时域特征

刀具振动的时域信号是以时间为自变量的刀具位移测量值，即未经过处理的原始信号。设传感器信号的采样数据为 $x_i(t)$，$i=1,2,\cdots,N$，则样本数据可采用以下分析方法进行分析[121]。

(1) 均值：

$$\overline{x} = \frac{1}{N}\sum_{i=1}^{N} x_i \tag{5-79}$$

式中，N 表示样本长度；x_i 表示样本数据。均值表示样本数据的平均值，表示样本信号变换的中心趋势，即刀具振动时中心位置的偏离位移均值。随着刀具磨损量的增加，传感器信号会有不同趋势的变化，可以通过在线观测不同时段的均值变化，因此监测信号的均值可以用于监测刀具的磨损状态。

(2) 均方值：

$$X = \frac{1}{N}\sum_{i=1}^{N} x_i^2 \tag{5-80}$$

均方值表示传感器信号总能量的均值。随着刀具磨损量的增加，传感器信号的总能量随之增大，可以通过在线观测不同时段的均方值变化，识别刀具的磨损状态。

(3) 均方根值：

$$X_{\mathrm{rms}} = \sqrt{\frac{1}{N}\sum_{i=1}^{N} x_i^2} \tag{5-81}$$

均方根值为传感器信号平均能量的另一种表达方式。

(4) 方差：

$$\sigma^2 = \frac{1}{N}\sum_{i=1}^{N} (x_i - \overline{x})^2 \tag{5-82}$$

方差表示传感器信号的波动程度。对振动信号来说，均值表示刀具振动中心偏差，方差表示振幅能量均值。

2) 频域分析与频域特征

信号的时域描述可通过数学处理方式变换为频域描述。

时域信号 $x(t) = \{x_1(t), x_2(t), \cdots, x_N(t)\}$ 满足下列条件：$\int_{-\infty}^{+\infty} |x(t)|\,\mathrm{d}t$ 存在，且 $x(t)$ 满足狄利克雷条件（函数 $x(t)$ 只有有限个极值点，连续或只有有限个第一类间断点），则可运用傅里叶变换获取频谱函数：

$$X(\omega) = \int_{-\infty}^{0} x(t)\mathrm{e}^{-\mathrm{j}\omega t}\mathrm{d}t \tag{5-83}$$

结合零件加工工艺、刀具 x 轴和 y 轴的振动信号，采用主轴转速、进给速度、铣削深度等工艺参数，x 轴振动信号的均方根值、均值及方差，y 轴振动信号的均方根值、均值及方差 10 个特征参数来表征刀具磨损状态：

$$\Delta V(\Delta V_x, \Delta V_z) = F(n, f, d, a, X_x^{\mathrm{rms}}, \overline{x}_x, \sigma_x^2, X_y^{\mathrm{rms}}, \overline{x}_y, \sigma_y^2) \tag{5-84}$$

式中，ΔV 表示刀具磨损状态或磨损量；ΔV_x 表示刀具断面轴向磨损量；ΔV_z 表示刀具断面径向磨损量；n 表示机床主轴转速；f 表示工作台进给速度；d 表示铣削深度；a 表示铣削宽度；X_x^{rms} 表示 x 轴振动信号的均方根值；$\overline{x}_x$ 表示 x 轴振动信号的均值；σ_x^2 表示 x 轴振动信号的方差；X_y^{rms} 表示 y 轴振动信号的均方根值；$\overline{x}_y$ 表示 y 轴振动信号的均值；σ_y^2 表示 y 轴振动信号的方差。

3. 刀具磨损状态预测

采用 BP 神经网络建立监测特征和刀具磨损量之间的映射模型。

1) 输入/输出节点

由式(5-84)获得 BP 神经网络的输入/输出节点，如表 5-24 所示。该模型包含 10 个输入节点和 1 个输出节点。

表 5-24　BP 神经网络的输入/输出节点

节点	参数									
输入节点	n/(r/min)	f/(mm/min)	X_x^{rms}/mm^2	$\overline{x}_x$/mm	σ_x^2/mm^2	X_y^{rms}/mm^2	$\overline{x}_y$/mm	σ_y^2/mm^2	d/mm	a/mm
输出节点	ΔV/μm									

2) BP 神经网络结构

依据 Kolmogorov 定理[122]，隐藏层神经元数目为(2N+1)的三层神经网络可精确实现任意精度的非线性映射(N 为 BP 神经网络输入节点数目)，由此选择三层网络建立网络输入特征与刀具磨损之间的映射模型，选择 10-17-2 网络结构，如图 5-46 所示。

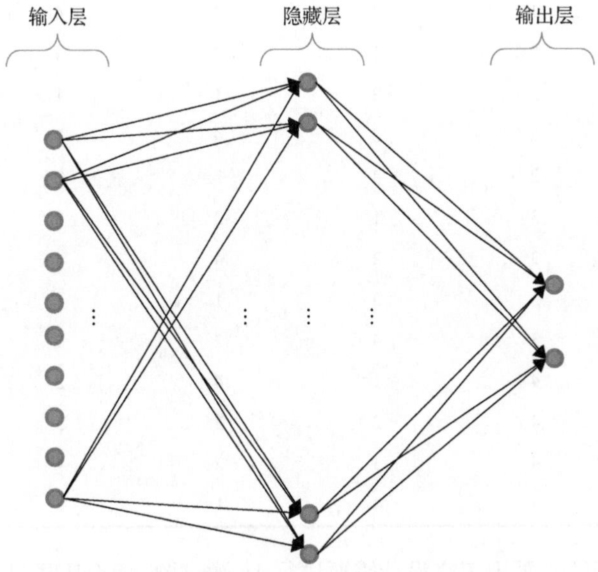

图 5-46　BP 神经网络输入/输出三层网络结构

3) 训练样本设计

网络识别的精度受到样本分布和数量的影响，样本分布差异化能够极大地提高网络识别精度。式(5-84)中，工艺参数如机床主轴转速、工作台进给速度、铣削深度及铣削宽度都会影响刀具在运行过程中的磨损状态。这里采用正交试验法建立铣削工艺正交试验表，其中因子水平表如表 5-25 所示，$L_{16}(4^3)$ 正交表如表 5-26 所示。

表 5-25 因子水平表

水平	1	2	3	4
机床主轴转速/(r/min)	A_1	A_2	A_3	A_4
工作台进给速度/(mm/min)	B_1	B_2	B_3	B_4
铣削深度/mm	C_1	C_2	C_3	C_4
铣削宽度/mm	D_1	D_2	D_3	D_4
刀具磨损量/mm	E_1	E_2	E_3	E_4

注：表中字母的下角标分别表示各因子的水平。

表 5-26 $L_{16}(4^3)$ 正交表

试验编号	A	B	C	D	E
1	1	1	1	1	1
2	1	2	2	2	2
3	1	3	3	3	3
4	1	4	4	4	4
5	2	1	2	4	3
6	2	2	1	1	4
7	2	3	4	2	1
8	2	4	3	3	2
9	3	1	3	3	2
10	3	2	4	4	1
11	3	3	1	1	4
12	3	4	2	2	3
13	4	1	4	2	3
14	4	2	3	3	4
15	4	3	2	4	2
16	4	4	1	1	1

由表 5-26 可知，采用正交设计需要进行 16 次试验，而全因子试验需要进行 4×

4×4=64 次试验，可见使用正交试验不仅减少了试验次数，还降低了成本。由于表 5-26 是不完全表，神经网络训练阶段将损失一部分水平组合信息，因此试验时依次选择每个试验方案进行试验，每个试验方案重复 3 次，并随机对 4 个因素的水平选取 2 个进行交换，再重复 3 次，如选择试验方案 7 的 23421 水平组合，随机交换后为 32421 水平组合，以此来丰富训练样本的多样性，提高模型预测精度。

4. 案例分析

1) 实验方案

在刀具磨损状态预测系统中，利用激光位移传感器采集铣削过程中的刀具振动信号，对采集信号进行分析及特征提取，采用神经网络模型对刀具磨损状态进行预测，监控刀具的实时磨损状态，实验平台搭建如图 5-47 所示。

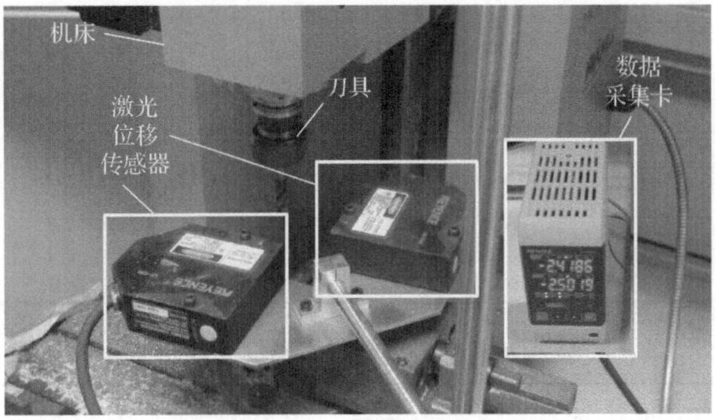

图 5-47　实验平台搭建

2) 实验环境

机床：Manix MM-250S3，CNC 微型数控铣床。

工件材料选择：低碳钢，长度 40mm，宽度 40mm。

刀具尺寸及材料：Manix 硬质合金刀具，刀具直径为 8mm，4 刀刃。

刀具振动测量：Keyence 激光位移传感器，采样频率为 6kHz。

工件尺寸测量：Mitutoyo 游标卡尺。

数据采集卡：Keyence 数据采集系统。

铣削方式：铣平面，无铣削液。

3) 实验过程、数据采集及数据处理

依据上述正交试验表的设计方案进行加工实验，采集到 96 组相关数据。实验切削参数选择如表 5-27 所示，依据训练样本设计方案进行实验，部分实验参数及数据处理结果分别如表 5-28 和表 5-29 所示。

表 5-27　实验切削参数选择

水平	1	2	3	4
机床主轴转速/(r/min)	1500	2000	3000	4000
工作台进给速度/(mm/min)	5	15	20	30
铣削深度/mm	1.0	1.5	2.0	2.5
铣削宽度/mm	0.5	2	5	8

表 5-28　部分实验参数

组数	加工参数设置		
	转速/(r/min)	进给量/(mm/r)	切深/mm
1	4000	5	1.90
2	4000	10	2.30
3	3000	10	2.56
4	3000	5	1.26
5	3000	10	1.02
6	2200	5	1.13
7	1500	15	1.25
8	1000	15	1.90
…	…	…	…

表 5-29　部分测量样本数据处理结果

组数	X_x^{rms}	$\overline{x}_x$	σ_x^2	X_y^{rms}	$\overline{x}_y$	σ_y^2
1	0.026604	−0.01105	5.86×10^{-5}	0.033641	−0.03004	2.29×10^{-5}
2	0.016001	−0.01875	1.95×10^{-5}	0.024517	−0.02448	1.45×10^{-5}
3	0.003697	0.0017	1.11×10^{-5}	0.047849	0.048468	1.61×10^{-5}
4	0.007311	−0.00663	1.53×10^{-5}	0.048938	0.051314	1.72×10^{-5}
5	0.137461	−0.15017	1.99×10^{-5}	0.048029	0.052415	8.11×10^{-5}
6	0.47897	−0.53293	0.000108	0.024666	−0.02684	3.29×10^{-5}
7	0.018357	0.016931	0.00016	0.042377	−0.04747	0.00013
8	0.015245	−0.01299	6.06×10^{-5}	0.0644	−0.06425	4.3×10^{-5}
…	…	…	…	…	…	…

4) 神经网络预测

神经网络模型采用 10-17-2 结构，将前 90 组样本数据进行网络训练，用后 6 组样本数据对神经网络进行检验，结果如表 5-30 所示，其预测相对误差分别为 8.14%、5.07%、9.78%、12.04%、3.55%和 7.66%，平均相对误差为 7.71%，说明刀具磨损状态的预测有效。

表 5-30　刀具磨损状态预测结果对比 (ΔV_x)

样本序号	1	2	3	4	5	6
测量值/mm	0.124	0.025	0.152	0.197	0.012	0.089
预测值/mm	0.114	0.026	0.167	0.173	0.0124	0.096
相对误差/%	8.14	5.07	9.78	12.04	3.55	7.66

5.5.4　可控参数调整决策建模

1. 可控参数调整决策模型

如图 5-48 所示，加工过程误差消减决策模型包含以下两部分。

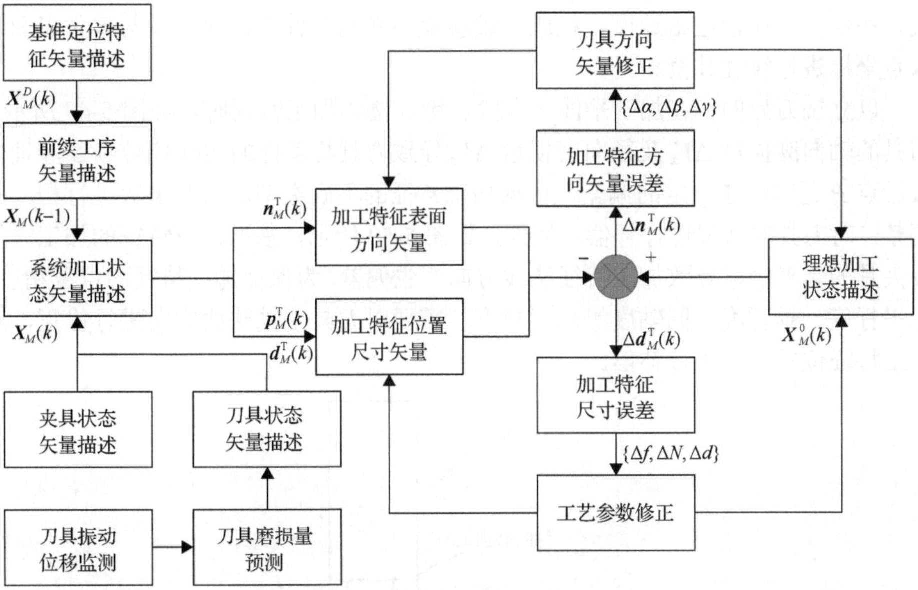

图 5-48　加工过程误差消减决策模型

1) 系统加工状态矢量描述

系统加工状态矢量描述包括以下三个步骤：

步骤 1　工序加工之前，在前续工序矢量描述、基准定位特征矢量描述及夹具状态矢量描述的基础上，描述当前工序待加工的加工特征状态矢量模型。

步骤 2　在加工过程中，通过对刀具振动信号的监测，对刀具磨损量进行预测，建立刀具的实时状态矢量模型。

步骤 3　合并待加工特征与刀具状态的矢量描述模型，获取加工特征实时状态矢量描述模型。

2) 可控参数调整决策过程

系统误差消减决策过程包括以下三个步骤：

步骤 1　将实时加工状态与理想加工状态的状态矢量模型进行对比，获取零件加工特征的方向矢量误差 $\Delta \boldsymbol{n}_M^{\mathrm{T}}(k)$、零件加工特征的尺寸误差 $\Delta \boldsymbol{d}_M^{\mathrm{T}}(k)$。

步骤 2　采用线性改进策略对刀具的方向矢量进行修正，使刀具方向矢量与零件加工特征表面方向矢量重合，修正工艺参数，对刀具磨损进行工艺补偿。

步骤 3　反馈修正后的参数，同时持续地对工序加工状态进行监控，保证工序过程加工质量的精度及稳定性。

2. 可控参数调整决策步骤

这里对工艺参数(刀具位置参数、方向参数)修正进行描述，提出误差补偿方案，在保持工作台进给速度、机床主轴转速不变的条件下，对刀具与零件表面切入点坐标进行线性补偿。

以立铣刀为例，在加工平面、台阶、键、槽等加工特征时，如图 5-49 所示，刀具的轴向磨损量 ΔV_x 及径向磨损量 ΔV_z 导致刀具与工件的实际接触点 S 和理想接触点 P 之间存在一定的偏差，依据加工特征的不同类型对工艺参数进行相应的调整，对刀具的磨损进行补偿。另外，如图 5-50 所示，基准定位特征的加工误差及夹具的装夹误差导致加工特征法线方向产生偏差，为保证加工特征的位置精度，如平行度、垂直度、同轴度等加工精度，需要对刀具主轴法线方向进行修正，对加工特征位置误差进行补偿。

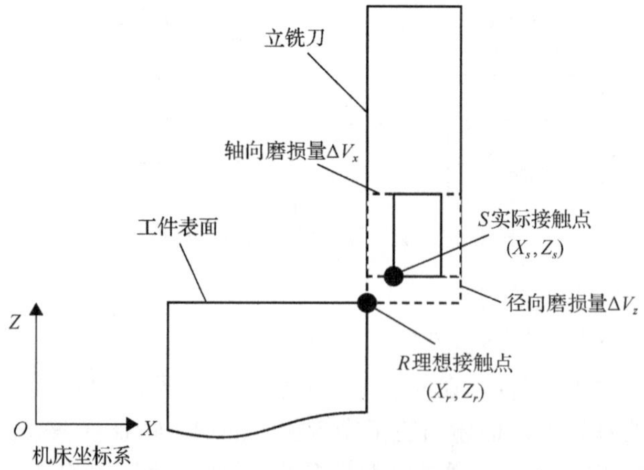

图 5-49　平头立铣刀刀具磨损的线性尺寸补偿

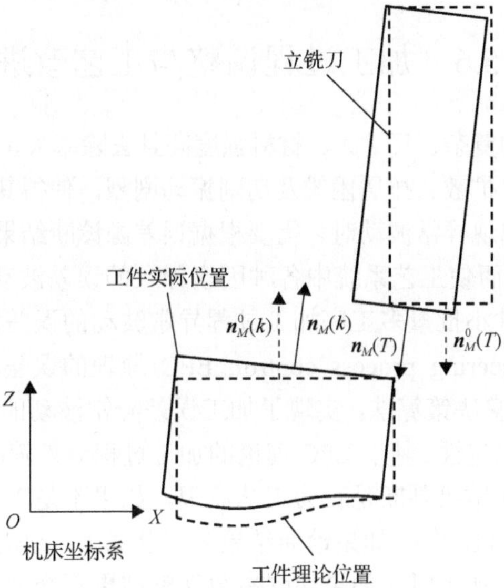

图 5-50　基准定位特征加工误差、夹具装夹误差造成的法线方向角度补偿

针对加工特征 k 的加工过程，其补偿算法的步骤如下：

步骤 1　获取前续工序加工特征状态 $\boldsymbol{X}_M(k-1)$ 和加工特征 k 的基准定位特征状态 $\boldsymbol{X}_M^D(k)$，描述加工特征 k 状态的准备工作。

步骤 2　采集加工过程中刀具振动信号，预测刀具轴向磨损量 ΔV_x 及径向磨损量 ΔV_z。

步骤 3　综合当前加工状态，获取加工特征 k 的状态 $\boldsymbol{X}_M(k)$。

步骤 4　获取加工特征 k 理想状态与实际状态的偏差 $\Delta\boldsymbol{X}_M(k)$，分为主轴法线方向补偿与刀具磨损补偿两部分。

步骤 5　对刀具法线方向进行补偿，$[\cos\alpha,\cos\beta,\cos\gamma]=\boldsymbol{n}_M(k)-\boldsymbol{n}_M^0(k)$，其中 α 、β 和 γ 表示主轴绕机床坐标系 M 的 x、y、z 轴的角度。

步骤 6　依据步骤 2 中刀具磨损量的预测值，计算工序结束时的累积误差 $\boldsymbol{e}_{\text{sum}}=\{\Delta V_x,\Delta V_z\}$。例如，采用立铣刀铣削平面特征，其刀具轴向磨损量 ΔV_x 将对平面加工特征质量起主导作用；铣削台阶或者键槽等加工特征时，其刀具断面径向磨损量 ΔV_z、轴向磨损量 ΔV_x 对加工质量均有影响。

步骤 7　若累积误差 $e_{\text{sum}}\leqslant\delta_k$，$\delta_k$ 为加工特征 k 的允许误差，则不进行切削参数的调整；若累积误差 $e_{\text{sum}}\geqslant\delta_k$，则对工艺参数进行调整。本书采用线性补偿的方式进行，即对第 1 次走刀一次性补偿 e_{sum}，可对切削深度与切削宽度进行补偿。

步骤 8　对加工特征 k 状态矢量模型进行补偿反馈，若 $e_{\text{sum}}\leqslant\delta_k$，则终止；若不满足，则重复步骤 2～步骤 7。

5.6　加工过程调整与工艺改进

起落架零件结构复杂、尺寸大、材料强度高且去除率大，其加工过程中刀具磨损加剧、切削热难以扩散、排屑困难及切削振动剧烈，使得其加工质量波动较大。因此，当加工误差出现异常波动时，需要根据误差源诊断结果进行过程调整决策，以实现误差消减，从而使工艺系统中各种因素导致的误差波动处于相对稳定状态。本节针对起落架零件小批量多工序加工过程异常波动的误差消减问题，建立基于工程过程控制(engineering process control, EPC)原理的误差消减决策模型及基于SVM的切削参数调整决策算法，实现了加工误差异常波动的动态消减，保证了零件加工过程的动态稳定性。基于EPC理论的加工过程误差消减决策模型如图5-51所示，首先根据诊断结果判断是否为工艺原因，如果不是工艺原因，则根据具体情况更换刀具、维修机床等；如果诊断结果为工艺原因，则优先进行基于SVM的切削参数调整。首批加工时，如果切削参数调整结果不合理，还可以根据工艺知识库进行工序内容调整和工序顺序调整。

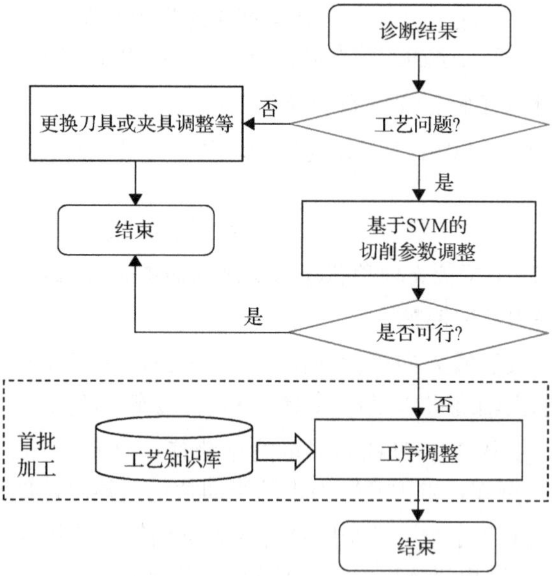

图5-51　基于EPC理论的加工过程误差消减决策流程

1. 基于SVM的切削参数调整决策

由于起落架零件加工过程的复杂性和非线性，其加工误差受“机床-刀具-夹具-工件”等因素误差的耦合影响，而且属于小批量加工过程，能采集到的过程样本信息非常有限，因此采用基于 SVM 的内模控制模型进行反馈调整。基于 SVM 的切削参数决策调整模型如图 5-52 所示，采用 EPC 内模控制原理实现对切削参数的反馈调整。调整模型主要由内部模型(质量特性预测)、控制器(切削参数调整模块)及输出反馈等组成，内部模型与实际系统并联，两者输出之差作为反馈信息。采用 SVM 回归估计过程的正向模型作为内部模型，估计过程的逆向模型作为内模控制器。控制器的输入包括主轴回转误差、进给轴运动误差、夹具定位面误差、刀具磨损量、前序质量特性误差以及本工序质量特性目标值，输出为切削深度(假设切削速度和进给速度不变)。当过程需要反馈调整时，则以主轴回转误差、进给轴运动误差等当前工况信息以及前序质量特性误差为 SVM 控制器的输入，计算切削参数(如切削深度)的取值并进行加工过程控制，然后进入下一次的加工误差波动分析及控制模型修正，直到过程波动回归到相对稳定状态且退出调整，从而保证加工过程的稳定性和加工质量的一致性。

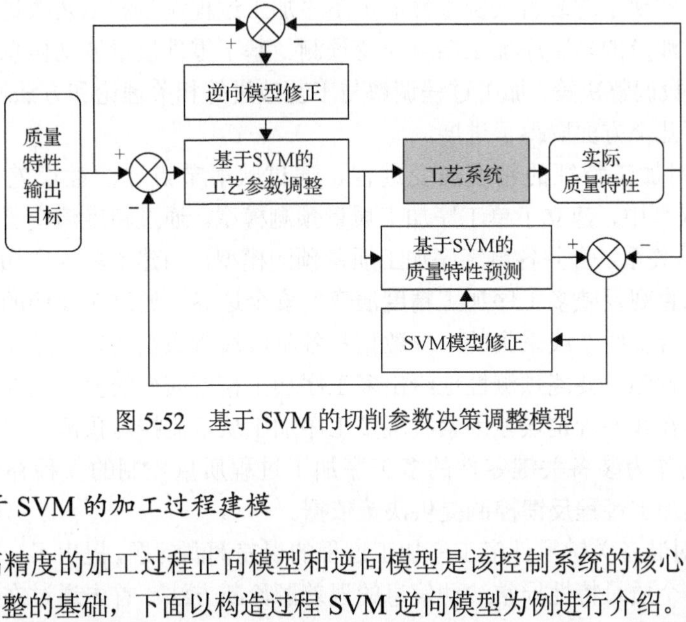

图 5-52 基于 SVM 的切削参数决策调整模型

2. 基于 SVM 的加工过程建模

构建高精度的加工过程正向模型和逆向模型是该控制系统的核心，也是有效进行过程调整的基础，下面以构造过程 SVM 逆向模型为例进行介绍。首先根据工序节点的误差传递模型，构建 SVM 的学习样本集$(\boldsymbol{x},u)$，其中，$\boldsymbol{x}=(x_1,x_2,\cdots,x_m)$表示样本输入矢量，$x_1,x_2,\cdots,x_m$分别代表主轴回转误差、进给轴回转误差、夹具定位面误差、刀具磨损量、前工序质量特性和输出质量特性；u 为模型输出，代表控制参数。由此可得 SVM 逆向模型为

$$u(k)=\sum_{i=1}^{n}\alpha_i K(\boldsymbol{x}_i,\boldsymbol{x}(k))+b \tag{5-85}$$

式中，α_i表示拉格朗日因子；$\boldsymbol{x}_i$为支持向量，即α_i不为 0 的向量。SVM 回归模

型的损失函数采用ε不敏感损失函数作为损失函数。由此，可得可控参数的调节量为

$$\Delta u(k) = u(k) - u(k-1) \tag{5-86}$$

SVM 控制器的训练先根据离线采集的样本信息进行离线训练，然后投入运行，进行在线学习。在加工过程中将质量特性作为输出目标，即将参考输入$y_r(k)$与实际输出$y(k)$进行比较，如果$|y_r(k)-y(k)|>\varepsilon$，则利用在线采集的样本数据进行模型训练，直到所有的样本数据满足条件$|y_r(k)-y(k)|<\varepsilon$。

5.7 本 章 小 结

本章在分析了以最终质量为控制目标的多工序加工精度演变预测与误差源诊断基础上，实现了对装备关键零件的多工序加工过程调整和工艺改进。为了实现该目标，对涉及的多工序加工精度演变预测、基于零件质量波动信息的误差源诊断、可控参数调整决策、加工过程调整与工艺改进等相关理论和方法进行了论述，主要在以下几个方面取得了进展。

(1) 针对加工特征的精度演变过程，通过映射节点非线性误差传递关系到 ILS-SVM 模型中，建立了单工序加工质量预测模型。通过精度演变子网络中节点的输入/输出关系，合并各单工序加工质量预测模型，构建了多工序加工质量预测包络图，以直观反映多工序加工精度演变的安全边界。通过对案例的分析表明，该模型能结合实时在线采集的工况数据和各阶段质量数据实现单工序加工质量的实时监控与预测，并能预测性地给出多工序加工精度演变的安全边界，通过消除工艺系统潜在和不确定误差因素实现多工序加工质量监控与预测。多工序加工精度演变预测作为装备关键零件的多工序加工过程质量控制的一种补充和预警手段，为后续加工过程反馈控制提供决策依据。

(2) 针对装备关键零件多工序加工过程的误差溯源问题，提出了一种利用证据理论融合多个质量特性异常波动信息的误差源诊断方法。首先通过在单个工件切削区域内对多个质量特性的多截面检测，绘制加工误差波动的运行图以反映加工过程中的误差波动状况。然后采用混合核模糊支持向量机对运行图的异常波动模式进行自动识别，将异常波动模式作为误差溯源的证据信息并确定其相应的诊断辨识框架和基本信度函数。最后采用证据理论将多个波动模式提供的证据信息进行融合，并按照相应的诊断规则做出决策。

(3) 从工序质量改进的角度出发，对加工特征实时状态及刀具磨损状态进行描述，进而对加工过程可控参数进行调整，实现提高工序加工质量的目的。首先，描述工序加工特征、夹具及刀具空间状态，通过工件坐标系、夹具坐标系及机床

坐标系的转换，建立加工特征实时状态模型，为实现加工过程误差消减决策提供支持。然后，为获得工序过程中刀具的实时运行状态，采用激光位移传感器采集刀具位移振动信号，并通过信号分析方法提取其特征值，在此基础上建立刀具磨损状态预测模型，估计刀具磨损状态，为工序可控参数调整提供优化依据。最后，依据上述加工特征实时状态模型及刀具磨损状态预测模型建立工序可控参数调整模型，对工序切削参数及待加工表面法矢参数进行调整，降低由前续工序加工误差及当前工序误差造成的加工质量损失。

第 6 章　多工序质量控制系统研发

6.1　多工序质量控制系统设计

多工序加工过程质量控制的原型系统软件包括 6 个功能模块，如图 6-1 所示。具体有工程模型数字化表达、工序误差传递网络建模及分析、误差波动灵敏度分析及过程能力评估、工序加工质量预测与分析、误差源诊断和加工过程误差消减决策。其中，工程模型数字化表达模块主要实现加工过程中与工艺系统相关的基础信息配置，包括生产资源配置、工艺流程配置和生产信息配置等。工序误差传递网络建模及分析模块，主要是形式化地描述赋值型加权误差传递网络中节点以及节点的误差传递关系。在此基础上，基于建立的赋值型加权误差传递网络，从拓扑关系和误差传递物理特性两个层次分析工序流中的误差传递规律。误差波动灵敏度分析及过程能力评估模块，主要是基于前述建立的赋值型加权误差传递网络，分析高端装备关键零件的多工序加工过程中影响加工误差的不确定因素和潜在误差源，从而建立工序演变波动轨迹图，分析工艺过程的稳定性。工序加工质量预测与分析模块，是在前述建立的赋值型加权误差传递网络模型的基础上，通过分析加工特征的精度演变过程，实现质量特征的多工序加工精度演变预测。此外，为了实现加工过程的预测性控制，通过比较当前工件的加工精度演变预测结果和已完成工件的加工精度规律，控制可能引起工件偏差的原因，实现进一步的预测性控制。误差源诊断模块主要解决加工过程异常或能力不足时的误差源诊断问题，主要包括切削区域质量特性运行图绘制及模式识别、基本概率函数分配和证据融合与诊断决策等子模块。加工过程误差消减决策模块主要通过监测并预测刀具磨损状态实现加工过程的闭环控制决策，主要包括加工状态描述、刀具磨损监测和误差消减决策等子模块。

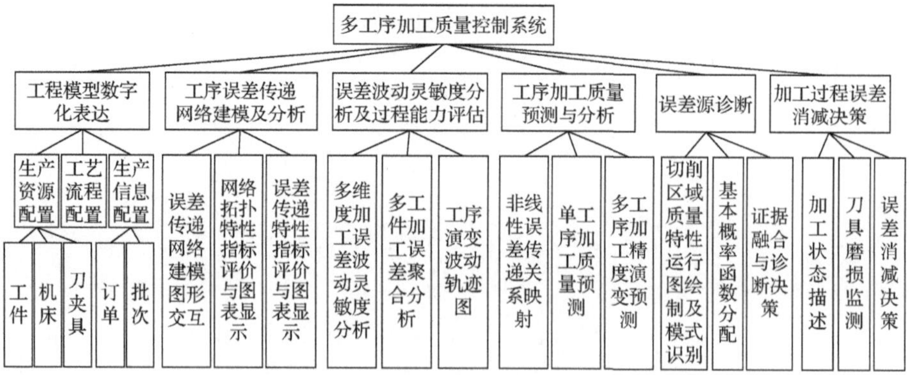

图 6-1　原型系统功能模块划分

6.2 运行流程

根据上述原型系统功能模块划分结果，系统运行流程如图 6-2 所示。其中，工程模型数字化表达中的生产资源配置、工艺流程配置和生产信息配置是后续赋值型加权误差传递网络建模的基础；赋值型加权误差传递网络中构建的节点关联

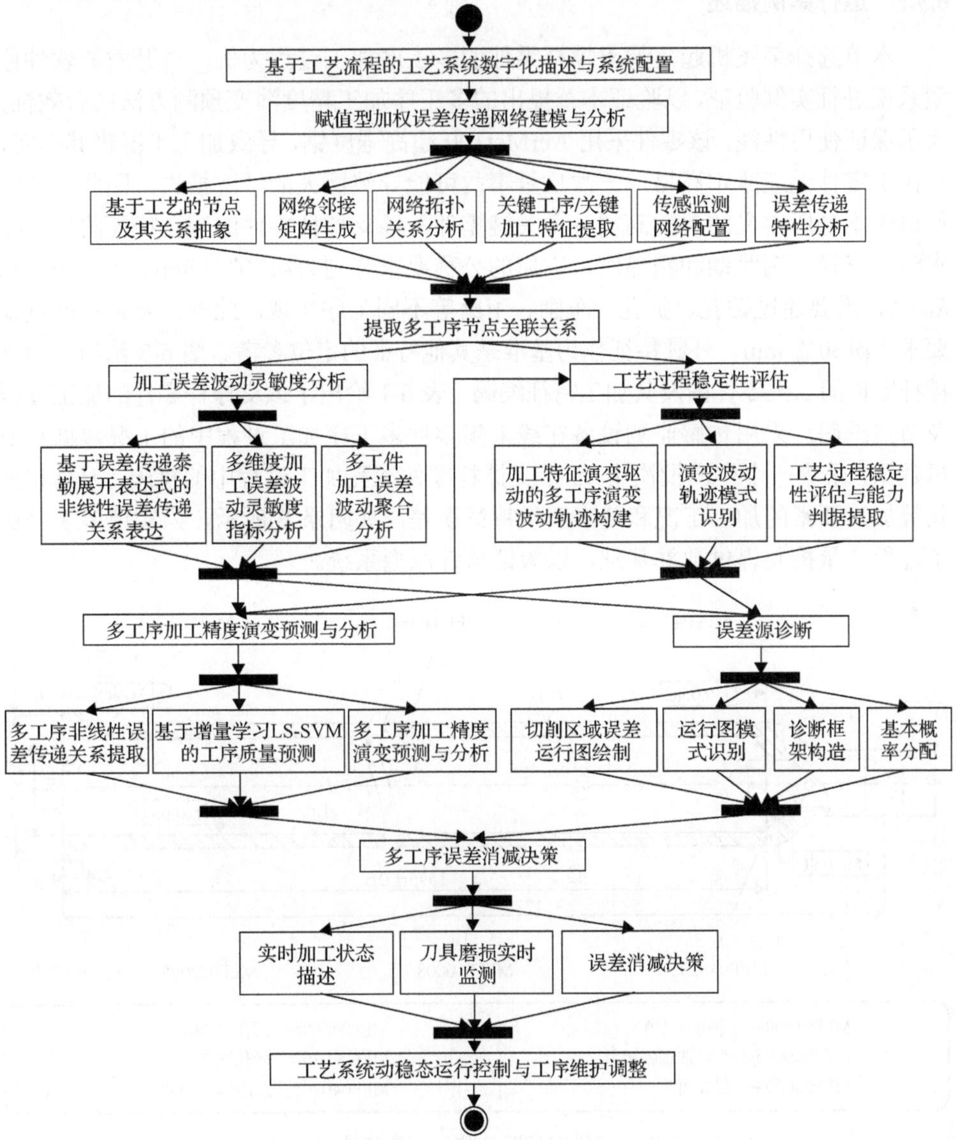

图 6-2　原型系统运行流程

关系是后续进行多维度加工误差波动分析和多工序加工质量预测的输入；在此基础上，加工误差波动灵敏度分析与工艺过程稳定性评估和多工序加工精度演变预测与分析等模块的分析结果为工艺系统的动态稳定运行提供了控制和改进的依据。

6.3　技术支撑模块开发及运行实例

6.3.1　运行案例描述

本节选择某飞机起落架支撑杆零件的多工序加工过程为例，对开发的软件原型系统进行实例验证，以验证本章提出的多工序加工精度演变预测方法的有效性。为了保证使用性能，该零件采用 AerMet100 超高强度钢，导致加工工况极其恶劣，且由于零件毛坯成本高昂，一次质量事故可能导致巨大的经济损失。因此，该零件属于本书所定义的典型高端装备关键零件。该支撑杆零件的深孔特征的质量要求包括直径、圆跳动和粗糙度，它们的公称要求分别为$\phi 120_{0}^{+0.054}$ mm、0.05mm 和 $Ra1.6$，需要通过钻孔、扩孔、车削、珩磨等不同工序实现。此外，外圆特征直径要求为$\phi 150_{-0.07}^{-0.03}$ mm，外圆特征作为基准是其他特征的定位参考。图 6-3 给出了该支撑杆零件的二维零件图及其加工特征编码。表 6-1 给出了该支撑杆零件的加工过程及节点编码。采用传感监测设备在线采集零件多工序加工过程中的工况数据和质量数据，采集一个生产批次中 15 个支撑杆零件深孔加工过程中的机床、刀具和夹具等加工要素的加工工况和基准质量特征误差，如附录 E 所示，为实现多工序加工过程质量控制提供数据基础，以验证软件原型系统。

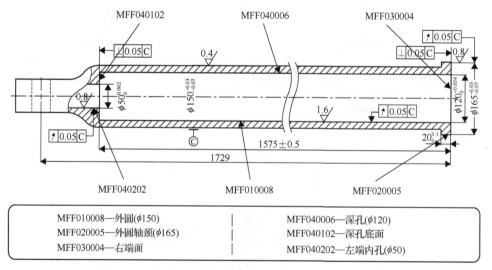

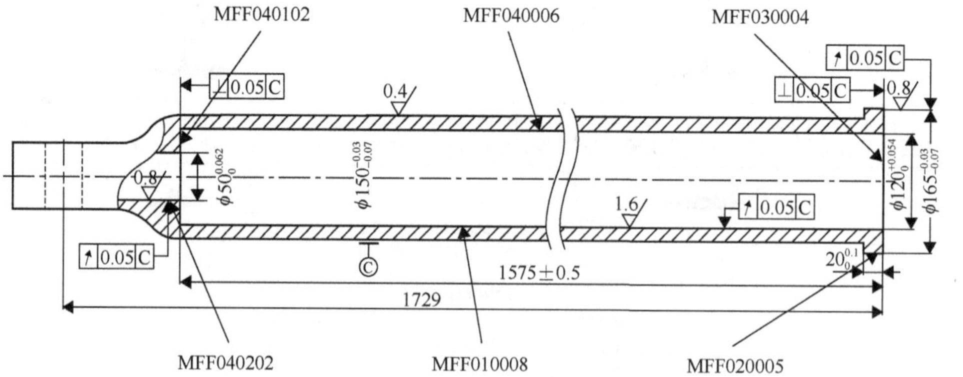

MFF010008—外圆(φ150)	MFF040006—深孔(φ120)
MFF020005—外圆轴颈(φ165)	MFF040102—深孔底面
MFF030004—右端面	MFF040202—左端内孔(φ50)

图 6-3　支撑杆二维零件图及其加工特征编码(单位：mm)

表 6-1　支撑杆零件工艺过程

序号	MFF 名称	加工特征编码	质量特征编码	机床编码	夹具编码	刀具编码
185	车右端面	MFF030003	QF040101/QF040102/QF040103	MT01	FT01	CT01
195	车外圆	MFF010005	QF040201/QF040202/QF040203	MT01	FT01	CT01
200	粗镗深孔	MFF040004	QF040401/QF040402/QF040403	MT01	FT02	CT02
215	车外圆	MFF010006	QF010601/QF010602	MT01	FT01	CT01
220	车右端面	MFF030004	QF040401/QF040402/QF040403	MT01	FT01	CT01
235	精镗深孔	MFF040005	QF040501/QF040502/QF040503	MT01	FT02	CT02
250	磨外圆	MFF010007	QF010701/QF010702	MT02	FT03	CT03
290	珩磨深孔	MFF040006	QF040601/QF040602/QF040603	MT03	FT04	CT04

6.3.2　工程模型数字化表达工具

登录系统后，单击“EKP-QC 系统配置”按钮，进入工艺系统数字化配置模块，通过模块中的“生产订单配置”、“零件工艺配置”、“工艺系统配置”和“传感检测配置”等子模块实现生产订单批次、零件工艺过程、加工要素和传感检测方案等生产信息的添加和管理。本案例中支撑杆零件的多工序生产过程的配置过程如图 6-4 所示。首先，通过“工艺系统配置”子模块配置参与该支撑杆零件多工序加工过程的加工要素如机床、刀具、夹具和量具等，配置与生产相关的人员信息，如图 6-4(a)所示；然后，根据表 6-1 所示的该支撑杆零件的工艺过程信息，通过“零件工艺配置”子模块添加该零件的加工工艺，包括各道工序名称、加工特征、质量特征、各基准特征和所用加工要素，如图 6-4(b)所示；最后，根据各个工件的生产排程信息，通过“传感检测配置”子模块在各道工序配置传感监测设备采集反映工艺系统运行状态的加工工况信息和各阶段质量信息，如图 6-4(c)

(a) 工艺系统配置

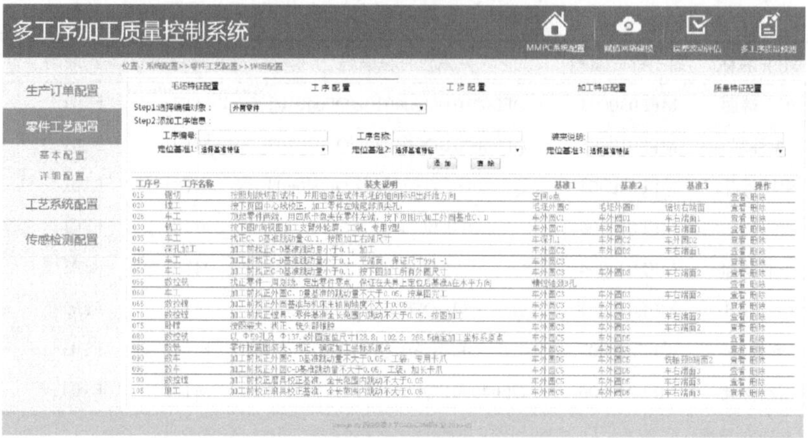

(b) 零件工艺配置

(c) 传感检测配置

(d) 生产订单配置

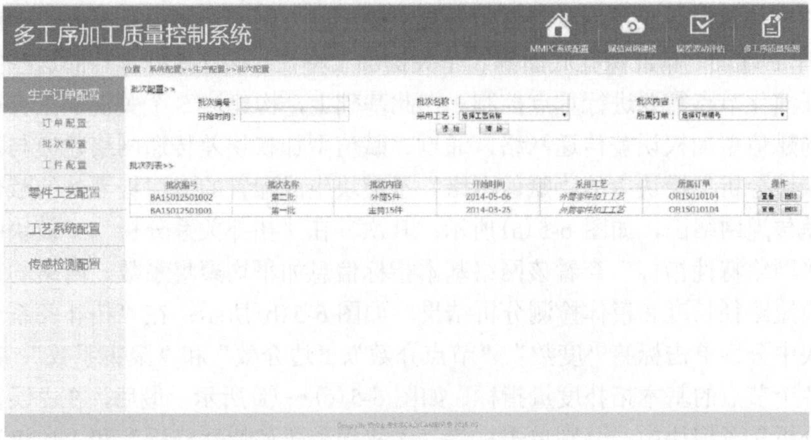

(e) 生产批次配置

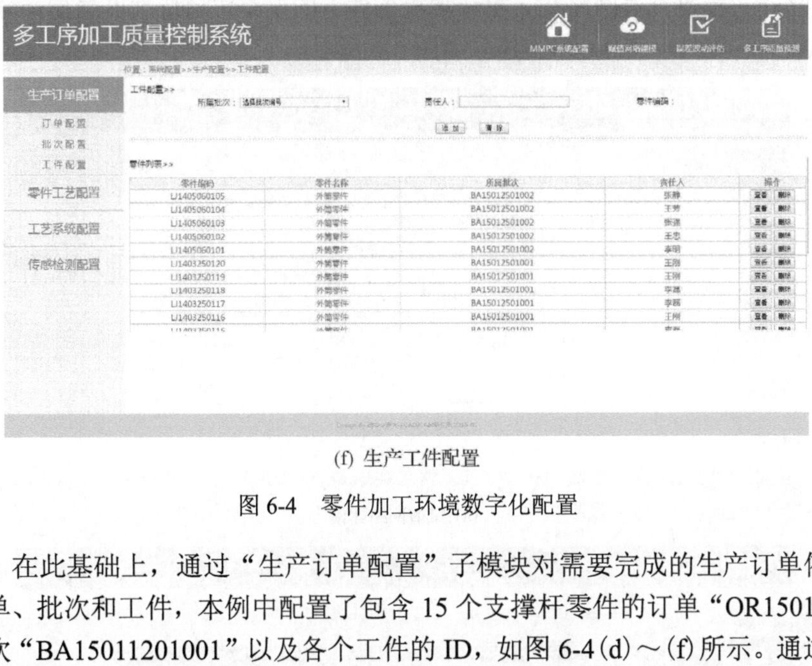

(f) 生产工件配置

图 6-4　零件加工环境数字化配置

所示；在此基础上，通过“生产订单配置”子模块对需要完成的生产订单依次配置订单、批次和工件，本例中配置了包含 15 个支撑杆零件的订单“OR15010104”和批次“BA15011201001”以及各个工件的 ID，如图 6-4(d)～(f)所示。通过上述步骤，完成了支撑杆零件的多工序工艺系统的数字化配置，为后续“赋值型加权误差传递网络建模与误差传递复杂性分析”、“加工误差波动灵敏度分析”、“工艺过程稳定性评估”和“多工序加工精度演变预测”等多工序加工过程质量控制分析手段的实现奠定了误差传递关系建模和数据基础。

6.3.3　工序误差传递网络建模及分析工具

实现赋值型加权误差传递网络的建模，首先根据录入的零件工艺信息构建包含加工特征和加工要素的误差传递网络，反映工序之间的耦合交互，并根据网络节点的误差传递效应指标及工件质量要求确定磨外圆、珩磨内孔ϕ106、珩磨内孔ϕ46、车右端面、精镗深孔底面等5个关键加工特征。该支撑杆零件的这些关键加工特征演化节点需要进行重点控制。在此基础上，构建这5个关键加工特征演变过程的赋值型加权误差传递网络，通过“赋值型加权误差传递网络建模与误差传递复杂性分析”模块中的“赋值网络”子模块生成配置的支撑杆零件的赋值型加权误差传递网络图，如图6-5(a)所示；其次，在“拓扑关系分析”子模块中单击标签“网络特性指标”查看该网络基本指标信息如平均聚集系数、网络的直径、平均最短路径长度和模体检测分析结果，如图6-5(b)所示；在“拓扑关系分析”子模块中分别单击标签“度数”、“节点介数”、“边介数”和“聚集系数”，查看网络中各个节点的基本拓扑度量指标，如图6-5(c)～(f)所示；最后，在“误差传递特性分析”子模块中，分别单击标签“无权误差传递特性分析”和“加权误差传递特性分析”标签查看网络在无权和加权条件下的误差传递特性度量指标分布图，包括WLD、WRD、WAD和EPI，如图6-6所示。

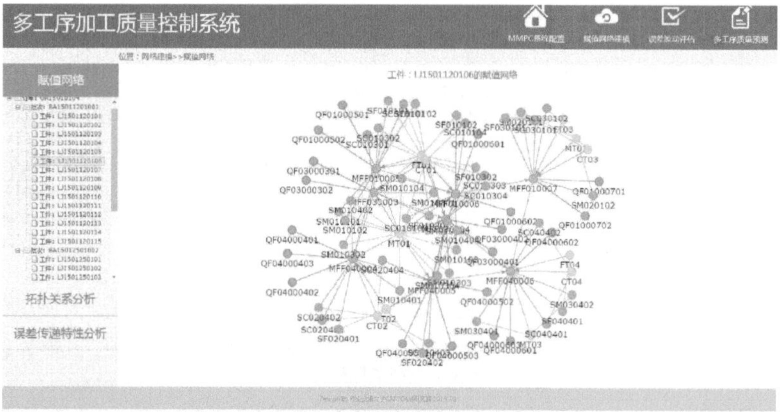

(a) 赋值网络建模

(b) 网络特性指标及模体检测分析

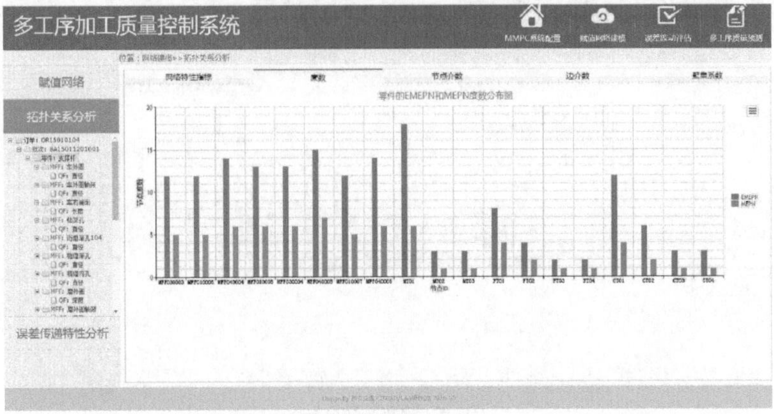

(c) 节点度数分布图

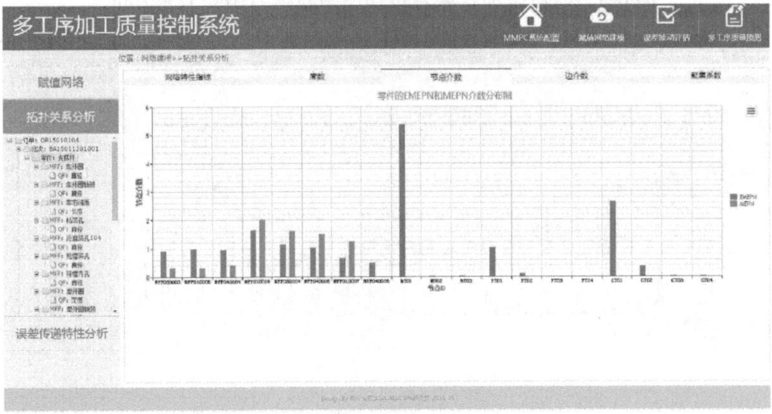

(d) 节点介数分布图

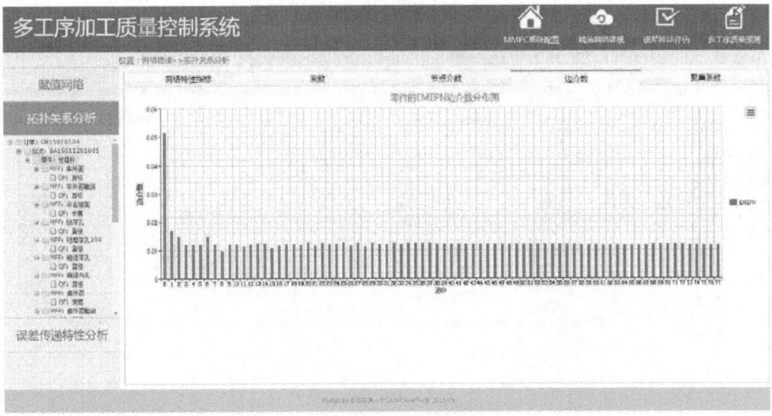

(e) 边介数分布图

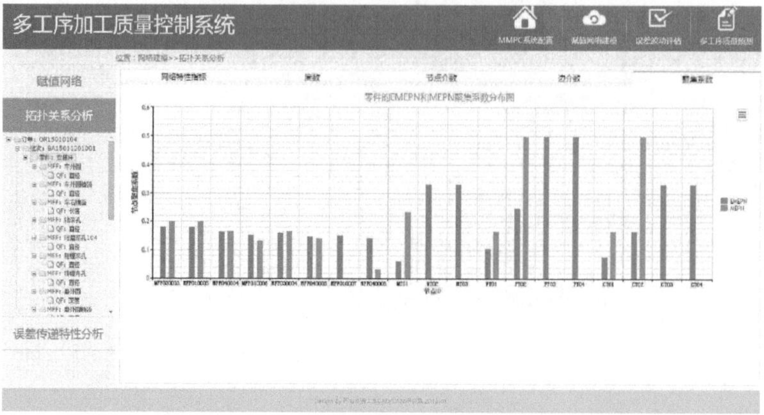

(f) 节点聚集系数分布图

图 6-5　赋值型加权误差传递网络建模与拓扑关系分析

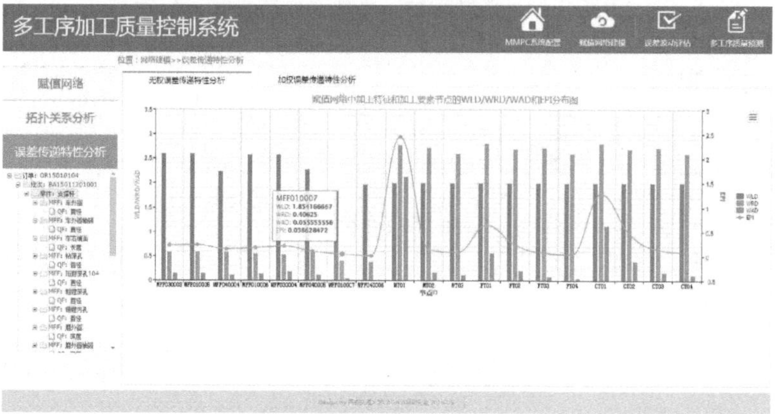

(a) 无权误差传递特性分析

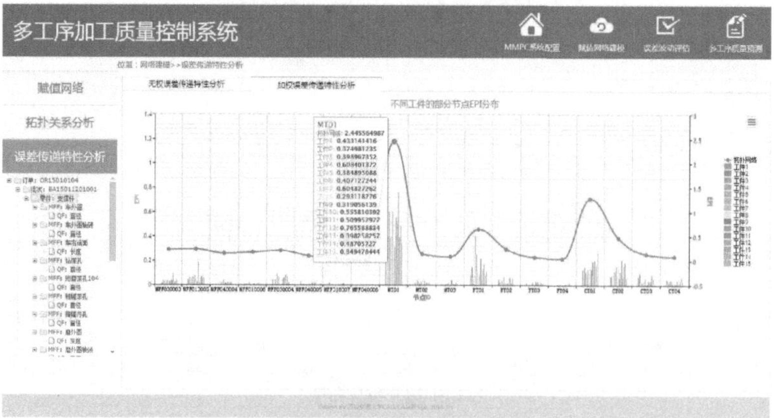

(b) 加权误差传递特性分析

图 6-6　赋值型加权误差传递网络建模误差传递特性分析

6.3.4 误差波动灵敏度分析及过程能力评估工具

要实现该支撑杆零件关键工序流的加工误差波动分析和过程稳定性评估，首先需要对节点之间的关系进行解算。根据建立的支撑杆零件的赋值型加权误差传递网络，建立包含质量特征和工况要素两类节点的精度演变子网络，如图 6-7 所示，并提取与加工特征 MFF040004(粗镗深孔)相关的节点关系，分别建立 MFF040004 的附属质量特征(QF040401、QF040402 和 QF040403)与相关误差因素之间耦合关系的误差传递方程。

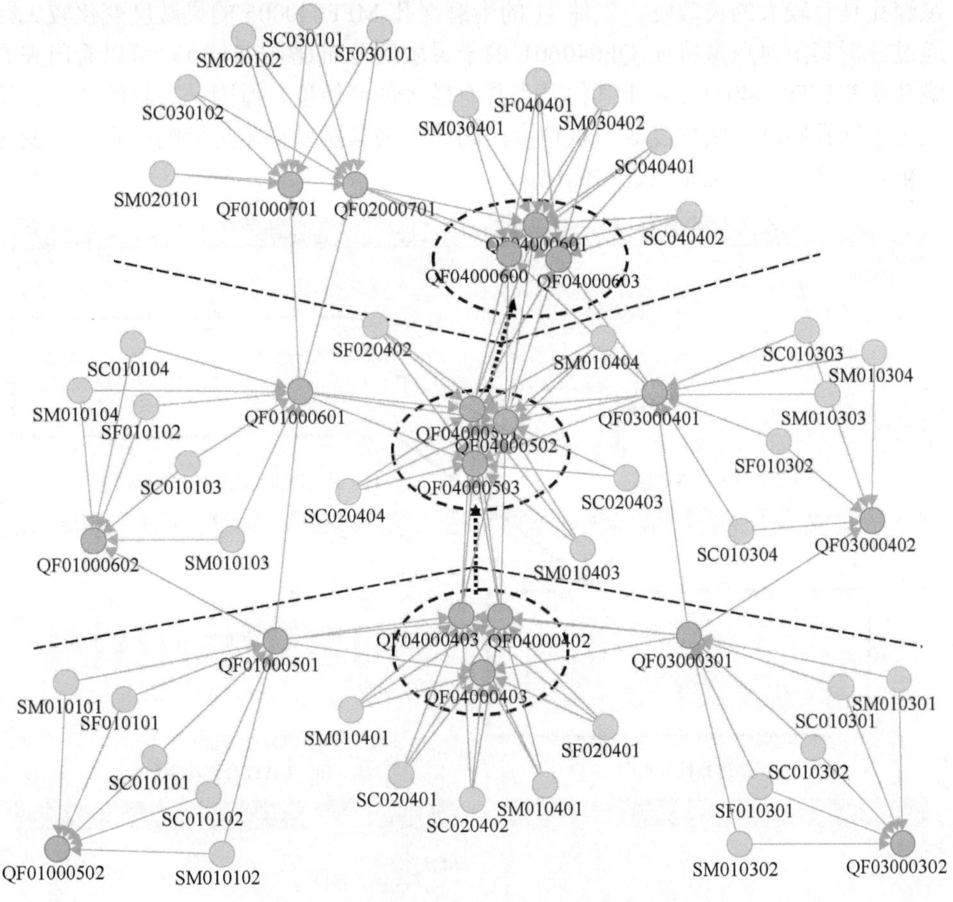

图 6-7　深孔演变加工工序的精度演变子网络

如图 6-8(a)所示，单击“误差波动评估”按钮，进入“关系解算”子模块，导入已完成零件的加工工况数据和质量数据，通过 LS-GA 算法对误差传递方程的参数进行解算，获得如图 6-8(b)所示的误差传递表达式参数解算结果；基于此，依次建立深孔直径的后序演变特征的误差传递方程，并解算节点之间的耦合关系，完成误差因素与深孔直径之间的非线性误差传递关系的描述；在此基础上，分别从质量特征层、单工序层、多工序层和工件层等建立描述加工误差波动的灵敏度指标 $S_{04,01}^{k}$、$S_{04,02}^{k}$、$S_{04,03}^{k}$、S_{04}^{k}、$S_{04\in N_{01}}^{k}$、$S_{04\in N_{02}}^{k}$、$S_{04\in N_{03}}^{k}$ 和 $S_{04\in N}^{k}$，进而构建灵敏度分析矩阵。图 6-8(c)给出了上述 8 个灵敏度指标分布。根据如图 4-7 所示的多工件工序波动评估流程，即式(4-22)～式(4-24)，基于该灵敏度分析矩阵计算不同零件的综合波动指数(图 6-8(d))。从图 6-8(d)中可以看出，各个工件的综合波动指数波动不大，其中工件 4 的综合波动指数较大。图 6-8(e)给出了各个工件在工序层演变过程的灵敏度分布，可以看出精镗深孔特征 MFF040005 相对于粗镗深孔具有较大的灵敏度。工件 11 的珩磨深孔 MFF040006 的灵敏度变化较大，通过分析其附属质量特征 QF040601 的子灵敏度分布(图 6-8(f))，可以看出夹具跳动误差(SF040401)相对于其他节点具有较大的灵敏度，原因是夹具的精度直接决定了深孔圆度、圆柱度等形状精度，因此，夹具跳动误差是影响深孔质量变化的重要因素，需要优先改进和优化。

(a) 导入样本数据

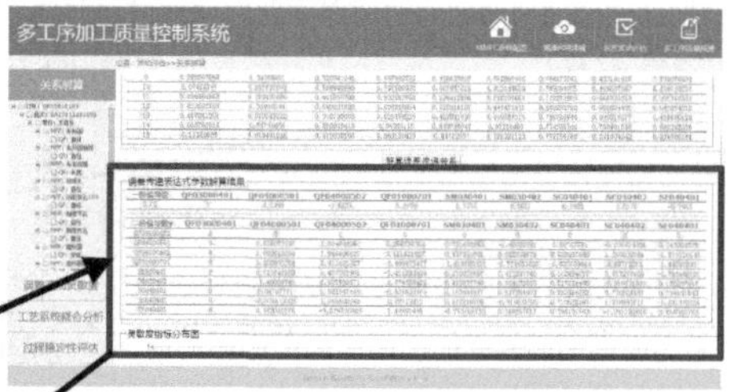

(b) 误差传递表达式参数解算结果

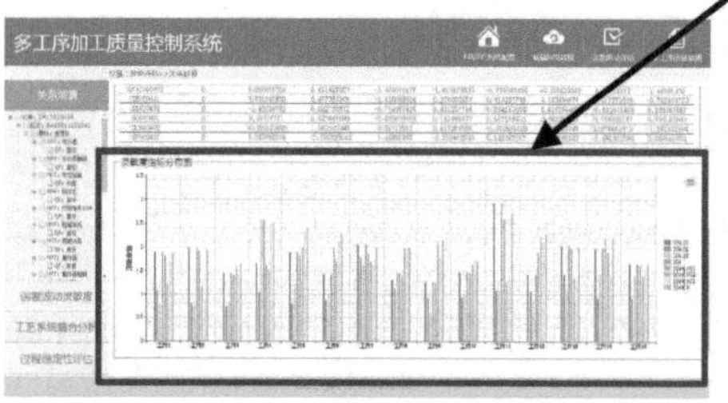

(c) 灵敏度指标分布图

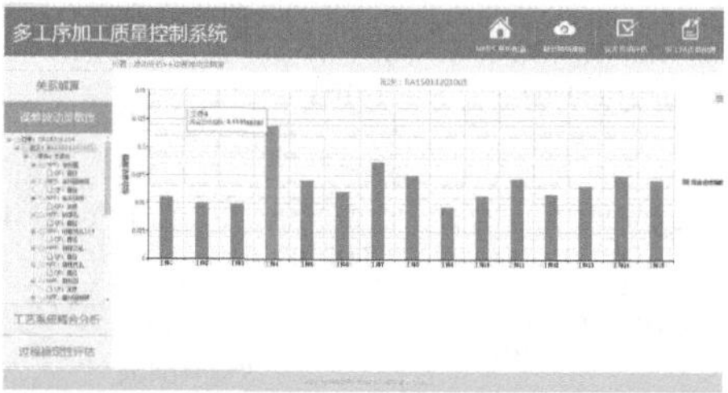

(d) 工件综合波动指数

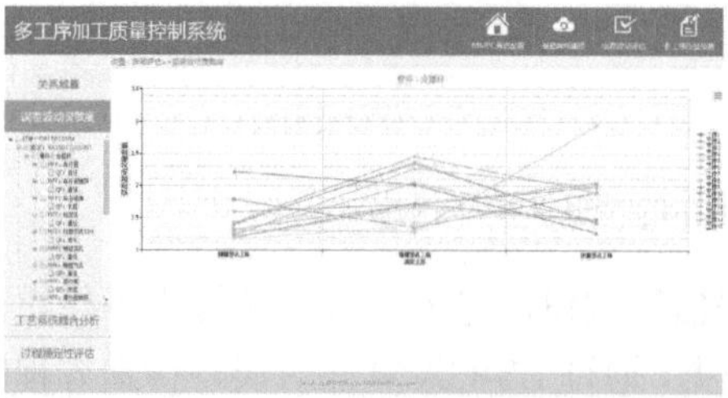

(e) 工件演化过程中的灵敏度分布

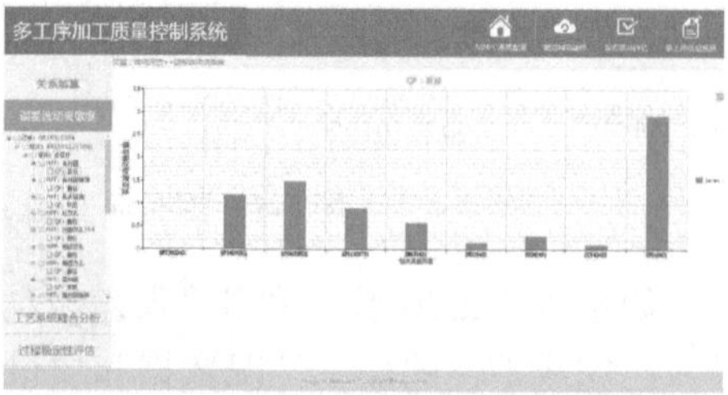

(f) 质量特征QF04000601的子灵敏度

图 6-8　加工误差波动灵敏度分析

通过对误差传递二阶泰勒展开方程进行传递关系解算，得到描述误差因素耦合关系的黑塞耦合矩阵，如图 6-9(a)所示。对珩磨深孔直径 QF040601 与相关误差因素的传递关系进行解算，得到误差因素黑塞耦合矩阵，在此基础上，对其加工工艺系统进行耦合分析，通过求解耦合矩阵得到矩阵的特征值–2.6718、7.3142、–1.8634、2.9154、0.6946、1.7618、1.1364、–0.5405 和对应的特征向量。其中，最大特征值为 7.3124，对应的特征向量 $\boldsymbol{p}=[-0.069, -0.5556, 0.1259, -0.1736, 0.05, -0.0036, -0.2955, -0.2955]^{\mathrm{T}}$。根据式(4-30)和式(4-31)计算工序过程稳定度和演变过程波动度两个指标，并绘制深孔直径“粗镗-精镗-珩磨”等 3 道工序的演变过程波动轨迹图，如图 6-9(b)所示。通过分析该演变过程波动轨迹图可以看出，15 个零件的深孔直径演变过程属于典型的 U 型模式。进一步分析误差波动轨迹的分

(a) 解算误差因素耦合矩阵

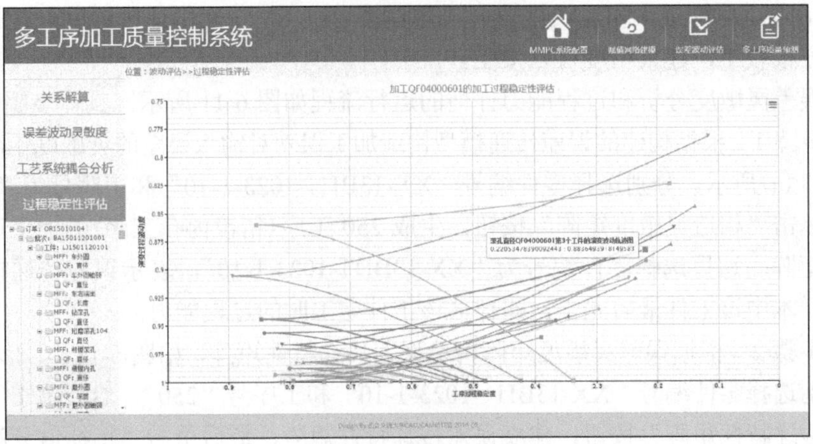

(b) 绘制演变过程波动轨迹

图 6-9　加工过程稳定性评估

布范围可以看出，工序过程稳定度的大小为“精镗深孔＞粗镗深孔＞珩磨深孔”，且大部分工件粗镗工序和精镗工序处于稳定状态和动态稳定状态，而部分工件的珩磨工序处于不太稳定状态，但没有工件的工序处于不稳定状态。

对 XX-13BI11-1023 型外筒零件精镗内孔工序的能力评估分为工序误差传递建模、误差灵敏度分析和过程能力评估三个阶段。其中，工序误差传递建模的运行界面如图 6-10 所示，具体建模步骤如下：

步骤 1　输入工序基本信息并载入历史数据。在如图 6-10 所示界面左上角的“工序基本信息”的下拉列表框中依次选择零件图号“XX-13BI11-1023”和工序号“250”，然后单击“载入数据”按钮，加载 XX-13BI11-1023 型外筒零件精镗内孔工序的历史加工数据，包括任务编号、生产批次、零件编号、是否合格及完成时间等信息。

步骤 2　从该工序历史加工数据中选择最近加工的工件信息作为训练样本，选择 20 个最近加工的工件作为训练样本，其中最后完工的零件编号为“XX-13BI11-1023-1-10”。

步骤 3　根据输入误差对加工误差的影响程度选择误差传递模型的输入误差，即误差传递模型的输入变量，这里把该工序的四个输入误差全部选中，包括上道工序直径误差、上道工序圆度误差、基准 C 找正误差和基准 D 找正误差。

步骤 4　设置建模参数并进行参数优化与建模。依次选择径向基核函数、Hampel 权重函数、交叉验证法、网格搜索法并设置交叉验证的数据分组数为 4，然后单击“优化计算”按钮，优化 WLS-SVM 模型的参数，并采用得到的优化参数建立误差传递模型。得到的惩罚参数和径向基核函数宽度参数的优化组合为 (628.8232, 5.0103)，训练模型的相对误差均方根为 4.96%，相对误差最大绝对值为 11.63%。尽管最大相对误差较大，但考虑 WLS-SVM 回归建模的特点且相对误差均方根较小，建模精度可以接受。

误差灵敏度分析和过程能力评估的运行流程如图 6-11 所示，具体步骤如下：

步骤 1　根据构建的误差传递模型构造加工误差对输入误差的灵敏度矩阵，如图 6-11(a)所示。分别选择零件编号“XX-13BI11-1023-1-10”和工序号为“250”，然后单击“构造灵敏度矩阵”按钮，生成 250 工序(精镗内孔工序)的加工误差灵敏度矩阵。这里选择零件编号为“XX-13BI11-1023-1-10”，表示误差传递模型的训练样本中该工件最后完工，即评估该工件完工时的过程能力。

步骤 2　根据误差灵敏度矩阵构造误差传递特性矩阵，如图 6-11(b)所示。首先分别选择零件编号“XX-13BI11-1023-1-10”和工序号“250”，然后单击“构造误差传递特性矩阵”按钮，建立误差传递特性矩阵，最后单击“特征值分解…”按钮进入步骤 3。

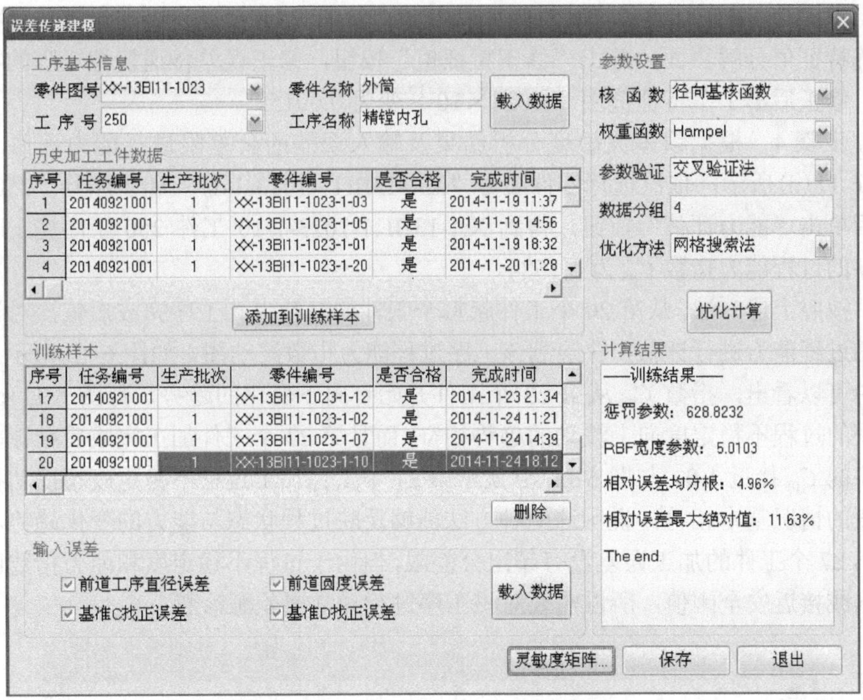

图 6-10　工序误差传递建模的运行界面

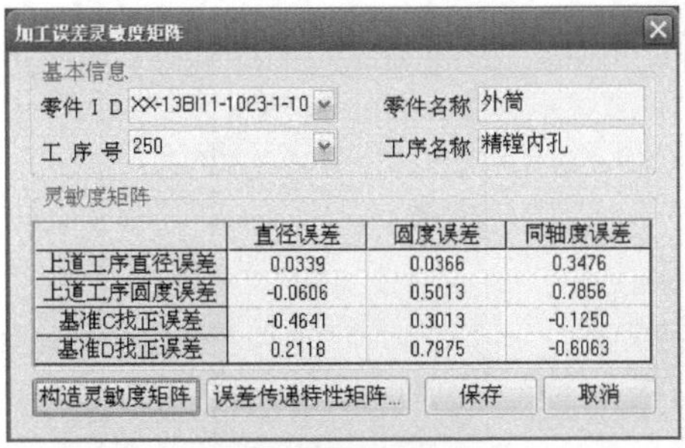

(a) 构造误差灵敏度矩阵

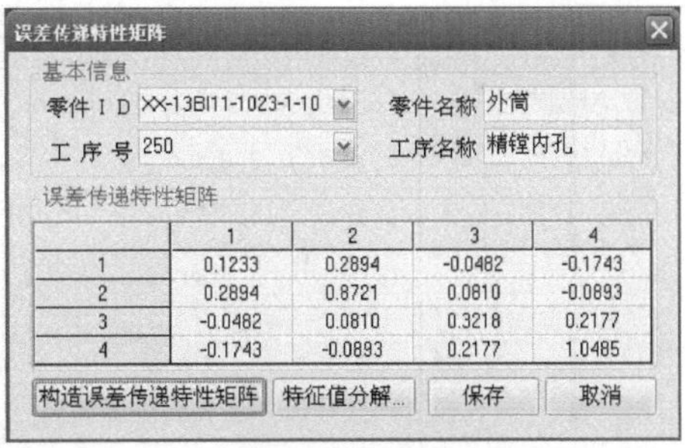

(b) 构造误差传递特性矩阵

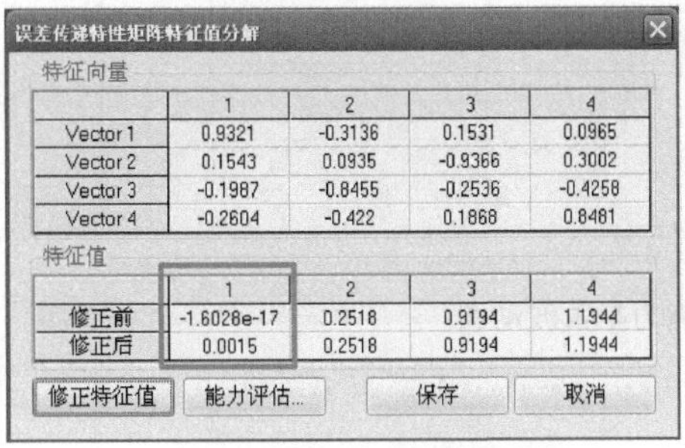

(c) 误差传递特性矩阵特征值分解

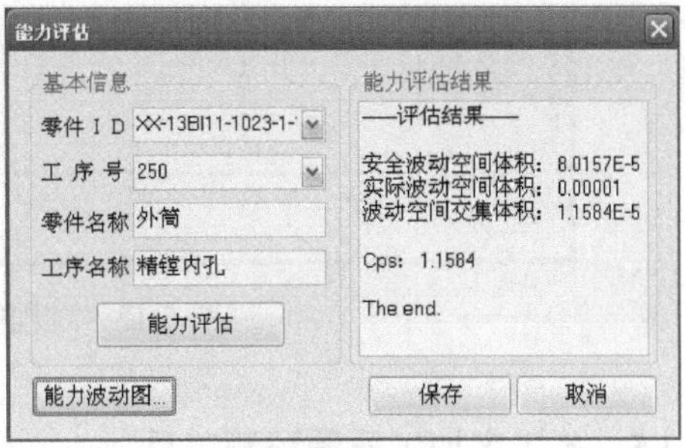

(d) 过程能力评估

图 6-11　误差灵敏度分析和过程能力评估的运行流程

步骤 3　修正误差传递特性矩阵特征值，如图 6-11(c)所示。在误差传递特性矩阵特征值分解界面，单击“修正特征值”按钮，修正误差传递特性矩阵的特征值，修正后第 1 个特征值由-1.6028×10^{-17}变为 0.0015。

步骤 4　根据误差灵敏度分析结果及输入误差的公差限进行能力评估，如图 6-11(d)所示。依次选择零件编号“XX-13BI11-1023-1-10”和工序号“250”，然后单击“能力评估”按钮，得到 XX-13BI11-1023-1-10 工件 250 工序完工时该工序的过程能力指数 C_{ps} 为 1.1584。

按照上述方法，从第 20 个工件起每个工件的精镗内孔工序完成后依次对该工序的过程能力进行评估，并绘制该工序过程能力指数波动图，如图 6-12 所示。从图中可以看出，指数 C_{ps} 从第 23 个工件开始有向下变化的趋势，与图 6-11(d)中反映的过程不稳定度向上波动的趋势相符；而且第 27 个工件加工完成后精镗内孔工序的 C_{ps} 接近 1.0，与图 6-11(d)显示第 27 个工件加工过程不稳定度超出动稳态阈值的情况基本相符，说明这两种方法能够反映过程状态与能力的变化趋势。虽然第 27 个工件的加工误差没有超出公差限，但由于过程不稳定度和能力指数已经超出或接近安全阈值，所以需要对该工序进行异常误差源诊断。

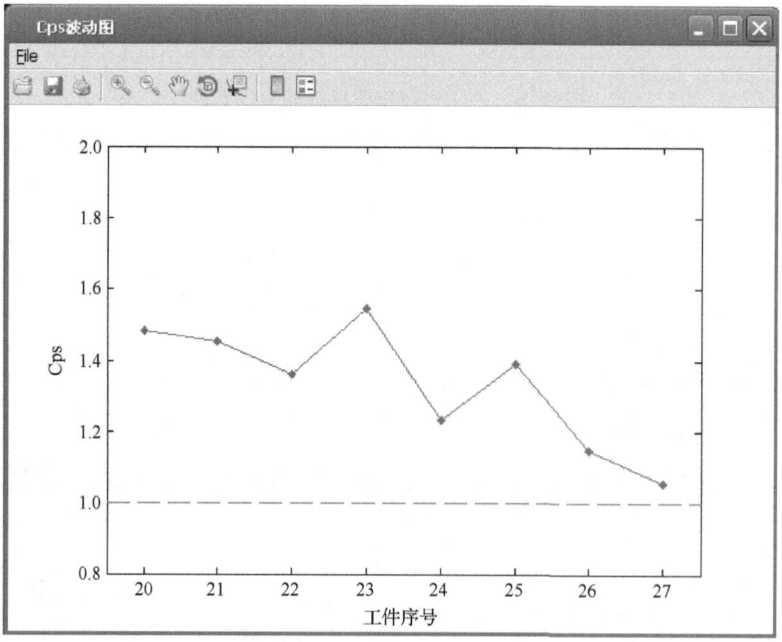

图 6-12　过程能力指数波动图

6.3.5　多工序加工质量预测工具

根据前述对已完成工件的分析，可以获得支撑杆零件的多工序加工过程中潜在的和对质量影响不确定的误差因素。在此基础上，对后续工件的质量进行预测是实现高端装备关键零件加工质量控制的有效补充手段。通过单击“多工序质量预测”按钮，进入多工序加工精度演变预测模块界面，如图 6-13(a)所示，设置 ILS-SVM 模型的参数，基于历史工件数据对粗镗深孔直径(QF040401)的非线性误差传递关系进行拟合。从图 6-13(a)中可以看出，在优化迭代的最开始阶段，平均适应度曲线和最优适应度曲线明显降低，后续阶段曲线平缓，表明 PSO 算法快速地收敛于最优解；同时将具有最小验证误差的参数作为最优超参数，其中超参数 $\gamma = 292.3598$、超参数 $\sigma = 26.86$。基于最优超参数对增量学习 LS-SVM 模型进行增量学习，并对 QF040401 的加工质量进行预测，得到加工质量预测值与测量值对比图、误差吻合度和模型成熟度的变化曲线，如图 6-13(b)所示。提取如图 6-13(c)所示的深孔特征的加工精度演变子网络，在完成“粗镗深孔-精镗深孔-珩磨深孔”3 道工序预测模型的基础上进行多工序预测，即对深孔直径的最终质量即珩磨深孔直径进行预测，最终绘制如图 6-13(d)所示的多工序加工质量预测包络图。

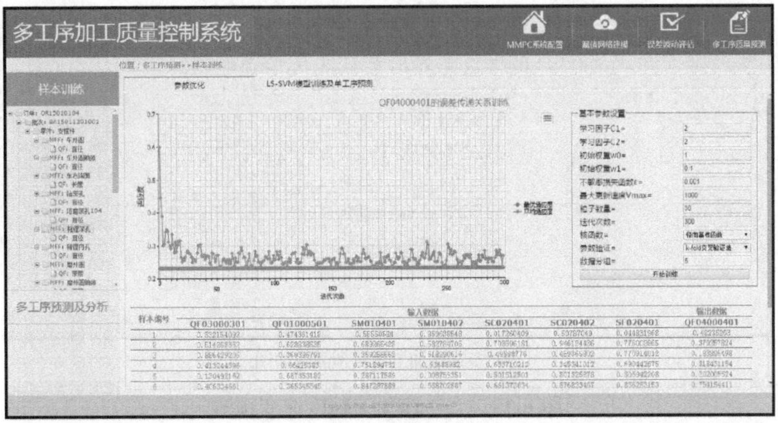

(a) 参数优化

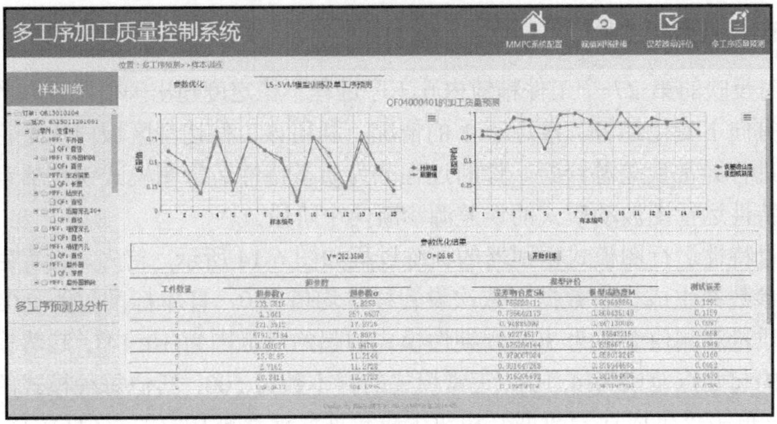

(b) LV-SVM模型训练及单工序预测

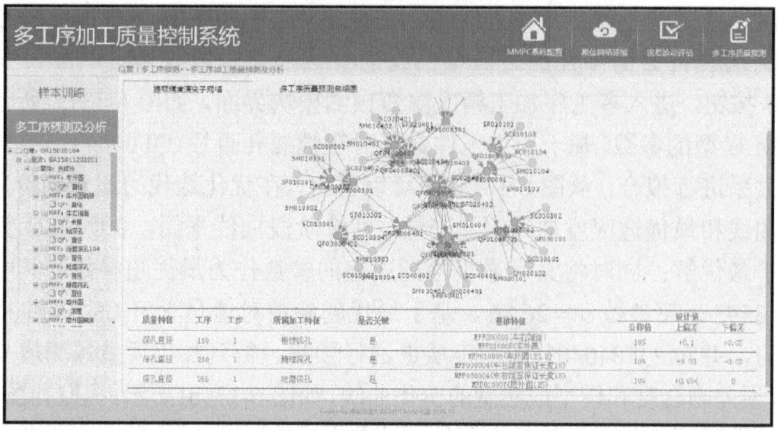

(c) 提取精度演变子网络

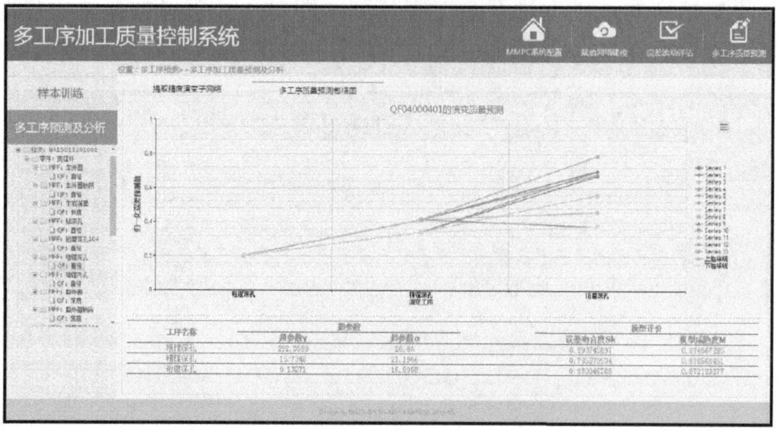

(d) 多工序加工质量预测包络图

图 6-13　多工序加工精度演变预测

6.3.6　误差源诊断工具

针对反映的第 27 个工件精镗内孔工序过程不稳定度超出阈值及反映的过程能力指数有向下变化趋势且接近于 1 的情况，利用该工件切削区域内质量特性的波动信息进行异常误差源诊断。诊断过程分为质量特性运行图模式识别器训练和基于质量特性运行图波动模式的误差源诊断两个阶段。

质量特性运行图模式识别器的训练过程如图 6-14 所示。首先，设置生成样本的相关参数并生成样本数据。依次设置样本均值为 0，样本标准差为 0.05，每个样本的质量观测值个数为 30，周期性模式的起始点范围为[10, 14]，趋势模式和阶跃模式的起始点范围为[4, 10]，正常模式的样本数为 500，其他每种模式的样本数为 150，单击“生成样本数据”按钮生成数据并保存至指定的存储位置。然后，设置模式分类器训练过程的相关参数并进行参数优化和分类器训练。依次设置种群数数为 50、最大迭代次数为 100、线性交叉因子为 1.25、惩罚参数范围为[2^{-15}, 2^{15}]、多项式核函数阶次范围为[2, 6]、RBF 宽度参数范围为(0, 1)、混合核函数组合系数的范围为[0, 1]。最后，单击“优化训练”按钮进行参数优化和运行图模式分类器训练，得到ϕ=0.1 时的训练结果如图 6-14 右侧所示，正确识别率为 95.7%。采用同样的方法可依次对自相关系数为其他值时的运行图模式进行训练，为下一步对实际质量特性运行图的波动模式进行识别奠定基础。

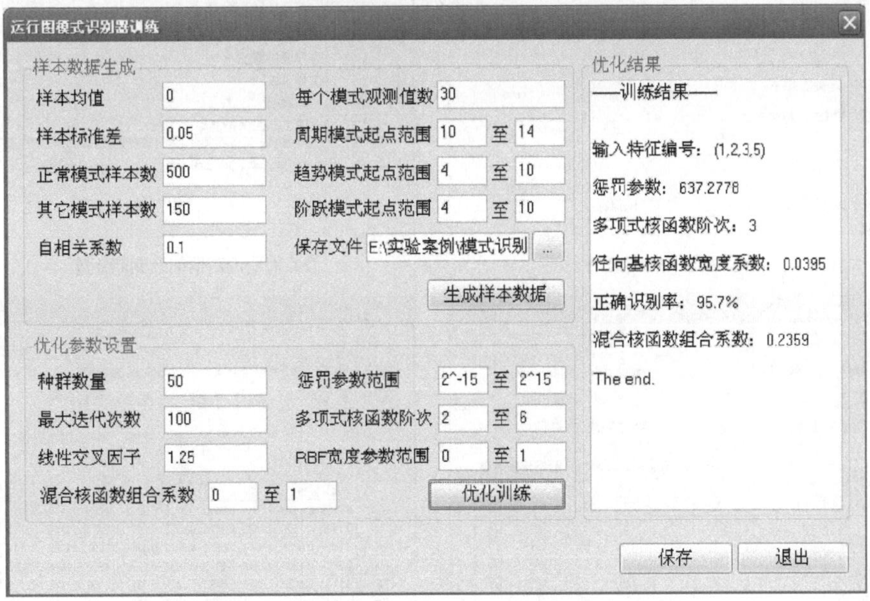

图 6-14　质量特性运行图模式识别器的训练过程

当运行图模式识别分类器训练好之后，可进行基于运行图波动模式的误差源诊断，具体包括运行图模式识别、诊断框架构造、基本信度函数分配以及证据融合与诊断决策等四个步骤，实现流程如图 6-15 所示。

步骤 1　针对精镗内孔加工过程状态异常的 XX-13BI11-1023-1-10 号工件，沿内孔轴线方向等距离测量 30 组观测值，每组包含 5 个观测值；然后利用 30 个子组的均值绘制相应的质量特性运行图，并进行运行图波动模式识别。图 6-15(a)显示了对内孔直径运行图模式的识别操作过程。识别结果表明直径运行图出现趋势向上模式。采用同样的步骤可发现该工件内孔的圆度运行图出现阶跃上升模式。

步骤 2　根据质量特性的类型及运行图的异常模式从知识库中查询并构造诊断框架，即所有可能误差源组成的集合。如图 6-15(b)所示，依次选择输入工序名称、质量特性及异常模式，单击“构造诊断框架”按钮，构造包含 8 个潜在误差源的诊断框架。

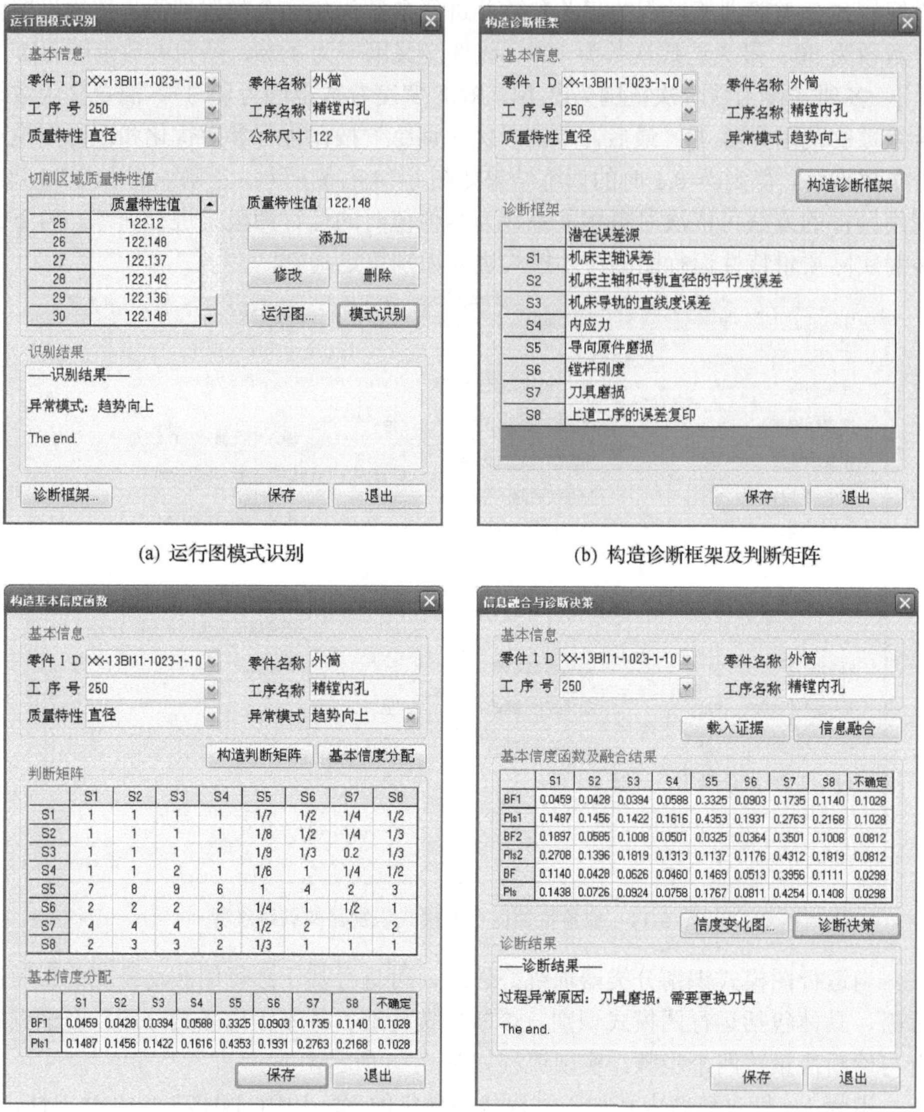

(a) 运行图模式识别　　(b) 构造诊断框架及判断矩阵

(c) 构造基本信度函数　　(d) 信息融合与诊断决策

图 6-15　基于运行图波动信息融合的误差源诊断流程

步骤 3　构造各潜在误差源的基本信度函数，如图 6-15(c)所示，首先单击“构造判断矩阵”按钮，从知识库查询生成内孔直径运行图发生趋势向上模式时 8 个潜在误差源之间的判断矩阵；然后单击“构造基本信度函数”按钮，得到该异常模式下 8 个潜在误差源的基本信度函数值。按同样方法可以构造圆度运行图阶跃上升模式对应的诊断框架和基本信度函数。

步骤 4　证据融合与诊断决策，如图 6-15(d) 所示，首先输入工件编号“XX-13BI11-1023-1-10”及工序号“250”，单击“载入证据”按钮，加载根据该工件质量特性运行图异常模式得到的基本信度分配和似然函数值。第 1 个证据显示信度值最大的潜在误差源为 S5，其信度值为 0.3325；第 2 个证据显示潜在误差源 S7 的信度值最大，其信度值为 0.3501。这两个证据提供的信度函数差别不大，无法确定误差源。单击“信息融合”按钮对两个证据进行合成，得到各潜在误差源新的信度函数值与似然函数值，S5 的信度值由 0.3325 降为 0.1469，S7 的信度值增加到 0.3956。证据融合前后潜在误差源的信度函数值和似然函数值的柱状图如图 6-16 所示。最后，单击“诊断决策”按钮，得到的诊断结果表明 S7 即刀具磨损是过程异常原因。将刀具放在 CCD 显微镜下检查后发现刀具确实严重磨损，表明诊断结果与实际情况相符。

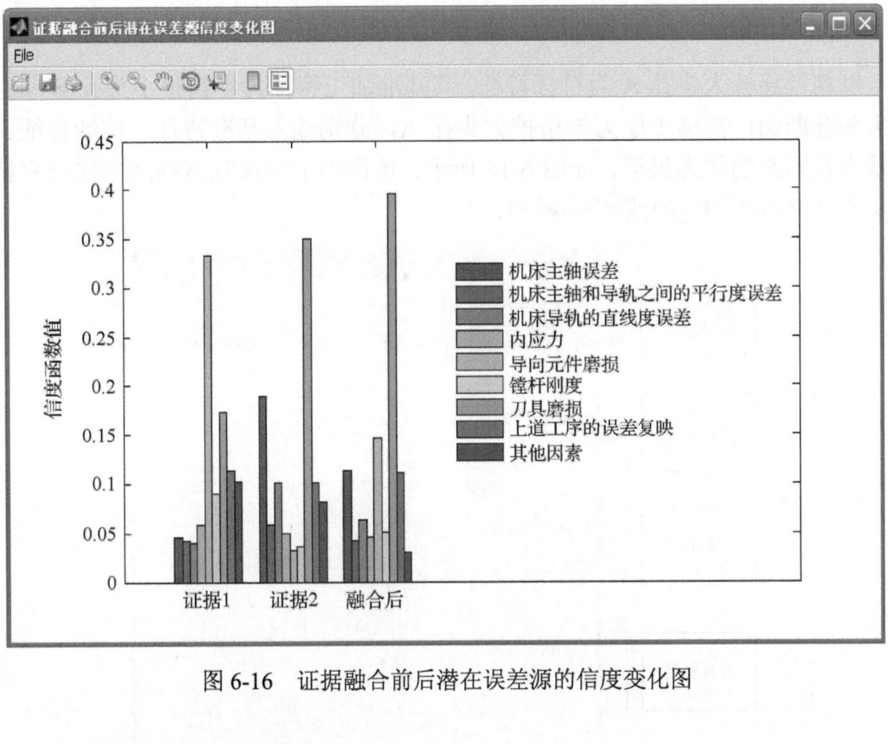

图 6-16　证据融合前后潜在误差源的信度变化图

6.3.7　加工过程误差削减决策工具

工序过程中对刀具振动信号进行监测并预测刀具磨损状态，如图 6-17 所示。首先，读取信号采集模块提供的振动信号信息；其次，对信号进行处理，获得所需的信号特征、振动信号均方根值、均值和方差；然后采用 BP 神经网络进行预测，获得当前状态下刀具磨损状态 $(\Delta V_x,\Delta V_y)$，并输入加工特征实时状态描述模块中。

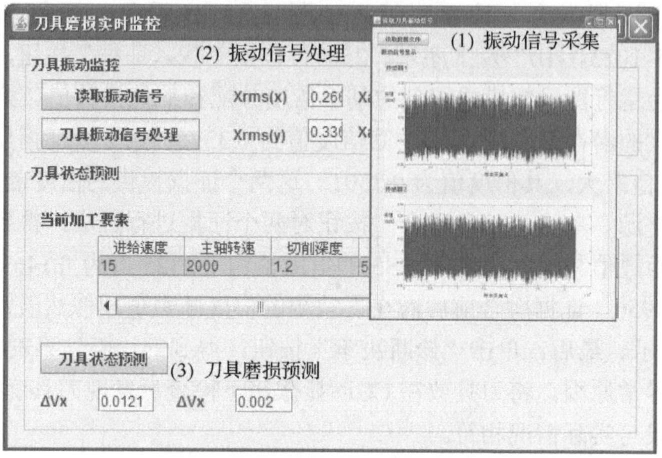

图 6-17　刀具磨损状态监测与预测

以精镗连杆大头孔 A 为目标特征，其基准加工特征为半精扩小头孔 B 和磨连杆大头孔断面，前续工序为半精扩大头孔 A，分别输入基准特征、前续特征、夹具状态及刀具的状态矢量，如图 6-18 所示，依据加工特征状态描述方法建立精镗大头孔 A 的实时状态矢量描述模型。

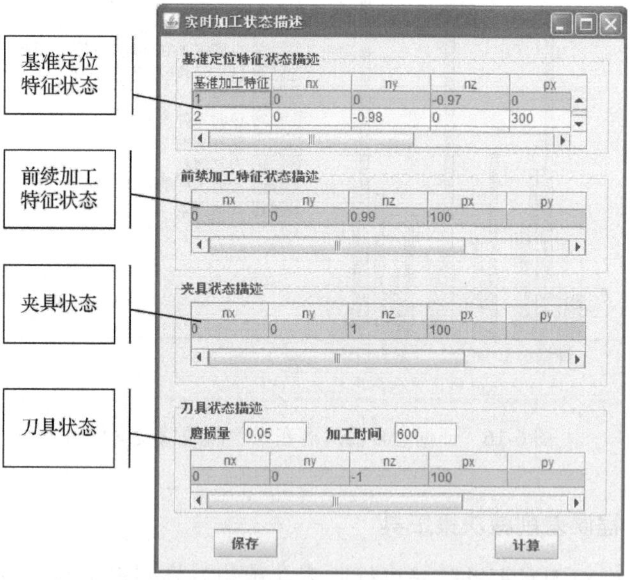

图 6-18　连杆精镗大头孔 A 加工特征状态描述

最终，依据加工特征精镗大头孔 A 的矢量状态模型，对可调参数铣削深度及宽度进行微调，保证工序的尺寸精度；同时，对刀具主轴 x、y 及 z 方向进行调整，保证刀具轴向与加工特征表面法线方向重合，保证工序的位置精度，如图 6-19 所示。

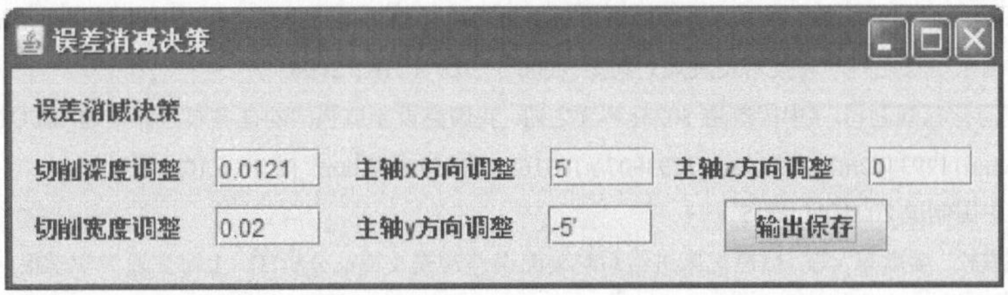

图 6-19　连杆精镗大头孔 A 加工过程误差消减决策

6.4　本 章 小 结

本章从原型系统开发和实例验证的角度出发，对所提出的多工序加工质量控制的方法、理论和关键使能技术进行了验证。运行结果表明，利用包括动/静态工况数据和质量数据在内的过程数据能够实现误差传递复杂性分析、误差波动分析、工艺过程能力评估、误差源诊断和加工过程误差消减决策，为装备关键零件多工序生产过程的质量控制实践提供了可借鉴的方法和实现途径，也为小批量加工质量控制理论和方法的研究提供了新的思路。

参 考 文 献

[1] 国务院. 国家中长期科学和技术发展规划纲要(2006—2020 年)[R]. 2006.

[2] 工业和信息化部规划司.《中国制造 2025》解读之四: 我国建设制造强国的任务艰巨而紧迫[EB/OL]. http://www.miit.gov.cn/n11293472/n11293832/n11293907/n16316572/16595428.html. [2015.6.10].

[3] 国务院. 中国制造 2025[R]. 2015.

[4] 赵飞, 梅雪松, 姜歌东, 等. 数控机床进给系统装配误差建模及特征分析[J]. 上海交通大学学报, 2013, 47(5): 703-708.

[5] Liu D, Jiang P Y. The complexity analysis of a machining error propagation network and its application[J]. Proceedings of the Institution of Mechanical Engineers, Part B: Journal of Engineering Manufacture, 2009, 223(6): 623-640.

[6] Jia F, Jiang P Y. Method of change management based on dynamic machining error propagation[J]. Science in China Series E: Technological Sciences, 2009, 52(7): 1811-1820.

[7] Jiang P Y, Jia F, Wang Y, et al. Real-time quality monitoring and predicting model based on error propagation networks for multistage machining processes[J]. Journal of Intelligent Manufacturing, 2014, 25(3): 521-538.

[8] 江平宇, 王岩, 王焕发, 等. 基于赋值型误差传递网络的多工序加工质量预测[J]. 机械工程学报, 2013, 49(6): 160-170.

[9] Zhang F, Jiang P Y. Complexity analysis of distributed measuring and sensing network in multistage machining processes[J]. Journal of Intelligent Manufacturing, 2013, 24(1): 55-69.

[10] Wang Y, Jiang P Y. An extended machining error propagation network model for small-batch machining process control of aircraft landing gear parts[J]. Proceedings of the Institution of Mechanical Engineers, Part G: Journal of Aerospace Engineering, 2017, 231(7): 1347-1365.

[11] Howard M, Cheng K. An integrated systematic investigation of the process variables on surface generation in abrasive flow machining of titanium alloy 6Al4V[J]. Proceedings of the Institution of Mechanical Engineers, Part B: Journal of Engineering Manufacture, 2014, 228(11): 1419-1431.

[12] Cheng K. Machining Dynamics: Fundamentals, Applications and Practices[M]. London: Springer Science & Business Media, 2008.

[13] Wang Y, Jiang P Y. Fluctuation evaluation and identification model for small-batch multistage machining processes of complex aircraft parts[J]. Proceedings of the Institution of Mechanical Engineers, Part B: Journal of Engineering Manufacture, 2017, 231(10): 1820-1837.

[14] Ramesh R, Mannan M A, Poo A N. Error compensation in machine tools—A review: Part I: geometric, cutting-force induced and fixture-dependent errors[J]. International Journal of Machine Tools and Manufacture, 2000, 40(9): 1235-1256.

[15] Abellan-Nebot J V, Subirón F R. A review of machining monitoring systems based on artificial intelligence process models[J]. International Journal of Advanced Manufacturing Technology, 2010, 47(1): 237-257.

[16] Boccaletti S, Latora V, Moreno Y, et al. Complex networks: Structure and dynamics[J]. Physics Reports, 2006, 424(4): 175-308.

[17] 谷飞飞, 赵宏, 卜鹏辉, 等. 用于相机标定的球靶标投影误差分析与校正[J]. 光学学报, 2012, 32(12): 209-215.

[18] 刘佳音, 王忠立, 贾云得. 一种双目立体视觉系统的误差分析方法[J]. 光学技术, 2003, 29(3): 354-357, 360.

[19] Ghosh N, Ravi Y B, Patra A, et al. Estimation of tool wear during CNC milling using neural network-based sensor fusion[J]. Mechanical Systems and Signal Processing, 2007, 21(1): 466-479.

[20] Shao H, Wang H L, Zhao X M. A cutting power model for tool wear monitoring in milling[J]. International Journal of Machine Tools and Manufacture, 2004, 44(14): 1503-1509.

[21] Cuppini D, D'Errico G, Rutelli G. Tool wear monitoring based on cutting power measurement[J]. Wear, 1990, 139(2): 303-311.

[22] Kim G D, Chu C N. In-process tool fracture monitoring in face milling using spindle motor current and tool fracture index[J]. The International Journal of Advanced Manufacturing Technology, 2001, 18(6): 383-389.

[23] Li X. Detection of tool flute breakage in end milling using feed-motor current signatures[J]. IEEE/ASME Transactions on Mechatronics, 2001, 6(4): 491-498.

[24] Abouelatta O B, Madl J. Surface roughness prediction based on cutting parameters and tool vibrations in turning operations[J]. Journal of Materials Processing Technology, 2001, 118(1): 269-277.

[25] Hessainia Z, Belbah A, Yallese M A, et al. On the prediction of surface roughness in the hard turning based on cutting parameters and tool vibrations[J]. Measurement, 2013, 46(5): 1671-1681.

[26] Dimla D E. The correlation of vibration signal features to cutting tool wear in a metal turning operation[J]. The International Journal of Advanced Manufacturing Technology, 2002, 19(10): 705-713.

[27] Chen B, Chen X, Li B, et al. Reliability estimation for cutting tools based on logistic regression model using vibration signals[J]. Mechanical Systems and Signal Processing, 2011, 25(7): 2526-2537.

[28] 周玉清, 梅雪松, 姜歌东, 等. 基于内置传感器的大型数控机床状态监测技术[J]. 机械工程学报, 2009, 45(4): 125-130.

[29] da Silva M B, Wallbank J. Cutting temperature: Prediction and measurement methods—A review[J]. Journal of Materials Processing Technology, 1999, 88(1-3): 195-202.

[30] Choudhury S K, Bartarya G. Role of temperature and surface finish in predicting tool wear using neural network and design of experiments[J]. International Journal of Machine Tools and Manufacture, 2003, 43(7): 747-753.

[31] Ismail N, Suhail A H, Wong S V, et al. Optimization of cutting parameters based on surface roughness and assistance of workpiece surface temperature in turning process[J]. American Journal of Engineering and Applied Sciences, 2010, 3(1): 102-108.

[32] 赵斐, 陆宁云, 杨毅. 基于工况识别的注塑过程产品质量预测方法[J]. 化工学报, 2013, 64(7): 2526-2534.

[33] 陈国聪. 深孔镗加工工况监测系统的研究[J]. 电脑开发与应用, 1996, (4): 37-39.

[34] Jemielniak K. Some aspects of AE application in tool condition monitoring[J]. Ultrasonics, 2000, 38(1-8): 604.

[35] Chittayil K, Kumara S R, Cohen P H. Acoustic emission sensing for tool wear monitoring and process control in metal cutting[A]//Dorf R C, Kusiak A. Handbook of Design, Manufacturing and Automation. New York: John Wiley & Sons, 1994: 695-707.

[36] Al-Sulaiman F A, Baseer M A, Sheikh A K. Use of electrical power for online monitoring of tool condition[J]. Journal of Materials Processing Technology, 2005, 166(3): 364-371.

[37] Li X, Li H X, Guan X P, et al. Fuzzy estimation of feed-cutting force from current measurement-a case study on intelligent tool wear condition monitoring[J]. IEEE Transactions on Systems, Man, and Cybernetics, Part C (Applications and Reviews), 2004, 34(4): 506-512.

[38] Zhou Y, Orban P, Nikumb S. Sensors for intelligent machining—A research and application survey[C]. IEEE International Conference on Systems, Man and Cybernetics, Vancouver, 1995.

[39] 张利群, 朱利民, 钟秉林. 几个机械状态监测特征量的特性研究[J]. 振动与冲击, 2001, 20(1): 8, 20-21.

[40] Zhou R, Bao W, Li N, et al. Mechanical equipment fault diagnosis based on redundant second generation wavelet packet transform[J]. Digital Signal Processing, 2010, 20(1): 276-288.

[41] Jolliffe I T. Principal component analysis and factor analysis[A]//Principal Component Analysis. New York: Springer, 2002: 150-166.

[42] Schölkopf B, Smola A, Müller K. Kernel principal component analysis[C]. International Conference on Artificial Neural Networks, Lausanne, 1997.

[43] Hyvärinen A, Oja E. Independent component analysis: Algorithms and applications[J]. Neural Networks, 2000, 13(4-5): 411-430.

[44] Bach F R, Jordan M I. Kernel independent component analysis[J]. Journal of Machine Learning Research, 2002, 3(1): 1-48.

[45] Roweis S T, Saul L K. Nonlinear dimensionality reduction by locally linear embedding[J]. Science, 2000, 290(5500): 2323-2326.

[46] He X F, Niyogi P. Locality preserving projections[J]. Advances in Neural Information Processing Systems, 2004, 16: 153-160.

[47] Cai D, He X, Han J, et al. Orthogonal Laplacianfaces for face recognition[J]. IEEE Transactions on Image Processing, 2006, 15(11): 3608-3614.

[48] Belkin M, Niyogi P. Laplacian eigenmaps and spectral techniques for embedding and clustering[M]//Oietterich T G, Becker S, Ghahramani Z. Proceedings of the 14th International Conference on Neural Information Processing Systems: Natural and Synthetic. Cambridge: MIT Press, 2001.

[49] Tax D M, Duin R P. Support vector domain description[J]. Pattern Recognition Letters, 1999, 20(11-13): 1191-1199.

[50] Tax D M, Duin R P. Support vector data description[J]. Machine Learning, 2004, 54(1): 45-66.

[51] Lee K, Kim D, Lee K H, et al. Density-induced support vector data description[J]. IEEE Transactions on Neural Networks, 2007, 18(1): 284-289.

[52] Zhang Y, Liu X, Xie F, et al. Fault classifier of rotating machinery based on weighted support vector data description[J]. Expert Systems with Applications, 2009, 36(4): 7928-7932.

[53] Tuzel O, Porikli F, Meer P. Pedestrian detection via classification on riemannian manifolds[J]. IEEE Transactions on Pattern Analysis and Machine Intelligence, 2008, 30(10): 1713-1727.

[54] Harandi M T, Sanderson C, Wiliem A, et al. Kernel analysis over Riemannian manifolds for visual recognition of actions, pedestrians and textures[C]. IEEE Workshop on Applications of Computer Vision, Breckenridge, 2012.

[55] Harandi M T, Sanderson C, Shirazi S, et al. Kernel analysis on Grassmann manifolds for action recognition[J]. Pattern Recognition Letters, 2013, 34(15): 1906-1915.

[56] Shirazi S, Harandi M T, Sanderson C, et al. Clustering on Grassmann manifolds via kernel embedding with application to action analysis[C]. The19th IEEE International Conference on Image Processing, Orlando, 2012.

[57] Hamm J, Lee D D. Grassmann discriminant analysis: A unifying view on subspace-based learning[C]. Proceedings of the 25th International Conference on Machine Learning, ACM, Helsinki, 2008.

[58] Wolf L, Shashua A. Learning over sets using kernel principal angles[J]. Journal of Machine Learning Research, 2003, 4: 913-931.

[59] Loh C, Weng J, Liu Y, et al. Structural damage diagnosis based on on-line recursive stochastic subspace identification[J]. Smart Materials and Structures, 2011, 20(5): 55004.

[60] 张亚. 基于误差敏感方向加工测试的五轴机床旋转轴运动误差辨识方法研究[D]. 杭州: 浙江大学, 2013.

[61] 王秀山，杨建国，闫嘉钰. 基于多体系统理论的五轴机床综合误差建模技术[J]. 上海交通大学学报，2008, 42(5): 761-764, 769.

[62] 方跃法，房海蓉，牟建斌. 并联机器人误差敏感系数及其在工作空间内的分布[J]. 北方交通大学学报，2000, 24(4): 38-42.

[63] 张建军，王晓慧，高峰，等. 微操作并联机器人几何误差建模的参数误差转换法及误差敏感性分析[J]. 机械工程学报, 2005, 41(10): 39-43.

[64] 黄强，张根保，张新玉. 机床位姿误差的敏感性分析[J]. 机械工程学报, 2009, 45(6): 141-146.

[65] Pawlak Z. Rough Sets: Theoretical Aspects of Reasoning about Data[M]. Dordrecht: Springer Science & Business Media, 2012.

[66] 郑唯唯，杜涛，安会刚. 粗集理论在航空产品质量诊断中的应用研究[J]. 航空计算技术, 2006, 36(6): 91-93.

[67] Xu X, Tao T, Jiang G, et al. Monitoring method of machining error of long and thin cylinder in boring process[C]. The 2nd International Conference on Information Science and Control Engineering, Shanghai, 2015.

[68] Zhou S, Huang Q, Shi J. State space modeling of dimensional variation propagation in multistage machining process using differential motion vectors[J]. IEEE Transactions on Robotics and Automation, 2003, 19(2): 296-309.

[69] Mocnik D, Paulic M, Klancnik S, et al. Prediction of dimensional deviation of workpiece using regression, ANN and PSO models in turning operation[J]. Tehnicki Vjesnik/Technical Gazette, 2014, 21(1): 55-62.

[70] Du S, Lv J. Minimal Euclidean distance chart based on support vector regression for monitoring mean shifts of auto-correlated processes[J]. International Journal of Production Economics, 2013, 141(1): 377-387.

[71] Suykens J A K, van Gestel T, de Brabanter J, et al. Least Squares Support Vector Machines[M]. Singapore: World Scientific Publishing Company, 2002.

[72] Suykens J A K, de Brabanter J, Lukas L, et al. Weighted least squares support vector machines: Robustness and sparse approximation[J]. Neurocomputing, 2002, 48(1-4): 85-105.

[73] Frigui H, Krishnapuram R. A robust competitive clustering algorithm with applications in computer vision[J]. IEEE Transactions on Pattern Analysis and Machine Intelligence, 1999, 21(5): 450-465.

[74] Heiberger R M, Becker R A. Design of an *S* function for robust regression using iteratively reweighted least squares[J]. Journal of Computational and Graphical Statistics, 1992, 1(3): 181-196.

[75] Deb K. Genetic algorithm in search and optimization: The technique and applications[C]. Proceedings of International Workshop on Soft Computing and Intelligent Systems, Calcutta, 1998.

[76] 刘道玉，江平宇. 基于波动轨迹图的多工序过程能力量测方法[J]. 计算机集成制造系统，2009, 15(8):1621-1627.

[77] Barabási A, Albert R, Jeong H. Mean-field theory for scale-free random networks[J]. Physica A: Statistical Mechanics and its Applications, 1999, 272(1-2): 173-187.

[78] Watts D J, Strogatz S H. Collective dynamics of 'small-world' networks[J]. Nature, 1998, 393(6684): 440-442.

[79] Barrat A, Weigt M. On the properties of small-world network models[J]. The European Physical Journal B—Condensed Matter and Complex Systems, 2000, 13(3): 547-560.

[80] Freeman L C. Centrality in social networks conceptual clarification[J]. Social Networks, 1978, 1(3): 215-239.

[81] Marsden P V. Egocentric and sociocentric measures of network centrality[J]. Social Networks, 2002, 24(4): 407-422.

[82] Wernicke S, Rasche F. FANMOD: A tool for fast network motif detection[J]. Bioinformatics, 2006, 22(9): 1152-1153.

[83] Zhao F, Mei X, Du Z, et al. Online evaluation method of machining precision based on built in signal testing technology[J]. Procedia CIRP, 2012, 3: 144-148.

[84] Sun C, He Z, Cao H, et al. A non-probabilistic metric derived from condition information for operational reliability assessment of aero-engines[J]. IEEE Transactions on Reliability, 2015, 64(1): 167-181.

[85] Xu G, Li X, Su J, et al. Precision evaluation of three-dimensional feature points measurement by binocular vision[J]. Journal of the Optical Society of Korea, 2011, 15(1): 30-37.

[86] Liu Z, Li X, Li F, et al. Flexible dynamic measurement method of three-dimensional surface profilometry based on multiple vision sensors[J]. Optics Express, 2015, 23(1): 384-400.

[87] Zhu J, Ting K. Performance distribution analysis and robust design[J]. Journal of Mechanical Design, 2001, 123(1): 11-17.

[88] 张多林，潘泉，张洪才. 基于理想点贴近度的辐射源威胁综合评价建模与仿真验证[J]. 系统仿真学报，2008, 20(14): 3896-3898.

[89] Lee M, Erdman A G, Faik S. A generalized performance sensitivity synthesis methodology for four-bar mechanisms[J]. Mechanism and Machine Theory, 1999, 34(7): 1127-1139.

[90] Zimmer L. Process capability indices in theory and practice[J]. Technometrics, 2000, 42(2): 2.

[91] Zhang M, Djurdjanovic D, Ni J. Diagnosibility and sensitivity analysis for multi-station machining processes[J]. International Journal of Machine Tools and Manufacture, 2007, 47(3-4): 646-657.

[92] de Brabanter K, Karsmakers P, Ojeda F, et al. LS-SVMlab Toolbox[CP/OL]. http://www.esat.kuleuven.be/sista/lssvmlab/. [2019-1-5].

[93] Shi J, Zhou S. Quality control and improvement for multistage systems: A survey[J]. IIE Transactions, 2009, 41(9): 744-753.

[94] Wade M R, Woodall W H. A review and analysis of cause-selecting control charts[J]. Journal of Quality Technology, 1993, 25(3): 161-169.

[95] Hawkins D M. Multivariate quality control based on regression-adiusted variables[J]. Technometrics, 1991, 33(1): 61-75.

[96] Zantek P F, Wright G P, Plante R D. Process and product improvement in manufacturing systems with correlated stages[J]. Management Science, 2002, 48(5): 591-606.

[97] Zeng L, Zhou S. Impacts of measurement errors and regressor selection on regression adjustment monitoring of multistage manufacturing processes[J]. IIE Transactions, 2008, 40(2): 109-121.

[98] Xiang L, Tsung F. Statistical monitoring of multi-stage processes based on engineering models[J]. IIE Transactions, 2008, 40(10): 957-970.

[99] Zou C, Tsung F. Directional MEWMA schemes for multistage process monitoring and diagnosis[J]. Journal of Quality Technology, 2008, 40(4): 407.

[100] 王玲，薄列峰，刘芳，等. 最小二乘隐空间支持向量机[J]. 计算机学报, 2005, 28(8): 1302-1307.

[101] Keerthi S S, Lin C. Asymptotic behaviors of support vector machines with Gaussian kernel[J]. Neural Computation, 2003, 15(7): 1667-1689.

[102] Yan X F, Chen D Z, Hu S X. Chaos-genetic algorithms for optimizing the operating conditions based on RBF-PLS model[J]. Computers & Chemical Engineering, 2003, 27(10): 1393-1404.

[103] 邵信光，杨慧中，陈刚. 基于粒子群优化算法的支持向量机参数选择及其应用[J]. 控制理论与应用，2006, 23(5): 740-743, 748.

[104] Shi Y, Eberhart R. A modified particle swarm optimizer[C]. Proceedings of IEEE International Conference on Evolutionary Computation, Anchorage, 1998.

[105] Liao R, Zheng H, Grzybowski S, et al. Particle swarm optimization-least squares support vector regression based forecasting model on dissolved gases in oil-filled power transformers[J]. Electric Power Systems Research, 2011, 81(12): 2074-2080.

[106] Perla R J, Provost L P, Murray S K. The run chart: A simple analytical tool for learning from variation in healthcare processes[J]. BMJ Quality & Safety, 2011, 20(1): 46-51.

[107] Cheng H, Cheng C. Artificial immune algorithm-based approach to recognizing unnatural patterns among autocorrelated characteristics[J]. African Journal of Business Management, 2011, 5(16): 6801.

[108] Western Electric Company. Statistical Quality Control Handbook[M]. Indianapolis: Western Electric Co. Inc., 1958.

[109] Pham D T, Wani M A. Feature-based control chart pattern recognition[J]. International Journal of Production Research, 1997, 35(7): 1875-1890.

[110] Bredensteiner E J, Bennett K P. Multicategory classification by support vector machines[J].Computational Optimization and Applications, 1999, 12(1-3): 53-79.

[111] Widodo A, Yang B. Support vector machine in machine condition monitoring and fault diagnosis[J]. Mechanical Systems and Signal Processing, 2007, 21(6): 2560-2574.

[112] Hsu C, Lin C. A comparison of methods for multiclass support vector machines[J]. IEEE Transactions on Neural Networks, 2002, 13(2): 415-425.

[113] Tan Y, Wang J. A support vector machine with a hybrid kernel and minimal Vapnik-Chervonenkis dimension[J]. IEEE Transactions on Knowledge and Data Engineering, 2004, 16(4): 385-395.

[114] Michalewicz Z, Janikow C Z, Krawczyk J B. A modified genetic algorithm for optimal control problems[J]. Computers & Mathematics with Applications, 1992, 23(12): 83-94.

[115] Hinterding R. Gaussian mutation and self-adaption for numeric genetic algorithms[C]. IEEE International Conference on Evolutionary Computation, Perth, 1995.

[116] Waltz E, Llinas J. Multisensor Data Fusion[M]. London: Artech House Boston, 1990.

[117] Saaty T L. What is the analytic hierarchy process?[A]//Mitra G. Mathematical Models for Decision Support. Berlin: Springer-Verlag, 1988: 109-121.

[118] Shannon C E. A mathematical theory of communication[J]. ACM SIGMOBILE Mobile Computing and Communications Review, 2001, 5(1): 3-55.

[119] Shafer G. A Mathematical Theory of Evidence[M]. Princeton: Princeton University Press, 1976.

[120] 李弼程, 黄洁, 高世海, 等. 信息融合技术及其应用[M]. 北京: 国防工业出版社, 2010.

[121] 梁虹. 信号与系统分析及 MATLAB 实现[M]. 北京: 电子工业出版社, 2002.

[122] Hecht-Nielsen R. Kolmogorov's mapping neural network existence theorem[C]. Proceedings of the IEEE 1st International Conference on Neural Networks, San Diego, 1987.

附　录

附表 A　外筒零件多工序加工过程相关的网络节点编码

编号	加工特征名称	加工特征 ID	质量特征 ID	机床 ID	刀具 ID	夹具 ID
1	右端面 1	MFF010001	QF010101	—	—	—
2	左端面 1	MFF020001	QF020101	MT01	FT04	CT01
3	左端内孔 1	MFF030001	QF030101/QF030102	MT01	FT04	CT02
4	左端内孔 2	MFF030002	QF030201/QF030202	MT01	FT04	CT03
5	右端面 2	MFF010002	QF010201	MT01	FT04	CT04
6	右端内孔 1	MFF040001	QF040101/QF040102	MT01	FT04	CT05
7	外圆 C1	MFF050001	QF050101	MT01	FT04	CT06
8	外圆 D1	MFF060001	QF060101	MT01	FT04	CT06
9	右端内孔 2	MFF040002	QF040201/QF040202	MT02	FT06	CT07
10	深孔 1	MFF070001	QF070101/QF070102	MT02	FT06	CT08
11	深孔 2	MFF070002	QF070201/QF070202	MT02	FT06	CT09
12	深孔 3	MFF070003	QF070301/QF070302	MT02	FT06	CT10
13	深孔 4	MFF070004	QF070401/QF070402	MT02	FT06	CT11
14	深孔 5	MFF070005	QF070501/QF070502	MT03	FT01	CT12
15	外圆 C2	MFF050002	QF050201/QF050202	MT03	FT01	CT13
16	外圆 D2	MFF060002	QF060201/QF060202	MT03	FT01	CT13
17	外圆 C3	MFF050003	QF050301	MT03	FT01	CT14
18	外圆 D3	MFF060003	QF060301	MT03	FT01	CT14
19	右端面 3	MFF010003	QF010301	MT03	FT01	CT15
20	左端面 2	MFF020002	QF020201	MT03	FT01	CT16

续表

编号	加工特征名称	加工特征 ID	质量特征 ID	机床 ID	刀具 ID	夹具 ID
21	左端内孔 3	MFF030003	QF030301/QF030302	MT03	FT01	CT17
22	深孔 6	MFF070006	QF070601/QF070602	MT03	FT01	CT18
23	深孔底面 1	MFF080001	QF080101/QF080102	MT03	FT01	CT18
24	左端内孔 4	MFF030004	QF030401	MT03	FT01	CT19
25	深孔右段 1	MFF090001	QF090101/QF090102	MT03	FT01	CT20
26	止口孔	MFF100001	QF100101/QF100102	MT03	FT01	CT21
27	止口孔 1	MFF110001	QF110101/QF110102	MT03	FT01	CT22
28	左端内孔 5	MFF030005	QF030501	MT03	FT01	CT23
29	深孔右段 2	MFF090002	QF090201/QF090202	MT04	FT02	CT24
30	外圆 C4	MFF050004	QF050401/QF050402/QF050403/QF050404/QF050405	MT03	FT05	CT25
31	外圆 D4	MFF060004	QF060401/QF060402/QF060403/QF060404	MT03	FT05	CT25
32	右端面 4	MFF010004	QF010401/QF010402	MT03	FT05	CT26
33	止口孔 2	MFF110002	QF110201	MT03	FT05	CT27
34	左端内孔 6	MFF030006	QF030601/QF030602/QF030603/QF030604	MT03	FT05	CT28
35	外圆 C5	MFF050005	QF050501/QF050502/QF050503	MT03	FT05	CT29
36	外圆 D5	MFF060005	QF060501/QF060502/QF060503	MT03	FT05	CT29
37	深孔左段 1	MFF120001	QF120101/QF120102/QF120103/QF120104	MT05	FT05	CT30
38	止口孔 3	MFF110003	QF110301/QF110302	MT05	FT05	CT31
39	深孔左段 2	MFF120002	QF120201/QF120202/QF120203/QF120204	MT05	FT05	CT32
40	止口孔 4	MFF110004	QF110401/QF110402	MT05	FT05	CT33
41	左端内孔 7	MFF030007	QF030701/QF030702/QF030703	MT05	FT05	CT34
42	深孔左段 3	MFF120003	QF120301	MT06	FT03	CT35
43	深孔左段 4	MFF120004	QF120401/QF120402/QF120403	MT06	FT03	CT35

附表 B　外筒零件多工序加工过程部分节点的归一化质量数据

质量特征 ID	工件 ID									
	1	2	3	4	5	6	7	8	9	10
QF010101	0.130	0.161	0.854	0.652	0.972	0.025	0.742	0.520	0.541	0.179
QF010201	0.958	0.519	0.801	0.294	0.403	0.901	0.540	0.059	0.314	0.058
QF050101	0.971	0.800	0.901	0.597	0.258	0.483	0.182	0.230	0.311	0.339
QF060101	0.957	0.454	0.575	0.335	0.332	0.376	0.093	0.114	0.409	0.401
QF050201	0.758	0.657	0.581	0.654	0.686	0.706	0.780	0.979	0.559	0.935
QF050202	0.743	0.628	0.928	0.957	0.894	0.645	0.437	0.849	0.902	0.818
QF060201	0.392	0.292	0.580	0.936	0.055	0.552	0.437	0.051	0.420	0.709
QF060202	0.655	0.432	0.017	0.458	0.304	0.218	0.049	0.466	0.358	0.743
QF050301	0.171	0.015	0.121	0.240	0.046	0.772	0.050	0.326	0.489	0.900
QF060301	0.706	0.984	0.863	0.764	0.195	0.228	0.091	0.630	0.256	0.065
QF010301	0.032	0.167	0.484	0.759	0.720	0.371	0.594	0.230	0.929	0.336
QF050401	0.655	0.667	0.536	0.749	0.476	0.549	0.633	0.333	0.607	0.142
QF050402	0.163	0.178	0.445	0.120	0.362	0.049	0.624	0.059	0.543	0.077
QF050403	0.119	0.128	0.124	0.525	0.788	0.553	0.328	0.741	0.162	0.741
QF050404	0.498	0.999	0.490	0.326	0.780	0.275	0.803	0.507	0.006	0.457
QF050405	0.960	0.171	0.853	0.546	0.669	0.242	0.999	0.200	0.771	0.668
QF060401	0.340	0.033	0.874	0.399	0.134	0.243	0.981	0.427	0.765	0.699
QF060402	0.585	0.561	0.270	0.415	0.022	0.154	0.127	0.169	0.421	0.571
QF060403	0.224	0.882	0.208	0.181	0.560	0.956	0.232	0.752	0.057	0.629
QF060404	0.751	0.669	0.565	0.255	0.301	0.936	0.024	0.368	0.586	0.878
QF010401	0.255	0.190	0.640	0.021	0.939	0.819	0.607	0.942	0.174	0.662
QF010402	0.506	0.369	0.417	0.924	0.981	0.728	0.111	0.017	0.729	0.875
QF120101	0.929	0.226	0.738	0.767	0.646	0.762	0.692	0.068	0.425	0.498
QF120102	0.350	0.385	0.063	0.671	0.521	0.762	0.979	0.581	0.611	0.936
QF120103	0.197	0.583	0.860	0.715	0.372	0.576	0.283	0.637	0.856	0.389
QF120104	0.251	0.252	0.934	0.642	0.937	0.748	0.134	0.651	0.671	0.117
QF120201	0.352	0.265	0.786	0.816	0.373	0.504	0.611	0.817	0.704	0.839
QF120202	0.831	0.824	0.513	0.317	0.593	0.347	0.900	0.529	0.382	0.970
QF120203	0.585	0.983	0.178	0.815	0.873	0.092	0.193	0.694	0.568	0.215
QF120204	0.550	0.730	0.399	0.789	0.934	0.148	0.754	0.212	0.888	0.760
QF120301	0.568	0.818	0.333	0.060	0.667	0.010	0.739	0.057	0.003	0.744
QF120401	0.076	0.261	0.467	0.867	0.934	0.532	0.805	0.629	0.087	0.302
QF120402	0.054	0.594	0.648	0.631	0.811	0.279	0.067	0.796	0.261	0.090
QF120403	0.531	0.023	0.025	0.355	0.485	0.946	0.951	0.691	0.023	0.826

附表 C　15 件外筒零件的部分质量特征数据

质量特征 ID	工件 ID														
	1	2	3	4	5	6	7	8	9	10	11	12	13	14	15
QF010201	0.958	0.519	0.801	0.294	0.404	0.901	0.54	0.059	0.314	0.058	0.958	0.519	0.801	0.294	0.404
QF050101	0.971	0.8	0.901	0.598	0.258	0.483	0.182	0.23	0.311	0.339	0.971	0.8	0.901	0.598	0.258
QF060101	0.957	0.454	0.575	0.335	0.332	0.376	0.093	0.114	0.409	0.401	0.957	0.454	0.575	0.335	0.332
QF040201	0.485	0.432	0.845	0.299	0.152	0.524	0.464	0.311	0.708	0.527	0.485	0.432	0.845	0.299	0.152
QF040202	0.8	0.825	0.739	0.453	0.348	0.265	0.009	0.228	0.144	0.894	0.8	0.825	0.739	0.453	0.348
QF070101	0.142	0.084	0.586	0.423	0.122	0.068	0.915	0.652	0.871	0.778	0.142	0.084	0.586	0.423	0.122
QF070102	0.422	0.133	0.247	0.36	0.884	0.436	0.643	0.066	0.083	0.069	0.422	0.133	0.247	0.36	0.884
QF070201	0.916	0.173	0.666	0.558	0.094	0.174	0.001	0.275	0.462	0.279	0.916	0.173	0.666	0.558	0.094
QF070202	0.792	0.391	0.084	0.743	0.93	0.026	0.03	0.282	0.03	0.379	0.792	0.391	0.084	0.743	0.93
QF070301	0.96	0.831	0.626	0.424	0.399	0.955	0.209	0.88	0.753	0.865	0.96	0.831	0.626	0.424	0.399
QF070302	0.656	0.803	0.661	0.429	0.047	0.431	0.455	0.444	0.7	0.42	0.656	0.803	0.661	0.429	0.047
QF070401	0.036	0.061	0.73	0.125	0.342	0.962	0.127	0.756	0.215	0.24	0.036	0.061	0.73	0.125	0.342
QF070402	0.849	0.399	0.891	0.024	0.736	0.762	0.009	0.603	0.68	0.598	0.849	0.399	0.891	0.024	0.736
QF070501	0.934	0.527	0.982	0.29	0.795	0.007	0.727	0.783	0.557	0.479	0.934	0.527	0.982	0.29	0.795
QF070502	0.679	0.417	0.769	0.318	0.545	0.68	0.354	0.114	0.851	0.899	0.679	0.417	0.769	0.318	0.545
QF050301	0.171	0.016	0.121	0.241	0.046	0.772	0.05	0.326	0.489	0.9	0.171	0.016	0.121	0.241	0.046
QF060301	0.706	0.984	0.863	0.764	0.196	0.228	0.091	0.63	0.256	0.065	0.706	0.984	0.863	0.764	0.196
QF010301	0.032	0.167	0.484	0.759	0.72	0.371	0.594	0.23	0.929	0.336	0.032	0.167	0.484	0.759	0.72
QF070601	0.824	0.49	0.63	0.682	0.071	0.318	0.964	0.448	0.703	0.366	0.824	0.49	0.63	0.682	0.071
QF070602	0.695	0.34	0.032	0.463	0.923	0.609	0.489	0.035	0.402	0.227	0.695	0.34	0.032	0.463	0.923
QF070603	0.317	0.952	0.615	0.212	0.8	0.91	0.22	0.514	0.182	0.535	0.317	0.952	0.615	0.212	0.8
QF010401	0.255	0.19	0.64	0.021	0.939	0.819	0.607	0.942	0.174	0.662	0.255	0.19	0.64	0.021	0.939
QF010402	0.506	0.369	0.417	0.924	0.981	0.728	0.111	0.017	0.729	0.875	0.506	0.369	0.417	0.924	0.981
QF050501	0.149	0.376	0.167	0.577	0.944	0.7	0.441	0.095	0.069	0.671	0.149	0.376	0.167	0.577	0.944
QF050502	0.841	0.428	0.574	0.258	0.728	0.543	0.124	0.014	0.737	0.531	0.841	0.428	0.574	0.258	0.728
QF050503	0.258	0.191	0.621	0.44	0.549	0.625	0.956	0.878	0.184	0.652	0.258	0.191	0.621	0.44	0.549
QF060501	0.254	0.482	0.052	0.752	0.577	0.439	0.471	0.294	0.697	0.715	0.254	0.482	0.052	0.752	0.577
QF060502	0.244	0.59	0.729	0.064	0.447	0.502	0.043	0.926	0.502	0.488	0.244	0.59	0.729	0.064	0.447
QF060503	0.814	0.121	0.931	0.229	0.026	0.287	0.857	0.18	0.777	0.505	0.814	0.121	0.931	0.229	0.026
QF120101	0.929	0.226	0.738	0.767	0.646	0.762	0.692	0.068	0.426	0.498	0.929	0.226	0.738	0.767	0.646
QF120102	0.35	0.385	0.063	0.671	0.521	0.762	0.979	0.581	0.611	0.936	0.35	0.385	0.063	0.671	0.521
QF120103	0.197	0.583	0.86	0.715	0.372	0.576	0.283	0.637	0.856	0.389	0.197	0.583	0.86	0.715	0.372
QF120104	0.251	0.252	0.934	0.642	0.937	0.748	0.134	0.651	0.671	0.117	0.251	0.252	0.934	0.642	0.937
QF120203	0.585	0.983	0.178	0.815	0.873	0.092	0.193	0.694	0.568	0.215	0.585	0.983	0.178	0.815	0.873

附表 D　外筒外圆特征演变过程的多工序质量预测训练样本集

质量特征 ID	工件 ID														
	1	2	3	4	5	6	7	8	9	10	11	12	13	14	15
QF050401	0.655	0.667	0.536	0.749	0.476	0.549	0.633	0.333	0.607	0.142	0.655	0.667	0.536	0.749	0.476
QF050402	0.163	0.178	0.445	0.12	0.363	0.049	0.624	0.059	0.543	0.077	0.163	0.178	0.445	0.12	0.363
QF050403	0.119	0.128	0.124	0.525	0.788	0.553	0.328	0.741	0.162	0.741	0.119	0.128	0.124	0.525	0.788
QF050404	0.498	0.999	0.49	0.326	0.78	0.275	0.803	0.507	0.006	0.457	0.498	0.999	0.49	0.326	0.78
QF050405	0.96	0.171	0.853	0.546	0.669	0.242	1	0.2	0.772	0.668	0.96	0.171	0.853	0.546	0.669
QF060401	0.34	0.033	0.874	0.399	0.134	0.243	0.981	0.427	0.765	0.699	0.34	0.033	0.874	0.399	0.134
QF060402	0.585	0.561	0.27	0.415	0.022	0.154	0.127	0.169	0.421	0.571	0.585	0.561	0.27	0.415	0.022
QF060403	0.224	0.882	0.209	0.181	0.56	0.956	0.232	0.752	0.057	0.629	0.224	0.882	0.209	0.181	0.56
QF060404	0.751	0.669	0.565	0.255	0.301	0.936	0.024	0.368	0.586	0.878	0.751	0.669	0.565	0.255	0.301
QF010401	0.255	0.19	0.64	0.021	0.939	0.819	0.607	0.942	0.174	0.662	0.255	0.19	0.64	0.021	0.939
QF050501	0.149	0.376	0.167	0.577	0.944	0.7	0.441	0.095	0.069	0.671	0.149	0.376	0.167	0.577	0.944
QF050502	0.841	0.428	0.574	0.258	0.728	0.543	0.124	0.014	0.737	0.531	0.841	0.428	0.574	0.258	0.728
QF050503	0.258	0.191	0.621	0.44	0.549	0.625	0.956	0.878	0.184	0.652	0.258	0.191	0.621	0.44	0.549
QF060501	0.254	0.482	0.052	0.752	0.577	0.439	0.471	0.294	0.697	0.715	0.254	0.482	0.052	0.752	0.577
QF060502	0.244	0.59	0.729	0.064	0.447	0.502	0.043	0.926	0.502	0.488	0.244	0.59	0.729	0.064	0.447
QF060503	0.814	0.121	0.931	0.229	0.026	0.287	0.857	0.18	0.777	0.505	0.814	0.121	0.931	0.229	0.026
QF120301	0.568	0.818	0.333	0.06	0.667	0.01	0.739	0.057	0.003	0.744	0.568	0.818	0.333	0.06	0.667
QF120401	0.076	0.261	0.467	0.867	0.934	0.532	0.805	0.63	0.088	0.302	0.076	0.261	0.467	0.867	0.934
SM033401	0.367	0.43	0.059	0.361	0.508	0.396	0.884	0.505	0.846	0.078	0.367	0.43	0.059	0.361	0.508
SM033402	0.988	0.888	0.316	0.757	0.586	0.705	0.439	0.405	0.408	0.851	0.988	0.888	0.316	0.757	0.586
SC293401	0.038	0.391	0.773	0.414	0.763	0.559	0.782	0.174	0.462	0.145	0.038	0.391	0.773	0.414	0.763
SC293402	0.885	0.769	0.696	0.492	0.083	0.757	0.149	0.575	0.826	0.371	0.885	0.769	0.696	0.492	0.083
SF053401	0.913	0.397	0.125	0.695	0.662	0.996	0.62	0.606	0.991	0.622	0.913	0.397	0.125	0.695	0.662
SM033501	0.796	0.809	0.13	0.973	0.517	0.962	0.261	0.214	0.524	0.998	0.796	0.809	0.13	0.973	0.517
SM033502	0.099	0.755	0.092	0.328	0.171	0.535	0.446	0.52	0.925	0.517	0.099	0.755	0.092	0.328	0.171
SC293501	0.262	0.377	0.008	0.838	0.939	0.964	0.844	0.989	0.739	0.991	0.262	0.377	0.008	0.838	0.939
SC293502	0.335	0.216	0.423	0.739	0.591	0.116	0.196	0.49	0.567	0.227	0.335	0.216	0.423	0.739	0.591
SF053501	0.68	0.79	0.656	0.954	0.441	0.051	0.304	0.695	0.969	0.398	0.68	0.79	0.656	0.954	0.441
SM064201	0.501	0.561	0.074	0.973	0.244	0.785	0.036	0.177	0.218	0.368	0.501	0.561	0.074	0.973	0.244
SM064202	0.471	0.93	0.684	0.189	0.785	0.465	0.618	0.13	0.077	0.656	0.471	0.93	0.684	0.189	0.785
SC354201	0.06	0.697	0.402	0.667	0.074	0.814	0.567	0.88	0.474	0.938	0.06	0.697	0.402	0.667	0.074
SC354202	0.682	0.583	0.983	0.586	0.394	0.898	0.962	0.044	0.835	0.62	0.682	0.583	0.983	0.586	0.394
SF034201	0.042	0.815	0.402	0.675	0.003	0.429	0.746	0.687	0.469	0.283	0.042	0.815	0.402	0.675	0.003

附表 E　15 件支撑杆零件的部分质量特征数据

QF/SE ID	工件 ID														
	1	2	3	4	5	6	7	8	9	10	11	12	13	14	15
QF030301	0.332	0.514	0.885	0.413	0.13	0.406	0.492	0.411	0.82	0.033	0.444	0.683	0.349	0.31	0.518
QF030302	0.519	0.376	0.834	0.743	0.297	0.486	0.703	0.1	0.304	0.691	0.024	0.446	0.538	0.756	0.488
QF010501	0.474	0.629	0.36	0.664	0.687	0.365	0.738	0.944	0.279	0.882	0.275	0.301	0.522	0.783	0.397
QF010502	0.777	0.551	0.849	0.193	0.285	0.682	0.112	0.405	0.178	0.081	0.836	0.505	0.409	0.45	0.06
QF040401	0.482	0.379	0.084	0.818	0.202	0.754	0.621	0.492	0.122	0.755	0.587	0.24	0.807	0.405	0.251
QF040402	0.28	0.845	0.379	0.043	0.744	0.753	0.529	0.17	0.996	0.919	0.7	0.985	0.343	0.691	0.48
QF040403	0.885	0.249	0.067	0.839	0.12	0.435	0.389	0.014	0.079	0.794	0.83	0.849	0.941	0.343	0.456
QF010601	0.516	0.298	0.769	0.062	0.881	0.311	0.133	0.424	0.555	0.091	0.154	0.998	0.729	0.243	0.912
QF010602	0.336	0.22	0.243	0.162	0.059	0.243	0.248	0.65	0.765	0.942	0.134	0.871	0.656	0.31	0.809
QF030401	0.242	0.087	0.674	0.094	0.903	0.936	0.022	0.068	0.014	0.497	0.513	0.867	0.097	0.542	0.301
QF030402	0.219	0.542	0.475	0.995	0.774	0.982	0.835	0.283	0.697	0.621	0.409	0.946	0.603	0.3	0.975
QF040501	0.724	0.117	0.509	0.144	0.339	0.112	0.459	0.667	0.38	0.076	0.834	0.294	0.467	0.664	0.154
QF040502	0.609	0.231	0.12	0.909	0.769	0.378	0.978	0.989	0.344	0.592	0.193	0.361	0.514	0.508	0.009
QF040503	0.319	0.477	0.325	0.747	0.414	0.891	0.82	0.349	0.56	0.645	0.912	0.161	0.863	0.836	0.05
QF010701	0.82	0.629	0.42	0.45	0.434	0.219	0.905	0.26	0.32	0.685	0.992	0.543	0.91	0.202	0.475
QF010702	0.215	0.867	0.412	0.764	0.085	0.893	0.957	0.034	0.889	0.407	0.987	0.411	0.175	0.963	0.19
QF040601	0.991	0.482	0.806	0.078	0.672	0.859	0.378	0.274	0.7	0.429	0.294	0.543	0.499	0.698	0.834
QF040602	0.663	0.387	0.011	0.785	0.485	0.245	0.034	0.155	0.967	0.815	0.636	0.746	0.848	0.889	0.154
QF040603	0.716	0.083	0.206	0.793	0.552	0.074	0.338	0.695	0.565	0.392	0.389	0.021	0.73	0.804	0.198
SM010301	0.233	0.85	0.207	0.47	0.639	0.418	0.914	0.833	0.646	0.007	0.918	0.855	0.25	0.974	0.628
SM010302	0.417	0.006	0.611	0.976	0.618	0.265	0.692	0.342	0.31	0.117	0.632	0.926	0.894	0.847	0.646
SC010301	0.121	0.831	0.534	0.038	0.287	0.31	0.36	0.281	0.534	0.917	0.857	0.354	0.382	0.447	0.025
SC010302	0.533	0.427	0.633	0.054	0.054	0.325	0.885	0.31	0.767	0.053	0.292	0.923	0.024	0.823	0.999
SF010301	0.097	0.859	0.009	0.079	0.775	0.499	0.919	0.753	0.459	0.672	0.484	0.833	0.418	0.01	0.536
SM010101	0.514	0.964	0.452	0.702	0.474	0.655	0.388	0.89	0.443	0.141	0.24	0.641	0.457	0.033	0.482
SM010102	0.568	0.965	0.589	0.83	0.332	0.908	0.63	0.621	0.373	0.87	0.517	0.555	0.518	0.748	0.005
SC010101	0.651	0.911	0.191	0.799	0.192	0.356	0.419	0.777	0.16	0.625	0.241	0.196	0.89	0.045	0.669
SC010102	0.276	0.021	0.721	0.224	0.997	0.982	0.512	0.216	0.252	0.916	0.118	0.702	0.411	0.734	0.741
SF010101	0.727	0.989	0.379	0.277	0.284	0.352	0.923	0.321	0.763	0.496	0.349	0.905	0.65	0.053	0.579
SM010401	0.556	0.689	0.359	0.752	0.287	0.847	0.729	0.476	0.986	0.477	0.017	0.916	0.994	0.15	0.397
SM010402	0.86	0.583	0.519	0.937	0.009	0.559	0.782	0.677	0.367	0.74	0.185	0.487	0.732	0.807	0.406
SC020401	0.017	0.704	0.496	0.634	0.502	0.661	0.148	0.241	0.597	0.239	0.437	0.771	0.815	0.846	0.33
SC020402	0.508	0.946	0.459	0.345	0.801	0.877	0.071	0.39	0.872	0.332	0.785	0.043	0.589	0.628	0.706
SF020401	0.045	0.776	0.771	0.69	0.306	0.856	0.396	0.582	0.329	0.127	0.856	0.377	0.612	0.442	0.172

续表

QF/SE ID	工件 ID														
	1	2	3	4	5	6	7	8	9	10	11	12	13	14	15
SM010103	0.937	0.424	0.861	0.096	0.801	0.651	0.19	0.25	0.966	0.213	0.367	0.273	0.144	0.521	0.97
SM010104	0.138	0.456	0.73	0.163	0.549	0.026	0.484	0.547	0.358	0.309	0.724	0.645	0.108	0.557	0.535
SC010103	0.815	0.183	0.309	0.716	0.372	0.165	0.003	0.732	0.11	0.242	0.273	0.074	0.741	0.627	0.968
SC010104	0.295	0.244	0.355	0.484	0.001	0.066	0.293	0.379	0.652	0.473	0.269	0.904	0.555	0.062	0.505
SF010102	0.336	0.266	0.161	0.159	0.983	0.373	0.663	0.871	0.659	0.014	0.15	0.574	0.931	0.656	0.926
SM010303	0.185	0.929	0.483	0.481	0.537	0.333	0.923	0.708	0.26	0.957	0.508	0.963	0.77	0.079	0.104
SM010304	0.772	0.794	0.375	0.426	0.474	0.224	0.058	0.867	0.53	0.135	0.953	0.238	0.453	0.534	0.853
SC010303	0.772	0.876	0.243	0.762	0.001	0.59	0.034	0.963	0.89	0.104	0.904	0.263	0.276	0.83	0.325
SC010304	0.708	0.124	0.563	0.2	0.498	0.518	0.837	0.106	0.203	0.051	0.167	0.08	0.336	0.354	0.794
SF010302	0.761	0.929	0.473	0.056	0.981	0.843	0.124	0.483	0.177	0.887	0.273	0.037	0.867	0.489	0.204
SM010403	0.995	0.724	0.844	0.772	0.587	0.005	0.489	0.142	0.412	0.745	0.407	0.008	0.423	0.814	0.261
SM010404	0.222	0.365	0.31	0.33	0.233	0.463	0.598	0.118	0.282	0.01	0.913	0.508	0.084	0.278	0.437
SC020403	0.15	0.882	0.069	0.243	0.14	0.771	0.1	0.738	0.403	0.38	0.013	0.908	0.781	0.945	0.718
SC020404	0.62	0.66	0.12	0.771	0.67	0.705	0.288	0.907	0.102	0.966	0.919	0.36	0.685	0.691	0.743
SF020402	0.807	0.765	0.257	0.557	0.263	0.876	0.295	0.084	0.46	0.741	0.556	0.699	0.795	0.289	0.092
SM020101	0.278	0.118	0.281	0.555	0.244	0.515	0.14	0.17	0.337	0.74	0.076	0.505	0.408	0.473	0.087
SM020102	0.257	0.702	0.028	0.891	0.765	0.3	0.825	0.136	0.326	0.699	0.285	0.803	0.35	0.714	0.944
SC030101	0.985	0.947	0.539	0.204	0.409	0.053	0.508	0.554	0.396	0.824	0.435	0.723	0.855	0.321	0.147
SC030102	0.142	0.573	0.459	0.542	0.358	0.593	0.425	0.333	0.04	0.088	0.028	0.539	0.477	0.846	0.518
SF030101	0.669	0.306	0.412	0.357	0.51	0.839	0.279	0.858	0.864	0.172	0.564	0.362	0.348	0.89	0.978
SM030401	0.67	0.06	0.384	0.703	0.109	0.733	0.346	0.01	0.998	0.292	0.892	0.692	0.925	0.344	0.363
SM030402	0.306	0.748	0.565	0.473	0.81	0.927	0.763	0.263	0.921	0.602	0.536	0.526	0.424	0.6	0.448
SC040401	0.414	0.831	0.678	0.729	0.864	0.506	0.966	0.906	0.563	0.913	0.138	0.441	0.499	0.923	0.728
SC040402	0.823	0.233	0.541	0.761	0.855	0.648	0.342	0.057	0.006	0.782	0.123	0.689	0.797	0.775	0.773
SF040401	0.28	0.619	0.562	0.693	0.728	0.857	0.024	0.559	0.433	0.47	0.867	0.059	0.099	0.759	0.242